中　外　物　理　学　精　品　书　系

本书出版得到“国家出版基金”资助

中外物理学精品书系

前沿系列 · 70

量子场论

（第二版）（上）

郑汉青 编著

图书在版编目 (CIP) 数据

量子场论 . 上 / 郑汉青编著 . -- 2 版 . -- 北京 :
北京大学出版社 , 2024. 9. -- (中外物理学精品书系).
ISBN 978-7-301-35432-2
Ⅰ. O413.3
中国国家版本馆 CIP 数据核字第 2024ZX9170 号

书　　名　量子场论 (第二版) (上)
LIANGZI CHANGLUN (DI-ER BAN) (SHANG)
著作责任者　郑汉青　编著
责 任 编 辑　刘啸
标 准 书 号　ISBN 978-7-301-35432-2
出 版 发 行　北京大学出版社
地　　址　北京市海淀区成府路 205 号　100871
网　　址　http://www.pup.cn
电 子 邮 箱　zpup@pup.cn
新 浪 微 博　@ 北京大学出版社
电　　话　邮购部 010-62752015　发行部 010-62750672　编辑部 010-62754271
印 刷 者　北京中科印刷有限公司
经 销 者　新华书店
730 毫米 ×980 毫米　16 开本　18. 5 印张　363 千字
2018 年 8 月第 1 版
2024 年 9 月第 2 版　2024 年 9 月第 1 次印刷
定　　价　65. 00 元

“中外物理学精品书系”
（三期）
编 委 会

序　言

物理学是研究物质、能量以及它们之间相互作用的科学。她不仅是化学、生命、材料、信息、能源和环境等相关学科的基础,同时还与许多新兴学科和交叉学科的前沿紧密相关。在科技发展日新月异和国际竞争日趋激烈的今天,物理学不再囿于基础科学和技术应用研究的范畴,而是在国家发展与人类进步的历史进程中发挥着越来越关键的作用。

我们欣喜地看到,随着中国政治、经济、科技、教育等各项事业的蓬勃发展,我国物理学取得了跨越式的进步,成长出一批具有国际影响力的学者,做出了很多为世界所瞩目的研究成果。今日的中国物理,正在经历一个历史上少有的黄金时代。

为积极推动我国物理学研究、加快相关学科的建设与发展,特别是集中展现近年来中国物理学者的研究水平和成果,在知识传承、学术交流、人才培养等方面发挥积极作用,北京大学出版社在国家出版基金的支持下于2009年推出了“中外物理学精品书系”项目。书系编委会集结了数十位来自全国顶尖高校及科研院所的知名学者。他们都是目前各领域十分活跃的知名专家,从而确保了整套丛书的权威性和前瞻性。

这套书系内容丰富、涵盖面广、可读性强,其中既有对我国物理学发展的梳理和总结,也有对国际物理学前沿的全面展示。可以说,“中外物理学精品书系”力图完整呈现近现代世界和中国物理科学发展的全貌,是一套目前国内为数不多的兼具学术价值和阅读乐趣的经典物理丛书。

“中外物理学精品书系”的另一个突出特点是,在把西方物理的精华要义“请进来”的同时,也将我国近现代物理的优秀成果“送出去”。这套丛书首次成规模地将中国物理学者的优秀论著以英文版的形式直接推向国际相关研究的主流领域,使世界对中国物理学的过去和现状有更多、更深入的了解,不仅充分展示出中国物理学研究和积累的"硬实力",也向世界主动传播我国科技文化领域不断创新发展的"软实力",对全面提升中国科学教育领域的国际形象起到一定的促进作用。

习近平总书记2020年在科学家座谈会上的讲话强调:"希望广大科学家和科技工作者肩负起历史责任,坚持面向世界科技前沿、面向经济主战场、面向国家重大需求、面向人民生命健康,不断向科学技术广度和深度进军。"中国未来的发展在于创新,而基础研究正是一切创新的根本和源泉。我相信"中外物理学精品书系"会持续努力,不仅可以使所有热爱和研究物理学的人们从书中获取思想的启迪、智力的挑战和阅读的乐趣,也将进一步推动其他相关基础科学更好更快地发展,为我国的科技创新和社会进步做出应有的贡献。

"中外物理学精品书系"编委会主任

中国科学院院士,北京大学教授

王恩哥

2022年7月于燕园

内 容 提 要

本书共分上、下两册，比较系统地讲授了相对论性量子场论的基础知识，所需要的背景物理知识包括经典力学和量子力学，以及部分高等量子力学的内容. 如果学过一些李群的基础知识，也会对本课程的学习有所帮助. 本书上册为标准的正则量子场论的内容，主要包括了相对论性量子力学、场量子化、场的相互作用和微扰论、量子电动力学、Feynman 振幅的解析性和色散关系、重整化理论简介，以及手征对称性、分波动力学等内容. 本书下册则从路径积分量子化开始讲起，内容包括积分方程与束缚态问题、重整化群方程简介、对称性自发破缺与线性和非线性 sigma 模型、有效场论简介，以及非 Abel 规范场的量子化、量子色动力学简介，还包括了量子反常、弱电标准模型的建立及其单圈重整化等.

本书第二版对全书多处做了修订，并在上册增加了箱归一化，在下册增加了随机量子化、温度场论等内容.

本书可作为物理系高年级本科生和粒子物理相关专业研究生的教材，也可供场论、粒子物理等方向的科研人员参考.

第二版前言

自从本书第一版问世以来, 作者收到了许多热心读者的反馈, 其中既有鼓励也有批评. 综合读者们的建议, 在第二版中, 作者对于全书做了修订. 特别是, 上册新增了箱归一化、无穷多自由度系统两节, 下册增加了随机量子化和温度场论简介两章, 来介绍 Parisi-吴的随机量子化方案, 以及量子场论中的 Schwinger-Keldysh 方法. 希望这些新增加的内容有助于进一步加深读者对于量子场论及其应用的理解, 以切合未来研究工作的需要.

由于作者精力和水平所限, 还有很多不足之处未能在第二版中得到及时的修正与改进, 诚恳希望听到读者更多的反馈.

郑汉青

2024 年 5 月

第一版前言

本书共分上、下两册, 系统地介绍了标准的现代量子场论与量子规范场论教科书应有的最基础内容, 如场量子化、微扰理论、正规化和重整化方案等, 除此以外还用一定篇幅介绍了色散关系、S 矩阵理论以及分波动力学的一些基础知识. 这些知识很少在现代场论书里讨论, 但是作者认为在目前粒子物理的发展形势下, 重新开始重视这些内容是值得的, 因为它们对于研究强子之间相互作用动力学是必不可少的. 基于同样的理由, 本书也用了一些篇幅来介绍有效场论技术, 尤其是手征微扰理论的基础知识.

本书是介绍相对论性量子场论的基础书籍, 但是由于粒子物理与量子场论之间的紧密联系, 作者也尽可能地附带介绍了一些相应的粒子物理学知识. 对本书从头到尾的讲授大约会花费 150 个学时, 但是教师和其他读者完全可以根据授课、学习和未来工作需要做出取舍.

本书是根据作者多年来在北京大学教授量子场论、量子规范场论以及研究生讨论班的讲义发展而来. 本书可以作为粒子物理与核物理专业的研究生、高年级本科生的教材, 以及研究者的参考书. 在编写本书的过程中, 我得到了许多同行与学生的热情帮助、批评与鼓励. 尤其是学生们的求知热情与进取精神, 是我整理这本讲义的最大的动力. 感谢肖志广、郭志辉、姚德良、王宇飞、马驰川等人在教学和写作本书的不同阶段给予我的诸多帮助. 感谢曹沁芳、马垚在书稿校对过程中的辛勤工作. 还有许多别的名字, 这里就不一一致谢了. 当然, 本书所暴露的任何错误与问题都是我自己的原因造成的. 感谢廖玮教授对本书写作的关心. 最后特别感谢北京大学出版社编辑刘啸先生在本书写作过程中的热情支持、鼓励, 没有他的努力, 本书也是不可能如期完成的.

郑汉青

2018 年 2 月

目　　录

第一章 引言

20 世纪初期相对论与量子力学的建立是物理学史上划时代的事件. Dirac 建立的相对论性电子 (与空穴) 的量子理论开辟了物理学发展的新天地[①]. 这最终导致了相对论性量子场论的建立与发展. 可以说量子场论是狭义相对论与量子力学结合的必然产物. 如果从 Dirac 电子理论的建立开始算起, 量子场论发展到今天已走过了近百年的历程.

量子场论最初的应用, 即用来描述电子与无质量的光量子的相互作用, 始于 1930 年代, 而在 1940 年代末开始成熟. 该阶段在理论上最主要的障碍是高阶计算中的无穷大问题, 并因此发展出了重整化理论[②]. 这些努力促成了量子电动力学 (quantum electrodynamics, QED) 的建立并使之取得了巨大的成功.

量子场论的发展与粒子物理的发展是互相促进且一路相伴而来的. 20 世纪初 Rutherford α 粒子散射实验揭示了原子核内带正电的粒子 —— 质子的存在, 使得核子本身也成为了研究对象. 1920 年代人们开始建立加速器来研究各种实验室里制造出来的核反应过程, 并导致了 Chadwick 于 1932 年发现了中子. 原子核的 β 衰变的发现导致了 Pauli 的中微子假说以及 Fermi 弱相互作用理论的建立, 而中子的发现也推动了 Heisenberg 关于两核子的相互作用理论以及 Yukawa 的介子交换理论的建立. 因此到 1930 年代, 对两种短程相互作用, 即核子–核子之间的强相互作用以及 β 衰变的弱相互作用的研究均已开始起步.

第二次世界大战结束后, 量子场论和粒子物理进入了一个蓬勃发展的时期. 至 1960 年, 即标准模型诞生前, 粒子物理学的发展大致能够分为几个方向: 量子电动力学与规范原理; π 介子物理与色散关系理论; 带奇异数粒子的物理和强相互作用的内部整体对称性; 弱相互作用中重子–轻子的对称性; Yang-Mills 场论与对称性自发破缺. 在这些探索中, 对称性, 特别是规范对称性起到了关键作用, 尤其是 Yang-Mills 场论成为了现代量子场论的核心. Higgs 机制的提出解决了规范粒子的质量产生问题. 所有这些努力导致了描述弱、电相互作用的 “标准模型” 的建立.

标准模型建立之初, 人们对其抱有怀疑态度, 因为对其可重整性的理解不是十分清楚, 另外 Higgs 机制看起来也比较人为和任意. 直到 1970 年代规范理论的可重整性被证明, 标准模型才渐渐地被普遍接受. 1974 年 Yang-Mills 场渐近自由的发

---

① Dirac P A M. Proc. Roy. Soc. A, 1928, 117: 610; 118: 351.

② Schwinger J. Phys. Rev., 1948, 74: 416; 1949, 75: 898. Tomonaga S. Phys. Rev., 1948, 74: 224. Feynman R P. Phys. Rev., 1948, 74: 939; 1430. Dyson F J. Phys. Rev., 1949, 75: 486.

现确立了规范理论在基本层次上描述强相互作用的地位. 自此标准模型被扩充至描述强、弱、电三种力的规范相互作用理论.

在以上的回顾中读者可能发现, 历史上可重整性在建立一个正确的物理理论的过程中的地位至关重要. 传统的重整化理论是建立在 Bogliubov, Parasiuk, Hepp, Zimmermann 的工作基础上的. 't Hooft 所提出的维数正规化方法是建立规范理论中保持规范不变性的重整化方法的不二选择. 而且, 维数正规化最小减除方案还带来了对可重整性的更深的理解. 在这个基础上, 传统意义下的不可重整理论又重新获得了生命力, 有效场论技术也得到了越来越多的研究. 现代场论认为, BPHZ 意义下的可重整性并不是建立正确物理理论的必要条件, 相反, 它是一个物理后果, 即导致不可重整的高阶算符是从很高能量处下来的, 因而受到了压低. 而质量无关的重整化方案 (即最小减除方案) 以及对 Wilson 重整化群方程的认识保证了这些受到幂次律压低的算符在圈图水平上继续受到压低.

1970 年代以后进入了精确验证标准模型的时代. 具有划时代意义的是 1990 年代欧洲核子研究中心 (CERN) 的大型电子 – 正电子对撞机 (LEP) 实验直接发现了传递弱相互作用的中性规范粒子 Z^0. 最近的重大成果是 2012 年大型强子对撞机 (LHC) 发现了标准模型预言的最后一个, 也是地位最独特的粒子 —— Higgs 粒子, 为标准模型的检验画上了一个完美的句号.

标准模型的理论预言被广泛地检验 (从原子的宇称破坏实验到 TeV 量级的大型强子对撞机), 并且理论预言和实验在千分之几的水平上相符合. 在其使人赞叹的同时, 当然, 也没有人会相信有二十几个自由参数的标准模型理论是终极理论. 按照现代场论的观点, 所有的场论都应该是 "有效" (相对于 "基本" 这两个字而言) 场论, 那么问题变为, 为什么在弱电能标上的一个有效场论可以很好地用一个可重整的场论来描述? 为什么一个有效场论能够如此好地描述物理实验? 这些问题在一些人看来, 实际上存在一个清楚的回答: 标准模型背后的更深层次的物理处在一个高得多的能标上! 如果事实真的是这样, 那么未来的以大型对撞机为代表的高能物理实验将越来越不可行. 物理学本质上是一门实验科学, 理论研究如果没有实验的支持, 则唯一检验理论的标准将仅仅剩下逻辑上的自洽性, 这种情况最终会导致研究者彻底迷失.

人们做了许多尝试来超越标准模型, 其中占主流的思考方式是追求越来越大的对称性, 把标准模型中 $\mathrm{SU_c}(3) \times \mathrm{SU_w}(2) \times \mathrm{U}_Y(1)$ 对称性从一个更大的对称群中破缺下来, 这一思想可以回溯到爱因斯坦统一电磁规范理论和引力理论的尝试. 然而这一大统一思想到目前为止并没有给物理学带来真正的收获, 其所预言的质子衰变在经过了几十年的实验探索后仍然没有被观测到. 事实上追求越来越大的对称性会导致一个终极问题, 即为什么会存在一个最大、最后的对称性. 从这个角度来说, 追求更大的对称性不可能导致一个真正的终极理论. 真正的终极理论, 如果存在的话, 应该是没有办法问下一个为什么的理论, 比如平衡态统计物理.

因此本书的读者, 正处在历史的十字路口: 标准模型的辉煌已是过去, 未来将何去何从? 新一代人能够做些什么呢? 本书试图对希望进入这一领域的读者产生一些有益的帮助 (而不是误导). 首先可以肯定的是, 物理学不会终结, 人类对自然的认识永远也不可能有终结的一天. 另外更值得强调的是, 即使知道了基本拉氏量的写法, 也远远不能说就知道了相关的物理的一切. 凝聚态物理就是一个生动的例子. 本质上凝聚态物理的基本理论是量子电动力学, 但是只知道这一点显然对理解凝聚态物理里面丰富的物理现象是远远不够的. 另外一个例子就是色禁闭. 虽然我们知道描述强相互作用的基本理论是量子色动力学, 但是彻底理解和解决色禁闭问题应该还会有很长的路要走. 量子场论本身也还有许多非微扰的问题有待人们长期不懈探索. 对于比标准模型更深层次的物理的研究也不会终结, 即使加速器物理停滞, 宇宙学的观测也有助于我们窥伺未知的领域. 最后还有一个 “古老” 的话题, 即引力场的量子化问题. 引力是四种相互作用中最早被认识到的, 但直到今天还没有建立起一个正确的量子引力理论. 这也期待着未来的研究.

第二章　相对论性量子力学

§2.1　Dirac 方程

2.1.1　Klein-Gordon 方程

考虑一孤立的单粒子系统, 其能量

$$E = \frac{p^2}{2m},$$

其中 p 为动量. 为了实现向量子力学的过渡, 做替换

$$E \to \mathrm{i}\hbar\frac{\partial}{\partial t}, \quad \boldsymbol{p} \to \frac{\hbar}{\mathrm{i}}\nabla, \tag{2.1}$$

就有非相对论性的 Schrödinger 方程:

$$\mathrm{i}\hbar\frac{\partial\psi(q,t)}{\partial t} = -\frac{\hbar^2\nabla^2}{2m}\psi(q,t). \tag{2.2}$$

这一方程是非协变的, 在相对论情形需要改写. 根据狭义相对论, 能量 E 和动量 (p_x, p_y, p_z) 构成一个具有不变长度的逆变 4-矢量[①]

$$p^\mu = (p^0, p^1, p^2, p^3) = \left(\frac{E}{c}, p^1, p^2, p^3\right) = \left(\frac{E}{c}, p_x, p_y, p_z\right). \tag{2.6}$$

不变长度是

$$\sum_{\mu=0}^{3} p_\mu p^\mu \equiv p_\mu p^\mu = \frac{E^2}{c^2} - \boldsymbol{p}\cdot\boldsymbol{p} \equiv m^2c^2. \tag{2.7}$$

[①] 协变与逆变: 为表述简单取 $\hbar = c = 1$. 对于 $(t, x, y, z) \equiv (t, \boldsymbol{x})$, 用逆变 4-矢量表示为

$$x^\mu \equiv (x^0, x^1, x^2, x^3) = (t, x, y, z). \tag{2.3}$$

协变 4-矢量 x_μ 则为

$$x_\mu \equiv (x_0, x_1, x_2, x_3) = (t, -x, -y, -z) = g_{\mu\nu}x^\nu, \tag{2.4}$$

其中 $g_{\mu\nu} = \mathrm{diag}(1, -1, -1, -1) = g^{\mu\nu}$ 为度规张量. 度规张量的一个明显的用处是升降指标. 不变长度 $x^2 \equiv x_\mu x^\mu = t^2 - \boldsymbol{x}^2$. 类似地, $p^\mu = (E, p_x, p_y, p_z)$, 内积是 $p_1 \cdot p_2 = p_1^\mu \cdot p_{2\mu} = E_1E_2 - \boldsymbol{p}_1 \cdot \boldsymbol{p}_2$. 又有

$$p^\mu \to \mathrm{i}\frac{\partial}{\partial x_\mu} \equiv \left(\mathrm{i}\frac{\partial}{\partial t}, \frac{1}{\mathrm{i}}\nabla\right) \equiv \mathrm{i}\nabla^\mu, \quad p^\mu p_\mu \to -\frac{\partial}{\partial x_\mu}\frac{\partial}{\partial x^\mu} \equiv -\Box. \tag{2.5}$$

一种改造方程 (2.2) 的方法是将其修改为

$$\mathrm{i}\hbar\frac{\partial\psi}{\partial t}=\sqrt{-\hbar^2c^2\nabla^2+m^2c^4}\psi. \tag{2.8}$$

但是这一方法并不成功. 首先, 对时间的导数和对空间坐标的导数并不对称. 其次, 更为严重的问题是, 开根号导致这一理论成为一个非定域的理论并因此带来各种问题, 很难处理①. 所以为了数学上的简洁, 我们尝试改造 (2.8) 式为

$$-\hbar^2\frac{\partial^2}{\partial t^2}\psi=(-\hbar^2c^2\nabla^2+m^2c^4)\psi.$$

可以把上式改写为更为简洁且明显协变的形式:

$$\left[\Box+\left(\frac{mc}{\hbar}\right)^2\right]\psi=0, \tag{2.9}$$

其中 $\Box=\partial_\mu\partial^\mu$. 这一方程叫作 Klein-Gordon 方程.

然而, Klein-Gordon 方程带来了另外的问题, 看起来更为严重. 首先是它引入了负能解, 即 $E=-\sqrt{p^2c^2+m^2c^4}$. 另外同样非常严重的困难是概率密度不再正定. 我们可以得到如下的守恒流:

$$\partial^\mu(\psi^*\partial_\mu\psi-\psi\partial_\mu\psi^*)=0. \tag{2.10}$$

非相对论理论中的概率密度项在这里的对应是 $(\mathrm{i}\hbar/2mc^2)\left(\psi^*\frac{\partial\psi}{\partial t}-\psi\frac{\partial\psi^*}{\partial t}\right)$, 但是很显然这一表达式并不正定. 造成这些困难的原因是方程中关于时间的导数是二阶的②. 因此, 我们这里遵循历史的足迹, 暂时放弃 Klein-Gordon 方程, 而试图寻找一个关于时间导数的线性方程, 这样就可以恢复概率密度的意义.

2.1.2 Dirac 方程

我们把线性方程写为如下形式:

$$\mathrm{i}\hbar\frac{\partial\psi}{\partial t}=-\mathrm{i}\hbar c\left(\alpha_1\frac{\partial\psi}{\partial x^1}+\alpha_2\frac{\partial\psi}{\partial x^2}+\alpha_3\frac{\partial\psi}{\partial x^3}\right)+\beta mc^2\psi\equiv H\psi, \tag{2.11}$$

其中的 $(x^1,x^2,x^3)=(x,y,z)$. 显然, 这里的 α_i 不能是数, 否则即使在空间转动下方程也不是不变的. Dirac 建议把上式看成一个矩阵方程, 波函数看成有 N 个分量

①定域相互作用指的是, 相互作用拉氏量是由在同一个时空点上的场或其有限阶导数之间的简单乘积所构成的.

②这里我们指出, 这两个严重困难在做了场量子化以后最终都将被克服, 即通过引入反粒子解决负能级问题, 并且放弃守恒流的概率解释.

的列矩阵:

$$\psi = \begin{pmatrix} \psi_1 \\ \psi_2 \\ \vdots \\ \psi_N \end{pmatrix}. \tag{2.12}$$

对这个矩阵方程当然有要求. 首先, 这个方程必须给出正确的质能关系 $E^2 = p^2c^2 + m^2c^4$. 除此以外, 它还应该存在一个连续性方程和对波函数的概率解释. 最后它还必须是 Lorentz 协变的.

为了得到正确的质能关系, ψ 的每个分量 ψ_r 必须满足 Klein-Gordon 方程. 这样迭代方程 (2.11), 得到如下必要条件:

$$\begin{aligned} \alpha_i\alpha_j + \alpha_j\alpha_i &= 2\delta_{ij}I, \\ \alpha_i\beta + \beta\alpha_i &= 0, \\ \alpha_i^2 = \beta^2 &= I. \end{aligned} \tag{2.13}$$

哈密顿量 H 的厄米性要求 α_i, β 必须是厄米矩阵, 因此由 $\alpha_i^2 = \beta^2 = I$ 得知这些矩阵的本征值只能为 ±1. 又由 α_i 与 β 的反对易关系和矩阵求迹的性质知道 α_i 与 β 必须是无迹的: $\mathrm{tr}(\alpha_i) = -\mathrm{tr}(\beta\alpha_i\beta) = -\mathrm{tr}(\alpha_i) = 0$. 由于厄米矩阵均可以通过幺正变换对角化, 所以 α_i, β 只能是偶数维矩阵. 维数 $N = 2$ 被排除在外 (因为独立的矩阵只有三个 Pauli 矩阵和单位矩阵), 所以满足以上要求的最低维数为 $N = 4$. 事实上, 可以把这些矩阵写为①

$$\alpha_i = \begin{pmatrix} 0 & \sigma_i \\ \sigma_i & 0 \end{pmatrix}, \quad \beta = \begin{pmatrix} I & 0 \\ 0 & -I \end{pmatrix}, \tag{2.14}$$

其中 σ_i 是熟知的 2×2 Pauli 矩阵, I 表示 2×2 的单位矩阵.

再看概率密度问题. 不难验证从 Dirac 方程出发可以得到连续性方程 $\dfrac{\partial\rho}{\partial t} + \nabla\cdot\boldsymbol{j} = 0$, 其中 $\rho = \psi^\dagger\psi$ 是正定的且满足守恒律

$$\frac{\partial}{\partial t}\int \mathrm{d}^3\boldsymbol{x}\psi^\dagger\psi = 0. \tag{2.15}$$

因此 ρ 的确适合于作为概率密度. 这时 $\boldsymbol{j} = \psi^\dagger c\boldsymbol{\alpha}\psi$, 因此 $c\boldsymbol{\alpha}$ 为速度算符.

还需要证明方程 (2.11) 的协变性. 但是在搞清这件事之前, 我们更急于知道方程 (2.11) 的非相对论极限. 只有它能回到我们所熟知的情形, 才能对 (2.11) 式建立信心. 我们将在下一节来讨论这件事情.

---

①不唯一, 相应于不同表示, 而不同表示在物理上是等价的. 这里写的表示叫作 Dirac 表示.

2.1.3 非相对论极限

首先考虑静止自由电子的方程

$$\mathrm{i}\hbar\frac{\partial\psi}{\partial t}=\beta mc^2\psi. \tag{2.16}$$

在 β 的特殊表象 (2.14) 中, 很容易得到它的 4 个解:

$$\begin{gathered}\psi^1=\mathrm{e}^{-\mathrm{i}(mc^2/\hbar)t}\begin{pmatrix}1\\0\\0\\0\end{pmatrix},\quad\psi^2=\mathrm{e}^{-\mathrm{i}(mc^2/\hbar)t}\begin{pmatrix}0\\1\\0\\0\end{pmatrix};\\ \psi^3=\mathrm{e}^{\mathrm{i}(mc^2/\hbar)t}\begin{pmatrix}0\\0\\1\\0\end{pmatrix},\quad\psi^4=\mathrm{e}^{\mathrm{i}(mc^2/\hbar)t}\begin{pmatrix}0\\0\\0\\1\end{pmatrix}.\end{gathered} \tag{2.17}$$

我们注意到 ψ^3,ψ^4 对应着负能解, 这个困难留到后面克服. 在这一节里我们仅满足于可以接受的正能解. 特别地, 我们将证明在非相对论近似下, 这些正能解所满足的方程化作二分量的 Pauli 自旋理论. 为此目的我们根据规范原理引入电磁相互作用 $p^\mu\to p^\mu-\dfrac{e}{c}A^\mu$, 这样 Dirac 方程化为

$$\mathrm{i}\hbar\frac{\partial\psi}{\partial t}=\left(c\boldsymbol{\alpha}\cdot\left(\boldsymbol{p}-\frac{e}{c}\boldsymbol{A}\right)+\beta mc^2+e\varPhi\right)\psi. \tag{2.18}$$

在讨论 (2.18) 式的非相对论极限时, 可以用两个二分量的列矩阵 $\widetilde{\varphi},\widetilde{\chi}$ 来描述 ψ,

$$\psi=\begin{bmatrix}\widetilde{\varphi}\\ \widetilde{\chi}\end{bmatrix}.$$

在非相对论极限下静能 mc^2 是最主要的能量, 别的能量都可以看成微扰, 可把波函数改写成

$$\begin{bmatrix}\widetilde{\varphi}\\ \widetilde{\chi}\end{bmatrix}=\mathrm{e}^{-(\mathrm{i}mc^2/\hbar)t}\begin{bmatrix}\varphi\\ \chi\end{bmatrix}.$$

可以认为这样的 φ 与 χ 仅仅是关于 t 的缓变函数, 且满足方程 $\left(\boldsymbol{\pi}=\boldsymbol{p}-\dfrac{e}{c}\boldsymbol{A}\right)$

$$\mathrm{i}\hbar\frac{\partial}{\partial t}\begin{bmatrix}\varphi\\ \chi\end{bmatrix}=c\boldsymbol{\sigma}\cdot\boldsymbol{\pi}\begin{bmatrix}\chi\\ \varphi\end{bmatrix}+e\varPhi\begin{bmatrix}\varphi\\ \chi\end{bmatrix}-2mc^2\begin{bmatrix}0\\ \chi\end{bmatrix}. \tag{2.19}$$

关于小分量 χ 的方程可以改写为 $\chi = \dfrac{\boldsymbol{\sigma}\cdot\boldsymbol{\pi}}{2mc}\varphi$. 把此式代回 (2.19) 式, 得到大分量 φ 所满足的方程

$$\mathrm{i}\hbar\frac{\partial\varphi}{\partial t} = \left[\frac{(\boldsymbol{\sigma}\cdot\boldsymbol{\pi})(\boldsymbol{\sigma}\cdot\boldsymbol{\pi})}{2m} + e\varPhi\right]\varphi. \tag{2.20}$$

利用 Pauli 矩阵的性质 $\sigma_i\sigma_j = \delta_{ij}I + \mathrm{i}\epsilon_{ijk}\sigma_k$, 有

$$(\boldsymbol{\sigma}\cdot\boldsymbol{\pi})(\boldsymbol{\sigma}\cdot\boldsymbol{\pi}) = (\boldsymbol{\pi}\cdot\boldsymbol{\pi}) + \mathrm{i}\boldsymbol{\sigma}\cdot(\boldsymbol{\pi}\times\boldsymbol{\pi}) = \boldsymbol{\pi}^2 - \frac{e\hbar}{c}\boldsymbol{\sigma}\cdot\boldsymbol{B}. \tag{2.21}$$

可以从 (2.20) 式推导出 Pauli 方程:

$$\mathrm{i}\hbar\frac{\partial\varphi}{\partial t} = \left[\frac{\left(\boldsymbol{p} - \frac{e}{c}\boldsymbol{A}\right)^2}{2m} - \frac{e\hbar}{2mc}\boldsymbol{\sigma}\cdot\boldsymbol{B} + e\varPhi\right]\varphi. \tag{2.22}$$

此方程正确地预言了电子的磁矩 ($g = 2$). 为了更明显地看出这一点, 我们进一步假设外场是均匀弱磁场, $\boldsymbol{B} = \nabla\times\boldsymbol{A}$, $\boldsymbol{A} = \dfrac{1}{2}\boldsymbol{B}\times\boldsymbol{r}$①, 则上面的方程可改写为

$$\mathrm{i}\hbar\frac{\partial\varphi}{\partial t} = \left[\frac{p^2}{2m} - \frac{e}{2mc}(\boldsymbol{L} + 2\boldsymbol{S})\cdot\boldsymbol{B}\right]\varphi, \tag{2.23}$$

虽然仍然有负能解问题留待解决. 上面的这个成功使我们相信, 出发点 (2.11) 和 (2.18) 式是正确的. 而这一节最重要的结论是, 自旋是纯粹的相对论效应.

§2.2 Dirac 方程的 Lorentz 协变性

2.2.1 Dirac 波函数的变换矩阵

设 Lorentz 变换表示为

$$x'^{\mu} = a^{\mu}{}_{\nu}x^{\nu}. \tag{2.24}$$

作为光速不变的后果, 在这一变换下 4 维距离

$$\mathrm{d}s^2 = g_{\mu\nu}\mathrm{d}x^{\mu}\mathrm{d}x^{\nu} = \mathrm{d}x^{\mu}\mathrm{d}x_{\mu} \tag{2.25}$$

是不变的. 上两式导致了

$$a^{\nu}{}_{\mu}a_{\sigma}{}^{\mu} = g^{\nu}{}_{\sigma}. \tag{2.26}$$

Lorentz 变换分为正规 ($\det(a) = 1$) 与非正规 ($\det(a) = -1$) 两种情形, 后者又对应于有空间或时间反演情形两种情况.

①利用公式 $\nabla\times(\boldsymbol{A}\times\boldsymbol{B}) = \boldsymbol{A}(\nabla\cdot\boldsymbol{B}) - \boldsymbol{B}(\nabla\cdot\boldsymbol{A}) + (\boldsymbol{B}\cdot\nabla)\boldsymbol{A} - (\boldsymbol{A}\cdot\nabla)\boldsymbol{B}$, 且弱磁场意味着可以忽略 $O(B^2)$ 项.

在讨论协变性时, 我们把 Dirac 方程用四维形式来表示, 为此采用记号

$$\gamma^0 \equiv \beta, \quad \gamma^i \equiv \beta\alpha_i \quad (i=1,2,3). \tag{2.27}$$

从这个定义可以看出 γ^0 是厄米的, $(\gamma^0)^2 = I$, 而 γ^i 是反厄米的, $(\gamma^i)^2 = -I$. 这样可以把 Dirac 方程改写为 $(\mathrm{i}\hbar\gamma^\mu\partial_\mu - mc)\psi = 0$, 或者更简洁的①

$$(\mathrm{i}\hbar\not{\partial} - mc)\psi = 0. \tag{2.28}$$

如果采用 $p_\mu = \mathrm{i}\hbar\dfrac{\partial}{\partial x^\mu}$, 则 Dirac 方程可以进一步写为

$$(\not{p} - mc)\psi = 0. \tag{2.29}$$

(2.27) 式中的 γ 矩阵满足如下 (反对易) 关系:

$$\gamma^\mu\gamma^\nu + \gamma^\nu\gamma^\mu = 2g^{\mu\nu}I. \tag{2.30}$$

在表象 (2.14) 中 (Dirac 表象),

$$\gamma^i = \begin{bmatrix} 0 & \sigma_i \\ -\sigma_i & 0 \end{bmatrix}, \quad \gamma^0 = \begin{bmatrix} I & 0 \\ 0 & -I \end{bmatrix}. \tag{2.31}$$

在新的参考系中, Dirac 方程写为 $(\mathrm{i}\hbar\not{\partial}' - mc)\psi'(x') = \left(\mathrm{i}\hbar\gamma^\mu\dfrac{\partial}{\partial x'^\mu} - mc\right)\psi'(x') = 0$. 如果能够找到不同参考系中的波函数之间的一个 (线性) 变换, 使得在不同参考系中的方程等价, 则证明了 Dirac 方程的协变性②. 这个变换以如下方式引入:

$$\psi'(x') = \psi'(ax) \equiv S(a)\psi(x) = S(a)\psi(a^{-1}x'). \tag{2.33}$$

利用这个式子同样可以写出 $\psi(x) = S(a^{-1})\psi'(x')$, 于是可以得出变换矩阵的一个性质: $S(a^{-1}) = S^{-1}(a)$.

从一个参考系 $\mathcal{O}$ 的 Dirac 方程出发, 可以得出

$$\left[\mathrm{i}\hbar S(a)\gamma^\mu S^{-1}(a)\frac{\partial}{\partial x^\mu} - mc\right]\psi'(x') = 0.$$

---

①场论中习惯以符号 $\not{\partial}, \not{p}$ 等代指 $\gamma^\mu\partial_\mu, \gamma^\mu p_\mu$ 等.

②在经典电动力学里面我们学过标量、矢量、张量的变换规则:

$$\begin{aligned} \phi'(x') &= \phi(x), \\ A'_\mu(x') &= a_\mu{}^\nu A_\nu(x), \\ F'_{\mu\nu}(x') &= a_\mu{}^\rho a_\nu{}^\sigma F_{\rho\sigma}(x). \end{aligned} \tag{2.32}$$

这里遇到的是旋量这一新的情况.

又由 $\partial_\mu = a_\mu{}^\nu \partial'_\nu$ 知道, 只要 S 满足

$$S^{-1}(a)\gamma^\nu S(a) = a^\nu{}_\mu \gamma^\mu, \tag{2.34}$$

就可以得到另一个参考系 $\mathcal{O}'$ 中的方程, 则 Dirac 方程的协变性就得到了证明. 下面我们的任务就是来找到 $S(a)$ 的具体表达式.

首先考虑一个无穷小的 Lorentz 变换:

$$a_\mu{}^\nu = g_\mu{}^\nu + \Delta\omega_\mu{}^\nu. \tag{2.35}$$

由 (2.26) 式给出 $\Delta\omega^{\mu\nu}$ 是反对称的, $\Delta\omega^{\mu\nu} = -\Delta\omega^{\nu\mu}$, 有六个独立分量 (Lorentz 平移 3 个, 三维空间正交转动 3 个). 六个独立而不为零的 $\Delta\omega^{\mu\nu}$ 中的每一个都生成一个无穷小的 Lorentz 变换. 比如, 对于到沿 x 轴以速度 $c\Delta\beta$ 运动的坐标系的变换, $\Delta\omega^{01} = \Delta\beta$, 对于绕 z 轴转过角度 $\Delta\phi$ 的变换, $\Delta\omega^1{}_2 = -\Delta\omega^{12} = \Delta\phi$, 等等. 把 S 按无穷小生成元展开, 只保留线性项, 可以把它写为

$$S = 1 - \frac{\mathrm{i}}{4}\sigma_{\mu\nu}\Delta\omega^{\mu\nu} \ ,$$

其中的系数 $\sigma_{\mu\nu}$ 是一个 4×4 的反对称矩阵, 利用 (2.34) 式可以推出它满足

$$2\mathrm{i}[g^\nu{}_\alpha\gamma_\beta - g^\nu{}_\beta\gamma_\alpha] = [\gamma^\nu, \sigma_{\alpha\beta}].$$

不难猜出其解是

$$\sigma_{\mu\nu} = \frac{\mathrm{i}}{2}[\gamma_\mu, \gamma_\nu]. \tag{2.36}$$

于是对于无穷小的 Lorentz 变换,

$$S = 1 + \frac{1}{8}[\gamma_\mu, \gamma_\nu]\Delta\omega^{\mu\nu} = 1 - \frac{\mathrm{i}}{4}\sigma_{\mu\nu}\Delta\omega^{\mu\nu}. \tag{2.37}$$

现在我们利用许多相继的无穷小旋量变换来构造有限的旋量变换. 首先我们从无穷小的 Lorentz 变换构造出有限的 Lorentz 变换. 为此设

$$\Delta\omega^{\mu\nu} = \Delta\omega (J_n)^{\mu\nu}, \tag{2.38}$$

其中 $\Delta\omega$ 是无穷小参数, 或为绕一个以 n 为标记方向的轴的转角, J_n 是绕此轴做单位 Lorentz 转动的系数所组成的 4×4 矩阵, ν 和 μ 分别标记行和列. 这样可以得到有限的 Lorentz 矩阵:

$$\begin{aligned} x^{\nu\prime} &= \lim_{N\to\infty}\left(g + \frac{\omega}{N}J\right)^\nu{}_{\alpha_1}\left(g + \frac{\omega}{N}J\right)^{\alpha_1}{}_{\alpha_2}\cdots x^{\alpha_N} \\ &= (\mathrm{e}^{\omega J})^\nu{}_\mu x^\mu. \end{aligned} \tag{2.39}$$

由此出发进一步可以得到旋量在 Lorentz 变换下的法则:

$$\begin{aligned}\psi'(x') = S\psi(x) &= \lim_{N\to\infty}\left(1-\frac{\mathrm{i}}{4}\frac{\omega}{N}\sigma_{\mu\nu}J_n^{\mu\nu}\right)^N\psi(x)\\ &= \exp\left\{-\frac{\mathrm{i}}{4}\omega\sigma_{\mu\nu}J_n^{\mu\nu}\right\}\psi(x).\end{aligned} \tag{2.40}$$

对于沿 x 轴以 $c\Delta\omega = c\Delta\beta$ 运动的变换, $J^0{}_1 = J^1{}_0 = -J^{01} = +J^{10} = -1$,

$$a^\nu{}_\mu x^\mu = (\mathrm{e}^{\omega J})^\nu{}_\mu x^\mu = \begin{pmatrix}\cosh\omega & -\sinh\omega & 0 & 0\\ -\sinh\omega & \cosh\omega & 0 & 0\\ 0 & 0 & 1 & 0\\ 0 & 0 & 0 & 1\end{pmatrix}\begin{pmatrix}x^0\\ x^1\\ x^2\\ x^3\end{pmatrix}, \tag{2.41}$$

其中 $x^0 = ct$. 将 (2.41) 式与 Lorentz 变换公式比较得 $\tanh\omega = \beta$, 进一步可得出

$$\psi'(x') = \mathrm{e}^{-(\mathrm{i}/2)\omega\sigma_{01}}\psi(x) = \left[\cosh\frac{\omega}{2} - \sinh\frac{\omega}{2}\begin{pmatrix}0 & \sigma_1\\ \sigma_1 & 0\end{pmatrix}\right]\psi(x).$$

而对于绕 z 轴转角为 ϕ 的转动, $J^{12} = -J^{21} = -1$,

$$\psi'(x') = \mathrm{e}^{(\mathrm{i}/2)\phi\sigma_{12}}\psi(x) = \left[\cos\frac{\phi}{2} + \mathrm{i}\sin\frac{\phi}{2}\begin{pmatrix}\sigma_3 & 0\\ 0 & \sigma_3\end{pmatrix}\right]\psi(x),$$

其中 $\sigma_3 = \mathrm{diag}(1,-1)$ 是 Pauli 矩阵. 上面这个式子值得注意: 旋量要转动 4π 才能回到原来的值, 因此费米子可观测量必须是 $\psi(x)$ 的双线性函数.

对于纯粹的空间转动, S_{R} 是幺正矩阵 (σ_{ij} 厄米), $S_{\mathrm{R}}^\dagger = S_{\mathrm{R}}^{-1}$. 然而对于 Lorentz 转动, $S_{\mathrm{L}} = S_{\mathrm{L}}^\dagger \neq S_{\mathrm{L}}^{-1}$. 此时有 $S_{\mathrm{L}}^{-1} = \gamma^0 S_{\mathrm{L}}^\dagger\gamma^0$. 不难验证这一式子对于三维转动 S_{R} 也是对的, 所以可以统一写为

$$S^{-1} = \gamma^0 S^\dagger\gamma^0. \tag{2.42}$$

容易证明概率流 $j^\mu(x) = c\psi^\dagger\gamma^0\gamma^\mu\psi(x)$ 在 Lorentz 变换下确实是一 4-矢量. 以下, 因为组合 $\psi^\dagger\gamma^0$ 经常出现, 我们赋予它一个新的记号: $\psi^\dagger\gamma^0 \equiv \overline{\psi}$. 易证

$$\overline{\psi}'(x') = \overline{\psi}(x)S^{-1}. \tag{2.43}$$

2.2.2 空间反射、双线性项的协变性

现在把空间反射

$$\boldsymbol{x}' = -\boldsymbol{x}, \quad t' = t$$

包括进来以构成非正规的 Lorentz 变换. 这一变换不能由无穷小变换生成, 但是很容易看出 (2.34) 式的解. 此时变换矩阵 ${a^\nu}_\mu$ 可以写为 $g^{\nu\mu}$. 以 P 来标记空间反射对应的矩阵, 则 (2.34) 式变为

$$P^{-1}\gamma^\nu P = \gamma_\nu, \tag{2.44}$$

而

$$P = \mathrm{e}^{\mathrm{i}\varphi}\gamma^0 \tag{2.45}$$

就满足它, 这里的相因子可以是任意的 (如果要求反射四次后恢复原状, 则 $\mathrm{e}^{\mathrm{i}\varphi} = \pm 1, \pm \mathrm{i}$). 于是

$$\psi'(x') = \psi'(-\boldsymbol{x}, t) = \mathrm{e}^{\mathrm{i}\varphi}\gamma^0\psi(x). \tag{2.46}$$

再引入一个 γ_5(或者一样的 γ^5) 矩阵:

$$\gamma_5 \equiv \mathrm{i}\gamma^0\gamma^1\gamma^2\gamma^3, \tag{2.47}$$

则由这些 γ 矩阵以及它们的乘积可以构成 16 个线性独立的 4×4 矩阵 Γ^n: $\{1, \gamma^5, \gamma^\mu, \gamma^5\gamma^\mu, \sigma_{\mu\nu}\}$, 即任意 4×4 矩阵都可以由这 16 个矩阵写出, 且系数是唯一的 (我们在 §6.1 中将较为详细地讨论 γ 代数的性质). 特别地, γ_5 与所有的 γ^μ 反对易, 在 Dirac 表象中,

$$\gamma_5 = \begin{pmatrix} 0 & I \\ I & 0 \end{pmatrix}. \tag{2.48}$$

对于形如 $\overline{\psi}\Gamma^n\psi$ 这样的双线性量, 不难证明: $\overline{\psi}(x)\psi(x)$ 是标量, $\overline{\psi}(x)\gamma^5\psi(x)$是赝标量, $\overline{\psi}(x)\gamma^\mu\psi(x)$ 是矢量, $\overline{\psi}(x)\gamma^5\gamma^\mu\psi(x)$ 是轴矢量, $\overline{\psi}(x)\sigma^{\mu\nu}\psi(x)$ 是张量.

§2.3　自由粒子解

我们已经看到 Dirac 理论满足 Lorentz 协变性的要求. 进一步考察自由粒子的方程, 对 Dirac 方程解的物理本质可以得到更好的理解. 我们首先把静止自由粒子的解写成统一的形式:

$$\psi^r(x) = w^r(0)\mathrm{e}^{-(\mathrm{i}\epsilon_r mc^2/\hbar)t} \quad (r = 1, 2, 3, 4), \tag{2.49}$$

其中 $r = 1, 2$ 时, $\epsilon_r = +1$, $r = 3, 4$ 时 $\epsilon_r = -1$, 而

$$w^1(0) = \begin{pmatrix} 1 \\ 0 \\ 0 \\ 0 \end{pmatrix}, \quad w^2(0) = \begin{pmatrix} 0 \\ 1 \\ 0 \\ 0 \end{pmatrix}, \quad w^3(0) = \begin{pmatrix} 0 \\ 0 \\ 1 \\ 0 \end{pmatrix}, \quad w^4(0) = \begin{pmatrix} 0 \\ 0 \\ 0 \\ 1 \end{pmatrix}. \tag{2.50}$$

(2.50) 式前两个解描写电子的两个自旋自由度, 负能解 ($r=3,4$) 有待解释. 由这些解出发, 可以利用 Lorentz 变换来得出任意速度的自由粒子解: 若一坐标系相对于静止解的坐标系以 $-\boldsymbol{v}$ 运动, 变换到这一坐标系, 我们就得到了速度为 $\boldsymbol{v}$ 的自由电子波函数.

对于任意的速度 $\boldsymbol{v}/|\boldsymbol{v}|$, (2.38) 式中的

$$J^{\mu}_{\ \nu}=\begin{bmatrix}0 & -\dfrac{v_x}{v} & -\dfrac{v_y}{v} & -\dfrac{v_z}{v}\\ -\dfrac{v_x}{v} & 0 & 0 & 0\\ -\dfrac{v_y}{v} & 0 & 0 & 0\\ -\dfrac{v_z}{v} & 0 & 0 & 0\end{bmatrix},$$

$$\sigma_{\mu\nu}J_n^{\mu\nu}=-2\mathrm{i}\frac{\boldsymbol{\alpha}\cdot\boldsymbol{v}}{|\boldsymbol{v}|}. \tag{2.51}$$

由此得出

$$\begin{aligned}S&=\exp\left(-\frac{\omega}{2}\frac{\boldsymbol{\alpha}\cdot\boldsymbol{v}}{|\boldsymbol{v}|}\right)=\cosh\frac{\omega}{2}I-\begin{pmatrix}0 & \boldsymbol{\sigma}\cdot\dfrac{\boldsymbol{v}}{v}\\ \boldsymbol{\sigma}\cdot\dfrac{\boldsymbol{v}}{v} & 0\end{pmatrix}\sinh\frac{\omega}{2}\\ &=\sqrt{\frac{E+mc^2}{2mc^2}}\times\begin{bmatrix}1 & 0 & \dfrac{p_zc}{E+mc^2} & \dfrac{p_-c}{E+mc^2}\\ 0 & 1 & \dfrac{p_+c}{E+mc^2} & -\dfrac{p_zc}{E+mc^2}\\ \dfrac{p_zc}{E+mc^2} & \dfrac{p_-c}{E+mc^2} & 1 & 0\\ \dfrac{p_+c}{E+mc^2} & -\dfrac{p_zc}{E+mc^2} & 0 & 1\end{bmatrix}\\ &=\frac{c\not{p}\gamma^0+mc^2}{\sqrt{2mc^2(E+mc^2)}},\end{aligned} \tag{2.52}$$

其中 $p_\pm\equiv p_x\pm\mathrm{i}p_y$. 于是自由粒子解的一般形式是

$$\psi^r(x)=w^r(p)\mathrm{e}^{-\mathrm{i}\epsilon_r p_\mu x^\mu/\hbar}, \tag{2.53}$$

这里的 $w^r(p)$ 由 (2.52) 式中矩阵的第 r 列给出. 可以验证 $w^r(p)$ 满足下列常用关系式:

$$\begin{aligned}(\not{p}-\epsilon_r mc)w^r(p)=0\ ,\overline{w}_r(p)(\not{p}-\epsilon_r mc)=0;\\ \overline{w}^r(p)w^{r'}(p)=\delta_{rr'}\epsilon_r;\\ \sum_{r=1}^{4}\epsilon_r w^r_\alpha(p)\overline{w}^r_\beta(p)=\delta_{\alpha\beta}.\end{aligned} \tag{2.54}$$

$w^r(p)$ 还满足有用的关系式

$$w^{r\dagger}(\epsilon_r p)w^{r'}(\epsilon_{r'}p) = \frac{E}{mc^2}\delta_{rr'}. \tag{2.55}$$

这个式子表明概率密度多了一个校正因子 E/mc^2 以补偿体积元沿运动方向的 Lorentz 收缩.

2.3.1 极化矢量、能量和自旋投影算符

沿任意方向 $\boldsymbol{s}$ 极化的解可由沿 z 轴方向极化的静止电子解乘以算符 $S = \mathrm{e}^{(\mathrm{i}/2)\varphi\boldsymbol{\Sigma}\cdot\boldsymbol{n}}$ 得到, 其中 $\boldsymbol{n}$ 是转轴方向上的单位矢量,

$$\boldsymbol{\Sigma} \equiv \begin{pmatrix} \boldsymbol{\sigma} & 0 \\ 0 & \boldsymbol{\sigma} \end{pmatrix}. \tag{2.56}$$

注意如旋量 w 对应于极化矢量为 $\boldsymbol{s}$ 的电子, 则

$$\boldsymbol{\Sigma}\cdot\boldsymbol{s}w = w.$$

我们注意到上面所讨论的内容与量子力学里见到的两分量 Pauli 自旋子的转动很相似.

再引入一种更常用的记号. 令 $u(\boldsymbol{p},s)$ 代表一旋量, 它是 Dirac 方程的正能解, 动量为 $p^\mu = (p^0,\boldsymbol{p})$, 自旋为 s^μ. 自旋矢量 s^μ 是通过静止系的极化矢量 $\widetilde{\boldsymbol{s}}$ 由 $s^\mu = a^\mu{}_\nu\widetilde{s}^\nu$ 来定义的, 其中 $p^\mu = a^\mu{}_\nu\widetilde{p}^\nu$ 且 $\widetilde{p}^\nu = (m,\boldsymbol{0})$. 注意到有性质 $s_\mu s^\mu = -1$ 且 $s_\mu p^\mu = 0$. 在静止系中,

$$\boldsymbol{\Sigma}\cdot\widetilde{\boldsymbol{s}}u(\widetilde{\boldsymbol{p}},\widetilde{s}) = u(\widetilde{\boldsymbol{p}},\widetilde{s}). \tag{2.57}$$

而在运动系中的 $u(\boldsymbol{p},s)$ 可由上面的 $u(\widetilde{\boldsymbol{p}},\widetilde{s})$ 通过 Lorentz 变换生成出来. 类似地令 $v(\boldsymbol{p},s)$ 标记一负能解,

$$(\not{p} + mc)v(\boldsymbol{p},s) = 0, \tag{2.58}$$

它在静止系中的极化为 $-\widetilde{\boldsymbol{s}}$①, 即

$$\boldsymbol{\Sigma}\cdot\widetilde{\boldsymbol{s}}v(\widetilde{\boldsymbol{p}},\widetilde{s}) = -v(\widetilde{\boldsymbol{p}},\widetilde{s}). \tag{2.59}$$

(2.53) 式与这些新标记的旋量有关系, $\sqrt{2mc^2}w^1(p)=u(\boldsymbol{p},u_z)$, $\sqrt{2mc^2}w^2(p)=u(\boldsymbol{p},-u_z)$, $\sqrt{2mc^2}w^3(p) = v(\boldsymbol{p},-u_z)$, $\sqrt{2mc^2}w^4(p) = v(\boldsymbol{p},u_z)$, 其中 u_z^μ 是一 4-矢量, 它在静止系中的形式为 $\widetilde{u}_z^\mu = (0,\widetilde{\boldsymbol{u}}_z) = (0,0,0,1)$. 如果旋量的极化不沿 z 轴而沿 $\boldsymbol{s}$ 方向, 则

① 由 (2.56) 式引起的这个负号的出现到了后面讨论 “空穴” 理论时就会清楚其含义.

有如下的一般表达式:

$$\begin{aligned} u(\boldsymbol{p},s) &= \sqrt{E+mc^2}\begin{pmatrix} \chi(\widetilde{s}) \\ \dfrac{c\boldsymbol{p}\cdot\boldsymbol{\sigma}}{E+mc^2}\chi(\widetilde{s}) \end{pmatrix}, \\ v(\boldsymbol{p},s) &= \sqrt{E+mc^2}\begin{pmatrix} \dfrac{c\boldsymbol{p}\cdot\boldsymbol{\sigma}}{E+mc^2}\eta(\widetilde{s}) \\ \eta(\widetilde{s}) \end{pmatrix}, \end{aligned} \tag{2.60}$$

其中 $\chi(\widetilde{s}),\eta(\widetilde{s})$ 为 $\widetilde{\boldsymbol{s}}\cdot\boldsymbol{\sigma}$ 取正、负本征值的两个独立本征矢①, 有正交归一关系 $\chi^\dagger(s)\chi(s')=\delta_{ss'}$, 而 $\boldsymbol{p}\cdot\boldsymbol{\sigma}=\begin{pmatrix} p_z & p_- \\ p_+ & -p_z \end{pmatrix}$. 如果 $\chi(s),\eta(s)$ 取 $\begin{pmatrix}1\\0\end{pmatrix}$ 和 $\begin{pmatrix}0\\1\end{pmatrix}$(也就是 σ^3 的本征态), 则很容易验证上述表达式回到 (2.52) 式第 r 列所给出的形式.

能量投影算符可以简单地写出来:

$$\Lambda_\pm(p)=\frac{\pm \not{p}+mc}{2mc}. \tag{2.61}$$

它具有如下性质:

$$\Lambda_\pm^2(p)=\Lambda_\pm(p),\quad \Lambda_+(p)\Lambda_-(p)=0,\quad \Lambda_+(p)+\Lambda_-(p)=1. \tag{2.62}$$

而相对论理论中的自旋投影算符的协变推广为

$$\Sigma(s)=\frac{1+\gamma_5\not{s}}{2}\quad (s_\mu p^\mu=0). \tag{2.63}$$

为了理解这一形式, 我们指出对于非相对论系统中自旋朝上的粒子, 其自旋投影算符为 $\dfrac{1+\sigma_z}{2}$. 可以将其改写为 $\dfrac{1+\boldsymbol{\sigma}\cdot\boldsymbol{e}_z}{2}$, 或者更一般的 $\dfrac{1+\boldsymbol{\sigma}\cdot\boldsymbol{s}}{2}$, 以摆脱对具体坐标的依赖, 后者即量子力学中的自旋投影算符. 现在需要进一步将其相对论化, 为此首先尝试把 $\boldsymbol{\sigma}\cdot\boldsymbol{s}$ 变为 $\boldsymbol{\Sigma}\cdot\boldsymbol{s}$, 再由 (2.31) 与 (2.48) 式知算符可改写为 $\dfrac{1-\gamma_5\gamma^i\gamma_0 s^i}{2}$. 再把 $-\gamma^i s^i$ 改写为 $\gamma^\mu s_\mu$, 就得到协变推广为 $\dfrac{1+\gamma_5\gamma^\mu s_\mu\gamma^0}{2}$. 但是由于上式中 γ^0 因子不协变, 导致协变的计算成为不可能, 所以需要把它消去, 于是就得到了 (2.63) 式. 不难验证 (2.63) 式在非相对论极限下退化到 $\left(1+\begin{pmatrix}\boldsymbol{\sigma} & 0\\ 0 & -\boldsymbol{\sigma}\end{pmatrix}\cdot\widetilde{\boldsymbol{u}}_z\right)\Big/2$ 的形

①设 $\boldsymbol{s}$ 的极角为 (θ,ϕ), 则 (最多差一个相因子)

$$\chi(s),\eta(s)=\chi_+(s)\ ,\chi_-(s)=\begin{pmatrix}\cos\dfrac{\theta}{2}\mathrm{e}^{-\mathrm{i}\phi/2}\\ \sin\dfrac{\theta}{2}\mathrm{e}^{\mathrm{i}\phi/2}\end{pmatrix},\begin{pmatrix}-\sin\dfrac{\theta}{2}\mathrm{e}^{-\mathrm{i}\phi/2}\\ \cos\dfrac{\theta}{2}\mathrm{e}^{\mathrm{i}\phi/2}\end{pmatrix}.$$

式, 注意它与 (2.56) 式下分量的符号的差别, 这也就是对于负能解自旋朝上的分量规定极化为负, 即 (2.59) 式中负号的来源.

可以验证 $\Sigma(s)$ 有如下性质:

$$\begin{gathered}\Sigma(s)u(\boldsymbol{p},s)=u(\boldsymbol{p},s),\quad \Sigma(s)v(\boldsymbol{p},s)=v(\boldsymbol{p},s);\\ \Sigma(-s)u(\boldsymbol{p},s)=\Sigma(-s)v(\boldsymbol{p},s)=0.\end{gathered}\tag{2.64}$$

由 $\Lambda_{\pm}(p)$ 和 $\Sigma(\pm s)$ 可以构造 4 个投影算符

$$\begin{aligned}&P_1(p)=\Lambda_+\Sigma(u_z),\quad P_2(p)=\Lambda_+\Sigma(-u_z),\\ &P_3(p)=\Lambda_-\Sigma(-u_z),\quad P_4(p)=\Lambda_-\Sigma(u_z)\end{aligned}\tag{2.65}$$

来完全标记出自由粒子波函数的四个分量.

2.3.2 平面波解

负能解的存在是令人不快的. 那么是否可以直接忽视负能解项而避开它呢? 实际上在没有相互作用的情况下, 正能解并不会演化出负能解. 下面只用正能解的叠加来构成一个波包

$$\psi^{(+)}(\boldsymbol{x},t)=\int\frac{\mathrm{d}^3\boldsymbol{p}}{(2\pi\hbar)^{3/2}}\sqrt{\frac{1}{2E}}\sum_{\pm s}b(\boldsymbol{p},s)u(\boldsymbol{p},s)\mathrm{e}^{-\mathrm{i}p\cdot x/\hbar},\tag{2.66}$$

并看一下它的演化. 利用 (2.55) 式, 得到归一化条件

$$\begin{aligned}&\int\psi^{(+)\dagger}(\boldsymbol{x},t)\psi^{(+)}(\boldsymbol{x},t)\mathrm{d}^3\boldsymbol{x}\\ &=\int\mathrm{d}^3\boldsymbol{p}\frac{1}{2E}\sum_{\pm s,\pm s'}b^*(\boldsymbol{p},s')b(\boldsymbol{p},s)u^\dagger(\boldsymbol{p},s')u(\boldsymbol{p},s)\\ &=\int\mathrm{d}^3\boldsymbol{p}\sum_s|b(\boldsymbol{p},s)|^2=1.\end{aligned}\tag{2.67}$$

这一波包的平均流由速度算符的期望值给出:

$$\boldsymbol{J}^{(+)}=\int\psi^{(+)\dagger}c\boldsymbol{\alpha}\psi^{(+)}\mathrm{d}^3\boldsymbol{x}.\tag{2.68}$$

利用 Gordon 分解式, 即对于任意两个 Dirac 方程 $(\not{p}-mc)\psi(x)=0$ 的解 ψ_1,ψ_2 都

有[①]

$$c\overline{\psi}_2\gamma_\mu\psi_1 = \frac{1}{2m}[\overline{\psi}_2 p_\mu\psi_1 - (p_\mu\overline{\psi}_2)\psi_1] - \frac{\mathrm{i}}{2m}p^\nu(\overline{\psi}_2\sigma_{\mu\nu}\psi_1), \tag{2.69}$$

可以求出 (2.68) 式为

$$J_i^{(+)} = \int \mathrm{d}^3\boldsymbol{p}\frac{p_i c^2}{E}\sum_{\pm s}|b(\boldsymbol{p},s)|^2, \tag{2.70}$$

或者 ($\boldsymbol{V}_{\mathrm{g}}$ 代表群速度)

$$\boldsymbol{J}^{(+)} = \langle c\boldsymbol{\alpha}\rangle = \left\langle\frac{c^2\boldsymbol{p}}{E}\right\rangle_+ = \langle\boldsymbol{V}_{\mathrm{g}}\rangle_+. \tag{2.71}$$

因此对于没有相互作用的情形, 由正能解构成的波包并不会发展出负能分量. 但严重的是, 一开始定域于空间有限范围内的一个电子波包总是存在着两种分量. 为了看清这一点, 我们写出包括正、负能解的 (2.66) 式的推广:

$$\psi(\boldsymbol{x},t) = \int\frac{\mathrm{d}^3\boldsymbol{p}}{(2\pi\hbar)^{3/2}}\sqrt{\frac{1}{2E}}\sum_{\pm s}[b(\boldsymbol{p},s)u(\boldsymbol{p},s)\mathrm{e}^{-\mathrm{i}p\cdot x/\hbar} + d^*(\boldsymbol{p},s)v(\boldsymbol{p},s)\mathrm{e}^{\mathrm{i}p\cdot x/\hbar}]. \tag{2.72}$$

这时的归一化条件为

$$\begin{aligned}&\int\psi^\dagger(\boldsymbol{x},t)\psi(\boldsymbol{x},t)\mathrm{d}^3\boldsymbol{x}\\ &= \int\mathrm{d}^3\boldsymbol{p}\sum_s\left[|b(\boldsymbol{p},s)|^2 + |d(\boldsymbol{p},s)|^2\right] = 1.\end{aligned} \tag{2.73}$$

通过计算可以证明此时的流除了与时间无关的群速度外, 还出现了正能解与负能解的交叉项, 它以频率 $2p_0c/\hbar > 2mc^2/\hbar \approx 2\times10^{21}\ \mathrm{s}^{-1}$ 随时间快速振动.

此时考虑波函数

$$\psi(\boldsymbol{r},0,s) = (\pi d^2)^{3/4}\mathrm{e}^{-r^2/2d^2}w^1(0). \tag{2.74}$$

它表示了在 $t=0$ 时刻围绕原点半宽为 d 的 Gauss 波包. 在较晚的时刻 t 可以把它表示为波包 (2.72) 式, 其系数由初始条件确定. 计算得出

$$\begin{aligned}b(\boldsymbol{p},s) &= \sqrt{\frac{1}{2E}}\left(\frac{d^2}{\pi\hbar^2}\right)^{3/4}\mathrm{e}^{-p^2d^2/2\hbar^2}u^\dagger(\boldsymbol{p},s)w^1(0),\\ d^*(-\boldsymbol{p},s) &= \sqrt{\frac{1}{2E}}\left(\frac{d^2}{\pi\hbar^2}\right)^{3/4}\mathrm{e}^{-p^2d^2/2\hbar^2}v^\dagger(-\boldsymbol{p},s)w^1(0).\end{aligned} \tag{2.75}$$

[①] 利用 $\gamma^\mu\gamma^\nu = \frac{1}{2}\{\gamma^\mu,\gamma^\nu\} + \frac{1}{2}[\gamma^\mu,\gamma^\nu]$ 可证 (箭头表示算符作用方向)

$$\begin{aligned}0 &= \overline{\psi}_2(-\overleftarrow{\not p} - mc)\not a\psi_1 + \overline{\psi}_2\not a(\overrightarrow{\not p} - mc)\psi_1\\ &= -2mc\overline{\psi}_2\not a\psi_1 + \overline{\psi}_2(a^\mu\overrightarrow{p}_\mu - \mathrm{i}a^\mu\overrightarrow{p}^\nu\sigma_{\mu\nu} - \overleftarrow{p}^\mu a_\mu + \mathrm{i}\overleftarrow{p}^\mu a^\nu\sigma_{\mu\nu})\psi_1.\end{aligned}$$

因此, 波包中的负能量解的振幅 $d^*(-p,s)$ 不为零, 与正能量部分的比值 $\propto pc/(E+mc^2)$. 因此当动量约为 mc 时负能量成分变得重要起来. 但是我们还从上式看到, 波包主要是由动量小于 $\hbar/d$ 的成分组成, 因此负能解仅在 $d\approx \hbar/mc$, 也即电子定域在其 Compton 波长大小范围内时才变得重要. 此时负频率振幅将不可忽略, 流中的振动项将是重要的. 在学习经典电动力学时, 我们知道当光的波长与电子的 Compton 波长可比拟时, 经典力学失效, 电子的波动性这一量子特性开始发挥作用. 在这里我们看到了更严重的事情, 甚至 (相对论性的) 量子力学本身也出现了负能解, 带来了一系列严重的问题, 其中包括著名的 Klein 佯谬①, 这些困难无法在电子的 Dirac 理论中加以解释.

§2.4 正电子, C 和 T 变换

2.4.1 空穴理论和正电子

负能解的存在是灾难性的, 为了避开这一困难, Dirac 于 1930 年提出了一种解决方案, 即“空穴理论”. 这个理论很简单, 它只是让电子按 Pauli 不相容原理充满负能级, 就解决了负能解的困难. 这样真空态就是所有负能电子能级都被填满、所有正能级都空着的态. 这样就保证了比如氢原子基态的稳定性.

但是负能电子海这一图像也带来了新的物理后果. 比如, 一个海里的负能电子可以吸收辐射而被激发到正能态. 此时我们将观测到一个电荷为 $-e$, 能量为 $+E$ 的电子, 加上一个负能海中的空穴. 空穴记录了一个电荷为 $-e$, 能量为 $-E$ 的缺失, 因此被观测者理解为相对于真空而言, 一个电荷为 $+e$, 能量为 $+E$ 的粒子, 即正电子的产生, 如图 2.1 所示. 相对地, 负能海中的一个空穴, 或正电子, 是电子的一个

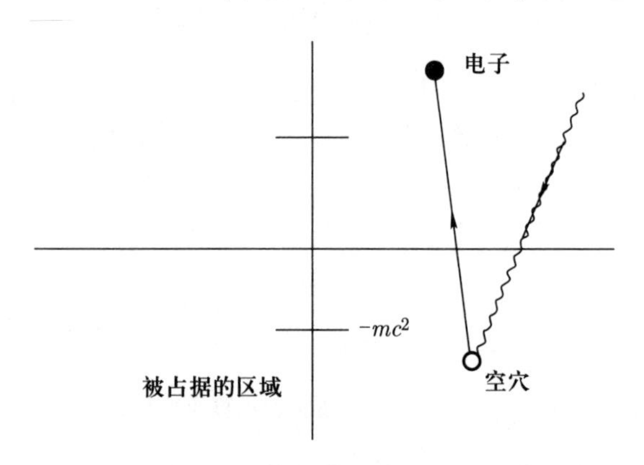

图 2.1 一个负能电子吸收光子能量跃迁为正能电子, 留下一个空穴. 后者被认定为正电子.

① 比如反射流超过了入射流, 见 Klein O. Z. Physik, 1929, 53: 157.

陷阱, 导致了正负电子湮灭而发出辐射.

我们看到由于空穴概念, 理论中包含带两种符号电荷的粒子. 因为电子–正电子对的产生和湮灭这一现象的出现, 波函数不能再具有单粒子理论的简单的概率解释.

2.4.2 C 变换

Dirac 方程

$$(\mathrm{i}\hbar\not{\partial} - e\not{A} - mc)\psi = 0 \tag{2.76}$$

描写的是电子的波函数. 根据电子、正电子的对称性, 正电子的波函数 ψ_{c} 将是方程

$$(\mathrm{i}\hbar\not{\partial} + e\not{A} - mc)\psi_{\mathrm{c}} = 0 \tag{2.77}$$

的正能解. 这两个方程的解之间有一一对应的关系, 导致了必须存在一个把两个方程互相变换的算符. 可以证明

$$\psi_{\mathrm{c}} = C\overline{\psi}^{\mathrm{T}} = C\gamma^0\psi^* = \mathrm{i}\gamma^2\psi^* \tag{2.78}$$

构成了这样一个变换, 其中

$$C = \mathrm{i}\gamma^2\gamma^0 = -C^{-1} = -C^{\mathrm{T}} = -C^{\dagger}. \tag{2.79}$$

这个 C 矩阵满足

$$C^{-1}\gamma^{\mu}C = -\gamma^{\mu\mathrm{T}}. \tag{2.80}$$

我们来考察一下变换 $\psi_{\mathrm{c}} = C\overline{\psi}^{\mathrm{T}} = \mathrm{i}\gamma^2\psi^*$ 对于一个负能自由电子解的作用. 由 (2.49) 式, 得

$$\mathrm{i}\gamma^2\psi^{4*} = \psi^1. \tag{2.81}$$

这个式子被理解为, 空缺一个自旋向下的静止负能电子等价于出现一个自旋向上的静止正能正电子.

应用同样变换于任意自旋动量本征态, 利用 $\{\gamma^5, \gamma^0\} = 0$ 和 $\gamma^{\mu} = -C\gamma^{\mu\mathrm{T}}C^{-1}$, 并且注意到在复共轭变换下仅仅 γ^2 变号, 别的不变号, 我们求得

$$\begin{aligned}
\psi_{\mathrm{c}} = C\overline{\psi}^{\mathrm{T}} = C\gamma_0\psi^* &= C\gamma_0\left(\frac{\epsilon\not{p} + mc}{2mc}\right)^*\left(\frac{1+\gamma_5\not{s}}{2}\right)^*\psi^* \\
&= C\left(\frac{\epsilon\not{p}^{\mathrm{T}} + mc}{2mc}\right)\left(\frac{1-\gamma_5\not{s}^{\mathrm{T}}}{2}\right)\gamma_0\psi^* \\
&= \left(\frac{-\epsilon\not{p} + mc}{2mc}\right)\left(\frac{1+\gamma_5\not{s}}{2}\right)\psi_{\mathrm{c}}.
\end{aligned} \tag{2.82}$$

我们看到电荷共轭变换把具有 p, s 的负能解变为以 p, s 描写的正能解. 用自由粒子旋量来表示, 有

$$\begin{aligned} \mathrm{e}^{\mathrm{i}\phi(\boldsymbol{p},s)} v(\boldsymbol{p}, s) &= C\overline{u}^{\mathrm{T}}(\boldsymbol{p}, s), \\ \mathrm{e}^{\mathrm{i}\phi(\boldsymbol{p},s)} u(\boldsymbol{p}, s) &= C\overline{v}^{\mathrm{T}}(\boldsymbol{p}, s). \end{aligned} \tag{2.83}$$

需要指出的是, 电荷共轭变换下极化矢量 s 并不改变符号, 但是自旋确实是反过来了, 如 (2.81) 式所示. 这是由在静止系中自旋投影算符定义为 $\dfrac{1+\boldsymbol{\Sigma}\cdot\boldsymbol{s}\gamma_0}{2}$ 造成的, 符号的改变由 γ^0 而来.

由 Dirac 方程出发可以得到所谓的 Majorana 费米子 ψ_{M}. 既然 ψ 或 ψ_{c} 均满足 Dirac 方程, 那么

$$\psi_{\mathrm{M}} \equiv \frac{1}{2}(\psi + \psi_{\mathrm{c}}) \tag{2.84}$$

也满足同样的 Dirac 方程 $(\not{p} - m)\psi_{\mathrm{M}} = 0$, 并且在电荷共轭变换下不变. 这样的场不可能参与电磁相互作用, 也不会是自旋算符的本征态. 将其写成两个分量, 发现

$$\psi_{\mathrm{M}} = \begin{pmatrix} \chi \\ -\mathrm{i}\sigma^2\chi^* \end{pmatrix}, \tag{2.85}$$

即上下两个分量互不独立, 也不存在大小之说. 事实上可以把 Majorana 费米子的 Dirac 方程写成一个二分量的方程:

$$\mathrm{i}\overline{\sigma}^{\mu}\partial_{\mu}\chi + \mathrm{i}m\sigma^2\chi^* = 0, \tag{2.86}$$

其中 $\overline{\sigma}^{\mu} = (1, -\boldsymbol{\sigma})$.

2.4.3 T 变换

时间反演不变说的是, 在

$$t \to t' = -t, \quad \boldsymbol{x} \to \boldsymbol{x}' = \boldsymbol{x} \tag{2.87}$$

时, Dirac 方程保持不变. 在 (2.87) 式的变换下, 波函数 (以下我们用花体字母代表相应变换的算符)

$$\psi'(\boldsymbol{x}, t') \equiv \mathcal{T}\psi(\boldsymbol{x}, t) = \psi'(\boldsymbol{x}, -t) \tag{2.88}$$

描述的是沿时间逆向传播的粒子. 而这仅当 $\psi'(\boldsymbol{x}, t')$ 也满足 Dirac 方程时才有可能. 为了讨论时间反演变换, 我们回到哈密顿形式:

$$\mathrm{i}\hbar\frac{\partial\psi(\boldsymbol{x}, t)}{\partial t} = \left[c\boldsymbol{\alpha}\cdot(-\mathrm{i}\hbar\nabla - \frac{e}{c}\boldsymbol{A}) + \beta mc^2 + e\Phi\right]\psi(\boldsymbol{x}, t). \tag{2.89}$$

在上式等号两边同时从左边乘以 $\widehat{T}$, 有

$$\mathcal{T}\mathrm{i}\hbar\mathcal{T}^{-1}\frac{\partial}{\partial t}\mathcal{T}\psi(\boldsymbol{x},t)=\mathcal{T}H(\boldsymbol{x},t)\mathcal{T}^{-1}\mathcal{T}\psi(\boldsymbol{x},t). \tag{2.90}$$

由 (2.88) 式,

$$-\mathcal{T}\mathrm{i}\hbar\mathcal{T}^{-1}\frac{\partial}{\partial t'}\psi'(\boldsymbol{x},t')=\mathcal{T}H(\boldsymbol{x},t)\mathcal{T}^{-1}\psi'(\boldsymbol{x},t'). \tag{2.91}$$

与 ψ' 所满足的 Dirac 方程

$$\mathrm{i}\hbar\frac{\partial}{\partial t'}\psi'(\boldsymbol{x},t')=H(\boldsymbol{x},t')\psi'(\boldsymbol{x},t') \tag{2.92}$$

比较, 得到两种可能的解:

$$\mathcal{T}\mathrm{i}\mathcal{T}^{-1}=\mathrm{i},\quad \mathcal{T}H(\boldsymbol{x},t)\mathcal{T}^{-1}\equiv H(\boldsymbol{x},-t)=-H(\boldsymbol{x},t'), \tag{2.93}$$

$$\mathcal{T}\mathrm{i}\mathcal{T}^{-1}=-\mathrm{i},\quad \mathcal{T}H(\boldsymbol{x},t)\mathcal{T}^{-1}\equiv H(\boldsymbol{x},t')=H(\boldsymbol{x},-t)=H(\boldsymbol{x},t). \tag{2.94}$$

容易理解, 第一种可能性并不符合物理要求. 比如在讨论时间无关的哈密顿量时, 这种变换会把能谱反号, 而这是不可接受的. 另外第一种变换形式在数学上也不能实现. 所以下面我们仅讨论第二种可能性. 由于 $\mathcal{T}\mathrm{i}\mathcal{T}^{-1}=-\mathrm{i}$, 此时

$$\begin{aligned}\mathcal{T}H(\boldsymbol{x},t)\mathcal{T}^{-1}&=\mathcal{T}c\boldsymbol{\alpha}\mathcal{T}^{-1}\cdot\left[\mathcal{T}(-\mathrm{i}\hbar\nabla)\mathcal{T}^{-1}-\frac{e}{c}\mathcal{T}\boldsymbol{A}(\boldsymbol{x},t)\mathcal{T}^{-1}\right]\\&\quad+mc^2\mathcal{T}\beta\mathcal{T}^{-1}+e\mathcal{T}\Phi(\boldsymbol{x},t)\mathcal{T}^{-1}\\&=-\mathcal{T}c\boldsymbol{\alpha}\mathcal{T}^{-1}\cdot\left[-\mathrm{i}\hbar\nabla-\frac{e}{c}\boldsymbol{A}(\boldsymbol{x},t)\right]+mc^2\mathcal{T}\beta\mathcal{T}^{-1}+e\Phi(\boldsymbol{x},t)\\&=H(\boldsymbol{x},t)\end{aligned} \tag{2.95}$$

成立的条件是

$$\mathcal{T}\boldsymbol{\alpha}\mathcal{T}^{-1}=-\boldsymbol{\alpha},\quad \mathcal{T}\beta\mathcal{T}^{-1}=\beta. \tag{2.96}$$

在 (2.95) 式中电磁场在时间反演变换下的规律是 $\Phi'(\boldsymbol{x},t')=\mathcal{T}\Phi(\boldsymbol{x},t)\mathcal{T}^{-1}=\Phi(\boldsymbol{x},t)$, $\boldsymbol{A}'(\boldsymbol{x},t')=\mathcal{T}\boldsymbol{A}(\boldsymbol{x},t)\mathcal{T}^{-1}=-\boldsymbol{A}(\boldsymbol{x},t)$. 这一变换规律又是由已知的 4-电流在时间反演下的变换规律和 d'Alembert 方程决定的. 由于 $\mathcal{T}\mathrm{i}\mathcal{T}^{-1}=-\mathrm{i}$, $\mathcal{T}$ 必然包含一个复共轭运算, 记为 $\mathcal{K}$, 于是 $\mathcal{T}=T\mathcal{K}$ 且 T 是一个简单的 4×4 矩阵, 有

$$T\boldsymbol{\alpha}^*T^{-1}=-\boldsymbol{\alpha},\quad T\beta T^{-1}=\beta. \tag{2.97}$$

由于仅 α_2 是纯虚数, 不难得到

$$\mathcal{T}=\mathrm{i}\gamma_1\gamma_3\mathcal{K}. \tag{2.98}$$

现在我们把时间反演算符作用到具有动量 $p^\mu = (\epsilon p^0, \boldsymbol{p})$, 自旋 $s^\mu = (s^0, \boldsymbol{s})$ 的态上,

$$\begin{aligned}
&\mathcal{T}\left(\frac{\epsilon \not{p} + mc}{2mc}\right)\left(\frac{1+\gamma_5 \not{s}}{2}\right)\psi(\boldsymbol{x},t) \\
&= T\left(\frac{\epsilon \not{p}^* + mc}{2mc}\right)\left(\frac{1+\gamma_5 \not{s}^*}{2}\right)T^{-1}\psi'(\boldsymbol{x},t') \\
&= \left(\frac{\epsilon \not{p}' + mc}{2mc}\right)\left(\frac{1+\gamma_5 \not{s}'}{2}\right)\psi'(\boldsymbol{x}',t'),
\end{aligned} \tag{2.99}$$

其中 $p' = (p^0, -\boldsymbol{p})$, $s' = (s^0, -\boldsymbol{s})$.

现在我们考虑 P, C, T 联合变换①,

$$\begin{aligned}
\psi_{PCT}(x') &= \mathcal{PCT}\psi(x) = PC\gamma^0(\mathcal{T}\psi(x,t))^* = PC\gamma^0(\mathrm{i}\gamma^1\gamma^3\psi^*(\boldsymbol{x},t))^* \\
&= -\mathrm{i}PC\gamma^0\gamma^1\gamma^3\psi(\boldsymbol{x},t) = -\mathrm{i}P\mathrm{i}\gamma^2(\gamma^0)^2\gamma^1\gamma^3\psi(\boldsymbol{x},t) \\
&= \mathrm{e}^{\mathrm{i}\varphi}\gamma^0\gamma^2\gamma^1\gamma^3\psi(\boldsymbol{x},t) = \mathrm{i}\mathrm{e}^{\mathrm{i}\varphi}\gamma_5\psi(x).
\end{aligned} \tag{2.100}$$

为了进一步看清 $\psi_{PCT}(x)$ 的物理意义, 考虑一个负能、负动量、负自旋$-\boldsymbol{s}$, 沿着时空反方向运动的电子波函数

$$\left(\frac{-\not{p} + mc}{2mc}\right)\left(\frac{1-\gamma_5 \not{s}}{2}\right)\psi(-\boldsymbol{x},-t), \tag{2.101}$$

我们把它做 PCT 联合变换, 得

$$\psi_{PCT}(x) = \left(\frac{\not{p} + mc}{2mc}\right)\left(\frac{1+\gamma_5 \not{s}}{2}\right)\mathrm{i}\mathrm{e}^{\mathrm{i}\varphi}\gamma^5\psi(\boldsymbol{x},t). \tag{2.102}$$

显然, 这表示了一个具有正能量、正的三动量 $\boldsymbol{p}$, 正的自旋 $\boldsymbol{s}$, 沿着正的时空方向运动的正电子 (由于电荷共轭变换) 波函数. 这个观测是正电子的 Stuckleberg-Feynman 理论的基础. 这个理论可以用来讨论包含正电子的散射, 并且得到合理的结果. 但是我们并不打算遵从这一方法, 而是从下一章开始直接讨论量子场论. 同时, Dirac 方程所代表的相对论性量子力学本身具有许多重要的应用, 比如氢原子解等等, 但由于这些课题偏离了量子场论这一课程的主线, 本书中也略去.

前面介绍的 P, C, T 变换具有重要的物理意义, 在这些分立对称变换下物理规律是否成立不是先验的, 而是需要实验检验的. 事实上在自然界中这三种分立对称性均可能遭到破坏, 这在后续的课程中将逐步讨论.

从现在起, 我们将采取 $\hbar = c = 1$ 的所谓自然单位制. 在 $\hbar = c = 1$ 的单位制中, Compton 波长为 $1/m$(对于电子为 3.86×10^{-11} cm), 静能为 m (对于电子为 0.511 MeV).

---

①三者之间的次序不同仅仅会导致一个无关紧要的相因子差异.

第三章　经典场论

§3.1　从经典力学到量子力学

3.1.1　最小作用量原理、运动方程与运动积分以及正则方程

描述一个力学系统的规律的最一般的方法是所谓的最小作用量原理或哈密顿原理. 这一原理说的是, 系统在 t_1 和 t_2 两时刻之间的运动使作用量

$$S=\int_{t_1}^{t_2} L(q,\dot{q},t)\mathrm{d}t \tag{3.1}$$

取极值 (更严格地说, 取最小值), 其中 $L(q,\dot{q})$ 是刻画力学系统运动规律的函数, 叫作拉格朗日量 (简称拉氏量), 而 q 是广义坐标. 值得指出的是, L 仅含有 q 和它对时间的一阶微商. 对于后者, 教科书中标准的解释是, 系统的运动由初始时刻的位置和速度唯一决定①. 但是对于它存在着更细致和深刻的理解, 稍后将专门讨论这一点. 由 $\delta q(t_1)=\delta q(t_2)=0$, 最小作用量原理导致了拉格朗日运动方程

$$\frac{\mathrm{d}}{\mathrm{d}t}\left(\frac{\partial L}{\partial \dot{q}}\right)-\frac{\partial L}{\partial q}=0. \tag{3.2}$$

对于一个孤立系统, 时间与空间是均匀和各向同性的. 前者反映了初始时刻的选取对于描写一个孤立系统的任意性, 在拉格朗日量上它表示为拉氏量不显含时间, $\partial L/\partial t=0$. 这一特征导致了系统的一个重要的守恒量或运动积分. 利用运动方程, 有

$$\begin{aligned}\frac{\mathrm{d}L}{\mathrm{d}t}&=\sum_i \dot{q}_i\frac{\mathrm{d}}{\mathrm{d}t}\left(\frac{\partial L}{\partial \dot{q}_i}\right)+\sum_i\frac{\partial L}{\partial \dot{q}_i}\ddot{q}_i\\&=\sum_i\frac{\mathrm{d}}{\mathrm{d}t}\left(\dot{q}_i\frac{\partial L}{\partial \dot{q}_i}\right)\end{aligned} \tag{3.3}$$

或者

$$\frac{\mathrm{d}}{\mathrm{d}t}\left(\sum_i \dot{q}_i\frac{\partial L}{\partial \dot{q}_i}-L\right)=0. \tag{3.4}$$

①参见 Landau L D and Lifshitz E M. Mechanics. 3rd edition. Oxford: Reed Educational and Professional Publishing Ltd., 1976.

所以存在一个随时间不变的量

$$E \equiv \sum_i \dot{q}_i \frac{\partial L}{\partial \dot{q}_i} - L. \tag{3.5}$$

它是一个运动积分, 叫作系统的能量.

拉氏量对空间的平移不变性导致了动量守恒. 对坐标做平移变换 $\boldsymbol{r} \to \boldsymbol{r} + \boldsymbol{\epsilon}$, 有

$$\delta L = \sum_a \frac{\partial L}{\partial \boldsymbol{r}_a} \cdot \delta \boldsymbol{r}_a = \boldsymbol{\epsilon} \cdot \sum_a \frac{\partial L}{\partial \boldsymbol{r}_a}, \tag{3.6}$$

其中求和是对各个粒子进行的. 由于 $\boldsymbol{\epsilon}$ 是任意的, 所以 $\delta L = 0$ 等价于

$$\sum_a \frac{\partial L}{\partial \boldsymbol{r}_a} = 0. \tag{3.7}$$

又利用运动方程 (3.2) 式得出

$$\boldsymbol{P} \equiv \sum_a \left(\frac{\partial L}{\partial \boldsymbol{v}_a} \right) \tag{3.8}$$

是守恒量, 即系统的动量.

由 (3.8) 式可以引申出广义动量

$$p_i \equiv \frac{\partial L}{\partial \dot{q}_i} \tag{3.9}$$

和广义力 $F \equiv \partial L / \partial q = \dot{p}_i$ 的概念. 由前面的讨论可以得出 (利用了运动方程)

$$\begin{aligned} \mathrm{d}L &= \sum_i \frac{\partial L}{\partial q_i} \mathrm{d}q_i + \sum_i \frac{\partial L}{\partial \dot{q}_i} \mathrm{d}\dot{q}_i \\ &= \sum_i \dot{p}_i \mathrm{d}q_i + \sum_i p_i \mathrm{d}\dot{q}_i. \end{aligned} \tag{3.10}$$

由此得到

$$\mathrm{d}\left(\sum_i p_i \dot{q}_i - L \right) = -\sum_i \dot{p}_i \mathrm{d}q_i + \sum_i \dot{q}_i \mathrm{d}p_i. \tag{3.11}$$

此式左边被微分的函数, 即由 (3.5) 式定义的量用广义坐标 q_i 和广义动量 p_i 来表示时, 叫作哈密顿量:

$$H(p_i, q_i) \equiv \sum_i p_i \dot{q}_i - L. \tag{3.12}$$

对哈密顿量做微分并与 (3.11) 式比较得出

$$\dot{q}_i = \frac{\partial H}{\partial p_i}, \quad \dot{p}_i = -\frac{\partial H}{\partial q_i}. \tag{3.13}$$

这是关于 p 和 q 的一阶微分方程组, 叫作哈密顿方程, 或正则方程, 其中哈密顿量满足

$$\frac{\mathrm{d}H}{\mathrm{d}t}=\frac{\partial H}{\partial t}. \tag{3.14}$$

如果哈密顿量不显含时间, 则 $\mathrm{d}H/\mathrm{d}t=0$, 即得到了能量守恒定律.

定义 Poisson 括号 $\{A,B\}=\frac{\partial A}{\partial q}\frac{\partial B}{\partial p}-\frac{\partial B}{\partial q}\frac{\partial A}{\partial p}$, 则运动方程改写为

$$\dot{q}=\{q,H\},\quad \dot{p}=\{p,H\}.$$

其更一般的表述为 $\dot{A}=\{A,H\}$.

经典力学系统的正则形式提供了量子化的方便方法, 即只要把经典的物理量改为相应的算符, 经典的 Poisson 括号改为量子的 Poisson 括号即可. 即 $\{A,B\}\to\frac{1}{\mathrm{i}}[A,B]$, 其中 $[A,B]=AB-BA$ 是算符之间的对易关系. 量子力学水平上的运动方程于是为

$$\dot{A}=\frac{1}{\mathrm{i}}[A,H].$$

3.1.2 含时间高阶导数的拉格朗日系统与 Oströgradski 不稳定性

上一小节回顾了经典力学中最小作用量原理的概念以及拉格朗日运动方程的导出, 并且由时间和空间的平移不变性导出了能量动量守恒, 还指出了能量与哈密顿量之间的关系, 并建立了关于后者的正则方程. 在这一本书里做这些讨论并不显得重复和枯燥, 因为正如我们从上面的讨论中发现的那样, 哈密顿量和正则形式的建立依赖于拉格朗日函数的具体形式的细节, 即拉格朗日函数仅仅依赖于广义坐标对时间的一阶导数. 这一细节之处使人隐隐感到不安, 而未来物理学的新理论是否仍然依赖于这一细节是需要研究的. 幸运的是, 这一问题很早就被 Oströgradski 研究过了[①].

假设拉氏量 $L=L(q,\dot{q},\ddot{q})$ 含有对时间的二阶导数, 且假设含时间二阶导数的项不能被分部积分移去 (非退耦情形). 在非退耦假设下, 由最小作用量原理导致的 Euler-Lagrange 方程具有如下形式:

$$\frac{\partial L}{\partial q}-\frac{\mathrm{d}}{\mathrm{d}t}\frac{\partial L}{\partial \dot{q}}+\left(\frac{\mathrm{d}}{\mathrm{d}t}\right)^2\frac{\partial L}{\partial \ddot{q}}=0. \tag{3.15}$$

这是一个四阶微分方程, 为了决定系统的运动, 初始值不得不加倍. 按照 Oströgradski 的构造, 这导致了一组新的正则坐标变量

$$Q_1\equiv q,\quad Q_2\equiv \dot{q}, \tag{3.16}$$

[①] Oströgradski M. Mem. Ac. St. Petersbourg, 1850, VI 4: 385.

且与之相应的共轭动量是

$$P_1 \equiv \frac{\partial L(q,\dot{q},\ddot{q})}{\partial \dot{q}} - \frac{\mathrm{d}}{\mathrm{d}t}\frac{\partial L(q,\dot{q},\ddot{q})}{\partial \ddot{q}}, \quad P_2 \equiv \frac{\partial L(q,\dot{q},\ddot{q})}{\partial \ddot{q}}, \tag{3.17}$$

其中关于 P_2 的方程可用来反解出 $\ddot{q}$, 它可仅用 Q_1, Q_2 和 P_2 来表达, 而 P_1 仅在表达 $\frac{\mathrm{d}^3}{\mathrm{d}t^3}q$ 时用到. Oströgradski 的哈密顿量是

$$\begin{aligned} H &\equiv \sum_i P_i \dot{Q}_i - L \\ &= P_1 Q_2 + P_2 \ddot{q}(Q_1, Q_2, P_2) - L(Q_1, Q_2, \ddot{q}(Q_1, Q_2, P_2)), \end{aligned} \tag{3.18}$$

而正则方程是

$$\dot{Q}_i = \frac{\partial H}{\partial P_i}, \quad \dot{P}_i = -\frac{\partial H}{\partial Q_i}. \tag{3.19}$$

很容易验证, 关于 Q_1, Q_2 和 P_2 的正则方程仅仅是重复了 Q_2, P_2 和 P_1 的定义, 而关于 P_1 的正则方程给出了 Euler-Lagrange 方程 (3.15) 式. 由 (3.18) 式可以很容易看出含时间高阶导数系统的问题: 由于哈密顿量对于 P_1 是线性依赖的, 这样的哈密顿量 (或能量) 没有下界, 因而是物理上不允许的①.

利用数学归纳法, 这一节的主要物理结论可以容易地推广到任意高阶时间导数的系统中去.

§3.2 拉格朗日场论与正则形式

3.2.1 经典场论

为简单起见, 我们首先以标量场 $\phi(\boldsymbol{x},t)$ 为例做讨论. 与前面的讨论不同的是, 由于场依赖于连续时空的原因, 这里在作用量与拉格朗日量这两个概念以外, 还需要引进拉格朗日密度这一概念, 即 $\mathcal{L}\left(\phi(\boldsymbol{x},t), \frac{\partial\phi(\boldsymbol{x},t)}{\partial x^\mu}\right)$. 它是场量 $\phi(\boldsymbol{x},t)$ 及其对时间一阶导数的泛函. 拉格朗日量与它的关系为 $L = \int \mathrm{d}^3\boldsymbol{x}\mathcal{L}\left(\phi(\boldsymbol{x},t), \frac{\partial\phi(\boldsymbol{x},t)}{\partial x^\mu}\right)$, 而作用量 $S = \int \mathrm{d}tL = \int \mathrm{d}^4x\mathcal{L}$. 本书中遵循粒子物理界的习惯, 有时也将拉氏密度直接称为拉氏量.

① 在经典电子论中我们见过一个很著名的含高阶导数的例子. 辐射阻尼力正比于带电粒子坐标对于时间的三阶导数. 在这个理论中带电粒子运动方程具有一个非物理的解, 即所谓的 “奔离解”. 根据奔离解, 电子在没有外力的情况下会自加速, 导致不存在稳定的电子运动状态, 因而是非物理的. 但是辐射阻尼力的方程不能简单地写为拉格朗日形式.

利用最小作用量原理可以得到运动方程, 即给出拉氏量 $\mathcal{L}(\phi, \partial\phi/\partial x^\mu)$, 利用变分方法得

$$
\begin{aligned}
0 = \delta S &= \int \mathrm{d}^4x \delta\mathcal{L}(\phi(x), \partial_\mu(x)) = \int \mathrm{d}^4x \left\{ \frac{\partial \mathcal{L}}{\partial\phi(x)}\delta\phi(x) + \frac{\partial\mathcal{L}}{\partial(\partial_\mu\phi(x))}\delta(\partial_\mu\phi(x)) \right\} \\
&= \int \mathrm{d}^4x \left\{ \frac{\partial \mathcal{L}}{\partial\phi(x)}\delta\phi(x) + \frac{\partial\mathcal{L}}{\partial(\partial_\mu\phi(x))}\partial_\mu(\delta\phi(x)) \right\} \\
&= \int \mathrm{d}^4x \left\{ \frac{\partial \mathcal{L}}{\partial\phi(x)} - \partial_\mu \frac{\partial\mathcal{L}}{\partial(\partial_\mu\phi(x))} \right\} \delta\phi(x).
\end{aligned}
$$

由于上述变分对任意函数 $\delta\phi(x)$ 均成立, 于是得出 ϕ 场所满足的 Euler-Lagrange 方程 (运动方程)

$$
\frac{\partial\mathcal{L}}{\partial\phi} - \frac{\partial}{\partial x^\mu}\frac{\partial\mathcal{L}}{\partial(\partial\phi/\partial x^\mu)} = 0. \tag{3.20}
$$

同样我们可以讨论场论的正则形式. 仿照经典力学的讨论, 定义正则动量密度

$$
\pi = \frac{\partial\mathcal{L}}{\partial\dot{\phi}} \tag{3.21}
$$

和哈密顿密度

$$
\mathcal{H} \equiv \pi\dot{\phi} - \mathcal{L},
$$

则哈密顿量为

$$
H = \int \mathrm{d}^3\boldsymbol{x}\mathcal{H} = \int \mathrm{d}^3\boldsymbol{x}\{\pi(\boldsymbol{x},t)\dot{\phi}(\boldsymbol{x},t) - \mathcal{L}(\phi, \partial_\mu\phi)\}.
$$

对其做变分, 有

$$
\begin{aligned}
\delta H &= \int \mathrm{d}^3\boldsymbol{x}\{\delta\pi\dot{\phi} + \pi\delta\dot{\phi} - \delta\mathcal{L}\} \\
&= \int \mathrm{d}^3\boldsymbol{x}\left\{\dot{\phi}\delta\pi - \frac{\partial\mathcal{L}}{\partial\phi}\delta\phi + \partial^i\left(\frac{\partial\mathcal{L}}{\partial(\partial^i\phi)}\right)\delta\phi\right\} \\
&= \int \mathrm{d}^3\boldsymbol{x}\{\dot{\phi}\delta\pi - \dot{\pi}\delta\phi\},
\end{aligned} \tag{3.22}
$$

其中的推导用到了 Euler-Lagrange 方程. 哈密顿量仅仅是 ϕ 与 π 的泛函, 但是为方便计算, 可以把哈密顿量与 $\nabla\phi$ 的关系显式地写出来, 即 $H = H(\phi, \nabla\phi, \pi)$, 这样

$$
\delta H = \int \mathrm{d}^3\boldsymbol{x}\left\{\left(\frac{\partial\mathcal{H}}{\partial\phi} - \nabla\cdot\left(\frac{\partial\mathcal{H}}{\partial(\nabla\phi)}\right)\right)\delta\phi + \frac{\partial\mathcal{H}}{\partial\pi}\delta\pi\right\}. \tag{3.23}
$$

于是正则方程可写为

$$
\begin{aligned}
\dot{\phi} &= \frac{\partial\mathcal{H}}{\partial\pi}, \\
\dot{\pi} &= -\frac{\partial\mathcal{H}}{\partial\phi} + \nabla\cdot\left(\frac{\partial\mathcal{H}}{\partial(\nabla\phi)}\right).
\end{aligned} \tag{3.24}
$$

下面举几个例子.

(1) 自由实标量场.

其拉氏量为 $\mathcal{L}=\frac{1}{2}\partial_\mu\phi(x)\partial^\mu\phi(x)-\frac{1}{2}m^2\phi^2(x)$. 利用变分原理可以从中推导出自由实标量场的运动方程 (即 Klein-Gordon 方程)

$$(\Box+m^2)\phi(x)=0,$$

而 $\pi(x)=\dot{\phi}(x)$, $\mathcal{H}=\frac{1}{2}\pi^2+\frac{1}{2}(\nabla\phi)^2+\frac{1}{2}m^2\phi^2$.

(2) 自由复标量场.

其拉氏量为 $\mathcal{L}=\partial_\mu\phi^*(x)\partial^\mu\phi(x)-m^2\phi^*(x)\phi(x)$. 此时注意 ϕ 场有两个自由度: ϕ 与 ϕ^*. 对作用量做变分, 并令其为 0, 有

$$0=\delta S=\int \mathrm{d}^4x\delta\phi^*(x)(-\Box\phi(x)-m^2\phi(x))+\delta\phi(x)(-\Box\phi^*(x)-m^2\phi^*(x)),$$

进而推导出运动方程为 $(\Box+m^2)\phi(x)=0$, $(\Box+m^2)\phi^*(x)=0$. 两者当然是重复的. 而 $\pi^*(x)=\dot{\phi}(x)$, $\pi(x)=\dot{\phi}^*(x)$. $\mathcal{H}=\pi^*\dot{\phi}^*+\pi\dot{\phi}-\mathcal{L}=\pi\pi^*+\nabla\phi\cdot\nabla\phi^*+m^2\phi\phi^*$.

(3) 费米子场.

此时 $\overline{\psi}$ 与 ψ 是两个自由度, 拉氏量为

$$\mathcal{L}=\overline{\psi}(x)(\mathrm{i}\partial\!\!\!/-m)\psi(x). \tag{3.25}$$

对其做变分并令其为 0, 有

$$\begin{aligned}0=\delta S&=\int \mathrm{d}^4x\{\delta\overline{\psi}(x)(\mathrm{i}\partial\!\!\!/-m)\psi(x)+\overline{\psi}(x)(\mathrm{i}\partial\!\!\!/-m)\delta\psi\}\\&=\int \mathrm{d}^4x\{\delta\overline{\psi}(x)(\mathrm{i}\overrightarrow{\partial\!\!\!/}-m)\psi(x)+\overline{\psi}(x)(\mathrm{i}\overrightarrow{\partial\!\!\!/}-m)\delta\psi\}\\&=\int \mathrm{d}^4x\{\delta\overline{\psi}(x)(\mathrm{i}\overrightarrow{\partial\!\!\!/}-m)\psi(x)+\overline{\psi}(x)(-\mathrm{i}\overleftarrow{\partial\!\!\!/}-m)\delta\psi\}.\end{aligned}$$

不难证明由其得到的两个运动方程等价. 计算正则动量时, 得 $\pi=\dfrac{\partial\mathcal{L}}{\partial\dot{\psi}}=\mathrm{i}\overline{\psi}\gamma^0$, 而 $\overline{\pi}=\dfrac{\partial\mathcal{L}}{\partial\dot{\overline{\psi}}}=0$. 后者为零并无大碍, 因为仍可得 $\mathcal{H}=\overline{\pi}\dot{\overline{\psi}}+\pi\dot{\psi}-\mathcal{L}=\pi\dot{\psi}-\mathcal{L}$ 且不难验证其回到 (2.11) 式的形式. 也可以改变 $\overline{\pi}$ 为零这一状况, 为此可设拉氏量为 $\mathcal{L}=\overline{\psi}\left(\frac{\mathrm{i}}{2}(\overrightarrow{\partial\!\!\!/}-\overleftarrow{\partial\!\!\!/})-m\right)\psi$. 这样 $\pi=\frac{\mathrm{i}}{2}\overline{\psi}\gamma^0$, $\overline{\pi}=-\frac{\mathrm{i}}{2}\gamma^0\psi$, $\mathcal{H}=\pi\dot{\psi}-\dot{\overline{\psi}}\overline{\pi}-\mathcal{L}$①.

①注意此式的第二项前面符号为负, 这表明不存在一个在经典水平上自洽的旋量场论, 这个符号只能用费米子场的反对易性质加以解释, 见后面 §4.2 的讨论.

(4) 电磁场.

Maxwell 场的经典场方程是

$$\begin{aligned}&\nabla\cdot\boldsymbol{B}=0,\quad \nabla\times\boldsymbol{B}=\boldsymbol{J}+\frac{\partial\boldsymbol{E}}{\partial t},\\&\nabla\cdot\boldsymbol{E}=\rho,\quad \nabla\times\boldsymbol{E}=-\frac{\partial\boldsymbol{B}}{\partial t},\end{aligned}\tag{3.26}$$

其中 ρ 为荷密度而 $\boldsymbol{J}$ 是三维流密度, 它们满足流守恒条件

$$\frac{\partial\rho}{\partial t}+\nabla\cdot\boldsymbol{J}=0.\tag{3.27}$$

在引入势 ϕ, $\boldsymbol{A}$ 后,

$$\boldsymbol{E}=-\nabla\phi-\frac{\partial\boldsymbol{A}}{\partial t},\quad \boldsymbol{B}=\nabla\times\boldsymbol{A},\tag{3.28}$$

则 (3.26) 式中两个不含流的方程会自动满足, 而两个有源的方程可以改写成协变形式

$$\Box A_\mu=j_\mu+\partial_\mu(\partial_\nu A^\nu),\tag{3.29}$$

其中 $A^\mu=(\phi,\boldsymbol{A})$, $j^\mu=(\rho,\boldsymbol{j})$. 后者满足流守恒条件 $\partial_\mu j^\mu=0$. 场强张量定义为

$$F_{\mu\nu}=\partial_\mu A_\nu-\partial_\nu A_\mu,\tag{3.30}$$

则

$$\mathcal{L}=-\frac{1}{4}F_{\mu\nu}F^{\mu\nu}-j_\mu A^\mu.\tag{3.31}$$

如果电磁场与带电费米子耦合, 则 $j^\mu=\overline{\psi}\gamma^\mu\psi$. 不难证明由 (3.31) 式可以导出 (3.29) 式.

在本节上面的讨论中, 诚实地说, 拉氏量都是拼凑出来的, 并且服务于一个目的: 通过变分得到 (自由场的) 运动方程. 但是慢慢地我们会更习惯于直接通过物理考虑 (尤其是通过对称性的考虑) 来处理和研究拉氏量本身. 另外值得一提的是, 在这里费米子场 ψ 与电磁场 A_μ 的地位是一样的, 即都是将要被量子化的场函数. 而在量子力学理论里, 前者是费米子的波函数, 后者仅仅是一个经典的电磁场.

3.2.2 关于高阶导数场论的一些评论

在 3.1.2 小节中我们讨论了经典力学中含高阶导数系统的 Oströgradski 不稳定性问题, 同样可以在场论的框架下讨论这一问题. 历史上, 人们对含有高阶导数的相对论性系统下的运动方程曾做过认真的研究, 主要动机之一是要克服经典 Maxwell 理论中的电子自能发散的问题: 如果能够在经典水平上修改 Maxwell 方程以使得电子的 Coulomb 场自能不再发散, 那么在此基础上再进行量子化将有助于克服在

量子电动力学中的类似困难. 以下我们对这些研究做一些简单的回顾. 首先我们写出任何一种介子场 (或电磁场) 所满足的运动方程:

$$(\Box + m^2)\psi = \eta, \tag{3.32}$$

其中 η 是产生场 ψ 的源, $m = 0$ 对应于电磁场而 $m \neq 0$ 对应于介子场. 作为运动方程 (3.32) 的尝试性的推广, 我们可以将其改写为

$$F(\Box)\psi = \eta, \tag{3.33}$$

其中

$$F(\Box) = \prod_{i=1}^{N}(\Box + m_i^2).$$

方程 (3.33) 的好处是它的解在源附近不再像方程 (3.32) 那么奇异. 比如取 η 为点源的形式, $\eta = e\delta(\boldsymbol{x})$, 则由方程 (3.33) 给出的静场的势满足方程

$$F(\nabla^2)\psi = e\delta(\boldsymbol{x}), \tag{3.34}$$

且其解为

$$\psi(r) = \frac{e}{2\pi^2 r}\int_0^\infty k\mathrm{d}k\frac{\sin kr}{F(-k^2)}, \tag{3.35}$$

其中 r 是到源的距离. 在 k 增大时 $F(k^2)$ 增强很快, 导致在 $r \to 0$ 时 $\psi(r)$ 变弱. 以两个粒子, 且 $0 = m_1 \neq m_2$ 为例, 有

$$\psi(r) = \frac{e}{4\pi r}[1 - \mathrm{e}^{-m_2 r}]. \tag{3.36}$$

上面的这个解实际上在源点处并没有奇异性. Feynman 曾仔细研究了这个例子①. 他的结论是虽然它具有如上所述的好处, 但是这样修正过的电动力学会导致辐射出质量为 m_2 的负能量的量子, 因而会产生新的困难.

在忽略外源时, 方程 (3.33) 可由如下的作用量给出:

$$S = \int \mathrm{d}^4x\psi F(\Box)\psi. \tag{3.37}$$

另一种等价的表述方式是

$$S = \int \mathcal{L}(x)\mathrm{d}^4x, \quad \mathcal{L}(x) = \int \psi(x)\widetilde{F}(x - x')\psi(x')\mathrm{d}^4x', \tag{3.38}$$

其中 $\widetilde{F}$ 是 F 的 Fourier 变换,

$$\widetilde{F}(x) = \frac{1}{(2\pi)^4}\int \mathrm{d}^4k\mathrm{e}^{\mathrm{i}k\cdot x}F(-k^2). \tag{3.39}$$

①Feynman R. Phys. Rev., 1948, 76: 939.

从方程 (3.39) 可以看出, 在一般的 F 的情况下拉氏量 $\mathcal{L}(x)$ 将会依赖于任意有限远 $(x-x')$ 处的场, 也就是说方程 (3.38) 给出的是非定域的作用量. 对于非定域的作用量, Bopp, 张宗燧等人证明, 相对论不变性保证了可以构造出不发散的、对称的 4 维 (同样是非定域的) 能动张量. Pais 和 Uhlenbeck 研究了这样的含高阶导数(或更一般的非定域) 的系统后指出①: 一般来说, 在这样的系统中很难同时保证自能的有限性、(自由场) 能量的正定性以及严格的微观因果性.

Pais 和 Uhlenbeck 的工作并不是最终定性的, 事实上一直有文献出于各种理由(其中一个重要的动机是对引力量子化的研究) 研究含有高阶导数甚至是非定域的量子场论, 但到目前为止还没有取得任何普适的结论.

§3.3 连续对称变换、Noether 定理与守恒流

3.3.1 Noether 定理

根据 §3.1 中的结论, 拉氏量是场量 ϕ 和其对时间一阶微商的泛函, 而作用量为

$$S=\int \mathrm{d}^4x\mathcal{L}(x). \tag{3.40}$$

由变分原理可推出 Euler-Lagrange 方程

$$\frac{\partial\mathcal{L}}{\partial\phi}-\frac{\partial}{\partial x^\mu}\left(\frac{\partial\mathcal{L}}{\partial(\partial\phi/\partial x^\mu)}\right)=0. \tag{3.41}$$

在经典场论中, 每一种使作用量不变的连续对称变换均会导致存在一个守恒流和运动常数. 这一结论叫作 Noether 定理. 比如 U(1) 变换 (相因子变换) 得出电荷守恒, SU(2) 变换得出同位旋守恒等. 事实上, 在场论中经常碰到的连续对称变换具有使拉氏量保持不变的特性. 比如场量的与内部对称性群自由度有关的转动, 就使拉氏量保持不变. 我们首先来看一看这种简化了的情形. 设使拉氏量不变的一个依赖于无穷小参量 ϵ 的场变换为如下形式:

$$\delta\phi=\mathrm{i}\epsilon\psi(x), \tag{3.42}$$

其中 ψ 依赖于 $\phi(x)$ 和 (或) 它对 x 的微商. 现在假设 ϵ 依赖于 x, 即 $\epsilon=\epsilon(x)$. 拉氏量的变化为

$$\begin{aligned}\delta\mathcal{L}&=\frac{\partial\mathcal{L}}{\partial\phi(x)}\delta\phi(x)+\frac{\partial\mathcal{L}}{\partial\left(\dfrac{\partial\phi}{\partial x^\mu}\right)}\delta\left(\frac{\partial\phi}{\partial x^\mu}\right)\\&=\mathrm{i}\frac{\partial\mathcal{L}}{\partial\phi(x)}\epsilon(x)\psi(x)+\mathrm{i}\frac{\partial\mathcal{L}}{\partial\left(\dfrac{\partial\phi}{\partial x^\mu}\right)}\partial_\mu(\epsilon(x)\psi(x)).\end{aligned} \tag{3.43}$$

① Pais A and Uhlenbeck G E. Phys. Rev., 1950, 79: 145.

根据定义, 当 ϵ 与 x 无关时 $\delta\mathcal{L}=0$, 也就是说,

$$\delta\mathcal{L}=\mathrm{i}\frac{\partial\mathcal{L}}{\partial\left(\dfrac{\partial\phi}{\partial x^{\mu}}\right)}\psi(x)\partial_{\mu}\epsilon(x). \tag{3.44}$$

注意上述结论对任意的场量 $\phi(x)$ 都成立, 而并不要求 $\phi(x)$ 是场运动方程的解. 现在假设 $\phi(x)$ 满足 Euler-Lagrange 运动方程, 即作用量 S 在驻点取值. 由于在驻点附近做任意无穷小扰动, 比如 (3.42) 式, 都有 $\delta S=0$, 于是有

$$0=\delta S=\int \mathrm{d}^4x\delta\mathcal{L}=\mathrm{i}\int \mathrm{d}^4x\frac{\partial\mathcal{L}}{\partial\left(\dfrac{\partial\phi}{\partial x^{\mu}}\right)}\psi(x)\partial_{\mu}\epsilon(x). \tag{3.45}$$

利用分部微商可得到

$$\partial_{\mu}J^{\mu}(x)=0, \tag{3.46}$$

其中流的定义为

$$J^{\mu}\equiv-\frac{\partial\mathcal{L}}{\partial\left(\dfrac{\partial\phi}{\partial x^{\mu}}\right)}\psi(x). \tag{3.47}$$

每一个守恒流对应着一个守恒荷

$$Q\equiv\int_{V\to\infty}J^0(x)\mathrm{d}^3\boldsymbol{x}. \tag{3.48}$$

有

$$\frac{\mathrm{d}Q}{\mathrm{d}t}=\int_{V\to\infty}\frac{\partial}{\partial t}J^0(x)\mathrm{d}^3\boldsymbol{x}=-\int_{V\to\infty}\nabla\cdot\boldsymbol{J}\mathrm{d}^3\boldsymbol{x}=-\oint_{S\to\infty}\boldsymbol{J}\cdot\mathrm{d}\boldsymbol{S}=0. \tag{3.49}$$

事实上, 可以更为简单地进行上述推导. 在 (3.43) 式中, 如果不考虑 ϵ 对 x 的依赖, 直接利用 Euler-Lagrange 运动方程, 可得到 $-\mathrm{i}\epsilon\partial_{\mu}J^{\mu}=\delta\mathcal{L}$. 从中得知如果 $\delta\mathcal{L}=0$ 则有流守恒条件, 否则可以得到流散度的方程

$$\partial_{\mu}J^{\mu}=\mathrm{i}\delta\mathcal{L}/\epsilon. \tag{3.50}$$

然而, 有时候需要讨论的对称性并不具有拉氏量的不变性, 并且由于涉及坐标的变换, 场的变换形式比 (3.42) 式更复杂, 但只要作用量积分在变换下不变就可以得到相应的守恒律. 比如由时空平移不变性得出能量、动量守恒, 空间转动不变性得出角动量守恒等. 一般的变换形式是

$$x^{\mu}\to x^{\mu\prime}=x^{\mu}+\delta x^{\mu}, \tag{3.51}$$

$$\phi(x)\to\phi'(x')=\phi(x)+\delta\phi(x). \tag{3.52}$$

由于变换可能同时包括场量和坐标, 因此变分与偏导数并不一定对易, $\delta(\partial_\mu\phi) \neq \partial_\mu(\delta\phi)$. 所以有必要分出仅与场的变换而不是坐标的变换有关的变分, 定义

$$\bar{\delta}\phi(x) = \phi'(x) - \phi(x), \tag{3.53}$$

对此有

$$\bar{\delta}\partial_\mu\phi(x) = \partial_\mu\bar{\delta}\phi(x). \tag{3.54}$$

两种不同的变分之间的联系为

$$\begin{aligned}\phi'(x') &= \phi'(x) + \delta x^\mu\partial_\mu\phi'(x) \\ &= \phi'(x) + \delta x^\mu\partial_\mu\phi(x),\end{aligned}$$

由此得

$$\bar{\delta}\phi(x) = \delta\phi(x) - \delta x^\mu\partial_\mu\phi(x). \tag{3.55}$$

注意在上面的推导中忽略了二阶无穷小量. 利用上式, 作用在拉氏量上有

$$\delta\mathcal{L}(x) = \bar{\delta}\mathcal{L}(x) + \delta x^\mu\partial_\mu\mathcal{L}(x), \tag{3.56}$$

且

$$\bar{\delta}\mathcal{L} = \frac{\partial\mathcal{L}}{\partial\phi}\bar{\delta}\phi + \frac{\partial\mathcal{L}}{\partial(\partial_\nu\phi)}\bar{\delta}(\partial_\nu\phi). \tag{3.57}$$

利用 (3.54) 式, 并把 (3.55) 和 (3.57) 式代入 (3.56) 式, 得

$$\begin{aligned}\delta\mathcal{L} = \frac{\partial\mathcal{L}}{\partial\phi}\delta\phi - \frac{\partial\mathcal{L}}{\partial\phi}(\partial_\mu\phi)\delta x^\mu + \frac{\partial\mathcal{L}}{\partial(\partial_\nu\phi)}\partial_\nu\delta\phi \\ - \frac{\partial\mathcal{L}}{\partial(\partial_\nu\phi)}\partial_\nu(\partial_\mu\phi\delta x^\mu) + \frac{\partial\mathcal{L}}{\partial x^\mu}\delta x^\mu,\end{aligned} \tag{3.58}$$

而作用量 S 变为

$$S = \int_V \mathrm{d}^4x\mathcal{L}(x) \to S' = \int_{V'} \mathrm{d}^4x'\mathcal{L}'(x'). \tag{3.59}$$

由于有坐标变换, Jacobi 行列式也有变化, 即

$$S' = \int_V [\mathrm{d}^4x + \delta(\mathrm{d}^4x)][\mathcal{L}(x) + \delta\mathcal{L}(x)]. \tag{3.60}$$

又由

$$\delta(\mathrm{d}^4x) = \mathrm{d}^4x\partial_\mu\delta x^\mu, \tag{3.61}$$

推出

$$\delta S = \int_V \mathrm{d}^4x(\mathcal{L}\partial_\mu\delta x^\mu + \delta\mathcal{L}), \tag{3.62}$$

所以

$$\delta S=\int \mathrm{d}^4x\partial_\mu\left[\left(g^\mu_\nu\mathcal{L}-\frac{\partial\mathcal{L}}{\partial(\partial_\mu\phi)}\partial_\nu\phi\right)\delta x^\nu+\frac{\partial\mathcal{L}}{\partial(\partial_\mu\phi)}\delta\phi\right]$$
$$+\int \mathrm{d}^4x\left[\frac{\partial\mathcal{L}}{\partial\phi}-\partial_\nu\frac{\partial\mathcal{L}}{\partial(\partial_\nu\phi)}\right](\delta\phi-\delta x^\mu\partial_\mu\phi). \tag{3.63}$$

对称变换要求对任意体积积分均有 $\delta S=0$, 利用 Euler-Lagrange 方程从上式可得出流守恒条件 $\partial_\mu J^\mu=0$, 其中

$$J^\mu=\left(g^\mu{}_\nu\mathcal{L}-\frac{\partial\mathcal{L}}{\partial(\partial_\mu\phi)}\partial_\nu\phi\right)\delta x^\nu+\frac{\partial\mathcal{L}}{\partial(\partial_\mu\phi)}\delta\phi. \tag{3.64}$$

3.3.2 平移不变性

作为一个例子, 下面来看一下如何由系统的平移不变性导出能动量守恒. 如果作用量中没有不具备平移不变性的函数, 则作用量在所有场 $\phi(x)$ 变为 $\phi(x-\epsilon)$ 时不变, 因为此时场的变化可以由坐标的变化来补偿. 无穷小平移变换是指如下的变换:

$$\begin{aligned}x^{\mu\prime}&=x^\mu-\epsilon^\mu,\\ \phi'(x)&=\phi(x)+\epsilon^\mu\partial_\mu\phi(x),\end{aligned} \tag{3.65}$$

也就是说,

$$\phi'(x')=\phi'(x-\epsilon)=\phi(x). \tag{3.66}$$

这个变换具有 $\delta\phi=0$, $\delta x^\mu=-\epsilon^\mu$ 的形式, 于是

$$J^\mu=\left(\frac{\partial\mathcal{L}}{\partial(\partial_\mu\phi)}\partial_\nu\phi-g^\mu{}_\nu\mathcal{L}\right)\epsilon^\nu\equiv T^\mu{}_\nu\epsilon^\nu. \tag{3.67}$$

由此式定义的 T^μ_ν 叫作能动张量. 注意此能动张量并不一定总是一个对称张量, 因此并不能直接用于广义相对论中[①].

T^ν_μ 的守恒荷是 4-动量, 满足 $\dfrac{\mathrm{d}}{\mathrm{d}t}P^\nu=0$:

$$P_\nu=\int \mathrm{d}^3\boldsymbol{x}T_{0\nu}=\int \mathrm{d}^3\boldsymbol{x}\left[\pi\frac{\partial\phi}{\partial x^\nu}-g_{0\nu}\mathcal{L}\right]=(H,-\boldsymbol{P}), \tag{3.68}$$

其中 3-动量的表达式为

$$\boldsymbol{P}=-\int \mathrm{d}^3\boldsymbol{x}\pi(x)\nabla\phi(x). \tag{3.69}$$

而 $T_{00}=\pi\dot{\phi}-\mathcal{L}=\mathcal{H}$ 为哈密顿量, $\boldsymbol{P}=-\pi\nabla\phi$ $(T_{0j}=-\mathcal{P}_j)$ 为动量密度. 请注意后者与正则动量的不同.

---

①解决方案是改造能动张量: $\widetilde{T}_{\mu\nu}=T_{\mu\nu}+\partial^\sigma\chi_{\sigma\mu\nu}$, 其中 $\chi_{\sigma\mu\nu}$ 是对于前两个指标反对称的, $\chi_{\sigma\mu\nu}=-\chi_{\mu\sigma\nu}$. 这个条件保证了能动量守恒, $\partial^\mu\widetilde{T}_{\mu\nu}=\partial^\mu T_{\mu\nu}=0$, 而且总 4-动量 $\widetilde{P}^\nu$ 不变. 详见 Greiner 和 Reinhardt 书中的讨论.

3.3.3 Lorentz 变换

一般来说, 在 Lorentz 变换 $x^\mu \to x^{\mu\prime} = a^{\mu\nu}x_\nu$ 下, 场 ϕ_r 的函数形式也要发生变化, 即 $\phi'_r(x') \neq \phi_r(x)$. 场变换可以一般地写为

$$\phi'_r(x') = \Lambda(a)_{rs}\phi_s(x).$$

比如对于矢量场有 $\Lambda(a)_{rs} = a_{rs}$,

$$\begin{aligned} x^\mu \to x^{\mu\prime} &= a^{\mu\nu}x_\nu, \\ A_\mu(x) \to A'_\mu(x') &= a_{\mu\nu}A^\nu(x). \end{aligned} \tag{3.70}$$

只有标量场的 Lorentz 变换形式比较简单:

$$\phi(x) \to \phi'(x') = \phi(x),$$

由此有

$$\phi'(x) = \phi(a^{-1}x). \tag{3.71}$$

考虑无穷小 Lorentz 变换 $a_{\mu\nu} = g_{\mu\nu} + \delta\omega_{\mu\nu}$, $x^{\mu\prime} = x^\mu + \delta\omega^{\mu\nu}x_\nu$. 度量不变 $x^{\mu\prime}x_\mu{}' = x^\mu x_\mu$ 导致关系

$$\delta\omega^{\mu\nu} = -\delta\omega^{\nu\mu}. \tag{3.72}$$

一般情况下, 有

$$\phi'_r(x') = \phi_r(x) + \frac{1}{2}\delta\omega_{\mu\nu}(J^{\mu\nu})_{rs}\phi_s(x), \tag{3.73}$$

其中 $J^{\mu\nu}$ 叫作无穷小 Lorentz 变换的生成元, 可以选为反对称的, 因此一共有六个独立的元, 其中三个与空间转动有关 $(\mu, \nu = 1, 2, 3)$, 三个与 Lorentz boost 有关 (指标 μ, ν 之一为 0).

根据 (3.64) 式, 守恒流为

$$J_\mu(x) = \frac{\partial\mathcal{L}}{\partial(\partial^\mu\phi_r)}\frac{1}{2}\delta\omega_{\nu\lambda}(J^{\nu\lambda})_{rs}\phi_s(x) - T_{\mu\nu}\delta\omega^{\nu\lambda}x_\lambda. \tag{3.74}$$

利用 $\delta\omega_{\mu\nu}$ 的反对称性, 改写上式中最后一项可得

$$J_\mu(x) = \frac{1}{2}\delta\omega^{\nu\lambda}M_{\mu\nu\lambda}(x), \tag{3.75}$$

$$M_{\mu\nu\lambda}(x) = T_{\mu\lambda}x_\nu - T_{\mu\nu}x_\lambda + \frac{\partial\mathcal{L}}{\partial(\partial^\mu\phi_r)}(J_{\nu\lambda})_{rs}\phi_s(x). \tag{3.76}$$

因此守恒量是一个二阶反对称张量:

$$M_{\nu\lambda}(x) = \int d^3\boldsymbol{x}\left[T_{0\lambda}x_\nu - T_{0\nu}x_\lambda + \frac{\partial\mathcal{L}}{\partial(\partial^0\phi_r)}(J_{\nu\lambda})_{rs}\phi_s(x)\right]. \tag{3.77}$$

$M_{\nu\lambda}$ 因此称为角动量张量. 当 ν, λ 取为 1,2,3 时,

$$M_{nl} = L_{nl} + S_{nl}, \tag{3.78}$$

其中

$$L_{nl} = \int \mathrm{d}^3\boldsymbol{x}(x_n T_{0l} - x_l T_{0n}) = \int \mathrm{d}^3\boldsymbol{x} \frac{\partial \mathcal{L}}{\partial(\partial^0 \phi_r)} \left(x_n \frac{\partial}{\partial x^l} - x_l \frac{\partial}{\partial x^n} \right) \phi_r(x). \tag{3.79}$$

很明显上式具有轨道角动量的意义. 另一项联系内禀自由度与空间转动, 具有自旋的意义:

$$S^{nl} = \int \mathrm{d}^3\boldsymbol{x} \frac{\partial \mathcal{L}}{\partial(\partial^0 \phi_r)} (J^{nl})_{rs} \phi_s(x). \tag{3.80}$$

当 (3.77) 式中 ν, λ 指标取 0 时, 由于被积函数中显含时间, $M_{\nu\lambda}$ 的意义不大.

可以证明:

(1) 对于标量场, $(J_{\mu\nu})_{rs} = 0$;

(2) 对于矢量场, $(J_{\mu\nu})_{rs} = g_{\mu r} g_{\nu s} - g_{\mu s} g_{\nu r}$;

(3) 对于旋量场, $(J_{\mu\nu})_{rs} = \dfrac{1}{4}(\gamma_\mu \gamma_\nu - \gamma_\nu \gamma_\mu)_{rs} = \dfrac{1}{2\mathrm{i}}(\sigma_{\mu\nu})_{rs}$.

这样, 比如对于费米子, (3.80) 式中的

$$S^{nl} = \epsilon^{nlk} \int \mathrm{d}^3\boldsymbol{x} \psi^+ \frac{1}{2} \Sigma^k \psi,$$

其中 $\boldsymbol{\Sigma}$ 由 (2.56) 式给出. 进一步定义总角动量 $M_{ij} \equiv \epsilon_{ijk} J^k$, 利用 $\epsilon_{ijm}\epsilon_{ijk} = 2\delta_{mk}$ 可得 $J_m = \dfrac{1}{2}\epsilon_{mij} M_{ij}$, 则在下一章介绍场量子化以后可以证明, 总角动量算符满足如下对易关系:

$$[J_i, J_j] = \mathrm{i}\epsilon_{ijk} J^k. \tag{3.81}$$

这些对易关系可以从基本对易关系 $[\pi_r(\boldsymbol{x}, t), \phi_s(\boldsymbol{x}', t)] = -\mathrm{i}\delta_{rs}\delta^3(\boldsymbol{x} - \boldsymbol{x}')$ 出发加以证明.

这里学习的 Noether 定理在更高的角度揭示了守恒量的本质. 无论是电荷守恒、角动量守恒还是能动量守恒, 这些看似无关的物理现象都是在某种连续对称下物理体系不变的结果.

第四章 自由场的量子化

在第一章中我们了解了相对论性的量子力学, 不管是 Klein–Gordon 方程还是 Dirac 方程所遇到的困难. 在这一章中我们会发现, 当做了场量子化后, 以前遇到的所有困难都被克服了. 场的正则量子化可以被很简单地理解, 把场想象为无穷多个正则变量的量子力学系统即可①. 但是这种“简单”的理解过于简单了. 量子场论具有无穷的多的自由度这一事实, 会带来许多烦恼和理论上的困难. 我们在本章的最后两节将简略地介绍箱归一化. 在那里我们会看见一些这种无穷多自由度系统带来的困难.

回到连续性的场论框架, 在连续极限下, 正则等时对易关系有如下形式:

$$
\begin{aligned}
&[\pi(\boldsymbol{x},t),\phi(\boldsymbol{x}',t)]=-\mathrm{i}\delta^3(\boldsymbol{x}-\boldsymbol{x}'),\\
&[\phi(\boldsymbol{x},t),\phi(\boldsymbol{x}',t)]=0,\ \ [\pi(\boldsymbol{x},t),\pi(\boldsymbol{x}',t)]=0.
\end{aligned}
\tag{4.1}
$$

量子化后, 运动方程为

$$
\begin{aligned}
\dot{\pi}(\boldsymbol{x},t)&=\mathrm{i}[H,\pi(\boldsymbol{x},t)],\\
\dot{\phi}(\boldsymbol{x},t)&=\mathrm{i}[H,\phi(\boldsymbol{x},t)].
\end{aligned}
\tag{4.2}
$$

从这里开始, 所有的场不再是经典意义下的函数, 而是变成了场算符, 或者理解为 Hilbert 空间中的一个无穷维矩阵.

利用场的等时对易关系 (4.1) 与 (3.68) 式中的 P^μ 的表达式可以证明 (注意 P^μ 是运动积分),

$$
\partial^\mu\phi(\boldsymbol{x},t)=\mathrm{i}\left[P^\mu,\phi(\boldsymbol{x},t)\right].
\tag{4.3}
$$

利用矩阵或算符恒等式②

$$
\mathrm{e}^{A}B\mathrm{e}^{-A}=\sum_{n=0}^{\infty}\frac{1}{n!}[A,[A,\cdots[A,B]\cdots]],
$$

①可以对场算符做如下理解: $\phi(x)=\phi(\boldsymbol{x},t)\to\phi_{\boldsymbol{x}}(t)$, 其中下标 $\boldsymbol{x}$ 在做了对空间的格点化处理后可以理解为分立的自由度数, 只有 t 是真正的动力学变量. 这种看似破坏协变性的量子化方案在相对论性量子场论中最终给出相对论协变的物理结果.

②这个等式本身的证明可由计算在 $s=0$ 处的 $\mathrm{e}^{sA}B\mathrm{e}^{-sA}$ 的导数, 并将其在 $s=1$ 时在 $s=0$ 处做 Taylor 展开得到.

由 (4.3) 式可以推出

$$\phi(x+a)=\mathrm{e}^{\mathrm{i}a\cdot P}\phi(x)\mathrm{e}^{-\mathrm{i}a\cdot P}, \tag{4.4}$$

其中的场量和动量 P 都是 Hilbert 空间中的算符. Hilbert 空间由自由粒子态所组成的正交完备集张成. 虽然我们这一章讨论的是自由场的量子化, 但是到这里为止所有的讨论, 尤其是 (4.3), (4.4) 式, 显然在有相互作用时也是对的. 因为其基础 (3.68) 式和等时正则对易关系 (4.1) 式都是普遍成立的.

§4.1 自由 Klein–Gordon 场的量子化

4.1.1 实标量场的量子化

为了更进一步了解场量子化的含义, 我们把自由 Klein–Gordon 场方程的解 (波函数) 做 Fourier 展开,

$$\begin{aligned}\phi(\boldsymbol{x},t)&=\int\frac{\mathrm{d}^3\boldsymbol{k}}{\sqrt{(2\pi)^3 2\omega_{\boldsymbol{k}}}}\left[a(\boldsymbol{k})\mathrm{e}^{\mathrm{i}\boldsymbol{k}\cdot\boldsymbol{x}-\mathrm{i}\omega_{\boldsymbol{k}}t}+a^*(\boldsymbol{k})\mathrm{e}^{-\mathrm{i}\boldsymbol{k}\cdot\boldsymbol{x}+\mathrm{i}\omega_{\boldsymbol{k}}t}\right]\\&\equiv\int\mathrm{d}^3\boldsymbol{k}\left[a(\boldsymbol{k})f_k(x)+a^*(\boldsymbol{k})f_k^*(x)\right],\end{aligned} \tag{4.5}$$

其中 $\omega_{\boldsymbol{k}}=+\sqrt{\boldsymbol{k}^2+m^2}$,

$$f_k(x)\equiv\frac{1}{\sqrt{(2\pi)^3 2\omega_{\boldsymbol{k}}}}\mathrm{e}^{-\mathrm{i}kx}. \tag{4.6}$$

所谓量子化即是把 (4.5) 式改写为算符形式:

$$\begin{aligned}\widehat{\phi}(\boldsymbol{x},t)&=\int\frac{\mathrm{d}^3\boldsymbol{k}}{\sqrt{(2\pi)^3 2\omega_{\boldsymbol{k}}}}\left[\widehat{a}(\boldsymbol{k})\mathrm{e}^{\mathrm{i}\boldsymbol{k}\cdot\boldsymbol{x}-\mathrm{i}\omega_{\boldsymbol{k}}t}+\widehat{a}^\dagger(\boldsymbol{k})\mathrm{e}^{-\mathrm{i}\boldsymbol{k}\cdot\boldsymbol{x}+\mathrm{i}\omega_{\boldsymbol{k}}t}\right]\\&=\int\mathrm{d}^3\boldsymbol{k}\left[\widehat{a}(\boldsymbol{k})f_k(x)+\widehat{a}^\dagger(\boldsymbol{k})f_k{}^*(x)\right],\end{aligned} \tag{4.7}$$

其中 $\widehat{\phi}, \widehat{a}, \widehat{a}^\dagger$ 均是算符. 以下为了书写简便, 在不引起误解的情形下, 我们总是把算符头上的 “小帽子” 去掉. 对于正则动量则有

$$\pi(x)=\dot{\phi}(x)=\int\frac{\mathrm{d}^3\boldsymbol{k}}{\sqrt{(2\pi)^3 2\omega_{\boldsymbol{k}}}}\left[-\mathrm{i}\omega_{\boldsymbol{k}}a(\boldsymbol{k})\mathrm{e}^{\mathrm{i}\boldsymbol{k}\cdot\boldsymbol{x}-\mathrm{i}\omega_{\boldsymbol{k}}t}+\mathrm{i}\omega_{\boldsymbol{k}}a^\dagger(\boldsymbol{k})\mathrm{e}^{-\mathrm{i}\boldsymbol{k}\cdot\boldsymbol{x}+\mathrm{i}\omega_{\boldsymbol{k}}t}\right]. \tag{4.8}$$

容易证明①

$$\int\mathrm{d}^3\boldsymbol{x}f_k{}^*(x)\,\mathrm{i}\overleftrightarrow{\partial_0}\,f_{k'}(x)=\delta^3(\boldsymbol{k}-\boldsymbol{k}'), \tag{4.9}$$

$$\int\mathrm{d}^3\boldsymbol{x}f_k{}^*(x)\,\mathrm{i}\overleftrightarrow{\partial_0}\,f_{k'}^*(x)=\int\mathrm{d}^3\boldsymbol{x}f_k(x)\,\mathrm{i}\overleftrightarrow{\partial_0}\,f_{k'}(x)=0, \tag{4.10}$$

①按照我们这里的约定: $\delta^3(\boldsymbol{k})=\int\frac{\mathrm{d}^3\boldsymbol{x}}{(2\pi)^3}\mathrm{e}^{\mathrm{i}\boldsymbol{k}\cdot\boldsymbol{x}}$, 或者 $\delta^3(\boldsymbol{x})=\int\frac{\mathrm{d}^3\boldsymbol{k}}{(2\pi)^3}\mathrm{e}^{-\mathrm{i}\boldsymbol{k}\cdot\boldsymbol{x}}$.

其中 $a \overleftrightarrow{\partial_0} b \equiv a\partial_0 b - (\partial_0 a)\, b$. 由此可以得到

$$
\begin{aligned}
a(\boldsymbol{k}) &= \mathrm{i}\int \mathrm{d}^3\boldsymbol{x} f_k{}^*(\boldsymbol{x},t)\overleftrightarrow{\partial_0}\,\phi(\boldsymbol{x},t),\\
a^\dagger(\boldsymbol{k}) &= -\mathrm{i}\int \mathrm{d}^3\boldsymbol{x} f_k(\boldsymbol{x},t)\overleftrightarrow{\partial_0}\,\phi(\boldsymbol{x},t).
\end{aligned}
\tag{4.11}
$$

利用正则量子化条件 (4.1) 式, 进一步可以得出

$$
\begin{aligned}
\left[a(\boldsymbol{k}), a^\dagger(\boldsymbol{k}')\right] &= \delta^3(\boldsymbol{k}-\boldsymbol{k}'),\\
\left[a(\boldsymbol{k}), a(\boldsymbol{k}')\right] &= \left[a^\dagger(\boldsymbol{k}), a^\dagger(\boldsymbol{k}')\right] = 0.
\end{aligned}
\tag{4.12}
$$

比如

$$
\begin{aligned}
&[a(\boldsymbol{k}), a^\dagger(\boldsymbol{k}')] = \int \mathrm{d}^3\boldsymbol{x}\mathrm{d}^3\boldsymbol{x}' f_k{}^*(\boldsymbol{x},t) f_{k'}(\boldsymbol{x}',t')\overleftrightarrow{\partial_0}\overleftrightarrow{\partial_{0'}}\,[\phi(\boldsymbol{x},t),\phi(\boldsymbol{x}',t')]\\
&= \int \mathrm{d}^3\boldsymbol{x}\mathrm{d}^3\boldsymbol{x}' f_k{}^*(\boldsymbol{x},t) f_{k'}(\boldsymbol{x}',t')\overleftrightarrow{\partial_{0'}}\,([\dot\phi(\boldsymbol{x},t),\phi(\boldsymbol{x}',t')] - \mathrm{i}\omega_{\boldsymbol{k}}[\phi(\boldsymbol{x},t),\phi(\boldsymbol{x}',t')])\\
&= \int \mathrm{d}^3\boldsymbol{x}\mathrm{d}^3\boldsymbol{x}' f_k{}^*(\boldsymbol{x},t) f_{k'}(\boldsymbol{x}',t')(+\mathrm{i}\omega_{\boldsymbol{k}'}[\dot\phi(\boldsymbol{x},t),\phi(\boldsymbol{x}',t')] - \mathrm{i}\omega_{\boldsymbol{k}}[\phi(\boldsymbol{x},t),\dot\phi(\boldsymbol{x}',t')])\\
&= \int \mathrm{d}^3\boldsymbol{x}\mathrm{d}^3\boldsymbol{x}' f_k{}^*(\boldsymbol{x},t) f_{k'}(\boldsymbol{x}',t)(\omega_{\boldsymbol{k}}+\omega_{\boldsymbol{k}'})\delta^3(\boldsymbol{x}-\boldsymbol{x}')\\
&= \int \frac{\mathrm{d}^3\boldsymbol{x}}{(2\pi)^3}\mathrm{e}^{-\mathrm{i}(\boldsymbol{k}-\boldsymbol{k}')\cdot\boldsymbol{x}} = \delta^3(\boldsymbol{k}-\boldsymbol{k}').
\end{aligned}
\tag{4.13}
$$

在上述推导中用到了等时对易关系 (4.1) 式以及等式右边 $t(t')$ 不变的事实.

将 (4.12) 式与量子力学中谐振子势的结果做比较, 显然可以得到的结论是, 算符 $a(\boldsymbol{k})$, $a^\dagger(\boldsymbol{k})$ 分别表示了湮灭与产生一个动量为 $\boldsymbol{k}$ 的粒子. 这本书里采取的真空态的归一化为 $\langle 0|0\rangle = 1$, 保持协变性的单粒子态的归一化在这里定义为

$$
\begin{aligned}
|\boldsymbol{k}\rangle &= \sqrt{(2\pi)^3 2E_{\boldsymbol{k}}}\; a^\dagger(\boldsymbol{k})|0\rangle,\\
\langle\boldsymbol{k}|\boldsymbol{k}'\rangle &= 2E_{\boldsymbol{k}}(2\pi)^3\delta^3(\boldsymbol{k}-\boldsymbol{k}'),
\end{aligned}
\tag{4.14}
$$

而湮灭算符 a 消灭真空态, 即 $a|0\rangle = \langle 0|a^\dagger = 0$. 这样

$$
\langle 0|\phi(x)|\boldsymbol{k}\rangle = \mathrm{e}^{-\mathrm{i}k\cdot x} \tag{4.15}
$$

代表了 4-动量为 k 的自由单粒子态波函数.

利用 (3.68) 式通过直接的计算可以得出

$$
H = \frac{1}{2}\int \mathrm{d}^3\boldsymbol{k}\omega_{\boldsymbol{k}}\left[a^\dagger(\boldsymbol{k})a(\boldsymbol{k}) + a(\boldsymbol{k})a^\dagger(\boldsymbol{k})\right] = \int \mathrm{d}^3\boldsymbol{k}\,\omega_{\boldsymbol{k}}\left[a^\dagger(\boldsymbol{k})a(\boldsymbol{k}) + \frac{1}{2}\delta^3(0)\right]. \tag{4.16}
$$

类似地有

$$\boldsymbol{P}=\frac{1}{2}\int \mathrm{d}^3\boldsymbol{k}\boldsymbol{k}\left[a^\dagger(\boldsymbol{k})a(\boldsymbol{k})+a(\boldsymbol{k})a^\dagger(\boldsymbol{k})\right].$$

下面具体演算一下如何得到 (4.16) 式. 从 (3.68) 式和 (4.7)、(4.8) 式出发, 有

$$\begin{aligned}H&=\int \mathrm{d}^3\boldsymbol{x}\left[\pi(x)\dot{\phi}(x)-\mathcal{L}\right]=\int \mathrm{d}^3\boldsymbol{x}\left[\frac{1}{2}\pi^2(x)+\frac{1}{2}(\nabla\phi(x))^2+\frac{1}{2}m^2\phi^2\right]\\&=\frac{1}{2}\int \mathrm{d}^3\boldsymbol{x}\left\{\int\frac{\mathrm{d}^3\boldsymbol{k}}{\sqrt{(2\pi)^3 2\omega_{\boldsymbol{k}}}}\frac{\mathrm{d}^3\boldsymbol{k}'}{\sqrt{(2\pi)^3 2\omega_{\boldsymbol{k}'}}}\left(\mathrm{i}\omega_{\boldsymbol{k}}a(\boldsymbol{k})\mathrm{e}^{\mathrm{i}\boldsymbol{k}\cdot\boldsymbol{x}-\mathrm{i}\omega_{\boldsymbol{k}}t}-\mathrm{i}\omega_{\boldsymbol{k}}a^\dagger(\boldsymbol{k})\mathrm{e}^{-\mathrm{i}\boldsymbol{k}\cdot\boldsymbol{x}+\mathrm{i}\omega_{\boldsymbol{k}}t}\right)\right.\\&\quad\left.\times\left(\mathrm{i}\omega_{\boldsymbol{k}'}a(\boldsymbol{k}')\mathrm{e}^{\mathrm{i}\boldsymbol{k}'\cdot\boldsymbol{x}-\mathrm{i}\omega_{\boldsymbol{k}'}t}-\mathrm{i}\omega_{\boldsymbol{k}'}a^\dagger(\boldsymbol{k}')\mathrm{e}^{-\mathrm{i}\boldsymbol{k}'\cdot\boldsymbol{x}+\mathrm{i}\omega_{\boldsymbol{k}'}t}\right)+(\nabla\phi(x))^2+m^2\phi^2(x)\right\}.\end{aligned}$$

上式中 $\pi^2(x)$ 项被展开了, 对其先做对 x 的积分, 发现 $a(\boldsymbol{k})a(\boldsymbol{k}')$ 前面的系数正比于 $\delta^3(\boldsymbol{k}+\boldsymbol{k}')$, 因而可以进一步简单地积掉比如 $\boldsymbol{k}'$. 同样可以计算出 $\nabla\phi^2$ 项和 $m^2\phi^2$ 项中 $a(\boldsymbol{k})a(-\boldsymbol{k})$ 前面的系数, 合起来为

$$\frac{1}{2}\int\frac{\mathrm{d}^3\boldsymbol{k}}{2\omega_{\boldsymbol{k}}}\left[-\omega_{\boldsymbol{k}}^2+\boldsymbol{k}^2+m^2\right]a(\boldsymbol{k})a(-\boldsymbol{k})\mathrm{e}^{-2\mathrm{i}\omega_{\boldsymbol{k}}t}.$$

显然自由粒子的质壳条件使其消失. 可以完全类似地证明正比于 $a^\dagger a^\dagger$ 的项消失. 所以在 H 中仅有正比于 $a(\boldsymbol{k})a^\dagger(\boldsymbol{k})$ 和 $a^\dagger(\boldsymbol{k})a(\boldsymbol{k})$ 的项留了下来, 即 (4.16) 式.

从 (4.16) 式中我们看到, 零点能的发散非常严重, 但是这并不引起太大的困难. 因为只有能量的涨落才是可以测量的, 我们可以简单地将其删掉. 为此引入所谓的正规乘积

$$:\phi\phi:\equiv\phi^{(-)}\phi^{(-)}+2\phi^{(-)}\phi^{(+)}+\phi^{(+)}\phi^{(+)},\tag{4.17}$$

其中 $\phi^{(-)}$ 代表 ϕ 中的负频部分, $\phi^{(+)}$ 代表 ϕ 中的正频部分. 经典场论在做量子化时, 由于场算符不同的排序在量子水平上不等价, 所以从经典理论到量子理论的推广并不唯一, 正规排序的一个好处是能够消除这种不唯一性.

4.1.2 场的测量与微观因果性

在经典理论中, 场量 $\phi(x)$ 是可测的. 而在量子理论中, 在两个时空点 x,y 对于场的精确测量仅在 $\phi(x)$ 与 $\phi(y)$ 对易的情况下才有可能. 我们来计算一下这个对易子,

$$\begin{aligned}[\phi(x),\phi(y)]&=\int\frac{\mathrm{d}^3\boldsymbol{k}\mathrm{d}^3\boldsymbol{k}'}{(2\pi)^3\sqrt{2\omega_{\boldsymbol{k}}2\omega_{\boldsymbol{k}'}}}([a(\boldsymbol{k}),a^\dagger(\boldsymbol{k}')]\mathrm{e}^{-\mathrm{i}k\cdot x+\mathrm{i}k'\cdot y}+[a^\dagger(\boldsymbol{k}),a(\boldsymbol{k}')]\mathrm{e}^{\mathrm{i}k\cdot x-\mathrm{i}k'\cdot y})\\&=\int\frac{\mathrm{d}^3\boldsymbol{k}}{(2\pi)^3 2\omega_{\boldsymbol{k}}}\left(\mathrm{e}^{-\mathrm{i}k\cdot(x-y)}-\mathrm{e}^{\mathrm{i}k\cdot(x-y)}\right)\\&\equiv\mathrm{i}\Delta(x-y),\end{aligned}\tag{4.18}$$

其中被积函数中出现的 $k^0 = \omega_{\boldsymbol{k}}$. 上面的表达式显然是 Lorentz 不变的, 因为

$$\int \frac{\mathrm{d}^3\boldsymbol{k}}{(2\pi)^3 2\omega_{\boldsymbol{k}}} = \int \frac{\mathrm{d}^4\boldsymbol{k}}{(2\pi)^3}\delta(k^2 - m^2)\theta(k^0). \tag{4.19}$$

不难验证对易子 $\mathrm{i}\Delta(x-y)$ 具有如下性质:

$$\begin{aligned}
&(\Box_x + m^2)\Delta(x-y) = 0\ ,\quad \Delta(x-y) = -\Delta(y-x);\\
&\Delta(x-y) = 0 \quad (\text{如果}\ \ (x-y)^2 < 0);\\
&\left.\frac{\partial\Delta(x-y)}{\partial x^0}\right|_{x^0=y^0} = -\delta^3(\boldsymbol{x}-\boldsymbol{y}).
\end{aligned} \tag{4.20}$$

上面关系式中的第二行所表示的, 叫作微观因果性条件①. 注意到 $(x-y)^2 < 0$, 即类空时, 可以做 Lorentz 变换以使 $x_0 - y_0 = 0$, 然后在 (4.18) 式第二行等式右边的积分中做变量替换 $\boldsymbol{k} \to -\boldsymbol{k}$, 即可证明微观因果性条件 (利用对易子的 Lorentz 不变性).

4.1.3 复标量场的量子化

复标量场可以写为两个实标量场的组合:

$$\phi(x) = \frac{1}{\sqrt{2}}\left[\phi_1(x) + \mathrm{i}\phi_2(x)\right]. \tag{4.21}$$

此时拉氏量

$$\mathcal{L} = \partial^\mu\phi^\dagger(x)\partial_\mu\phi(x) - m^2\phi^\dagger(x)\phi(x). \tag{4.22}$$

由此可以得到复标量场的 Klein–Gordon 方程:

$$(\Box + m^2)\phi(x) = 0,\ \ (\Box + m^2)\phi^\dagger(x) = 0. \tag{4.23}$$

共轭动量

$$\pi = \frac{\partial\mathcal{L}}{\partial\dot{\phi}} = \dot{\phi}^\dagger,\ \ \pi^\dagger = \frac{\partial\mathcal{L}}{\partial\dot{\phi}^\dagger} = \dot{\phi}, \tag{4.24}$$

哈密顿量

$$\mathcal{H} = \pi\dot{\phi} + \pi^\dagger\dot{\phi}^\dagger - \mathcal{L} = \pi^\dagger\pi + (\nabla\phi^\dagger)\cdot(\nabla\phi) + m^2\phi^\dagger\phi. \tag{4.25}$$

利用 (4.21) 式和上一小节得到的知识不难计算出如下的对易关系 (注意它们不是等时对易关系):

$$[\phi(x), \phi(y)] = [\phi^\dagger(x), \phi^\dagger(y)] = 0\ ,\ \ [\phi(x), \phi^\dagger(y)] = \mathrm{i}\Delta(x-y). \tag{4.26}$$

① (4.20) 式当然仅仅是在自由场情形导出的. 有相互作用情况下很难证明微观因果性条件, 但是一般假设它还是对的, 并且被用作公理化场论的几个基本假设之一.

请读者自行验证, 上式中的 $\Delta(x-y)$ 与 (4.18) 式中的完全相同. 而场的 Fourier 变换为

$$\begin{aligned}\phi(x) &= \int \frac{\mathrm{d}^3\boldsymbol{k}}{\sqrt{(2\pi)^3 2\omega_{\boldsymbol{k}}}} \left[a_+(\boldsymbol{k})\mathrm{e}^{-\mathrm{i}k\cdot x} + a_-^\dagger(\boldsymbol{k})\mathrm{e}^{\mathrm{i}k\cdot x}\right], \\ \phi^\dagger(x) &= \int \frac{\mathrm{d}^3\boldsymbol{k}}{\sqrt{(2\pi)^3 2\omega_{\boldsymbol{k}}}} \left[a_+^\dagger(\boldsymbol{k})\mathrm{e}^{\mathrm{i}k\cdot x} + a_-(\boldsymbol{k})\mathrm{e}^{-\mathrm{i}k\cdot x}\right].\end{aligned} \tag{4.27}$$

我们在第二章中讨论过 Klein–Gordon 场的困难, 即负能量解和负概率密度. 这里在场量子化以后, (4.27) 式中的负能部分直接翻译为反粒子的产生. 由于哈密顿量((4.25) 式取了正规乘积以后)

$$H = \int \mathrm{d}^3\boldsymbol{k}\omega_{\boldsymbol{k}} \left[a_+^\dagger(\boldsymbol{k})a_+(\boldsymbol{k}) + a_-^\dagger(\boldsymbol{k})a_-(\boldsymbol{k})\right] \tag{4.28}$$

是正定的, 所以不再有负能解的困难. 进一步地, 我们抛弃概率密度的概念而将其转化为荷密度的概念, 化解了负概率的问题. 为此来看守恒流

$$j^\mu = \mathrm{i} : (\phi^\dagger \partial^\mu \phi - \phi \partial^\mu \phi^\dagger) :, \tag{4.29}$$

其守恒荷为

$$Q = \mathrm{i} \int \mathrm{d}^3\boldsymbol{x} : (\phi^\dagger \dot{\phi} - \phi \dot{\phi}^\dagger) := const. \tag{4.30}$$

在动量空间中我们发现

$$Q = \int \mathrm{d}^3\boldsymbol{k}[a_+^\dagger(\boldsymbol{k})a_+(\boldsymbol{k}) - a_-^\dagger(\boldsymbol{k})a_-(\boldsymbol{k})] = \sum_{\boldsymbol{k}}(N_{\boldsymbol{k}}^+ - N_{\boldsymbol{k}}^-), \tag{4.31}$$

且有 $[Q, P_\mu] = 0$. 由于 $[P^\mu, a_+^\dagger(\boldsymbol{k})] = +k^\mu a_+^\dagger(\boldsymbol{k})$, $[Q, a_+^\dagger(\boldsymbol{k})] = +a_+^\dagger(\boldsymbol{k})$, 所以我们知道 $a_+^\dagger(\boldsymbol{k})$ 代表一个产生动量为 k^μ, 电荷为 $+1$ 的粒子的产生算符. 类似地, a_+ 为湮灭算符. 而 $a_-^\dagger(\boldsymbol{k})$ 和 $a_-(\boldsymbol{k})$ 相应地代表产生和湮灭一个动量为 k^μ 电荷为 -1 的粒子的算符.

4.1.4 Feynman 传播子

为得到一个荷为 $+1$ 的单粒子态, 我们用 $\phi^\dagger$ 作用在真空态上, 得到

$$|\Psi_+(\boldsymbol{x}, t)\rangle = \phi^\dagger(\boldsymbol{x}, t)|0\rangle. \tag{4.32}$$

由 (4.27) 式得知, 只有产生或负频部分作用在真空态上才起作用. 态 (4.32) 式传播到 $(\boldsymbol{x}', t')$ $(t' > t)$的振幅为

$$\theta(t'-t)\langle\Psi_+(\boldsymbol{x}', t')|\Psi_+(\boldsymbol{x}, t)\rangle = \langle 0|\phi(\boldsymbol{x}', t')\phi^\dagger(\boldsymbol{x}, t)|0\rangle\theta(t'-t). \tag{4.33}$$

这个振幅的含义是一个带荷 +1 的粒子在 $(\boldsymbol{x},t)$ 被产生, 又在 $t'>t$ 的较晚时刻在 $(\boldsymbol{x}',t')$ 被真空吸收. 另外一种实现这个过程的方式是在 $(\boldsymbol{x}',t')$ 产生一个带荷 −1 的粒子, 在较晚时刻 $t>t'$ 传播到 $\boldsymbol{x}$, 并被真空吸收, 由下式表示:

$$\theta(t-t')\langle\Psi_-(\boldsymbol{x},t)|\Psi_-(\boldsymbol{x}',t')\rangle=\langle 0|\phi^\dagger(\boldsymbol{x},t)\phi(\boldsymbol{x}',t')|0\rangle\theta(t-t'). \tag{4.34}$$

把这两种贡献合在一起, 就得到了所谓的 Feynman 传播子, 又叫作两点编时 Green 函数:

$$\mathrm{i}\Delta_{\mathrm{F}}(x-x')\equiv\langle 0|T\{\phi(x')\phi^\dagger(x)\}|0\rangle, \tag{4.35}$$

$$\begin{aligned}\langle 0|T\{\phi^\dagger(x)\phi(x')\}|0\rangle&\equiv\theta(t-t')\langle 0|\phi^\dagger(x)\phi(x')|0\rangle+\theta(t'-t)\langle 0|\phi(x')\phi^\dagger(x)|0\rangle\\&=\int\frac{\mathrm{d}^3\boldsymbol{p}}{(2\omega_{\boldsymbol{p}})(2\pi)^3}[\theta(t'-t)\mathrm{e}^{-\mathrm{i}p\cdot(x'-x)}+\theta(t-t')\mathrm{e}^{\mathrm{i}p\cdot(x'-x)}]\\&=\int\frac{\mathrm{d}^4p}{(2\pi)^4}\,\mathrm{e}^{\mathrm{i}p\cdot(x-x')}\frac{\mathrm{i}}{p^2-m^2+\mathrm{i}\epsilon}.\end{aligned} \tag{4.36}$$

上面的推导的最后一个等式值得多做一些讨论, 其中的 ϵ 是一个无穷小的正值, 在所有计算的中间过程中取为非零值, 在做完计算后再令其为零①. 其意义可以由计算上面最后一个等式中对 p^0 的积分来理解 (见图 4.1):

$$\int\frac{\mathrm{d}^4p}{(2\pi)^4}\,\mathrm{e}^{\mathrm{i}p\cdot x}\frac{\mathrm{i}}{p^2-m^2+\mathrm{i}\epsilon}=\int\frac{\mathrm{d}^3\boldsymbol{p}}{(2\pi)^4}\int\mathrm{d}p^0\frac{\mathrm{i}\mathrm{e}^{\mathrm{i}p\cdot x}}{(p^0-\omega_{\boldsymbol{p}}+\mathrm{i}\epsilon)(p^0+\omega_{\boldsymbol{p}}-\mathrm{i}\epsilon)}.$$

当 $x^0>0$ 时, 被积函数中的 $\mathrm{e}^{\mathrm{i}p\cdot x}$ 因子告诉我们, 对 p^0 的积分只能取上半平面的半圆围道. 此时上面的积分值根据 Cauchy 定理取上半平面极点 $-\omega_{\boldsymbol{p}}+\mathrm{i}\epsilon$ 处的留数, 这样上面的积分为

$$2\pi\mathrm{i}\int\frac{\mathrm{d}^3\boldsymbol{p}}{(2\pi)^4}\frac{\mathrm{i}\mathrm{e}^{-\mathrm{i}\omega_{\boldsymbol{p}}x^0-\mathrm{i}\boldsymbol{p}\cdot\boldsymbol{x}}}{-2\omega_{\boldsymbol{p}}}=\int\frac{\mathrm{d}^3\boldsymbol{p}}{2\omega_{\boldsymbol{p}}(2\pi)^3}\mathrm{e}^{-\mathrm{i}\omega_{\boldsymbol{p}}x^0-\mathrm{i}\boldsymbol{p}\cdot\boldsymbol{x}}.$$

如果 $x^0<0$, 则积分围道只能取下半平面的大圆并且积分取 $\omega_{\boldsymbol{p}}-\mathrm{i}\epsilon$ 处的留数. 于是积分为

$$-2\pi\mathrm{i}\int\frac{\mathrm{d}^3\boldsymbol{p}}{(2\pi)^4}\frac{\mathrm{i}\mathrm{e}^{\mathrm{i}\omega_{\boldsymbol{p}}x^0-\mathrm{i}\boldsymbol{p}\cdot\boldsymbol{x}}}{2\omega_{\boldsymbol{p}}}=\int\frac{\mathrm{d}^3\boldsymbol{p}}{2\omega_{\boldsymbol{p}}(2\pi)^3}\mathrm{e}^{\mathrm{i}\omega_{\boldsymbol{p}}x^0-\mathrm{i}\boldsymbol{p}\cdot\boldsymbol{x}}.$$

把 $x^0>0$ 和 $x^0<0$ 两种情况合二为一, 就完成了对 (4.36) 式中第三个等式的证明.

由 (4.36) 式得知, Feynman 传播子满足 Klein–Gordon 方程:

$$(\Box_{x'}+m^2)\Delta_{\mathrm{F}}(x'-x)=-\delta^4(x'-x). \tag{4.37}$$

①质量 m 或能量 E 总是伴随着一个反号的无穷小虚部: $m\to m-\mathrm{i}\epsilon$, ϵ 相当于一个无穷小的衰变宽度 (见 5.4.3 小节的讨论), 所以 $\epsilon=0_+$ 而不可以取负值, 否则会导致概率守恒和因果性的破坏等一系列问题. 亦可参考 §8.6 的相关内容.

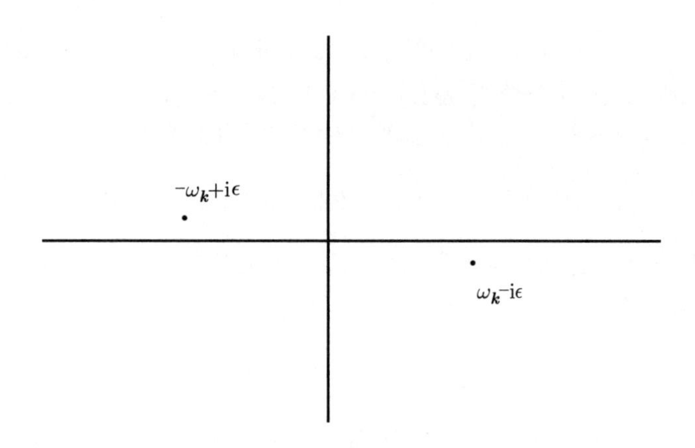

图 4.1 Feynman 传播子中的 iϵ 表述.

除了上面介绍的对易子和编时 Green 函数 (Feynman 传播子), 在场论中还会遇见所谓的 Wightman 函数, 比如两点 Wightman 函数是

$$W(x_1, x_2) = \langle 0|\phi(x_1)\phi(x_2)|0\rangle, \tag{4.38}$$

即非编时 Green 函数. 关于此类 Green 函数我们将在本书下册第十七章详细讨论.

§4.2 自由 Dirac 场的量子化

与复标量场情形类似, 在这里 $\overline{\psi}, \psi$ 看成独立的正则变量. 对拉氏量 $\mathcal{L} = \overline{\psi}(\mathrm{i}\not{\partial} - m)\psi$ 做变分, 得到运动方程

$$(\mathrm{i}\not{\partial} - m)\psi(x) = 0, \quad \overline{\psi}(x)(\mathrm{i}\overleftarrow{\not{\partial}} + m) = 0, \tag{4.39}$$

相应的正则动量

$$\pi_\alpha = \frac{\partial \mathcal{L}}{\partial \dot{\psi}_\alpha} = \mathrm{i}\psi^\dagger_\alpha. \tag{4.40}$$

由于拉氏量中不含 $\overline{\psi}$ 的导数, 因此与 $\overline{\psi}$ 相对应的正则动量为零, 有

$$\mathcal{H} = \pi\dot{\psi} - \mathcal{L} = \psi^\dagger(-\mathrm{i}\boldsymbol{\alpha}\cdot\nabla + \beta m)\psi. \tag{4.41}$$

Noether 流是 $j^\mu = \overline{\psi}\gamma^\mu\psi$, 而守恒荷

$$Q = \int \mathrm{d}^3\boldsymbol{x}\psi^\dagger\psi. \tag{4.42}$$

场方程的平面波展开一如 (2.72) 式,

$$\begin{aligned}\psi(x) &= \int \frac{\mathrm{d}^3\boldsymbol{p}}{(2\pi)^{3/2}}\sqrt{\frac{1}{2E}}\sum_{\pm s}[b(\boldsymbol{p},s)u(\boldsymbol{p},s)\mathrm{e}^{-\mathrm{i}p\cdot x}+d^\dagger(\boldsymbol{p},s)v(\boldsymbol{p},s)\mathrm{e}^{\mathrm{i}p\cdot x}],\\ \overline{\psi}(x) &= \int \frac{\mathrm{d}^3\boldsymbol{p}}{(2\pi)^{3/2}}\sqrt{\frac{1}{2E}}\sum_{\pm s}[b^\dagger(\boldsymbol{p},s)\overline{u}(\boldsymbol{p},s)\mathrm{e}^{\mathrm{i}p\cdot x}+d(\boldsymbol{p},s)\overline{v}(\boldsymbol{p},s)\mathrm{e}^{-\mathrm{i}p\cdot x}].\end{aligned} \tag{4.43}$$

在第二章中, 我们建立了如下关于 $u(\boldsymbol{p},s)$, $v(\boldsymbol{p},s)$ 的知识.

(1) Dirac 方程:

$$\begin{aligned}(\not p - m)u(\boldsymbol{p},s) = 0, &\quad \overline{u}(\boldsymbol{p},s)(\not p - m) = 0;\\ (\not p + m)v(\boldsymbol{p},s) = 0, &\quad \overline{v}(\boldsymbol{p},s)(\not p + m) = 0.\end{aligned} \tag{4.44}$$

(2) 正交条件:

$$\overline{u}(\boldsymbol{p},s)u(\boldsymbol{p},s') = -\overline{v}(\boldsymbol{p},s)v(\boldsymbol{p},s') = 2m\delta_{ss'}, \tag{4.45}$$

$$u^\dagger(\boldsymbol{p},s)u(\boldsymbol{p},s') = v^\dagger(\boldsymbol{p},s)v(\boldsymbol{p},s') = 2E_{\boldsymbol{p}}\delta_{ss'}, \tag{4.46}$$

$$\overline{v}(\boldsymbol{p},s)u(\boldsymbol{p},s') = v^\dagger(\boldsymbol{p},s)u(-\boldsymbol{p},s') = 0. \tag{4.47}$$

(3) 完备性条件:

$$\sum_{\pm s} u_\alpha(\boldsymbol{p},s)\overline{u}_\beta(\boldsymbol{p},s) = (\not p + m)_{\alpha\beta}, \tag{4.48}$$

$$\sum_{\pm s} v_\alpha(\boldsymbol{p},s)\overline{v}_\beta(\boldsymbol{p},s) = (\not p - m)_{\alpha\beta}, \tag{4.49}$$

$$\sum_{\pm s}[u_\alpha(\boldsymbol{p},s)\overline{u}_\beta(\boldsymbol{p},s) - v_\alpha(\boldsymbol{p},s)\overline{v}_\beta(\boldsymbol{p},s)] = 2m\delta_{\alpha\beta}. \tag{4.50}$$

场量子化要求展开系数 $b(\boldsymbol{p},s), b^\dagger(\boldsymbol{p},s), d(\boldsymbol{p},s), d^\dagger(\boldsymbol{p},s)$ 成为产生或湮灭算符. 不相容原理要求它们具有如下反对易关系:

$$\{b(\boldsymbol{p},s), b^\dagger(\boldsymbol{p}',s')\} = \delta_{ss'}\delta^3(\boldsymbol{p}-\boldsymbol{p}'), \quad \{d(\boldsymbol{p},s), d^\dagger(\boldsymbol{p}',s')\} = \delta_{ss'}\delta^3(\boldsymbol{p}-\boldsymbol{p}'), \tag{4.51}$$

而其余的均为零. 利用这些条件由 (4.43) 式经计算可得出:

$$\{\psi_\alpha(\boldsymbol{x},t), \psi_\beta^\dagger(\boldsymbol{x}',t)\} = \delta_{\alpha\beta}\delta^3(\boldsymbol{x}-\boldsymbol{x}'); \tag{4.52}$$

$$\{\psi_\alpha(\boldsymbol{x},t), \psi_\beta(\boldsymbol{x}',t)\} = 0, \quad \{\psi_\alpha^\dagger(\boldsymbol{x},t), \psi_\beta^\dagger(\boldsymbol{x}',t)\} = 0. \tag{4.53}$$

同样地可以计算出哈密顿量

$$H = \sum_{\pm s}\int \mathrm{d}^3\boldsymbol{p}E_{\boldsymbol{p}}[b^\dagger(\boldsymbol{p},s)b(\boldsymbol{p},s) - d(\boldsymbol{p},s)d^\dagger(\boldsymbol{p},s)] \tag{4.54}$$

以及

$$\boldsymbol{P}=\sum_{\pm s}\int \mathrm{d}^3\boldsymbol{p}\boldsymbol{p}[b^\dagger(\boldsymbol{p},s)b(\boldsymbol{p},s)-d(\boldsymbol{p},s)d^\dagger(\boldsymbol{p},s)]. \tag{4.55}$$

明显地, Fermi-Dirac 统计, 或产生–湮灭算符的反对易关系可以保证能量的正定性. 在第二章得到的 Dirac 方程的特点是: 具有正概率密度, 存在负能解, 哈密顿量没有下界. 负能解的困难可由 Dirac 海的概念加以回避. 在场量子化时, 我们引入了反粒子概念和 Fermi-Dirac 统计, 使得哈密顿量正定. 此时正概率密度不再是一个有意义的概念, 而由荷密度代替:

$$\begin{aligned}Q&=\int \mathrm{d}^3\boldsymbol{x} :\psi^\dagger\psi:=\sum_{\pm s}\int \mathrm{d}^3\boldsymbol{p} :[b^\dagger(\boldsymbol{p},s)b(\boldsymbol{p},s)+d(\boldsymbol{p},s)d^\dagger(\boldsymbol{p},s)]:\\&=\sum_{\pm s}\int \mathrm{d}^3\boldsymbol{p}[b^\dagger(\boldsymbol{p},s)b(\boldsymbol{p},s)-d^\dagger(\boldsymbol{p},s)d(\boldsymbol{p},s)].\end{aligned} \tag{4.56}$$

费米子正规乘积

$$:\overline{\psi}_\alpha\psi_\beta:=\overline{\psi}_\alpha^{(+)}\psi_\beta^{(+)}+\overline{\psi}_\alpha^{(-)}\psi_\beta^{(+)}+\overline{\psi}_\alpha^{(-)}\psi_\beta^{(-)}-\psi_\beta^{(-)}\overline{\psi}_\alpha^{(+)}, \tag{4.57}$$

其中 $\psi^{(+)}$, $\psi^{(-)}$ 分别代表正频和负频分量:

$$\begin{aligned}\psi^{(+)}(x)&=\sum_{\pm s}\int\frac{\mathrm{d}^3\boldsymbol{p}}{(2\pi)^{3/2}}\sqrt{\frac{1}{2E}}b(\boldsymbol{p},s)u(\boldsymbol{p},s)\mathrm{e}^{-\mathrm{i}p\cdot x},\\\psi^{(-)}(x)&=\sum_{\pm s}\int\frac{\mathrm{d}^3\boldsymbol{p}}{(2\pi)^{3/2}}\sqrt{\frac{1}{2E}}d^\dagger(\boldsymbol{p},s)v(\boldsymbol{p},s)\mathrm{e}^{\mathrm{i}p\cdot x}.\end{aligned} \tag{4.58}$$

对于自由场, 等时正则对易关系 (4.52) 式可以推广到非等时情形:

$$\begin{aligned}\{\psi_\alpha(x),\overline{\psi}_\beta(x')\}&=\mathrm{i}(\mathrm{i}\not{\partial}_x+m)_{\alpha\beta}\Delta(x-x')\equiv\mathrm{i}S_{\alpha\beta}(x-x'),\\\{\psi_\alpha(x),\psi_\beta(x')\}&=\{\overline{\psi}_\alpha(x),\overline{\psi}_\beta(x')\}=0.\end{aligned} \tag{4.59}$$

对于费米子场算符 $a(x)$, $b(x')$,

$$T\{a(x)b(x')\}=a(x)b(x')\theta(t-t')-b(x')a(x)\theta(t'-t)=-T\{b(x')a(x)\}, \tag{4.60}$$

即在编时乘积中两费米子场换位时要出一个负号. Feynman 传播子定义为

$$\mathrm{i}S_{\mathrm{F}}(x',x)_{\beta\alpha}\equiv\langle 0|T\{\psi_\beta(x')\overline{\psi}_\alpha(x)\}|0\rangle, \tag{4.61}$$

对于自由场不难证明

$$\mathrm{i}S_{\mathrm{F}}(x'-x)=\int\frac{\mathrm{d}^4p}{(2\pi)^4}\mathrm{e}^{-\mathrm{i}p\cdot(x'-x)}\frac{\mathrm{i}}{\not{p}-m+\mathrm{i}\epsilon}, \tag{4.62}$$

$$(\mathrm{i}\not{\partial}_{x'}-m)S_{\mathrm{F}}(x'-x)=\delta^4(x'-x). \tag{4.63}$$

玻色子场用对易关系 (4.1) 式量子化, 费米子场用 (4.52) 式量子化, 这不但保证了能量的正定性, 也保证了微观因果性的成立. 如果反过来做量子化, 得到如

$$[\psi_\alpha(x), \overline{\psi}_\beta(x')] = \mathrm{i}(\mathrm{i}\,\partial\!\!\!/_x + m)_{\alpha\beta}\Delta_1(x-x'), \tag{4.64}$$

则

$$\begin{aligned}\mathrm{i}\Delta_1(x-x') &= \int \frac{\mathrm{d}^3\boldsymbol{k}}{(2\pi)^3 2\omega_{\boldsymbol{k}}}[\mathrm{e}^{-\mathrm{i}k\cdot(x-x')} + \mathrm{e}^{\mathrm{i}k\cdot(x-x')}] \\ &\propto -\frac{\mathrm{e}^{-m\sqrt{-(x-x')^2}}}{(x-x')^2} \quad \left(\text{对于} -(x-x')^2 > \frac{1}{m^2}\right).\end{aligned} \tag{4.65}$$

玻色子情况也类似, 如果量子化时满足反对易关系, 则

$$\{\phi(x), \phi^\dagger(x')\} = \mathrm{i}\Delta_1(x-x'),$$

在类空时不为零.

§4.3 电磁场的量子化

Planck 光量子论、Einstein 光电效应等直接建立了光的粒子性. 在建立电磁场的量子理论时, 受到的困扰是电磁场只有两个独立的自由度, 而 4-矢量 A_μ 却有 4 个分量, 因此必须利用规范变换的概念来消去冗余的自由度.

4.3.1 协变规范下的量子化

Lorenz 规范下的场方程为

$$\begin{aligned}\Box A_\mu(x) &= 0, \\ \partial_\mu A^\mu(x) &= 0.\end{aligned} \tag{4.66}$$

我们将很快看到, $\mathcal{L} = -\frac{1}{4}F_{\mu\nu}F^{\mu\nu}$ 形式的拉氏量会导致正则动量 π^0 消失, 因此不能给出协变的量子化方案. 为此我们尝试改变拉氏量为

$$\mathcal{L}' = -\frac{1}{4}F_{\mu\nu}F^{\mu\nu} - \frac{1}{2}\xi(\partial_\sigma A^\sigma)^2, \tag{4.67}$$

这个拉氏量在 Lorenz 规范条件下与 (4.94) 式等价. 由 (4.67) 式给出

$$\Box A_\mu(x) - (1-\xi)\partial^\mu(\partial_\sigma A^\sigma) = 0, \tag{4.68}$$

而

$$\pi^\mu = -F^{0\mu} - \xi g^{\mu 0}(\partial_\sigma A^\sigma), \tag{4.69}$$

使得 A^0 具有与之相应的共轭动量 $\pi^0=-\xi(\partial_\sigma A^\sigma)$. 为了简化计算, 在下面的讨论中我们取 $\xi=1$ (有时叫作 Feynman–'t Hooft 规范).

在 $\xi=1$ 时, 拉氏量 (4.67) 式可以改写为 (差一个全导数项)

$$\mathcal{L}''=-\frac{1}{2}\partial_\mu A_\nu\partial^\mu A^\nu, \tag{4.70}$$

且此时 A_μ 的时间分量与空间分量在形式上等价:

$$\pi^\mu=-\dot{A}^\mu. \tag{4.71}$$

然而这会导致一系列问题. 首先是哈密顿量

$$\mathcal{H}=-\frac{1}{2}\pi^\mu\pi_\mu+\frac{1}{2}\partial_i A_\nu\partial^i A^\nu \tag{4.72}$$

不正定. 另外为了做量子化, 我们尝试写出协变的等时对易关系

$$\begin{aligned}&[A^\mu(\boldsymbol{x},t),\pi^\nu(\boldsymbol{x}',t)]=\mathrm{i}g^{\mu\nu}\delta^3(\boldsymbol{x}-\boldsymbol{x}'),\\&[A^\mu(\boldsymbol{x},t),A^\nu(\boldsymbol{x}',t)]=[\pi^\mu(\boldsymbol{x},t),\pi^\nu(\boldsymbol{x}',t)]=0.\end{aligned} \tag{4.73}$$

为了协变性, 从上面的表达式可以看出, 正则对易关系 $[A^0,\dot{A}^0]=-\mathrm{i}\delta^3(\boldsymbol{x}-\boldsymbol{x}')$ 的符号出了问题, 在后面会看到这将导致相应的量子态具有负的归一化条件, 而这个问题将利用所谓的规范条件来解决. 最后, 规范条件 $\partial_\mu A^\mu=0$ 本身也遇到了问题. 因为 $[\partial_\mu A^\mu(\boldsymbol{x},t),A^\nu(\boldsymbol{x}',t)]=\mathrm{i}g^{\nu0}\delta^3(\boldsymbol{x}-\boldsymbol{x}')\neq0$. 所有这些问题在后面将利用所谓的 Gupta-Bleuler 方案加以解决.

为了把这些问题看得更清楚, 下面首先写出 d'Alembert 方程 ($\Box A_\mu(x)=0$) 的解:

$$A^\mu(x)=\int\frac{\mathrm{d}^3\boldsymbol{k}}{\sqrt{(2\pi)^3 2\omega_{\boldsymbol{k}}}}\sum_{\lambda=0}^{3}[\epsilon_\lambda^\mu(\boldsymbol{k})a_\lambda(\boldsymbol{k})\mathrm{e}^{-\mathrm{i}k\cdot x}+\epsilon_\lambda^{\mu*}(\boldsymbol{k})a_\lambda^\dagger(\boldsymbol{k})\mathrm{e}^{+\mathrm{i}k\cdot x}], \tag{4.74}$$

其中 ϵ_λ^μ 为四个独立的极化矢量, 在特殊的参考系 ($k^\mu=(k,0,0,k)$) 里定义为

$$\begin{aligned}\epsilon_0^\mu&=(1,0,0,0),\\\epsilon_1^\mu&=(0,1,0,0),\\\epsilon_2^\mu&=(0,0,1,0),\\\epsilon_3^\mu&=(0,0,0,1).\end{aligned} \tag{4.75}$$

一般情形下的表达式可以通过 Lorentz 变换得到. 这些极化矢量满足如下关系式:

$$\begin{aligned}&\epsilon_{\lambda}^{\mu}(\boldsymbol{k})\epsilon_{\mu\lambda'}^{*}(\boldsymbol{k})=g_{\lambda\lambda'},\\&\sum_{\lambda=0}^{3}g_{\lambda\lambda}\epsilon_{\lambda}^{\mu}(\boldsymbol{k})\epsilon_{\lambda}^{\nu*}(\boldsymbol{k})=g^{\mu\nu}.\end{aligned}\tag{4.76}$$

由 (4.74) 式得出

$$\pi^{\mu}(x)=\mathrm{i}\int\frac{\mathrm{d}^3\boldsymbol{k}}{\sqrt{(2\pi)^3 2\omega_{\boldsymbol{k}}}}\omega_{\boldsymbol{k}}\sum_{\lambda=0}^{3}[\epsilon_{\lambda}^{\mu}(\boldsymbol{k})a_{\lambda}(k)\mathrm{e}^{-\mathrm{i}k\cdot x}-\epsilon_{\lambda}^{\mu*}(\boldsymbol{k})a_{\lambda}^{\dagger}(\boldsymbol{k})\mathrm{e}^{+\mathrm{i}k\cdot x}].\tag{4.77}$$

由 (4.73) 式, 再利用 4 维极化矢量的正交条件得

$$\begin{aligned}&[a_{\lambda}(\boldsymbol{k}),a_{\lambda'}^{\dagger}(\boldsymbol{k}')]=-g_{\lambda\lambda'}\delta^3(\boldsymbol{k}-\boldsymbol{k}'),\\&[a_{\lambda}(\boldsymbol{k}),a_{\lambda'}(\boldsymbol{k}')]=[a_{\lambda}^{\dagger}(\boldsymbol{k}),a_{\lambda'}^{\dagger}(\boldsymbol{k}')]=0,\end{aligned}\tag{4.78}$$

而

$$H=\int\mathrm{d}^3\boldsymbol{k}\,\omega_{\boldsymbol{k}}\left[\sum_{\lambda=1}^{3}a_{\lambda}^{\dagger}(\boldsymbol{k})a_{\lambda}(\boldsymbol{k})-a_0^{\dagger}(\boldsymbol{k})a_0(\boldsymbol{k})\right],\tag{4.79}$$

$$\boldsymbol{P}=\int\mathrm{d}^3\boldsymbol{k}\,\boldsymbol{k}\left[\sum_{\lambda=1}^{3}a_{\lambda}^{\dagger}(\boldsymbol{k})a_{\lambda}(\boldsymbol{k})-a_0^{\dagger}(\boldsymbol{k})a_0(\boldsymbol{k})\right].\tag{4.80}$$

由 $N_{\boldsymbol{k},\lambda}$ 个光子构成的态矢为

$$|N_{\boldsymbol{k},\lambda}\rangle=\frac{[(2\pi)^3 2\omega_{\boldsymbol{k}}]^{N_{\boldsymbol{k},\lambda}/2}}{\sqrt{N_{\boldsymbol{k},\lambda}!}}(a_{\lambda}^{\dagger}(\boldsymbol{k}))^{N_{\boldsymbol{k},\lambda}}|0\rangle.\tag{4.81}$$

由此得出单个光子态的模为 $\langle 1_{\boldsymbol{k},\lambda}|1_{\boldsymbol{k},\lambda}\rangle=-g_{\lambda\lambda}(2\pi)^3 2\omega_{\boldsymbol{k}}\delta^3(0)\langle 0|0\rangle$. 而单光子态的能量为

$$\langle 1_{\boldsymbol{k},\lambda}|H|1_{\boldsymbol{k},\lambda}\rangle=\omega_{\boldsymbol{k}}\langle 1_{\boldsymbol{k},\lambda}|1_{\boldsymbol{k},\lambda}\rangle,\tag{4.82}$$

即哈密顿量的本征值为正, 但是由于标量光子态矢量负的模, 单标量光子态的能量仍为负值[①].

下面说一下 Gupta–Bleuler 方案. 光子只有两个独立的物理自由度, 然而协变的量子化方案却导致 4 个独立的态, 两个 (物理的) 横向光子、一个纵向光子和一个标量光子. 这导致描述态矢量的 Hilbert 空间不得不增大, 而物理态所组成的部

① 即哈密顿量的本征值为正的原因是, 对于标量光子, 粒子数算符 $\widehat{N}_{\boldsymbol{k},0}=-a_{\boldsymbol{k},0}^{\dagger}a_{\boldsymbol{k},0}$.

分仅仅应该构成这个大的 Hilbert 空间的一个子集. 这些物理态, 记为 $|\Phi\rangle$, 满足如下条件:

$$\langle\Phi|\partial_\mu A^\mu(x)|\Phi\rangle = 0. \tag{4.83}$$

一个比上式稍弱一些的条件是 $\partial^\mu A_\mu^{(+)}(x)|\Phi\rangle = 0$, 或等价的 $\langle\Phi|\partial^\mu A_\mu^{(-)}(x) = 0$, 其中 $A_\mu^{(+)}(x)$ ($A_\mu^{(-)}(x)$)代表 $A_\mu(x)$ 的正频 (负频)部分. 转换到动量空间, 利用正交条件 $k\cdot\epsilon(\boldsymbol{k},1) = k\cdot\epsilon(\boldsymbol{k},2) = 0$, 这一约束导致了

$$(a_3(\boldsymbol{k}) - a_0(\boldsymbol{k}))|\Phi\rangle = 0 \tag{4.84}$$

或

$$\langle\Phi|(a_3^\dagger(\boldsymbol{k}) - a_0^\dagger(\boldsymbol{k})) = 0. \tag{4.85}$$

显然上面的这两个约束条件与如下的约束条件是等价的:

$$\langle\Phi|a_0^\dagger(\boldsymbol{k})a_0(\boldsymbol{k})|\Phi\rangle = \langle\Phi|a_3^\dagger(\boldsymbol{k})a_3(\boldsymbol{k})|\Phi\rangle, \tag{4.86}$$

而后者的物理意义是明显的. 这样

$$\langle\Phi|H|\Phi\rangle = \int \mathrm{d}^3\boldsymbol{k}\omega_{\boldsymbol{k}} \sum_{\lambda=1,2} N_{\boldsymbol{k},\lambda}, \tag{4.87}$$

也就是说, 只有横向光子才会对能动量有贡献.

总结如下: 协变的量子化要求一个增大的具有不定度规的 Hilbert 空间, 而物理子空间的态矢满足条件 (4.86) 式. 规范不变性 (4.83) 式保证了哈密顿量的正定性.

光子的 Feynman 传播子为

$$\mathrm{i}D^{\mu\nu}(x-y) = \langle 0|T\{A^\mu(x)A^\nu(y)\}|0\rangle = \mathrm{i}\int \frac{\mathrm{d}^4k}{(2\pi)^4}\mathrm{e}^{-\mathrm{i}k\cdot(x-y)}D_F^{\mu\nu}(k), \tag{4.88}$$

其中在 $\xi = 1$ 的规范条件下,

$$D_\mathrm{F}^{\mu\nu}(k) = \frac{-g^{\mu\nu}}{k^2 + \mathrm{i}\epsilon}. \tag{4.89}$$

对于任意的 ξ, 更一般的表达式为

$$D_\mathrm{F}^{\mu\nu}(k) = -\frac{g^{\mu\nu} - \left(1 - \dfrac{1}{\xi}\right)\dfrac{k^\mu k^\nu}{k^2 + \mathrm{i}\epsilon}}{k^2 + \mathrm{i}\epsilon}. \tag{4.90}$$

这里介绍一个规范不变性的应用 —— Landau-Yang 定理.

考虑极化分别为 λ 和 λ' 的两光子态组成的自旋为 1 的系统:

$$|2\gamma\rangle_i = \int \mathrm{d}^3\boldsymbol{p}\ \chi_{ijk}(\boldsymbol{p})\epsilon_j^*(\lambda)\epsilon_k^*(\lambda')a_\lambda^\dagger(\boldsymbol{p})a_{\lambda'}^\dagger(-\boldsymbol{p})|0\rangle, \tag{4.91}$$

其中 χ_{ijk} 是一个三阶张量. 因为 $\boldsymbol{p}\cdot\boldsymbol{\epsilon}^*=0$, 所以 χ_{ijk} 只能取如下形式:

$$\chi_{ijk}(\boldsymbol{p}) = A\epsilon_{ijk} + Bp_i\delta_{jk} + C\,p_i\,p_l\,\epsilon_{jkl}, \tag{4.92}$$

满足 $\chi_{ijk}(\boldsymbol{p}) = -\chi_{ikj}(-\boldsymbol{p})$. 又因为光子遵守玻色统计, 所以又有

$$\begin{aligned}|2\gamma\rangle_i &= \int \mathrm{d}^3\boldsymbol{p}\chi_{ijk}(-\boldsymbol{p})\epsilon_j(\lambda')\epsilon_k(\lambda)a_{\lambda'}^\dagger(-\boldsymbol{p})a_\lambda^\dagger(\boldsymbol{p})|0\rangle \\ &= -\int \mathrm{d}^3\boldsymbol{p}\chi_{ikj}(\boldsymbol{p})\epsilon_k(\lambda)\epsilon_j(\lambda')a_\lambda^\dagger(\boldsymbol{p})a_{\lambda'}^\dagger(-\boldsymbol{p})|0\rangle.\end{aligned} \tag{4.93}$$

与 (4.91) 式比较得出 $|2\gamma\rangle_i=0$, 也就是说自旋为 1 的粒子不能衰变到 2γ.

4.3.2 Coulomb 规范下的量子化

光子场的拉氏量

$$\mathcal{L} = -\frac{1}{4}F_{\mu\nu}F^{\mu\nu} = \frac{1}{2}(E^2-B^2), \tag{4.94}$$

其中 $\boldsymbol{E}=-\nabla A_0-\dot{\boldsymbol{A}}$, $\boldsymbol{B}=\nabla\times\boldsymbol{A}$. 以 A_μ 作为正则变量, 发现共轭变量

$$\pi^0 = \frac{\partial\mathcal{L}}{\partial\dot{A}_0} = 0,\ \ \pi^k = \frac{\partial\mathcal{L}}{\partial\dot{A}_k} = E^k. \tag{4.95}$$

由于 $\pi^0=0$, A^0 在正则对易关系中与所有算符对易, 因此 A^0 只能是一个 c-数而不能是一个正则变量. 审视剩下的非平庸对易关系

$$[\pi^i(\boldsymbol{x},t), A_j(\boldsymbol{x}',t)] = \mathrm{i}\delta_{ij}\delta^3(\boldsymbol{x}-\boldsymbol{x}'), \tag{4.96}$$

又发现它与 Gauss 定律 $\nabla\cdot\boldsymbol{E}=0$ 不等价 (即 $[\nabla\cdot\boldsymbol{E}, A_j]\neq 0$), 所以必须修改此对易关系. 令

$$\delta_{ij}\delta^3(\boldsymbol{x}-\boldsymbol{x}') \to \delta_{ij}^{\mathrm{tr}}(\boldsymbol{x}-\boldsymbol{x}') \equiv \int \frac{\mathrm{d}^3\boldsymbol{k}}{(2\pi)^3}\mathrm{e}^{\mathrm{i}\boldsymbol{k}\cdot(\boldsymbol{x}-\boldsymbol{x}')}\left(\delta_{ij}-\frac{k_ik_j}{|\boldsymbol{k}|^2}\right), \tag{4.97}$$

于是等时对易关系 (4.96) 式被改写为

$$[\pi^i(\boldsymbol{x},t), A^j(\boldsymbol{x}',t)] = \mathrm{i}\delta_{ij}^{\mathrm{tr}}(\boldsymbol{x}-\boldsymbol{x}'). \tag{4.98}$$

由此又发现 $\nabla\cdot\boldsymbol{A}$ 与其余所有算符对易, 因此与 A^0 一样, $\nabla\cdot\boldsymbol{A}$ 也不是动力学变量. 事实上可以通过恰当的规范变换把它们消去.

算符方程

$$\begin{aligned}\Box\boldsymbol{A}(x)&=0,\\ \nabla\cdot\boldsymbol{A}&=0\end{aligned}\tag{4.99}$$

导致了解

$$\boldsymbol{A}(x)=\int\frac{\mathrm{d}^3\boldsymbol{k}}{\sqrt{(2\pi)^3 2\omega_{\boldsymbol{k}}}}\sum_{\lambda=1,2}[\boldsymbol{\epsilon}_\lambda(\boldsymbol{k})a_\lambda(\boldsymbol{k})\mathrm{e}^{-\mathrm{i}k\cdot x}+\boldsymbol{\epsilon}^*_\lambda(\boldsymbol{k})a^\dagger_\lambda(\boldsymbol{k})\mathrm{e}^{+\mathrm{i}k\cdot x}],\tag{4.100}$$

其中 $\boldsymbol{\epsilon}_\lambda$ 代表两个独立的极化矢量, 且满足

$$\boldsymbol{\epsilon}_\lambda(\boldsymbol{k})\cdot\boldsymbol{\epsilon}_{\lambda'}(\boldsymbol{k})=\delta_{\lambda\lambda'},\quad \boldsymbol{\epsilon}_\lambda(\boldsymbol{k})\cdot\boldsymbol{k}=0,\quad \sum_{\lambda=1,2}\epsilon^i_\lambda\epsilon^j_\lambda=\delta^{ij}-\frac{k^ik^j}{|\boldsymbol{k}|^2}.\tag{4.101}$$

产生湮灭算符满足标准的对易关系:

$$[a_\lambda(\boldsymbol{k}),a^\dagger_{\lambda'}(\boldsymbol{k}')]=\delta_{\lambda\lambda'}\delta^3(\boldsymbol{k}-\boldsymbol{k}').\tag{4.102}$$

光子具有自旋量子数 1. 回顾 (3.80) 式,

$$\begin{aligned}S^{nl}&=\int\mathrm{d}^3\boldsymbol{x}[F^{0l}A^n-F^{0n}A^l]\\&=\mathrm{i}\int\mathrm{d}^3\boldsymbol{k}\sum_{\lambda,\lambda'=1,2}\epsilon^n_\lambda(\boldsymbol{k})\epsilon^n_{\lambda'}(\boldsymbol{k})[a^\dagger_\lambda(\boldsymbol{k})a_{\lambda'}(\boldsymbol{k})-a^\dagger_{\lambda'}(\boldsymbol{k})a_\lambda(\boldsymbol{k})],\end{aligned}$$

可以证明

$$S_z\equiv\boldsymbol{S}\cdot\frac{\boldsymbol{k}}{|\boldsymbol{k}|}=\int\mathrm{d}^3\boldsymbol{k}[a^\dagger_{+1}(\boldsymbol{k})a_{+1}(\boldsymbol{k})-a^\dagger_{-1}(\boldsymbol{k})a_{-1}(\boldsymbol{k})],\tag{4.103}$$

其中 $a_{\pm1}(\boldsymbol{k})=\dfrac{1}{\sqrt{2}}(a_1(\boldsymbol{k})\mp\mathrm{i}a_2(\boldsymbol{k}))$.

在上边的讨论中, 我们可以取电势 $\phi=A^0=0$, $\nabla\cdot\boldsymbol{A}=0$ 的 Coulomb 规范, 这在自由电磁场情形是可以的. 但是在有相互作用时, 由于有 Coulomb 相互作用, 并不能够取到 $\phi=0$. 此时可以证明哈密顿量中 Coulomb 相互作用部分并不需要做量子化①.

①详见书后参考书目中 Greiner 和 Reinhardt 书中的讨论.

4.3.3 有质量矢量场的量子化

有质量矢量场的拉氏量为

$$\mathcal{L} = -\frac{1}{4}F^{\mu\nu}F_{\mu\nu} + \frac{1}{2}m^2 A_\mu A^\mu. \tag{4.104}$$

由此得出运动方程 (Proca 方程)

$$\partial_\mu F^{\mu\nu} + m^2 A^\nu = 0, \tag{4.105}$$

或者

$$\begin{aligned}(\Box + m^2)A^\mu &= 0,\\ \partial_\nu A^\nu &= 0.\end{aligned} \tag{4.106}$$

平面波解为

$$A^\mu(x) = \int \frac{\mathrm{d}^3\boldsymbol{k}}{\sqrt{(2\pi)^3 2\omega_{\boldsymbol{k}}}} \sum_{\lambda=1}^{3} [\epsilon_\lambda^\mu(\boldsymbol{k}) a_\lambda(\boldsymbol{k}) \mathrm{e}^{-\mathrm{i}k\cdot x} + \epsilon_\lambda^{\mu*}(\boldsymbol{k}) a_\lambda^\dagger(\boldsymbol{k}) \mathrm{e}^{+\mathrm{i}k\cdot x}], \tag{4.107}$$

其中 $\omega_{\boldsymbol{k}} = \sqrt{\boldsymbol{k}^2 + m^2}$. 场方程 (4.106) 式中的第二式自动导致了 $k^\mu \cdot \epsilon_\mu(\boldsymbol{k}, \lambda) = 0$. 与光子场不同的是这里有三个独立的自由度, 头两个极化矢量 $(\lambda = 1, 2)$ 可以取为完全类空的, 即 $\epsilon^0(\boldsymbol{k}, \lambda = 1, 2) = 0$, 也即

$$\boldsymbol{\epsilon}(\boldsymbol{k}, 1) \cdot \boldsymbol{k} = \boldsymbol{\epsilon}(\boldsymbol{k}, 2) \cdot \boldsymbol{k} = 0, \quad \epsilon(\boldsymbol{k}, i) \cdot \epsilon(\boldsymbol{k}, j) = \delta_{ij} \quad (i, j = 1, 2), \tag{4.108}$$

而第三个极化矢量可取为

$$k_\mu \epsilon^\mu(\boldsymbol{k}, 3) = 0, \quad \boldsymbol{\epsilon}(\boldsymbol{k}, 3) = \left(\frac{|\boldsymbol{k}|}{m}, \frac{\boldsymbol{k}}{|\boldsymbol{k}|}\frac{k_0}{m}\right). \tag{4.109}$$

为了完整起见再引入 $\epsilon^\mu(\boldsymbol{k}, 0) \equiv k^\mu/m$. (4.108) 和 (4.109) 式的归一化保证了如下条件:

$$\epsilon_\mu(\boldsymbol{k}, \lambda)\epsilon^\mu(\boldsymbol{k}, \lambda') = g_{\lambda\lambda'} \tag{4.110}$$

且

$$\sum_{\lambda=0}^{3} g_{\lambda\lambda} \epsilon_\mu(\boldsymbol{k}, \lambda)\epsilon_\nu(\boldsymbol{k}, \lambda) = g_{\mu\nu}, \tag{4.111}$$

$$\sum_{\lambda=1}^{3} \epsilon_\mu(\boldsymbol{k}, \lambda)\epsilon_\nu(\boldsymbol{k}, \lambda) = -\left(g_{\mu\nu} - \frac{1}{m^2}k_\mu k_\nu\right). \tag{4.112}$$

考虑有质量矢量场的量子化:

$$\pi^{\mu} = -F^{0\mu}, \tag{4.113}$$

也就是说 $\pi^0 = 0$, $\pi^i = E^i$. $\pi^0 = 0$ 并不奇怪, 因为 A^0 不是独立变量: 由于 $\partial^{\mu} A_{\mu} = 0$, 有质量矢量场仅有三个独立变量, 由方程 (4.105) 式知,

$$A^0 = -\frac{1}{m^2}\nabla \cdot \boldsymbol{E}. \tag{4.114}$$

由此和等时正则对易关系得出

$$[\boldsymbol{A}(\boldsymbol{x},t), A^0(\boldsymbol{x}',t)] = \mathrm{i}\frac{1}{m^2}\nabla\delta^3(\boldsymbol{x}-\boldsymbol{x}'). \tag{4.115}$$

而正则对易关系具有如下形式:

$$\begin{aligned} &[A^i(\boldsymbol{x},t), E^j(\boldsymbol{x}',t)] = -\mathrm{i}\delta^{ij}\delta^3(\boldsymbol{x}-\boldsymbol{x}'), \\ &[A^i(\boldsymbol{x},t), A^j(\boldsymbol{x}',t)] = [E^i(\boldsymbol{x},t), E^j(\boldsymbol{x}',t)] = 0. \end{aligned} \tag{4.116}$$

虽然其破坏了明显的协变性, 但是最终物理结果仍然是 Lorentz 协变的.

一般地可以推导出

$$[A^{\mu}(x), A^{\nu}(y)] = -\mathrm{i}\left(g^{\mu\nu} + \frac{1}{m^2}\partial^{\mu}\partial^{\nu}\right)\Delta(x-y), \tag{4.117}$$

$$\mathrm{i}\Delta_{\mathrm{F}}^{\mu\nu}(x-y) = -\left(g^{\mu\nu} + \frac{1}{m^2}\partial^{\mu}\partial^{\nu}\right)\mathrm{i}\Delta_{\mathrm{F}}(x-y) - \frac{\mathrm{i}}{m^2}g^{\mu 0}g^{\nu 0}\delta^4(x-y). \tag{4.118}$$

虽然上式中最后一项有破坏 Lorentz 协变性的嫌疑, 但是可以一般地证明它并不带来任何物理后果①.

量子化后的哈密顿量为

$$H = \sum_{\sigma=0,\pm}\int \mathrm{d}^3\boldsymbol{k}\,\omega_{\boldsymbol{k}} a^{\dagger}(\boldsymbol{k},\sigma)a(\boldsymbol{k},\sigma). \tag{4.119}$$

传播子 (4.118) 式在质量 m 趋于零时是发散的. 也可以用所谓的 Stuckelberg 方案来改进这一点, 即类似于 Gupta–Bleuler 方案, 在 (4.104) 式中引入拉格朗日乘子, 令

$$\mathcal{L} = -\frac{1}{4}F^{\mu\nu}F_{\mu\nu} + \frac{1}{2}m^2 A_{\mu}A^{\mu} - \frac{\lambda}{2}(\partial^{\mu}A_{\mu})^2. \tag{4.120}$$

①详见书后参考书目中 Greiner 和 Reinhardt 的书.

此时运动方程为

$$(\Box+m^2)A^\mu-(1-\lambda)\partial^\mu(\partial_\nu A^\nu)=0. \tag{4.121}$$

由其可推出

$$\lambda\left(\Box+\frac{m^2}{\lambda}\right)(\partial_\mu A^\mu)=0, \tag{4.122}$$

即存在着一个新的质量为 $\mu^2=m^2/\lambda$ 的标量场. 定义

$$A_\mu^{\mathrm{T}}(x)=A_\mu(x)+\frac{1}{\mu^2}\partial_\mu(\partial_\nu A^\nu), \tag{4.123}$$

则 A_μ^{T} 是横向的, $\partial^\mu A_\mu^{\mathrm{T}}=0$, 且 $(\Box+\mu^2)A_\mu^{\mathrm{T}}=0$. 而 A_μ 可以展开为

$$\begin{aligned}A^\mu(x)=&\int\frac{\mathrm{d}^3\boldsymbol{k}}{\sqrt{(2\pi)^3 2k^0}}\sum_{\lambda=1}^{3}[\epsilon^\mu(\boldsymbol{k},\lambda)a(\boldsymbol{k},\lambda)\mathrm{e}^{-\mathrm{i}k\cdot x}+\epsilon^{\mu*}(\boldsymbol{k},\lambda)a^\dagger(\boldsymbol{k},\lambda)\mathrm{e}^{\mathrm{i}k\cdot x}]|_{k^0=\sqrt{\boldsymbol{k}^2+m^2}}\\&+\int\frac{\mathrm{d}^3\boldsymbol{k}}{\sqrt{(2\pi)^3 2k^0}}\left[a(\boldsymbol{k},0)\frac{k^\mu}{m}\mathrm{e}^{-\mathrm{i}k\cdot x}+a^\dagger(\boldsymbol{k},0)\frac{k^\mu}{m}\mathrm{e}^{\mathrm{i}k\cdot x}\right]\Bigg|_{k^0=\sqrt{\boldsymbol{k}^2+\mu^2}}.\end{aligned} \tag{4.124}$$

此式的正确性由其满足 (4.121) 式保证. 量子化程序为

$$[a(\boldsymbol{k},\lambda),a^\dagger(\boldsymbol{k},\lambda')]=-g_{\lambda\lambda'}\delta^3(\boldsymbol{k}-\boldsymbol{k}'). \tag{4.125}$$

由此可以推出

$$\begin{aligned}&\langle 0|T\{A_\mu(x)A_\nu(y)\}|0\rangle=\\&-\mathrm{i}\int\frac{\mathrm{d}^4k}{(2\pi)^4}\mathrm{e}^{-\mathrm{i}k\cdot(x-y)}\left\{\frac{g_{\mu\nu}}{k^2-m^2+\mathrm{i}\epsilon}+\frac{k_\mu k_\nu\left(\dfrac{1}{\lambda}-1\right)}{(k^2-m^2+\mathrm{i}\epsilon)\left(k^2-\dfrac{m^2}{\lambda}+\mathrm{i}\epsilon\right)}\right\}.\end{aligned} \tag{4.126}$$

§4.4 场算符在分立对称变换下的性质

我们首先来讨论一下场算符在一般的对称变换下的变换规律. 设经典的波函数在对称变换 $x\to x'=L(\omega,x)$ 下的变换形式为

$$\phi'(x')=\Lambda(\omega)\phi(x). \tag{4.127}$$

那么在做了场量子化后, 与上式相应的变换规律是

$$\langle\beta'|\phi(x')|\alpha'\rangle=\Lambda(\omega)\langle\beta|\phi(x)|\alpha\rangle, \tag{4.128}$$

也就是说, 与波函数相对应的是算符的矩阵元而不是算符本身. 注意在上式左侧的场算符并不带撇, 在新的系中的物理变化已经完全由态矢的变化

$$|\alpha'\rangle = U|\alpha\rangle \tag{4.129}$$

给出了. 因此由

$$\langle\beta'|\phi(x')|\alpha'\rangle = \langle\beta|U^\dagger\phi(x')U|\alpha\rangle = \Lambda(\omega)\langle\beta|\phi(x)|\alpha\rangle, \tag{4.130}$$

可得到场算符的变换规律 (为了保证态矢量的模不变, U 必须是幺正算符)

$$U^{-1}\phi(x)U = \Lambda(\omega)\phi(L^{-1}x). \tag{4.131}$$

4.4.1 P 变换

(1) 玻色子场.

空间宇称变换 (P 变换) 是指

$$\boldsymbol{x} \to \boldsymbol{x}' = -\boldsymbol{x}, \quad t \to t' = t. \tag{4.132}$$

在 P 变换下, 复标量场算符的变换规律为

$$P: \quad U_P\phi(\boldsymbol{x},t)U_P^{-1} = \eta_P\phi(-\boldsymbol{x},t), \quad U_P\phi^\dagger(\boldsymbol{x},t)U_P^{-1} = \eta_P^*\phi^\dagger(-\boldsymbol{x},t), \tag{4.133}$$

其中 U_P 是 P 变换所对应的 Hilbert 空间中的算子, η_P 是一个任意的复相位因子, $|\eta_P| = 1$, 没有直接的物理意义[①]. 但是对于实标量场, $\eta_P = \pm 1$, 其符号具有可观测性. 如果 $\eta_P = +1$, 则粒子具有正的内禀宇称, 如 $\eta_P = -1$, 则粒子具有负的内禀宇称. 矢量粒子在宇称变换下的规律是一定的, 为

$$U_P A_\mu(\boldsymbol{x},t)U_P^{-1} = A^\mu(-\boldsymbol{x},t). \tag{4.134}$$

它的性质是由与其耦合的流的变换规律 $U_P j_\mu(\boldsymbol{x},t)U_P^{-1} = j^\mu(-\boldsymbol{x},t)$ 所决定的. 光子的 P 宇称是由 (4.134) 式在理论上给出的, $\eta_\gamma = -1$.

转换到产生湮灭算符, 从 (4.133) 式可以导出

$$\begin{aligned} U_P a_{\boldsymbol{k}} U_P^{-1} &= \eta_P a_{-\boldsymbol{k}}, \quad U_P b_{\boldsymbol{k}}^\dagger U_P^{-1} = \eta_P b_{-\boldsymbol{k}}^\dagger, \\ U_P a_{\boldsymbol{k}}^\dagger U_P^{-1} &= \eta_P^* a_{-\boldsymbol{k}}^\dagger, \quad U_P b_{\boldsymbol{k}} U_P^{-1} = \eta_P^* b_{-\boldsymbol{k}}, \end{aligned} \tag{4.135}$$

其中 $a_{\boldsymbol{k}}$ ($a_{\boldsymbol{k}}^\dagger$) 是一个动量为 $\boldsymbol{k}$ 的粒子的湮灭 (产生) 算符, $b_{\boldsymbol{k}}^\dagger$ ($b_{\boldsymbol{k}}$) 是一个动量为 $\boldsymbol{k}$ 的反粒子产生 (湮灭) 算符. 我们规定真空态为 $U_P|0\rangle = |0\rangle$, 则由上面的表达式可以推出

$$U_P a_{\boldsymbol{k}}^\dagger b_{-\boldsymbol{k}}^\dagger|0\rangle = |\eta_P|^2 a_{-\boldsymbol{k}}^\dagger b_{\boldsymbol{k}}^\dagger|0\rangle. \tag{4.136}$$

---

①因为对易关系必须在空间反演下不变且 $P^2 = 1$.

由此可以立刻得到的结论是: Klein-Gordon 场的正反粒子对具有正的内禀宇称. 而 π^0 介子是中性的 Klein-Gordon 粒子, 即 $a_{\boldsymbol{k}} = b_{\boldsymbol{k}}$. 对于它我们有 $\eta_P^2 = 1$, 从实验中可以定出其绝对值 $\eta_P(\pi^0) = -1$①.

还可以把宇称算符用产生湮灭算符表示出来. 这里我们不再详细讨论而仅给出结果 (η_P 设为实数):

$$U_P = \exp\left\{\mathrm{i}\frac{\pi}{2}\int \mathrm{d}^3\boldsymbol{p}(a^\dagger_{\boldsymbol{p}}a_{-\boldsymbol{p}} + b^\dagger_{\boldsymbol{p}}b_{-\boldsymbol{p}} - \eta_P(a^\dagger_{\boldsymbol{p}}a_{\boldsymbol{p}} + b^\dagger_{\boldsymbol{p}}b_{\boldsymbol{p}}))\right\}. \tag{4.137}$$

(2) 费米子场.

在 (2.46) 式中, Dirac 波函数在宇称变换下如下变换:

$$\Psi(\boldsymbol{x},t) \to \Psi'(\boldsymbol{x}',t) = \eta_P\gamma_0\Psi(\boldsymbol{x},t). \tag{4.138}$$

而对于 Dirac 场算符②,

$$U_P\Psi_\alpha(\boldsymbol{x},t)U_P^{-1} = \eta_P\gamma^0_{\alpha\beta}\Psi_\beta(-\boldsymbol{x},t), \tag{4.139}$$

可以得出

$$\begin{aligned} U_P b^s_{\boldsymbol{k}} U_P^{-1} &= \eta_P b^s_{-\boldsymbol{k}}, \quad U_P d^{s,\dagger}_{\boldsymbol{k}} U_P^{-1} = -\eta_P d^{s,\dagger}_{-\boldsymbol{k}}, \\ U_P b^{s,\dagger}_{\boldsymbol{k}} U_P^{-1} &= \eta_P^* b^{s,\dagger}_{-\boldsymbol{k}}, \quad U_P d^s_{\boldsymbol{k}} U_P^{-1} = -\eta_P^* d^s_{-\boldsymbol{k}}, \end{aligned} \tag{4.140}$$

其中上指标 s 代表费米子的自旋③. 由上式可以给出

$$U_P b^{s,\dagger}_{\boldsymbol{k}} d^{s,\dagger}_{-\boldsymbol{k}}|0\rangle = -|\eta_P|^2 b^{s,\dagger}_{-\boldsymbol{k}} d^{s,\dagger}_{\boldsymbol{k}}|0\rangle. \tag{4.142}$$

由此得出: 正反费米子对组成的系统具有负的内禀宇称.

历史上, 长期以来人们都认为物理规律在空间反演变换下应该是不变的. 1954 年李政道和杨振宁在研究所谓 "θ-τ" 之谜时首先提出了在弱相互作用过程中宇称可能遭到破坏, 并很快得到了由吴健雄所领导的实验组的实验验证. 其思想是, 宇称守恒将禁戒任何 $\langle\boldsymbol{s}\cdot\boldsymbol{p}\rangle$ 型量的存在, 其中 $\boldsymbol{s}$ 是自旋, $\boldsymbol{p}$ 是动量. 吴健雄实验是探测过程

$$^{60}\mathrm{Co} \to {}^{60}\mathrm{Ni} + \mathrm{e}^- + \bar{\nu} \tag{4.143}$$

---

①实验上对 π^0 的内禀宇称的确定是通过对 $\pi^0 \to 2\gamma$ 的衰变中两个光子的极化进行测量给出的, 而两个光子具有相对横向极化 (关于这一点在后面有更详细的讨论).

②注意与 (4.138) 式的区别.

③如果用螺旋度 (helicity) 来表示, 则在宇称变换下螺旋度要改变符号. 螺旋度定义为粒子的自旋在其运动方向的投影:

$$\widehat{h} \equiv \boldsymbol{p}\cdot\boldsymbol{s}/|\boldsymbol{p}|, \tag{4.141}$$

其中 $\boldsymbol{s}$ 为自旋算符. 详细讨论见 §6.4.

中发射的电子的角分布, 其中 ^{60}Co 是极化的. 如图 4.2 所示, 可以明显看出电子束的角分布上下不对称, 说明存在的非 0 的 $\langle \boldsymbol{s}\cdot\boldsymbol{p}\rangle$ 量.

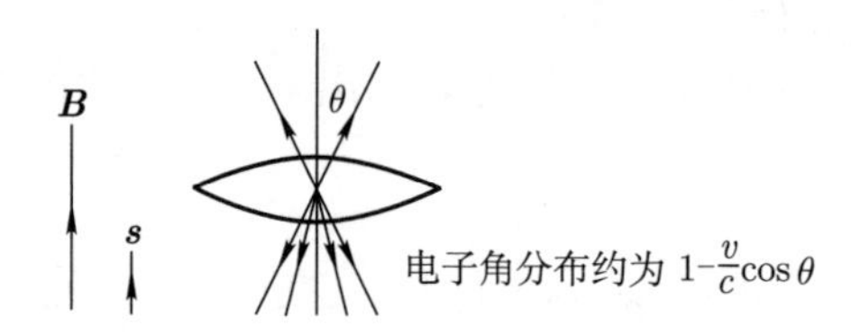

图 4.2 宇称破坏实验与所测量的量.

在吴健雄实验之后, 有许多对于宇称守恒的实验检验, 一般来说总是研究有非零纵向极化的赝标量, 比如在 $\pi^+\to\mu^+\bar{\nu}$ 衰变过程中发现被发射的 μ^+ 总有负的螺旋度, 证明宇称守恒遭到了极大的破坏 (见图 4.3).

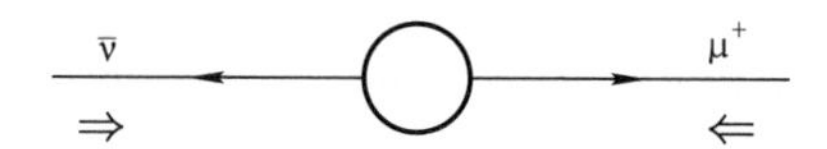

图 4.3 π 介子到 μ, ν 的衰变. 双箭头表示螺旋度方向.

4.4.2 C 变换

复的 Klein-Gordon 场在电荷共轭变换下的变换规则是

$$U_C\phi(x)U_C^{-1}=\eta_C\phi^\dagger(x),\quad U_C\phi^\dagger(x)U_C^{-1}=\eta_C^*\phi(x). \tag{4.144}$$

由此可得

$$\begin{aligned}U_Ca_{\boldsymbol{k}}U_C^{-1}&=\eta_Cb_{\boldsymbol{k}},\quad U_Ca_{\boldsymbol{k}}^\dagger U_C^{-1}=\eta_C^*b_{\boldsymbol{k}}^\dagger;\\U_Cb_{\boldsymbol{k}}U_C^{-1}&=\eta_C^*a_{\boldsymbol{k}},\quad U_Cb_{\boldsymbol{k}}^\dagger U_C^{-1}=\eta_Ca_{\boldsymbol{k}}^\dagger.\end{aligned} \tag{4.145}$$

对于复场, 复的 η_C 是不可测的. 对于中性的场, $a_{\boldsymbol{k}}=b_{\boldsymbol{k}}$, 推出

$$U_Ca_{\boldsymbol{k}}U_C^{-1}=\eta_Ca_{\boldsymbol{k}},\quad U_Ca_{\boldsymbol{k}}^\dagger U_C^{-1}=\eta_Ca_{\boldsymbol{k}}^\dagger, \tag{4.146}$$

且 $\eta_C^2=1$, 或 $\eta_C=\pm1$, 而此时的 η_C 是可测量的. 对于光子场, $\eta_C=-1$,

$$U_Ca_{\boldsymbol{k},s=\pm1}U_C^{-1}=-a_{\boldsymbol{k},s=\pm1}, \tag{4.147}$$

而这是由流的电荷宇称变换性质决定的.

对于 $J=1/2$ 的 Dirac 场, 在 C 变换下, $U_C\psi(x)U_C^{-1}=\eta_C C\overline{\psi}^{\mathrm{T}}(x)$ $(C=\mathrm{i}\gamma^2\gamma^0)$, 由 (2.83) 式可以得出

$$\begin{aligned} U_C b_{\boldsymbol{k}}^s U_C^{-1} &= \eta_C d_{\boldsymbol{k}}^s, \quad U_C b_{\boldsymbol{k}}^{s\dagger} U_C^{-1} = \eta_C^* d_{\boldsymbol{k}}^{s\dagger}; \\ U_C d_{\boldsymbol{k}}^{s\dagger} U_C^{-1} &= \eta_C b_{\boldsymbol{k}}^{s\dagger}, \quad U_C d_{\boldsymbol{k}}^s U_C^{-1} = \eta_C^* b_{\boldsymbol{k}}^s. \end{aligned} \tag{4.148}$$

而且费米子场的双线性项在 C 变换下的变换规律如表 4.1 所示.

表 4.1 费米子双线性项在电荷共轭变换下的变换规则

	η_C
$\overline{\psi}\psi$	$+1$
$\overline{\psi}\gamma_\mu\psi$	-1
$\overline{\psi}\gamma_\mu\gamma_\nu\psi$	-1
$\overline{\psi}\gamma_\mu\gamma_5\psi$	$+1$
$\overline{\psi}\gamma_5\psi$	$+1$

光子必有 $\eta_C=-1$, 因为光子耦合到电磁流, $A_\mu\times J^\mu$ 在 C 变换下不变. 对于 n 个光子有 $\eta_C=(-1)^n$. 由于 $\pi^0\to2\gamma$, 所以规定 $\eta_C(\pi^0)=+1$ (实验上 π^0 不到 3γ).

下面我们讨论正反费米子对, 比如正负电子偶素 (positronium) 的 C 宇称. C 把粒子换为反粒子, 同时互换 e^+, e^- 的空间自旋波函数, 等于把两个粒子互换. 根据 Pauli 原理, 有

$$(-1)^l(-1)^{s+1}\eta_C=-1, \tag{4.149}$$

其中 $(-1)^{s+1}$ 因子来源于自旋波函数单态是反对称的, 三重态是对称的, 所以我们得到

$$\eta_C=(-1)^{l+s}. \tag{4.150}$$

不难验证上式对正反玻色子对也是对的①. 而对于正反费米子对的 P 宇称, 由上一节的结论有

$$\eta_P=(-1)^{l+1}. \tag{4.151}$$

对于正反玻色子对,

$$\eta_P=(-1)^l. \tag{4.152}$$

实验上对 C 宇称破坏的证实可以由如下过程实现:

$$\pi^+\to\mu^+\nu, \quad \pi^-\to\mu^-\overline{\nu}. \tag{4.153}$$

①对于 $\pi^0\pi^0$ 系统, 其 C 宇称为 $+1$, 交换两个 π^0 不变, 即 $CP=1(-1)^l=1$, 所以 l 为偶数, 即 $|\pi^0\pi^0\rangle$ 只能在总角动量为偶的态. 对于 n 个中性 π^0 的系统, $C=+1$, $C|n\pi^0\rangle=(C_{\pi^0})^n=(+1)^n=1$, 所以 $C=-1$ 的态, 如 ρ^0, 不能衰变到 $|n\pi^0\rangle$.

实验上发现 μ^- 的螺旋度为正, μ^+ 的螺旋度为负. 这表明了 C 破坏, 因为 C 变换会把 μ^- 变为螺旋度为正的 μ^+. 但注意 CP 在这些过程中是守恒的, 因为在 CP 变换下 $\nu_{\mathrm{L}} \to \bar{\nu}_{\mathrm{R}}$.

下面讨论零自旋的粒子到两个光子的衰变.

两光子的波函数可写为

$$|2\gamma\rangle_0 = \int \mathrm{d}^3\boldsymbol{p}\chi_{ij}(\boldsymbol{p})\epsilon_i^*(\lambda)\epsilon_j^*(\lambda')a_\lambda^\dagger(\boldsymbol{p})a_{\lambda'}^\dagger(-\boldsymbol{p})|0\rangle. \tag{4.154}$$

因为 $\boldsymbol{p}\cdot\boldsymbol{\epsilon}^* = 0$, 所以 $\chi_{ij}(\boldsymbol{p})$ 只能写为

$$\chi_{ij}(\boldsymbol{p}) = \delta_{ij}a + \epsilon_{ijk}p_k b, \tag{4.155}$$

而

$$\begin{aligned} U_P|2\gamma\rangle_0 &= \int \mathrm{d}^3\boldsymbol{p}\chi_{ij}(\boldsymbol{p})\epsilon_i^*(\lambda)\epsilon_j^*(\lambda')a_\lambda^\dagger(-\boldsymbol{p})a_{\lambda'}^\dagger(\boldsymbol{p})|0\rangle \\ &= \int \mathrm{d}^3\boldsymbol{p}\chi_{ij}(-\boldsymbol{p})\epsilon_i^*(\lambda)\epsilon_j^*(\lambda')a_\lambda^\dagger(\boldsymbol{p})a_{\lambda'}^\dagger(-\boldsymbol{p})|0\rangle, \end{aligned} \tag{4.156}$$

由此推出对于 $P=\pm1$ 的粒子, $\chi_{ij}(-\boldsymbol{p}) = \pm\chi_{ij}(\boldsymbol{p})$. 对于标量粒子 $\chi_{ij} \propto \delta_{ij}$, 两极化矢量平行. 对于赝标粒子 $\chi_{ij} \propto \epsilon_{ijk}\boldsymbol{p}_k$, 两极化矢量互相垂直.

由于电场强度 $\boldsymbol{E} = -\nabla\phi - \partial\boldsymbol{A}/\partial t$ 在 P 变换下变号, $\boldsymbol{B} = \nabla\times\boldsymbol{A}$ 在 P 变换下不变 (因为在 P 变换下 ϕ 不变, $\boldsymbol{A}\to-\boldsymbol{A}$, 或 $\boldsymbol{A}$ 和流耦合, 而流正比于 $\rho\boldsymbol{v}$). 标量场与光子的有效相互作用拉氏量可写为 $\phi F_{\mu\nu}F^{\mu\nu} \propto \phi(E^2 - B^2)$. 赝标粒子与两光子的相互作用可写为 $\phi F^{\mu\nu}\widetilde{F}_{\mu\nu} \propto \phi\boldsymbol{E}\cdot\boldsymbol{B}$ ($\widetilde{F}^{\mu\nu} = \epsilon^{\mu\nu\alpha\beta}F_{\alpha\beta}$).

4.4.3 T 变换

时间反演变换为

$$x \to x' \equiv (\boldsymbol{x}', t') = (\boldsymbol{x}, -t). \tag{4.157}$$

写出一个在 Schrödinger 表象 (态矢量与时间有关, 物理算符与时间无关) 中随时间演化的方程:

$$H|t\rangle = -\frac{1}{\mathrm{i}}\frac{\partial}{\partial t}|t\rangle. \tag{4.158}$$

当且仅当存在一个与时间反演变换相关的幺正算符 U_T, 且满足 $U_T H^* U_T^\dagger = H$ 时, H 叫作 T 不变. 这样可以得出, 若 H 是 T 不变的, 则 $U_T|t\rangle^*$ 满足时间反演的 Schrödinger 方程. 证明如下: 由

$$\begin{aligned} &H^*|t\rangle^* = \frac{1}{\mathrm{i}}\frac{\partial}{\partial t}|t\rangle^*, \\ &U_T^\dagger U_T = 1, \end{aligned}$$

可得

$$\begin{aligned}U_T H^* U_T^\dagger U_T|t\rangle^* &= \frac{1}{\mathrm{i}}\frac{\partial}{\partial t}U_T|t\rangle^*,\\ HU_T|t\rangle^* &= -\frac{1}{\mathrm{i}}\frac{\partial}{\partial t'}U_T|t\rangle^*.\end{aligned}\tag{4.159}$$

我们引进一算符 $\mathcal{T}$ 为, 对 $\forall$ 态矢 $|\alpha\rangle$, $\mathcal{T}|\alpha\rangle = U_T|\alpha\rangle^*$, 并且对于任意算符 O 有 $\mathcal{T}O\mathcal{T}^{-1} = U_T O^* U_T^\dagger$. 显然如上定义的算符 $\mathcal{T}$ 不是一个幺正变换, 因为 $\mathcal{T}(c_1|\alpha\rangle + c_2|\beta\rangle) = c_1^*\mathcal{T}|\alpha\rangle + c_2^*\mathcal{T}|\beta\rangle$. 但是 $\mathcal{T}$ 可以写为 $\mathcal{T} = \mathcal{U}_T\overrightarrow{K}$, 其中 $\mathcal{U}_T$ 是幺正算符, 算符 $\overrightarrow{K}$ 上的箭头表示 $\overrightarrow{K}$ 的作用方向. 比如 K^{-1} 向左作用, 可以记为 $\overleftarrow{K}^{-1}$. 对于任意一个 c-数, K 有如下性质: $KcK^{-1} = c^*$.

在 T 变换下, $E_{\boldsymbol{p}}, \boldsymbol{p}, \boldsymbol{s} \to E_{\boldsymbol{p}}, -\boldsymbol{p}, -\boldsymbol{s}$. 经典 Klein-Gordon 场量的变化性质为

$$\phi'(\boldsymbol{x}', t') = \eta_T K\phi(\boldsymbol{x}, t) = \eta_T\phi^*(\boldsymbol{x}, t).\tag{4.160}$$

经典的 Dirac 场变换性质为 ($T = \mathrm{i}\gamma_1\gamma_3$, 见 2.4.3 小节的讨论)

$$\psi'(\boldsymbol{x}', t') = TK\psi(\boldsymbol{x}, t) = \mathrm{i}\gamma_1\gamma_3\psi^*(\boldsymbol{x}, t).\tag{4.161}$$

由此可以得到经典的流以及电磁场的变换形式.

在做了场量子化后, 与经典场量或波函数相对应的不是场算符而是矩阵元, 即 $\phi(x) \leftrightarrow \langle\beta|\widehat{\phi}(x)|\alpha\rangle$, 及 $\phi^*(x) \leftrightarrow \langle\alpha|\widehat{\phi}^\dagger(x)|\beta\rangle$. 因此在场量子化后, 与 (4.160) 式相对应的是 (以下去掉场算符上面的帽子)

$$\langle\beta'|\phi(\boldsymbol{x}, -t)|\alpha'\rangle = \eta_T\langle\beta|\phi(\boldsymbol{x}, t)|\alpha\rangle^* = \eta_T\langle\alpha|\phi^\dagger(x)|\beta\rangle.\tag{4.162}$$

上式左边等于

$$\begin{aligned}(\langle\beta|)^* U_T^\dagger\phi(\boldsymbol{x}, -t)U_T(|\alpha\rangle)^* &= (\langle\beta|(U_T^\dagger\phi(\boldsymbol{x}, -t)U_T)^*|\alpha\rangle)^*\\ &= \langle\alpha|(U_T^\dagger\phi^\dagger(\boldsymbol{x}, -t)U_T)^*|\beta\rangle.\end{aligned}\tag{4.163}$$

与 (4.162) 式右边比较得

$$\phi^\dagger(\boldsymbol{x}, -t) = U_T(\eta_T\phi^\dagger(x))^* U_T^\dagger = \eta_T^* U_T\overrightarrow{K}\phi^\dagger(x)\overleftarrow{K}^{-1}U_T^\dagger = \eta_T^*\mathcal{T}\phi^\dagger(x)\mathcal{T}^{-1}.$$

因而场算符的变换形式如下, 对 Klein-Gordon 场:

$$\mathcal{T}\phi(\boldsymbol{x}, t)\mathcal{T}^{-1} = \eta_T\phi(\boldsymbol{x}, -t).\tag{4.164}$$

由此可进一步推出产生湮灭算符在 T 变换下的变换性质:

$$\begin{aligned}\mathcal{T}a_{\boldsymbol{p}}\mathcal{T}^{-1} &= \eta_T a_{-\boldsymbol{p}}, \quad \mathcal{T}b_{\boldsymbol{p}}\mathcal{T}^{-1} = \eta_T^* b_{-\boldsymbol{p}},\\ \mathcal{T}a_{\boldsymbol{p}}^\dagger\mathcal{T}^{-1} &= \eta_T^* a_{-\boldsymbol{p}}^\dagger, \quad \mathcal{T}b_{\boldsymbol{p}}^\dagger\mathcal{T}^{-1} = \eta_T b_{-\boldsymbol{p}}^\dagger.\end{aligned}\tag{4.165}$$

类似地, 对于光子场:

$$\boldsymbol{A}(\boldsymbol{x},t)\to-\boldsymbol{A}(\boldsymbol{x},-t),\quad A^0(\boldsymbol{x},t)\to A^0(\boldsymbol{x},-t);\tag{4.166}$$

$$U_T a_{\boldsymbol{k},\lambda}U_T^{-1}=-a_{-\boldsymbol{k},\lambda},\quad U_T a^\dagger_{\boldsymbol{k},\lambda}U_T^{-1}=-a^\dagger_{-\boldsymbol{k},\lambda}.\tag{4.167}$$

这里的 λ 表示螺旋度, 由于 T 变换同时改变动量和自旋, 螺旋度不变①.

对于 Dirac 场②:

$$\begin{aligned}\mathcal{T}\psi(\boldsymbol{x},t)\mathcal{T}^{-1}&=T\psi(\boldsymbol{x},-t),\\ T\gamma_\mu T^{-1}&=\gamma_\mu^{\mathrm{T}}=\gamma^{\mu *},\\ T&=T^\dagger=T^{-1}=-T^*.\end{aligned}\tag{4.168}$$

由上式可以导出

$$\mathcal{T}j_\mu(\boldsymbol{x},t)\mathcal{T}^{-1}=j^\mu(\boldsymbol{x},-t)\tag{4.169}$$

和

$$\mathcal{T}^2\psi\mathcal{T}^{-2}=-\psi.\tag{4.170}$$

表 4.2 总结了由 Dirac 场的双线性项构成的流在 P, C, T 和 PCT 联合变换下的性质, 其中 $\widetilde{x}=(x_0,-\boldsymbol{x})$, 且 $S=:\overline{\psi}\psi:$, $V^\mu=:\overline{\psi}\gamma^\mu\psi:$, $T^{\mu\nu}=:\overline{\psi}\sigma^{\mu\nu}\psi:$, $P=:\overline{\psi}\mathrm{i}\gamma_5\psi:$, $A^\mu=:\overline{\psi}\gamma^\mu\gamma_5\psi:$, 符号 $\underline{\mu\nu}$ 表示当 μ,ν 一个为零, 另一个为 1, 2, 3 时多一个负号. 而表 4.3 给出了 Maxwell 场在各种变换下的变换规律.

表 4.2 Dirac 场的双线性项构成的流在 P,C,T 和 PCT 联合变换下的性质

	$S(x)$	$V^\mu(x)$	$T^{\mu\nu}(x)$	$A^\mu(x)$	$P(x)$
P	$S(\widetilde{x})$	$V_\mu(\widetilde{x})$	$T^{\underline{\mu\nu}}(\widetilde{x})$	$-A_\mu(\widetilde{x})$	$-P(\widetilde{x})$
C	$S(x)$	$-V^\mu(x)$	$-T^{\mu\nu}(x)$	$A^\mu(x)$	$P(x)$
T	$S(-\widetilde{x})$	$V_\mu(-\widetilde{x})$	$-T^{\underline{\mu\nu}}(-\widetilde{x})$	$A_\mu(-\widetilde{x})$	$-P(-\widetilde{x})$
PCT	$S(-x)$	$-V^\mu(-x)$	$T^{\mu\nu}(-x)$	$-A^\mu(-x)$	$P(-x)$

表 4.3 Maxwell 场在 P,C,T 变换下的变换规律

	赝标量 $\boldsymbol{E}\cdot\boldsymbol{H}$	标量 E^2-H^2
P	$-\boldsymbol{E}\cdot\boldsymbol{H}$	E^2-H^2
C	+	+
T	−	+

①电磁学里的圆极化即是光子的螺旋度本征态.

②关于产生湮灭算符在 T 变换下的变换性质的详细讨论, 可参见 Greiner 和 Reinhardt 的书.

*§4.5 箱 归 一 化

为简单起见, 我们讨论实标量场 $\phi(x)$ 的情形. 我们考虑把整个系统放在一个有限的大小为 $V = L_1 \times L_2 \times L_3$ 的盒子内并假定 $\phi(x)$ 满足周期性边条件, 在计算的最后再令 $V \to \infty$. 这样的手续应该可以期望与在无穷大连续空间内所做的讨论是一致的.

同时我们把体积 V 分成 N 个小体积元, 其体积设为 ϵ, $N\epsilon = V$. 在每个小体积元中 $\phi(\boldsymbol{x}_i, t) \equiv \phi_i(t)$. 这样, 积分变为求和:

$$\int_V \mathrm{d}^3\boldsymbol{x} \longrightarrow \epsilon \sum_i.$$

由 $\int_V \mathrm{d}^3\boldsymbol{x}\delta^3(\boldsymbol{x}-\boldsymbol{x}') = 1$, 得

$$\delta^3(\boldsymbol{x}-\boldsymbol{x}') \longrightarrow \frac{1}{\epsilon}\delta_{ij}.$$

又定义正则坐标为 $q_i(t) = \epsilon\phi_i(t)$, 则由 $L = \frac{1}{2}\int_V \mathrm{d}^3\boldsymbol{x}\dot{\phi}^2 - \cdots = \frac{1}{2}\sum_i \frac{\dot{q}_i^2}{\epsilon} - \cdots$ 知 $p_i(t) = \partial L/\partial \dot{q} = \dot{q}_i/\epsilon = \dot{\phi}_i(t)$.

在 V 中三动量 $\boldsymbol{k}$ 是分立的:

$$k_i = \frac{2\pi n_i}{L_i} \quad (i = 1, 2, 3, \ \ n_i = 0, \pm 1, \pm 2, \cdots), \tag{4.171}$$

由 $\Delta k_i = 2\pi/L_i$, $V = L_1 L_2 L_3$, 得

$$\frac{1}{V}\sum_k = \frac{1}{(2\pi)^3}\sum_k \Delta k_1 \Delta k_2 \Delta k_3 \longrightarrow \int \frac{\mathrm{d}^3\boldsymbol{k}}{(2\pi)^3}. \tag{4.172}$$

由此可写出

$$\delta^3(\boldsymbol{x}-\boldsymbol{x}') = \frac{1}{V}\sum_k \mathrm{e}^{\mathrm{i}\boldsymbol{k}\cdot(\boldsymbol{x}-\boldsymbol{x}')} . \tag{4.173}$$

又由 $\int \mathrm{d}^3\boldsymbol{k}\delta^3(\boldsymbol{k}-\boldsymbol{k}') = 1$ 推出

$$\frac{V}{(2\pi)^3}\delta_{\boldsymbol{k},\boldsymbol{k}'} \longrightarrow \delta^3(\boldsymbol{k}-\boldsymbol{k}'), \tag{4.174}$$

而

$$\delta_{\boldsymbol{k},\boldsymbol{k}'} = \frac{1}{V}\int \mathrm{d}^3\boldsymbol{x}\mathrm{e}^{\mathrm{i}(\boldsymbol{k}-\boldsymbol{k}')\cdot\boldsymbol{x}}, \tag{4.175}$$

因为 $\boldsymbol{k}\neq\boldsymbol{k}'$ 时上式右边为零, $\boldsymbol{k}=\boldsymbol{k}'$ 时为 1.

设场算符可以展开为 ($\omega_{\boldsymbol{k}}=\sqrt{\boldsymbol{k}^2+m^2}$)

$$\phi(x)=\sum_{\boldsymbol{k}}\frac{1}{\sqrt{2\omega_{\boldsymbol{k}}V}}\{a_{\boldsymbol{k}}\mathrm{e}^{-\mathrm{i}k\cdot x}+a_{\boldsymbol{k}}^{\dagger}\mathrm{e}^{\mathrm{i}k\cdot x}\},\tag{4.176}$$

$$\pi(x)=\sum_{\boldsymbol{k}}\frac{-\mathrm{i}\omega_{\boldsymbol{k}}}{\sqrt{2\omega_{\boldsymbol{k}}V}}\{a_{\boldsymbol{k}}\mathrm{e}^{-\mathrm{i}k\cdot x}-a_{\boldsymbol{k}}^{\dagger}\mathrm{e}^{\mathrm{i}k\cdot x}\}.\tag{4.177}$$

利用 (4.175) 式可以将上式中的 $a_{\boldsymbol{k}}$, $a_{\boldsymbol{k}}^{\dagger}$ 反解出来:

$$\frac{a_{\boldsymbol{k}}}{\sqrt{2\omega_{\boldsymbol{k}}V}}\mathrm{e}^{-\mathrm{i}\omega_{\boldsymbol{k}}t}=\frac{1}{V}\int\mathrm{d}^3\boldsymbol{x}\,\frac{\mathrm{e}^{\mathrm{i}\boldsymbol{k}\cdot\boldsymbol{x}}}{2}\left[\phi(x)+\frac{\mathrm{i}}{\omega_{\boldsymbol{k}}}\pi(x)\right],\tag{4.178}$$

$$\frac{a_{\boldsymbol{k}}^{\dagger}}{\sqrt{2\omega_{\boldsymbol{k}}V}}\mathrm{e}^{\mathrm{i}\omega_{\boldsymbol{k}}t}=\frac{1}{V}\int\mathrm{d}^3\boldsymbol{x}\,\frac{\mathrm{e}^{-\mathrm{i}\boldsymbol{k}\cdot\boldsymbol{x}}}{2}\left[\phi(x)-\frac{\mathrm{i}}{\omega_{\boldsymbol{k}}}\pi(x)\right].\tag{4.179}$$

利用等时对易关系 (4.1) 式, 可推出

$$[a_{\boldsymbol{k}},a_{\boldsymbol{k}'}^{\dagger}]=\delta_{\boldsymbol{k}\boldsymbol{k}'}\ ,\ \text{其余为零}.\tag{4.180}$$

与 (4.7) 式中的连续情况下的产生算符 $a(\boldsymbol{k})$ 比较, 有

$$a_{\boldsymbol{k}}\longrightarrow\sqrt{\frac{(2\pi)^3}{V}}a(\boldsymbol{k}).\tag{4.181}$$

而利用 (4.172) 式知, (4.16) 式的哈密顿量变化为

$$H\longrightarrow\sum_{\boldsymbol{k}}\omega_{\boldsymbol{k}}\left(a_{\boldsymbol{k}}^{\dagger}a_{\boldsymbol{k}}+\frac{1}{2}\right).\tag{4.182}$$

显然 $a_{\boldsymbol{k}}^{\dagger}$ 与 $a_{\boldsymbol{k}}$ 具有分立谱空间中的产生、湮灭算符的意义. 哈密顿量有下界, 因而其本征态构成一完备集. 这些经过适当归一化后的态为 $|0\rangle$, $a_{\boldsymbol{k}}^{\dagger}|0\rangle$, $a_{\boldsymbol{k}}^{\dagger}a_{\boldsymbol{k}'}^{\dagger}|0\rangle$ $(\boldsymbol{k}\neq\boldsymbol{k}')$, $\frac{1}{\sqrt{2}}(a_{\boldsymbol{k}}^{\dagger})^2|0\rangle$ 等等.

*§4.6 无穷多自由度系统

我们采用箱归一化, 并假设周期性边条件. 这样一个自由实标量场可以写为

$$\phi(x)=\sum_{\boldsymbol{k}}\frac{1}{\sqrt{2E_{\boldsymbol{k}}V}}\{a_{\boldsymbol{k}}\mathrm{e}^{-\mathrm{i}k\cdot x}+a_{\boldsymbol{k}}^{\dagger}\mathrm{e}^{\mathrm{i}k\cdot x}\}.\tag{4.183}$$

考虑实标量场与一些经典的点源的相互作用. 在 Schrödinger 表象中的哈密顿量为

$$\begin{aligned} H &= H_0 + H', \\ H_0 &= \int \mathrm{d}^3\boldsymbol{x}\frac{1}{2}\{\pi^2(x) + (\nabla\phi(x))^2 + \mu^2\phi^2\}, \\ H' &= g\sum_i \int \mathrm{d}^3\boldsymbol{x} f(\boldsymbol{x}-\boldsymbol{x}_i)\phi(x). \end{aligned} \tag{4.184}$$

假设 $f(\boldsymbol{x})$ 是球对称的函数, 并且其随着距离的增大足够快地趋于零. 其 Fourier 变换为

$$f(\boldsymbol{r}) = f(r) = \int \frac{\mathrm{d}^3\boldsymbol{k}}{(2\pi)^3}\mathrm{e}^{\mathrm{i}\boldsymbol{k}\cdot\boldsymbol{r}}u(\boldsymbol{k}). \tag{4.185}$$

"点" 源的极限相当于 $f(\boldsymbol{r}) \to \delta^3(\boldsymbol{r})$, $u(\boldsymbol{k}) \to 1$.

可以把哈密顿量按谐振子模式展开, 这样

$$H = \sum_k H_k = \sum_k \{(H_k)_0 + H'_k\}, \tag{4.186}$$

其中

$$(H_k)_0 = \omega_{\boldsymbol{k}} a^\dagger_{\boldsymbol{k}} a_{\boldsymbol{k}}, \tag{4.187}$$

$$H'_k = g\sum_i \frac{u(\boldsymbol{k})}{\sqrt{2\omega_{\boldsymbol{k}}V}}\{a_{\boldsymbol{k}}\mathrm{e}^{-\mathrm{i}k\cdot x_i} + a^\dagger_{\boldsymbol{k}}\mathrm{e}^{\mathrm{i}k\cdot x_i}\}, \tag{4.188}$$

零点能被扔掉了.

可以把上面的哈密顿量 (4.187) 对角化:

$$H = \omega b^\dagger_{\boldsymbol{k}} b_{\boldsymbol{k}} + c_{\boldsymbol{k}}, \tag{4.189}$$

其中 $c_{\boldsymbol{k}}$ 是一个 c-数, 而

$$b_{\boldsymbol{k}} = a_{\boldsymbol{k}} + \alpha_{\boldsymbol{k}}, \quad b^\dagger_{\boldsymbol{k}} = a^\dagger_{\boldsymbol{k}} + \alpha^*_{\boldsymbol{k}}. \tag{4.190}$$

$\alpha_{\boldsymbol{k}}$ 也是一个 c-数, 有

$$\alpha_{\boldsymbol{k}} = \frac{gu(\omega)}{\sqrt{2\omega^3V}}\sum_i \mathrm{e}^{-\mathrm{i}\boldsymbol{k}\cdot\boldsymbol{x}_i}, \tag{4.191}$$

$$c_{\boldsymbol{k}} = -g^2\frac{u^2(\omega)}{2\omega^2V}\sum_{i,j}\mathrm{e}^{-\boldsymbol{k}\cdot(\boldsymbol{x}_i-\boldsymbol{x}_j)}. \tag{4.192}$$

显然 $b_{\boldsymbol{k}}$ 满足与 $a_{\boldsymbol{k}}$ 同样的对易关系. 存在着一个幺正变换使得

$$U_{\boldsymbol{k}} a_{\boldsymbol{k}} U_{\boldsymbol{k}}^{-1} = b_{\boldsymbol{k}}, \tag{4.193}$$

且有

$$U_{\boldsymbol{k}}^{-1} H_k U_{\boldsymbol{k}} = \omega a_{\boldsymbol{k}}^{\dagger} a_{\boldsymbol{k}} + c_{\boldsymbol{k}} = (H_0)_k + c_{\boldsymbol{k}}, \tag{4.194}$$

即幺正变换 $U_{\boldsymbol{k}}$ 在 $(H_0)_k$ 对角化的表象里对角化了 H_k. 它们的谱有类似的结构但是有移动 $c_{\boldsymbol{k}}$.

下面我们来导出 $U_{\boldsymbol{k}}$ 的表达式. 定义

$$q_{\boldsymbol{k}} = (a_{-\boldsymbol{k}}^{\dagger} + a_{\boldsymbol{k}})/\sqrt{2}, \tag{4.195}$$

$$p_{\boldsymbol{k}} = \mathrm{i}(a_{\boldsymbol{k}}^{\dagger} - a_{-\boldsymbol{k}})/\sqrt{2}. \tag{4.196}$$

在变换 $a_{\boldsymbol{k}} \to b_{\boldsymbol{k}}$ 下,

$$q_{\boldsymbol{k}} \to q_{\boldsymbol{k}}' = q_{\boldsymbol{k}} + \frac{\alpha_{\boldsymbol{k}}^{\dagger} + \alpha_{-\boldsymbol{k}}}{\sqrt{2}} = q_{\boldsymbol{k}} + \sqrt{2}\alpha_{\boldsymbol{k}}^{\dagger}, \tag{4.197}$$

$$p_{\boldsymbol{k}} \to p_{\boldsymbol{k}}' = p_{\boldsymbol{k}} + \mathrm{i}\frac{\alpha_{\boldsymbol{k}}^{*} - \alpha_{-\boldsymbol{k}}}{\sqrt{2}} = p_{\boldsymbol{k}}. \tag{4.198}$$

也就是说在辅助空间中, $U_{\boldsymbol{k}}$ 的变换相当于是在坐标空间中做了一个平移 $\sqrt{2}\alpha_{\boldsymbol{k}}^{*}$. 于是

$$U_{\boldsymbol{k}} = \mathrm{e}^{\mathrm{i}\sqrt{2}\alpha_{\boldsymbol{k}}^{*} p_{\boldsymbol{k}}} = \mathrm{e}^{-(a_{\boldsymbol{k}}^{*} - a_{-\boldsymbol{k}})\beta_{\boldsymbol{k}}}, \tag{4.199}$$

$$\beta_{\boldsymbol{k}} \equiv g\frac{u(\omega)}{\sqrt{2\omega^3 V}} \sum_i \mathrm{e}^{\mathrm{i}\boldsymbol{k}\cdot\boldsymbol{x}_i}, \tag{4.200}$$

而整个系统的 U 由 $U_{\boldsymbol{k}}$ 的积构成:

$$U = \prod_{\boldsymbol{k}} U_{\boldsymbol{k}}. \tag{4.201}$$

由于 $U_{\boldsymbol{k}}$ 实际上混合了 $\boldsymbol{k}$ 和 $-\boldsymbol{k}$ 两种模式, 我们把它们从 U 中单独挑出来,

$$\widehat{U}_{\boldsymbol{k}} \equiv U_{\boldsymbol{k}} U_{-\boldsymbol{k}},$$

并且规定其中的 $\boldsymbol{k}$ 仅仅取在某个半球面上 (比如 $k_2 > 0$). 可以进一步把 $\widehat{U}_{\boldsymbol{k}}$ 改写为正规乘积的形式. 如果两个算符 A 与 B 的对易子 $[A, B]$ 与 A 和 B 是对易的, 我们利用 Baker-Hausdorff 公式

$$\mathrm{e}^{A+B} = \mathrm{e}^{A}\mathrm{e}^{B}\mathrm{e}^{-\frac{1}{2}[A,B]} = \mathrm{e}^{B}\mathrm{e}^{A}\mathrm{e}^{\frac{1}{2}[A,B]} \tag{4.202}$$

把 $\widehat{U}_{\boldsymbol{k}}$ 甚至 U 写成正规乘积的形式:

$$U=\exp\left\{-\sum_{\boldsymbol{k}}a_{\boldsymbol{k}}^{\dagger}\beta_{\boldsymbol{k}}\right\}\exp\left\{+\sum_{\boldsymbol{k}}a_{\boldsymbol{k}}\beta_{-\boldsymbol{k}}\right\}\exp\left\{-\sum_{\boldsymbol{k}}\beta_{\boldsymbol{k}}\beta_{-\boldsymbol{k}}\right\}. \tag{4.203}$$

根据构造, U 把整个哈密顿量对角化, $U^{-1}HU=H_0+W$, 且

$$W=\sum_{\boldsymbol{k}}c_{\boldsymbol{k}}=-g^2V^{-1}\sum_{\boldsymbol{k}}\left\{\frac{u^2(\omega)}{2\omega^3}\sum_{i,j}\mathrm{e}^{\mathrm{i}\boldsymbol{k}\cdot(\boldsymbol{x}_i-\boldsymbol{x}_j)}\right\}. \tag{4.204}$$

这个公式的物理意义十分明显. 对角形式的哈密顿量包含经典源之间的相互作用能 $(i\neq j)$以及自能 $(i=j)$, 前者是一个简单的 Yukawa 势. 而 H 的量子部分则是一个简单的自由哈密顿量. 物理粒子态由算符 $b_{\boldsymbol{k}}^{\dagger}$ 作用在“裸态”上得出①, 于是

$$|\text{物理真空}\rangle\equiv|\,\rangle_0=U|0\rangle\ , \tag{4.205}$$

$$|\text{物理的单粒子态}\rangle=|\,\rangle_{\boldsymbol{k}}=U|\boldsymbol{k}\rangle=Ua_{\boldsymbol{k}}^{\dagger}|0\rangle=b_{\boldsymbol{k}}^{\dagger}|\,\rangle_0. \tag{4.206}$$

下面我们来分析一下, 把物理粒子态用“裸态”展开, 换句话说, 就是把 H 的本征态用 H_0 的本征态来展开.

物理的真空态满足如下性质:

$$b_{\boldsymbol{k}}|0\rangle=0,\ \ {}_0\langle\,|\,\rangle_0=1. \tag{4.207}$$

我们把它在裸态的完备集上展开:

$$|\,\rangle_0=U|0\rangle=\sum_n|n\rangle\langle n|U|0\rangle. \tag{4.208}$$

分析其中最简单的系数 $\langle 0|U|0\rangle$ 可以说明一些问题,

$$\langle 0|\,\rangle_0=\langle 0|U|0\rangle=\exp\left\{-g^2V^{-1}\sum_{\boldsymbol{k}}\frac{u^2(\omega)}{2\omega^3}\sum_{i,j}\mathrm{e}^{\mathrm{i}\boldsymbol{k}\cdot(\boldsymbol{x}_i-\boldsymbol{x}_j)}\right\}. \tag{4.209}$$

为讨论简单起见, 假设只有一个外源, $i=j=1$. 在连续极限下上式变为

$$\langle 0|\,\rangle_0=\langle 0|U|0\rangle=\exp\left\{-\frac{g^2}{4\pi^2}\int_0^{\infty}\frac{\mathrm{d}k\,k^2u^2(\omega)}{\sqrt{k^2+\mu^2}^3}\right\}. \tag{4.210}$$

显然在没有截断的极限下 $(u(\omega)=1)$, 上述积分发散且两种真空态没有重叠. 换句话说, 对于局域的耦合, 裸的真空和物理真空正交. 这个观察甚至可以推广, 即对于局域的耦合, 所有的 H 的本征态与所有的裸的本征态正交②.

---

①所谓“裸态”即 $a_{\boldsymbol{k}}^{\dagger}a_{\boldsymbol{k}}$ 的本征态.

②也许值得指出的是, 费米子与玻色子在此时的表现行为也非常不同. 见 Nambu 和 Jona-Lasinio 给的例子.

我们把这种幺正算符 U 叫作"不恰当"的幺正算符 (improper unitary operator), 即其虽然形式上是幺正的, 但是其在某一表示下的所有矩阵元均为零. 相应地, 如果两种对易关系的表示 (比如这里的 $a_{\boldsymbol{k}}$, $b_{\boldsymbol{k}}$)是由"不恰当"的算子联系在一起的, 我们把这种情况叫作"不恰当"等价 (improperly equivalent) 表示, 或者简称不等价 (inequivalent)表示.

在这里的讨论中, 我们看到 U 的不恰当的性质与点源自能的发散 ($u(\omega \to 1)$)有关. 因此在存在不恰当幺正变换时, 仍有可能通过重整化拯救 S 矩阵. 在这里由于没有相互作用, S 矩阵是一个单位算符乘以一个无穷大的相因子, 而后者可以通过能量的重整化移去①.

在讨论 S 矩阵理论的第八章中, 我们引入了两组算符 $a_{\boldsymbol{k}}^{\text{in}}$ 和 $a_{\boldsymbol{k}}^{\text{out}}$, 并要求它们之间由一个幺正变换 ($S$ 矩阵)相联系. 根据本节的讨论, 我们知道这样的要求绝不是简单地可行的. 由

$$S_{\text{fi}} = \langle \text{f(out)} | \text{i(in)} \rangle = \langle \text{f(in)} | S | \text{i(in)} \rangle,$$

这样的矩阵元完全有可能不存在. 因此在第八章中我们仅仅是 (作为独立的公理)提出了真空唯一且稳定的要求

$$a_{\boldsymbol{k}}^{\text{in}} |0\rangle = 0 = a_{\boldsymbol{k}}^{\text{out}} |0\rangle, \ \ S|0\rangle = |0\rangle,$$

且真空态可归一:

$$\langle 0|0 \rangle = 1.$$

而对于不恰当的 S 算符, 上面的表达式只能为零.

这里要强调的是, 我们并不是要排斥不恰当的算符, 相反它也许从某个方面反映了事物的真实面目. 这里讨论的内容曾经在历史上导致了关于相互作用表象 (下一章将引入) 是否存在的争议. 关于这方面的讨论, 读者可以阅读代数量子场论方面的文献.

---

① Van Hove L. Physica, 1952, 18: 145.

第五章　场的相互作用

§5.1　相互作用表象、演化算符与 S 矩阵

在量子理论中, 由于物理可观测量只是算符 $\mathcal{O}$ 在态矢 $|\alpha\rangle$ 之间的矩阵元, 因而对量子理论可以有不同但又完全等价的表述 (即不同的表象理论). 不同的表象理论的区别在于对时间变量的处理不同. 比如 Schrödinger 表象中算符不依赖时间, 态矢依赖于时间, 而 Heisenberg 表象中, 算符随时间演化, 而态矢却是不变的. 到目前为止我们采用的是 Heisenberg 表象: 场算符 $\phi(\boldsymbol{x},t)$ 是随时间变化的. 在 Heisenberg 表象中场算符满足运动方程

$$\mathrm{i}\frac{\partial}{\partial t}\widehat{O}^{\mathrm{H}}(t)=[\widehat{O}^{\mathrm{H}}(t),H], \tag{5.1}$$

其中 H 为系统的 (不含时的) 哈密顿量. 上面方程的形式解为

$$\widehat{O}^{\mathrm{H}}(t)=\mathrm{e}^{\mathrm{i}Ht}\widehat{O}^{\mathrm{H}}(0)\mathrm{e}^{-\mathrm{i}Ht}. \tag{5.2}$$

而态矢就是不变的,

$$|\alpha,t\rangle^{\mathrm{H}}=|\alpha,0\rangle^{\mathrm{H}}\equiv|\alpha\rangle^{\mathrm{H}}. \tag{5.3}$$

Schrödinger 表象则恰好相反:

$$\widehat{O}^{\mathrm{S}}\equiv\mathrm{e}^{-\mathrm{i}Ht}\widehat{O}^{\mathrm{H}}(t)\mathrm{e}^{\mathrm{i}Ht},\quad|\alpha,t\rangle^{\mathrm{S}}=\mathrm{e}^{-\mathrm{i}Ht}|\alpha\rangle^{\mathrm{H}}. \tag{5.4}$$

显然 $\widehat{O}^{\mathrm{S}}$ 与时间无关且

$$\mathrm{i}\frac{\partial}{\partial t}|\alpha,t\rangle^{\mathrm{S}}=H|\alpha,t\rangle^{\mathrm{S}}. \tag{5.5}$$

而物理矩阵元就是与表象无关的,

$${}^{\mathrm{S}}\langle\beta,t|\widehat{O}^{\mathrm{S}}|\alpha,t\rangle^{\mathrm{S}}={}^{\mathrm{H}}\langle\beta|\widehat{O}^{\mathrm{H}}(t)|\alpha\rangle^{\mathrm{H}}. \tag{5.6}$$

在微扰理论中哈密顿量可以分为两部分,

$$H=H_0+H', \tag{5.7}$$

其中 H_0 是自由场的哈密顿量, H' 是相互作用场的哈密顿量. 所谓相互作用表象的定义如下:

$$\begin{aligned}\widehat{O}^{\mathrm{I}}(t)&=\mathrm{e}^{\mathrm{i}H_0t}\widehat{O}^{\mathrm{S}}\mathrm{e}^{-\mathrm{i}H_0t},\\|\alpha,t\rangle^{\mathrm{I}}&=\mathrm{e}^{\mathrm{i}H_0t}|\alpha,t\rangle^{\mathrm{S}}.\end{aligned} \tag{5.8}$$

它与 Heisenberg 表象的关系是

$$
\begin{aligned}
\widehat{O}^{\mathrm{I}}(t) &= \mathrm{e}^{\mathrm{i}H_0t}\mathrm{e}^{-\mathrm{i}Ht}\widehat{O}^{\mathrm{H}}(t)\mathrm{e}^{\mathrm{i}Ht}\mathrm{e}^{-\mathrm{i}H_0t}, \\
|\alpha,t\rangle^{\mathrm{I}} &= \mathrm{e}^{\mathrm{i}H_0t}\mathrm{e}^{-\mathrm{i}Ht}|\alpha\rangle^{\mathrm{H}}.
\end{aligned}
\tag{5.9}
$$

在微扰论中我们采用的是相互作用表象:

$$
\begin{aligned}
\phi^{\mathrm{I}}(\boldsymbol{x},t) &\equiv \mathrm{e}^{\mathrm{i}H_0t}\phi^{\mathrm{S}}(\boldsymbol{x})\mathrm{e}^{-\mathrm{i}H_0t} \\
&= \mathrm{e}^{\mathrm{i}H_0t}\mathrm{e}^{-\mathrm{i}Ht}\phi^{\mathrm{H}}(\boldsymbol{x},t)\mathrm{e}^{\mathrm{i}Ht}\mathrm{e}^{-\mathrm{i}H_0t} \\
&\equiv U(t,0)\phi^{\mathrm{H}}(\boldsymbol{x},t)U^{-1}(t,0).
\end{aligned}
\tag{5.10}
$$

选择相互作用表象的好处是明显的. 如果在 Heisenberg 表象中讨论, 对于任意时刻 t_0, 总可以写出场 $\phi(t_0,\boldsymbol{x})$ 的 Fourier 分解

$$
\phi^{\mathrm{H}}(t_0,\boldsymbol{x}) = \int \frac{\mathrm{d}^3\boldsymbol{p}}{\sqrt{(2\pi)^3 2E_{\boldsymbol{p}}}}(a_{\boldsymbol{p}}\mathrm{e}^{\mathrm{i}\boldsymbol{p}\cdot\boldsymbol{x}} + a_{\boldsymbol{p}}^{\dagger}\mathrm{e}^{-\mathrm{i}\boldsymbol{p}\cdot\boldsymbol{x}}),
$$

并定义其中的 $a_{\boldsymbol{p}}^{\dagger}$ 和 $a_{\boldsymbol{p}}$ 等同于产生和湮灭算符的意义, 但是我们并不能够给出这些算符随时间的演化规律. 而如果采用相互作用表象, 由 (5.10) 式,

$$
\phi^{\mathrm{I}}(t,\boldsymbol{x}) = \mathrm{e}^{\mathrm{i}H_0t}\phi^{\mathrm{H}}(0,\boldsymbol{x})\mathrm{e}^{-\mathrm{i}H_0t}.
$$

由于 H_0 很容易对角化, 所以 ϕ^{I} 可以按自由场方程处理. 因此我们将把 Heisenberg 场算符改写为相互作用表象中的场算符来进行计算. 至少可以在微扰论的意义下如此处理①. 对于 $\pi(\boldsymbol{x},t)$ 有类似于 (5.10) 式的表达式. (5.10) 式中定义了演化算符

$$
U(t,0) = \mathrm{e}^{\mathrm{i}H_0t}\mathrm{e}^{-\mathrm{i}Ht}. \tag{5.11}
$$

可以把 U 的定义稍加推广:

$$
|a,t\rangle^{\mathrm{I}} \equiv U(t,t_0)|a,t_0\rangle^{\mathrm{I}}, \tag{5.12}
$$

其中 $U(t_0,t_0)=1$, 且

$$
\begin{aligned}
U(t,t')U(t',t_0) &= U(t,t_0), \\
U(t,0)U^{-1}(t_0,0) &= U(t,t_0).
\end{aligned}
\tag{5.13}
$$

①在这里形式上把 H 分为自由场哈密顿量 H_0 和相互作用哈密顿量 H' 具有一定程度的任意性, 但是一般来说须要求 H 和 H_0 具有同样的谱, 否则可能会导致由 (5.21) 式给出的 S 矩阵没有定义. 李政道所著的《粒子物理和场论简引》一书对此有简略的讨论.

可以得到 U 算符所满足的方程:

$$\mathrm{i}\frac{\partial}{\partial t}U(t,t_0)=H'^{\mathrm{I}}(t)U(t,t_0), \tag{5.14}$$

其中

$$H'^{\mathrm{I}}=\mathrm{e}^{\mathrm{i}H_0t}H'\mathrm{e}^{-\mathrm{i}H_0t}$$

是相互作用表象中的相互作用哈密顿量, 即

$$H'^{\mathrm{I}}=H'(\phi^{\mathrm{I}}). \tag{5.15}$$

方程 (5.14) 等价于如下形式的积分方程:

$$U(t,t_0)=1-\mathrm{i}\int_{t_0}^{t}\mathrm{d}\tau H'^{\mathrm{I}}(\tau)U(\tau,t_0). \tag{5.16}$$

形式上可以对其进行迭代求解, 得到一个无穷级数. 利用公式

$$\begin{aligned}&\int_{t_0}^{t}\mathrm{d}t_1\int_{t_0}^{t_1}\mathrm{d}t_2\cdots\int_{t_0}^{t_{n-1}}\mathrm{d}t_nH'^{\mathrm{I}}(t_1)\cdots H'^{\mathrm{I}}(t_n)\\&\quad=\frac{1}{n!}\int_{t_0}^{t}\mathrm{d}t_1\cdots\mathrm{d}t_nT\{H'^{\mathrm{I}}(t_1)\cdots H'^{\mathrm{I}}(t_n)\}\end{aligned} \tag{5.17}$$

知 $U(t,t_0)$ 有如下形式的解:

$$\begin{aligned}U(t,t_0)&=T\exp\left[-\mathrm{i}\int_{t_0}^{t}\mathrm{d}t_1H'^{\mathrm{I}}(t_1)\right]\\&=T\exp\left[-\mathrm{i}\int_{t_0}^{t}\mathrm{d}t_1\int\mathrm{d}^3\boldsymbol{x}_1\mathcal{H}'^{\mathrm{I}}(\boldsymbol{x}_1,t_1)\right]\\&=1+\sum_{n=1}^{\infty}\frac{(-\mathrm{i})^n}{n!}\int_{t_0}^{t}\mathrm{d}^4x_1\int_{t_0}^{t}\mathrm{d}^4x_2\cdots\int_{t_0}^{t}\mathrm{d}^4x_n\\&\quad\times T[\mathcal{H}'^{\mathrm{I}}(x_1)\mathcal{H}'^{\mathrm{I}}(x_2)\cdots\mathcal{H}'^{\mathrm{I}}(x_n)].\end{aligned} \tag{5.18}$$

假设 $|\Psi(t)\rangle$ 是一个随时间演化的态矢, 它在 $t\to-\infty$ 时由 “自由” 的态矢 $|\Phi_{\mathrm{i}}\rangle$ 演化而来, 即

$$\lim_{t\to-\infty}|\Psi(t)\rangle=|\Phi_{\mathrm{i}}\rangle. \tag{5.19}$$

它在 $t\to+\infty$ 时演化到 “自由” 态 $|\Phi_{\mathrm{f}}\rangle$ 的跃迁振幅为

$$S_{\mathrm{fi}}=\lim_{t\to+\infty}\langle\Phi_{\mathrm{f}}|\Psi(t)\rangle=\langle\Phi_{\mathrm{f}}|S|\Phi_{\mathrm{i}}\rangle, \tag{5.20}$$

即散射的 S 矩阵是

$$S = \lim_{\substack{t' \to +\infty \\ t \to -\infty}} U(t', t) = T \exp\left\{ -\mathrm{i} \int_{-\infty}^{+\infty} \mathrm{d}t H'^{\mathrm{I}}(t) \right\}. \tag{5.21}$$

举一个例子, 考虑 Compton 散射过程: $\gamma(\boldsymbol{k}_1, \lambda_1) + \mathrm{e}^-(\boldsymbol{p}_1, s_1) \to \gamma(\boldsymbol{k}_2, \lambda_2) + \mathrm{e}^-(\boldsymbol{p}_2, s_2)$, 由 (4.14) 式,

$$S_{\mathrm{fi}} = \langle \Phi_{\mathrm{f}} | S | \Phi_{\mathrm{i}} \rangle = (2\pi)^6 \sqrt{2E_{\boldsymbol{k}_1} 2E_{\boldsymbol{p}_1} 2E_{\boldsymbol{k}_2} 2E_{\boldsymbol{p}_2}} \langle 0 | a_{\boldsymbol{k}_2, \lambda_2} b_{\boldsymbol{p}_2, s_2} S a^\dagger_{\boldsymbol{k}_1, \lambda_1} b^\dagger_{\boldsymbol{p}_1, s_1} | 0 \rangle. \tag{5.22}$$

在相互作用表象中原则上已经可以计算这个表达式①, 然而为了系统、方便地做这些计算, 还需要做一些准备. 下面来讨论所谓的 Wick 定理.

§5.2 Wick 定理

首先, 可以证明

$$T(\Phi_A(x_1)\Phi_B(x_2)) =: \Phi_A(x_1)\Phi_B(x_2) : + \langle 0 | T(\Phi_A(x_1)\Phi_B(x_2)) | 0 \rangle, \tag{5.23}$$

其中用到了在 (4.17) 与 (4.57) 式中定义的正规乘积的概念. 正规乘积的定义当然并不局限于两个场算符, 它可以自然地推广到任意多个场算符的情形. 为书写方便起见, 我们把任意两个场算符的编时乘积的真空矩阵元 $\langle 0 | T(\Phi_A(x_1)\Phi_B(x_2)) | 0 \rangle$ 简写为 $\overbracket{\Phi_A(x_1)\Phi}_B(x_2)$, 后者在这里也常常叫作收缩或 Wick 收缩. 我们以简单的自由实标量场为例证明一下上面的式子. 设 $t_1 > t_2$, 则

$$\begin{aligned} T(\Phi(x_1)\Phi(x_2)) = \Phi(x_1)\Phi(x_2) &= \Phi^{(-)}(x_1)\Phi^{(-)}(x_2) + \Phi^{(-)}(x_1)\Phi^{(+)}(x_2) \\ &\quad + \Phi^{(+)}(x_1)\Phi^{(-)}(x_2) + \Phi^{(+)}(x_1)\Phi^{(+)}(x_2) \\ &= : \Phi(x_1)\Phi(x_2) : + [\Phi^{(+)}(x_1), \Phi^{(-)}(x_2)]. \end{aligned}$$

如果 $t_2 > t_1$, 则写出类似上边的表达式然后把两式相加得

$$\begin{aligned} &T(\Phi(x_1)\Phi(x_2)) \\ &\quad =: \Phi(x_1)\Phi(x_2) : + \theta(t_1 - t_2)[\Phi^{(+)}(x_1), \Phi^{(-)}(x_2)] + \theta(t_2 - t_1)[\Phi^{(+)}(x_2), \Phi^{(-)}(x_1)] \\ &\quad =: \Phi(x_1)\Phi(x_2) : + \langle 0 | T(\Phi(x_1)\Phi(x_2)) | 0 \rangle, \end{aligned}$$

其中最后一步参照了 (4.36) 式的推导中的最后一步.

---

①上面的在相互作用表象中的讨论隐含着一些问题. 比如细心的读者会问, 为什么 (5.22) 式中的初、末态所对应的产生湮灭算符与算符 S 中的一样? 这个问题的确是严重的, 而我们将把这个问题留到约化公式一章来讨论.

可以把上面的两个场算符的 Wick 定理推广到三个场算符的情形:

$$
\begin{aligned}
T(\Phi_A(x_1)\Phi_B(x_2)\Phi_C(x_3)) = &: \Phi_A(x_1)\Phi_B(x_2)\Phi_C(x_3) : \\
&+ : \wick{\c{\Phi}_A(x_1)\c{\Phi}_B}(x_2)\Phi_C(x_3) : \\
&+ : \wick{\c{\Phi}_A(x_1)\Phi_B(x_2)\c{\Phi}_C}(x_3) : \\
&+ : \Phi_A(x_1)\wick{\c{\Phi}_B(x_2)\c{\Phi}_C}(x_3) : . \qquad (5.24)
\end{aligned}
$$

不失一般性, 假设 $t_1 > t_2, t_3$, 则

$$
\begin{aligned}
T(\Phi(x_1)\Phi(x_2)\Phi(x_3)) &= \Phi(x_1) : \Phi(x_2)\Phi(x_3) : + \Phi(x_1) : \wick{\c{\Phi}(x_2)\c{\Phi}}(x_3) : \\
&= \Phi(x_1) : \Phi(x_2)\Phi(x_3) : + : \Phi(x_1)\wick{\c{\Phi}(x_2)\c{\Phi}}(x_3) :, \qquad (5.25)
\end{aligned}
$$

其中第二个 $\Phi(x_1)$ 可以放到正规乘积里是因为两个场算符收缩后已经是 c-数了, 所以这样做不引起任何改变. 另一方面

$$
\begin{aligned}
\Phi(x_1) : \Phi(x_2)\Phi(x_3) := &(\Phi^{(-)}(x_1) + \Phi^{(+)}(x_1))(\Phi^{(-)}(x_2)\Phi^{(-)}(x_3) \\
&+\Phi^{(-)}(x_2)\Phi^{(+)}(x_3) + \Phi^{(-)}(x_3)\Phi^{(+)}(x_2) \\
&+\Phi^{(+)}(x_2)\Phi^{(+)}(x_3)) \\
= &\ \Phi^{(-)}(x_1) : \Phi(x_2)\Phi(x_3) : \\
&+[\Phi^{(+)}(x_1), \Phi^{(-)}(x_2)]\Phi^{(-)}(x_3) + \Phi^{(-)}(x_2)\Phi^{(+)}(x_1)\Phi^{(-)}(x_3) \\
&+[\Phi^{(+)}(x_1), \Phi^{(-)}(x_2)]\Phi^{(+)}(x_3) + \Phi^{(-)}(x_2)\Phi^{(+)}(x_1)\Phi^{(+)}(x_3) \\
&+[\Phi^{(+)}(x_1), \Phi^{(-)}(x_3)]\Phi^{(+)}(x_2) + \Phi^{(-)}(x_3)\Phi^{(+)}(x_1)\Phi^{(+)}(x_2) \\
&+0 + \Phi^{(+)}(x_2)\Phi^{(+)}(x_1)\Phi^{(+)}(x_3).
\end{aligned}
$$

利用当 $x^0 > y^0$ 时, $[\Phi^{(+)}(x), \Phi^{(-)}(y)] = \langle 0|T\{\Phi(x)\Phi(y)\}|0\rangle = \wick{\c{\Phi}(x)\c{\Phi}}(y)$, 可进一步约化上式:

$$
\begin{aligned}
&: \Phi^{(-)}(x_1)\Phi(x_2)\Phi(x_3) : + \wick{\c{\Phi}(x_1)\c{\Phi}}(x_2)\Phi(x_3) + \Phi^{(-)}(x_2)[\Phi^{(+)}(x_1), \Phi^{(-)}(x_3)] \\
&+\Phi^{(-)}(x_2)\Phi^{(-)}(x_3)\Phi^{(+)}(x_1) + \Phi^{(-)}(x_2)\Phi^{(+)}(x_3)\Phi^{(+)}(x_1) \\
&+\Phi^{(-)}(x_3)\Phi^{(+)}(x_2)\Phi^{(+)}(x_1) + \Phi^{(+)}(x_2)\Phi^{(+)}(x_3)\Phi^{(+)}(x_1) \\
&+\wick{\c{\Phi}(x_1)\c{\Phi}}(x_3)\Phi^{(+)}(x_2) \\
&=: \Phi^{(-)}(x_1)\Phi(x_2)\Phi(x_3) : + \wick{\c{\Phi}(x_1)\c{\Phi}}(x_2)\Phi(x_3) + \Phi^{(-)}(x_2)\wick{\c{\Phi}(x_1)\c{\Phi}}(x_3) \\
&\quad + : \Phi(x_2)\Phi(x_3)\Phi^{(+)}(x_1) : + \wick{\c{\Phi}(x_1)\c{\Phi}}(x_3)\Phi^{(+)}(x_2) \\
&=: \Phi(x_1)\Phi(x_2)\Phi(x_3) : + \wick{\c{\Phi}(x_1)\c{\Phi}}(x_2)\Phi(x_3) + \wick{\c{\Phi}(x_1)\Phi(x_2)\c{\Phi}}(x_3) \\
&=: \Phi(x_1)\Phi(x_2)\Phi(x_3) : + : \wick{\c{\Phi}(x_1)\c{\Phi}}(x_2)\Phi(x_3) : + : \wick{\c{\Phi}(x_1)\Phi(x_2)\c{\Phi}}(x_3) : . \qquad (5.26)
\end{aligned}
$$

结合此式与 (5.25) 式即证明了 (5.24) 式. 在做以上推导时要理解算符何时可以交换, 何时不能, 以及正规乘积的意义. 我们这里讨论的仅仅是玻色子场情形, 如果有费米子场则两个费米子场算符交换次序时要多一个负号, 而最后的结果, 如 (5.24) 式形式上仍然成立.

最后, 利用数学归纳法, 可以证明任意多个算符情形下的 Wick 定理:

$$\begin{aligned} T(ABC\cdots XYZ) = &: ABC\cdots XYZ : \\ &+ : \overbracket{AB}C\cdots XYZ : + \cdots + : ABC\cdots X\overbracket{YZ} : \\ &+ : \overbracket{A\overbracket{BC}D}\cdots XYZ : + \cdots \\ &+ \sum \text{三次 Wick 收缩的所有可能方式} \\ &+ \sum \text{高次的 Wick 收缩的所有可能方式}. \end{aligned} \tag{5.27}$$

Wick 定理的意义十分明显. 由 (5.21) 得知, 在计算形如 (5.22) 式的矩阵元时, 实际上需要处理的是场的编时乘积在真空态中的矩阵元. (5.27) 式左边被展开为右边的形式后, 我们发现只有那些被收缩光了的项才会对 S 矩阵元产生贡献, 否则由正规乘积的性质, 正规乘积算符作用在微扰真空态上贡献消失. 于是计算 S 矩阵元的任务变成了找出所有的完全收缩方式. 这样的每一种 "完全收缩" 的方式可以用图形的方式表达, 使得整个计算过程变得直观和易于掌握. 这种图叫作 Feynman 图. 为了正确画出 Feynman 图并方便地计算每一个图 (即每一种完全的 Wick 收缩), 人们总结出了一些规则, 称为 Feynman 规则. 在下一节中我们将建立这些图形计算的 Feynman 规则.

§5.3　Feynman 图与 Feynman 规则

在本书里无论费米子与玻色子, 态的归一化统一定义如下:

$$\begin{aligned} |\boldsymbol{p}, s\rangle &\equiv \sqrt{(2\pi)^3 2E_{\boldsymbol{p}}} a_{\boldsymbol{p}}^{s\dagger}|0\rangle , \\ \langle \boldsymbol{p}, s|\boldsymbol{q}, s'\rangle &= (2\pi)^3 2E_{\boldsymbol{p}} \delta^3(\boldsymbol{p}-\boldsymbol{q})\delta^{ss'} . \end{aligned} \tag{5.28}$$

这样由 (4.43) 式, 得到如

$$\begin{aligned} \psi^{(+)}(x)|\mathrm{e}^-(\boldsymbol{p}, s)\rangle &= u(\boldsymbol{p}, s)\mathrm{e}^{-\mathrm{i}p\cdot x}|0\rangle, \\ \overline{\psi}^{(+)}(x)|\mathrm{e}^+(\boldsymbol{p}, s)\rangle &= \overline{v}(\boldsymbol{p}, s)\mathrm{e}^{-\mathrm{i}p\cdot x}|0\rangle. \end{aligned} \tag{5.29}$$

5.3.1 QED Feynman 规则

量子电动力学的拉氏量为

$$\mathcal{L}=-\frac{1}{4}F_{\mu\nu}F^{\mu\nu}+\overline{\psi}(x)(\mathrm{i}\gamma^{\mu}\mathrm{D}_{\mu}-m)\psi(x)-\frac{1}{2\xi}(\partial_{\mu}A^{\mu})^{2}, \tag{5.30}$$

其中

$$\begin{aligned}\mathrm{D}_{\mu}&=\partial_{\mu}+\mathrm{i}eA_{\mu},\\F_{\mu\nu}&\equiv\partial_{\mu}A_{\nu}-\partial_{\nu}A_{\mu},\end{aligned}\tag{5.31}$$

D_{μ} 为协变导数, $F_{\mu\nu}$ 为电磁场场强张量. 我们列出由 QED 拉氏量得到的如下 Feynman 规则.

(1) 画出所有拓扑不等价的图. 每一条内线标记其相应的动量 p_i; 费米子线有方向性 (电子的箭头方向与运动方向相同, 正电子两者相反); 光子线用波浪线表示; 图中每一个顶角流入与流出的动量之和守恒.

(2) 光子传播子:

图 μ ∿∿∿ k ∿∿∿ ν 对应 $\frac{\mathrm{i}}{k^2+\mathrm{i}\epsilon}\left[-g^{\mu\nu}+(1-\xi)\frac{k^{\mu}k^{\nu}}{k^2}\right]$ (Feynman 规范:ξ=1).

(3) 电子传播子:

图 —— p ——→ 对应 $\frac{\mathrm{i}(\not{p}+m)}{p^2-m^2+\mathrm{i}\epsilon}$.

(4) 相互作用顶角:

(5) 对于外腿:

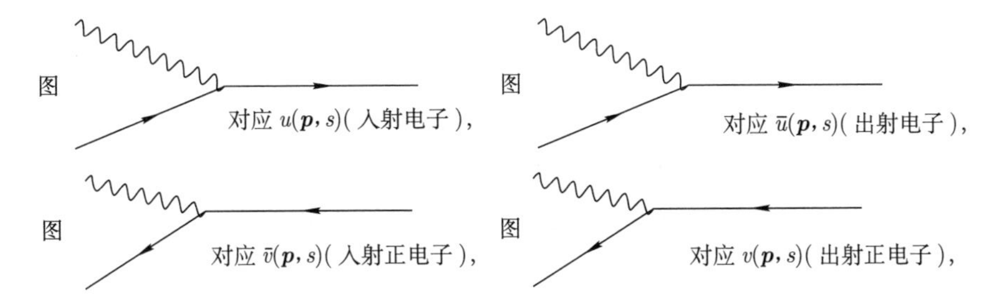

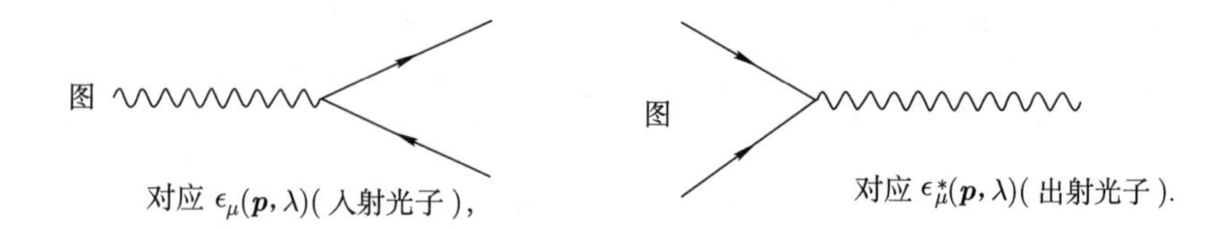

(6) 如果末态电子交换位置, 则振幅要多一个负号.

(7) 每一个圈有一个对动量的积分 $\int \frac{\mathrm{d}^4 p}{(2\pi)^4}$.

(8) 每一个费米子圈贡献一个因子 (-1).

(9) 有一个总的动量守恒因子

$$(2\pi)^4\delta^4\left(\sum_{\text{in}} p_i - \sum_{\text{out}} k_i\right).$$

下面我们通过计算 Compton 散射 (5.22) 式来逐渐建立并熟悉这些 Feynman 规则. 在 (5.22) 式中, 首先算符 $a^\dagger_{\boldsymbol{k}_1,\lambda_1}, b^\dagger_{\boldsymbol{p}_1,s_1}$ 和 $a_{\boldsymbol{k}_2,\lambda_2}, b_{\boldsymbol{p}_2,s_2}$ 之间可以自己收缩, 但是这相应于入射光子与电子并没有发生相互作用, 它贡献给 S 矩阵一个平庸的单位矩阵 ($S \equiv 1 + \mathrm{i}\mathcal{T}$), 对此我们并无兴趣. 真正最低阶非平庸的贡献来自于 (5.21) 式中展开的第三项①:

$$S = 1 + \mathrm{i}T\int_{-\infty}^{+\infty} \mathrm{d}^4x\mathcal{L}^{\mathrm{I}}(x) + \frac{\mathrm{i}^2}{2!}T\left(\int_{-\infty}^{+\infty} \mathrm{d}^4x\mathcal{L}^{\mathrm{I}}(x)\right)^2 + \cdots, \tag{5.32}$$

并且不难理解展开式中的第二项不贡献. 我们将其代入 (5.22) 式并由 $\mathcal{L}^{\mathrm{I}}(x) = e : \overline{\psi}(x)A\!\!\!/(x)\psi(x) :$, 得到

$$S_{\mathrm{fi}} = \langle \Phi_{\mathrm{f}}|S|\Phi_{\mathrm{i}}\rangle = (2\pi)^6\sqrt{2E_{\boldsymbol{k}_1}2E_{\boldsymbol{p}_1}2E_{\boldsymbol{k}_2}2E_{\boldsymbol{p}_2}} \times$$
$$\frac{\mathrm{i}^2e^2}{2!}\langle 0|T\{a_{\boldsymbol{k}_2,\lambda_2}b_{\boldsymbol{p}_2,s_2}\int \mathrm{d}^4x_1\overline{\psi}(x_1)A\!\!\!/(x_1)\psi(x_1)\int \mathrm{d}^4x_2\overline{\psi}(x_2)A\!\!\!/(x_2)\psi(x_2)a^\dagger_{\boldsymbol{k}_1,\lambda_1}b^\dagger_{\boldsymbol{p}_1,s_1}\}|0\rangle.$$

注意在上式中算符 $a_{\boldsymbol{k}_2,\lambda_2}$, $b_{\boldsymbol{p}_2,s_2}$ 等因为与时间无关, 可以自由地放入编时算符 T 内②. 现在进行 Wick 收缩. 比如从 $b^\dagger_{\boldsymbol{p}_1,s_1}$ 开始, 它代表一个入射的电子并且只能与某一个藏在 ψ 中的 b 算符收缩. 而这有两种等价的可能, 即与 $\psi(x_1)$ 或 $\psi(x_2)$ 收

① $H^{\mathrm{I}'} = -L^{\mathrm{I}'}$, 以下为简略起见忽略 $H^{\mathrm{I}'}$ 中的一撇.

②我们在第八章将会更仔细地讨论如何把这些算符放入编时乘积之内.

缩, 不妨认为是与 $\psi(x_1)$ 收缩, 于是上式可写为

$$S_{\mathrm{fi}} = (2\pi)^6\sqrt{2E_{\boldsymbol{k}_1}2E_{\boldsymbol{p}_1}2E_{\boldsymbol{k}_2}2E_{\boldsymbol{p}_2}}\mathrm{i}^2e^2\langle 0|T\{a_{\boldsymbol{k}_2,\lambda_2}b_{\boldsymbol{p}_2,s_2} \times\int \mathrm{d}^4x_1\overline{\psi}(x_1)\not{A}(x_1)\psi(x_1)\int \mathrm{d}^4x_2\overline{\psi}(x_2)\not{A}(x_2)\psi(x_2)a^\dagger_{\boldsymbol{k}_1,\lambda_1}b^\dagger_{\boldsymbol{p}_1,s_1}\}|0\rangle. \tag{5.33}$$

由 (4.43) 式知, $b^\dagger_{\boldsymbol{p}_1,s_1}$ 与 $\psi(x_1)$ 收缩的结果是

$$\overbrace{\psi(x_1)b^\dagger_{\boldsymbol{p}_1,s_1}} = \frac{1}{\sqrt{(2\pi)^3 2E_{\boldsymbol{p}_1}}}u(\boldsymbol{p}_1,s_1)\mathrm{e}^{-\mathrm{i}p_1\cdot x_1}.$$

在做完这个收缩以后 (5.33) 式中的 $\overline{\psi}(x_1)$ 需要找对象收缩. 此时有两种不等价的方式, 一是与 $b_{\boldsymbol{p}_2,s_2}$ 收缩, 二是与 $\psi(x_2)$ 收缩. 如果是前者, 那么剩下的 $\psi(x_2)$ 只能与 $\overline{\psi}(x_2)$ 收缩, 即在同一个时空点的两个算符自己收缩. 它贡献出一个因子,

$$:\overline{\psi}(x_2)\gamma^\mu\psi(x_2):= -\mathrm{tr}\{\gamma^\mu \mathrm{i}S_{\mathrm{F}}(x_2,x_2)\} = -\mathrm{i}\int\frac{\mathrm{d}^4p}{(2\pi)^4}\frac{\mathrm{tr}\{\gamma^\mu(\not{p}+m)\}}{p^2-m^2+\mathrm{i}\epsilon} = 0,$$

不难理解这一项没有贡献. 事实上我们很快就会清楚这一项对应的 Feynman 图是一个闭合的费米子圈上面长出一条光子线, 这样的图没有贡献的结论是我们在 5.3.2 小节中将要讨论的 Furry 定理的一个特例. 于是 $\overline{\psi}(x_1)$ 只能与 $\psi(x_2)$ 收缩得到一个传播子 $\mathrm{i}S_{\mathrm{F}}(x_2,x_1)$. 此时 (5.33) 式中剩下的唯一的场 $\overline{\psi}(x_2)$ 唯一的归宿是与出射电子的产生算符 $b_{\boldsymbol{p}_2,s_2}$ 收缩, 有

$$\overbrace{b_{\boldsymbol{p}_2,s_2}\overline{\psi}}(x_2) = \frac{1}{\sqrt{(2\pi)^3 2E_{\boldsymbol{p}_2}}}\overline{u}(\boldsymbol{p}_2,s_2)\mathrm{e}^{\mathrm{i}p_2\cdot x_2}.$$

在进行了这些计算以后, (5.33) 式得到了进一步的简化, 形式如下:

$$S_{\mathrm{fi}} = (2\pi)^3\sqrt{2E_{\boldsymbol{k}_1}2E_{\boldsymbol{k}_2}}\mathrm{i}^2e^2\langle 0|T\{a_{\boldsymbol{k}_2,\lambda_2}\int\mathrm{d}^4x_1\int\mathrm{d}^4x_2 \overline{u}(\boldsymbol{p}_2,s_2)\mathrm{e}^{\mathrm{i}p_2\cdot x_2}\not{A}(x_2)\mathrm{i}S_{\mathrm{F}}(x_2,x_1)\not{A}(x_1)u(\boldsymbol{p}_1,s_1)\mathrm{e}^{-\mathrm{i}p_1\cdot x_1}a^\dagger_{\boldsymbol{k}_1,\lambda_1}\}|0\rangle. \tag{5.34}$$

由此出发我们继续收缩 $a^\dagger_{\boldsymbol{k}_1,\lambda_1}$, 它代表了一个入射的光子. 它有两种有意义的且不等价的收缩方式①: 一是与 $A^\mu(x_1)$ 的收缩, 二是与 $A^\mu(x_2)$ 的收缩, 这两个不同的收缩方式对应着图 5.1 中的两个图. 参照 (4.74) 式两种收缩得到的结果是 (I)

$$\overbrace{a^\dagger_{\boldsymbol{k}_1,\lambda_1}A^\mu}(x_1) = \frac{1}{\sqrt{2E_{\boldsymbol{k}_1}(2\pi)^3}}\epsilon^\mu(\boldsymbol{k}_1,\lambda_1)\mathrm{e}^{-\mathrm{i}k_1\cdot x_1}$$

或 (II)

①一种无意义的收缩是与 $a_{\boldsymbol{k}_2,\lambda_2}$ 的收缩.

$$\overbracket{a^{\dagger}_{\boldsymbol{k}_1,\lambda_1} A}^{\mu}(x_2) = \frac{1}{\sqrt{2E_{\boldsymbol{k}_1}(2\pi)^3}}\epsilon^{\mu}(\boldsymbol{k}_1,\lambda_1)\mathrm{e}^{-\mathrm{i}k_1\cdot x_2}.$$

而 $a_{\boldsymbol{k}_2,\lambda_2}$ 则与剩下的 $A^{\mu}(x_2)$ 或 $A^{\mu}(x_1)$ 收缩, 得 (I)

$$\overbracket{a_{\boldsymbol{k}_2,\lambda_2} A}^{\mu}(x_2) = \frac{1}{\sqrt{2E_{\boldsymbol{k}_2}(2\pi)^3}}\epsilon^{\mu *}(\boldsymbol{k}_2,\lambda_2)\mathrm{e}^{\mathrm{i}k_2\cdot x_2}$$

或 (Ⅱ)

$$\overbracket{a_{\boldsymbol{k}_2,\lambda_2} A}^{\mu}(x_1) = \frac{1}{\sqrt{2E_{\boldsymbol{k}_2}2(2\pi)^3}}\epsilon^{\mu *}(\boldsymbol{k}_2,\lambda_2)\mathrm{e}^{\mathrm{i}k_2\cdot x_1}.$$

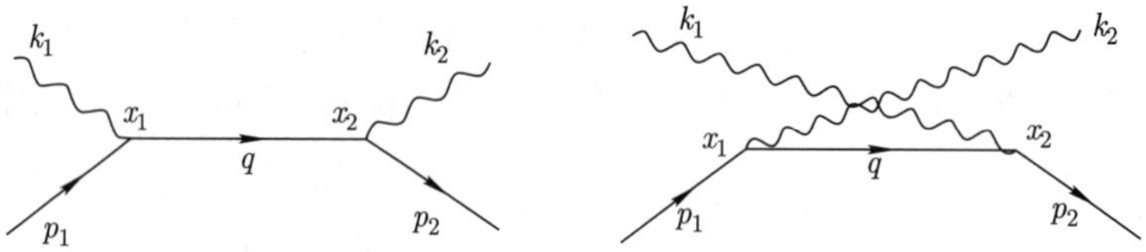

图 5.1 Compton 散射过程的两个树图.

这样 (5.34) 式化简为 (注意 $\langle 0|0\rangle = 1$)

$$\begin{aligned}
S_{\mathrm{fi}} = &\int \mathrm{d}^4 x_1 \int \mathrm{d}^4 x_2 \overline{u}(\boldsymbol{p}_2,s_2)\mathrm{e}^{\mathrm{i}p_2\cdot x_2}\mathrm{i}e\gamma_{\nu}\epsilon^{\nu *}(\boldsymbol{k}_2,\lambda_2)\mathrm{e}^{\mathrm{i}k_2\cdot x_2}\\
&\times \mathrm{i}S_{\mathrm{F}}(x_2,x_1)\mathrm{i}e\gamma_{\mu}\epsilon^{\mu}(\boldsymbol{k}_1,\lambda_1)\mathrm{e}^{-\mathrm{i}k_1\cdot x_1}u(\boldsymbol{p}_1,s_1)\mathrm{e}^{-\mathrm{i}p_1\cdot x_1}\\
&+\int \mathrm{d}^4 x_1 \int \mathrm{d}^4 x_2 \overline{u}(\boldsymbol{p}_2,s_2)\mathrm{e}^{\mathrm{i}p_2\cdot x_2}\mathrm{i}e\gamma_{\mu}\epsilon^{\mu}(\boldsymbol{k}_1,\lambda_1)\mathrm{e}^{-\mathrm{i}k_1\cdot x_2}\\
&\times \mathrm{i}S_{\mathrm{F}}(x_2,x_1)\mathrm{i}e\gamma_{\nu}\epsilon^{\nu *}(\boldsymbol{k}_2,\lambda_2)\mathrm{e}^{\mathrm{i}k_2\cdot x_1}u(\boldsymbol{p}_1,s_1)\mathrm{e}^{-\mathrm{i}p_1\cdot x_1}.
\end{aligned}\tag{5.35}$$

此式有两项, 其中第一项代表情形 I, 第二项代表情形 Ⅱ. 进一步利用 (4.62) 式, 有

$$\mathrm{i}S_{\mathrm{F}}(x_2-x_1) = \int \frac{\mathrm{d}^4 q}{(2\pi)^4}\mathrm{e}^{-\mathrm{i}q\cdot(x_2-x_1)}\frac{\mathrm{i}}{\not{q}-m+\mathrm{i}\epsilon}.$$

代入 Compton 散射矩阵元 S_{fi}, 可知对 x_1, x_2 的积分可以积出来, 贡献出两个保证在 x_1 点和 x_2 点处动量守恒的 δ 函数: $(2\pi)^4\delta^4(p_1+k_1-q)(2\pi)^4\delta^4(q-p_2-k_2)$ (情形 I) 和 $(2\pi)^4\delta^4(p_1-k_2-q)(2\pi)^4\delta^4(q+k_1-p_2)$ (情形 Ⅱ). 注意到费米子传播子本身带有动量积分 $\displaystyle\int\frac{\mathrm{d}^4 q}{(2\pi)^4}$, 它亦可以随后被积掉, 导致一个反映整体动量守恒的因子 $(2\pi)^4\delta^4(p_1+k_1-p_2-k_2)$. 这个结论具有普遍性, 它实际上是物理系统平移不变性与 Heisenberg 场算符的性质 (4.4) 式的后果. 第八章将给出一般情况下的证明. 由于这个因子存在的普遍性, 我们常常把它从 S 矩阵元里面分出来, 而定义另一个不

变振幅 $\mathcal{M}$,

$$\mathrm{i}\mathcal{T} \equiv \mathrm{i}(2\pi)^4\delta^4\left(\sum_{\mathrm{i}} p_{\mathrm{i}} - \sum_{\mathrm{f}} p_{\mathrm{f}}\right)\mathcal{M} = \mathrm{i}(2\pi)^4\delta^4\left(\sum_{\mathrm{i}} p_{\mathrm{i}} - \sum_{\mathrm{f}} p_{\mathrm{f}}\right)\epsilon_\mu\epsilon_\nu^*\mathcal{M}^{\mu\nu}. \tag{5.36}$$

这样树图 Compton 散射的 $\mathcal{M}$ 矩阵元为

$$\begin{aligned}\mathrm{i}\mathcal{M} = &\epsilon^\mu(\boldsymbol{k}_1,\lambda_1)\epsilon^{\nu*}(\boldsymbol{k}_2,\lambda_2)[\overline{u}(\boldsymbol{p}_2,s_2)\mathrm{i}e\gamma_\nu\frac{\mathrm{i}}{\not{p}_1+\not{k}_1-m+\mathrm{i}\epsilon}\mathrm{i}e\gamma_\mu u(\boldsymbol{p}_1,s_1)\\&+\overline{u}(\boldsymbol{p}_2,s_2)\mathrm{i}e\gamma_\mu\frac{\mathrm{i}}{\not{p}_1-\not{k}_2-m+\mathrm{i}\epsilon}\mathrm{i}e\gamma_\nu u(\boldsymbol{p}_1,s_1)].\end{aligned} \tag{5.37}$$

我们将留到 §6.2 继续对 $\mathcal{M}$ 和 Compton 微分散射截面的计算. 目前, 上述仔细的演算已经保证我们能够清楚地理解 Feynman 规则 (1) ~ (5), (9) 的来源①. 在发生相互作用的每一时空点都还要求动量守恒, 这可以简单地在 Feynman 图中把动量 q 取为相应的满足动量守恒条件的动量来达到. 规则 (8) 也非常容易理解, 因为每一个费米子圈都意味着对费米子场求迹, 一个 $\overline{\psi}$ 场被移到某一个 ψ 场后面去了, 根据费米子场的反对易性质, 此时要出一个负号, 比如最简单的

$$\overline{\psi}(x_1)\Gamma\psi(x_2) = -\mathrm{tr}[\Gamma\psi(x_2)\overline{\psi}(x_1)].$$

规则 (7) 稍后在讨论圈图时会遇到. 至于规则 (6) 可以通过讨论电子–电子散射 $\mathrm{e}(\boldsymbol{p}_1,s_1)+\mathrm{e}(\boldsymbol{p}_2,s_2)\to\mathrm{e}(\boldsymbol{k}_1,s_1')+\mathrm{e}(\boldsymbol{k}_2,s_2')$ 看出. 这种散射称为 Møller 散射.

Møller 散射的 S 矩阵元为

$$S_{\mathrm{fi}} = (2\pi)^6\sqrt{2E_{\boldsymbol{k}_1}2E_{\boldsymbol{k}_2}2E_{\boldsymbol{p}_1}2E_{\boldsymbol{p}_2}}\langle 0|b_{\boldsymbol{k}_1,s_1'}b_{\boldsymbol{k}_2,s_2'}Sb^\dagger_{\boldsymbol{p}_1,s_1}b^\dagger_{\boldsymbol{p}_2,s_2}|0\rangle.$$

假设某种收缩方式是 $b_{\boldsymbol{k}_2,s_2'}$ 与 S 中的某个 $\overline{\psi}(x)$ 收缩, 那么当 $b_{\boldsymbol{k}_1,s_1'}$ 取而代之与这个 $\overline{\psi}(x)$ 收缩时, 因为需要越过 $b_{\boldsymbol{k}_2,s_2'}$, 所以会多出来一个负号. 如图 5.2 所示, 如果末态两根费米子线可以交换, 则其相对符号差一个 (–1) 因子. 规则 (6)、(8) 反映了电子满足费米统计这一事实.

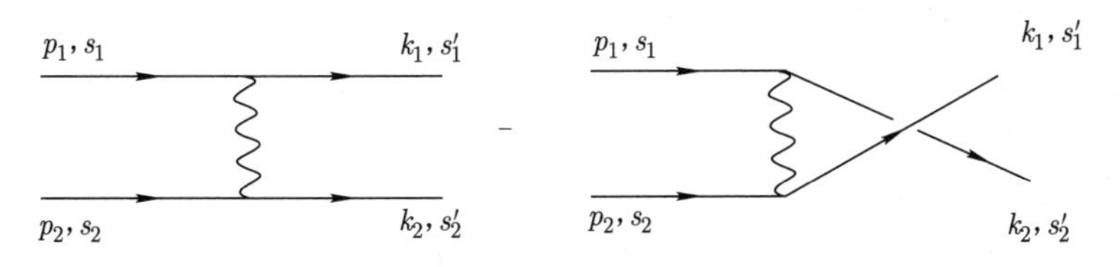

图 5.2　$\mathrm{e}^- + \mathrm{e}^- \to \mathrm{e}^- + \mathrm{e}^-$ 散射图.

我们再来分析一下正负电子散射 (Bhabha 散射), 其 Feynman 图如图 5.3 所示, 其 S 矩阵元为

①除了正电子的产生湮灭情况. 但读者利用 (4.43) 式易于通过自己的分析得到相应的规律.

$$S_{\rm fi}\propto\langle 0|b_{\boldsymbol{p}_1',s_1'}d_{\boldsymbol{p}_2',s_2'}\overline{\psi}_1\not{A}_1\psi_1\overline{\psi}_2\not{A}_2\psi_2 b^\dagger_{\boldsymbol{p}_1,s_1}d^\dagger_{\boldsymbol{p}_2,s_2}|0\rangle.$$

如上式所示, 无妨认为入射电子与 ψ_2 收缩, 则 $d^\dagger_{\boldsymbol{p}_2,s_2}$ 有两种收缩方式: 或者与 $\overline{\psi}_1$, 或者与 $\overline{\psi}_2$. 这两种方式分别导致了图 5.3 中的左、右两个子图. 先看与 $\overline{\psi}_1$ 收缩,

$$S_{\rm fi}\propto\langle 0|b_{\boldsymbol{p}_1',s_1'}d_{\boldsymbol{p}_2',s_2'}\overline{\psi}_1\not{A}_1\psi_1\overline{\psi}_2\not{A}_2\psi_2 b^\dagger_{\boldsymbol{p}_1,s_1}d^\dagger_{\boldsymbol{p}_2,s_2}|0\rangle.$$

此后 b, d 的收缩就固定了形式:

$$S_{\rm fi}\propto\langle 0|b_{\boldsymbol{p}_1',s_1'}d_{\boldsymbol{p}_2',s_2'}\overline{\psi}_1\not{A}_1\psi_1\overline{\psi}_2\not{A}_2\psi_2 b^\dagger_{\boldsymbol{p}_1,s_1}d^\dagger_{\boldsymbol{p}_2,s_2}|0\rangle,$$

这些收缩不给出额外的负号. 现在再看 $d^\dagger_{\boldsymbol{p}_2,s_2}$ 与 $\overline{\psi}_2$ 的收缩. 首先

$$S_{\rm fi}\propto\langle 0|b_{\boldsymbol{p}_1',s_1'}d_{\boldsymbol{p}_2',s_2'}\overline{\psi}_1\not{A}_1\psi_1\overline{\psi}_2\not{A}_2\psi_2 b^\dagger_{\boldsymbol{p}_1,s_1}d^\dagger_{\boldsymbol{p}_2,s_2}|0\rangle,$$

这也不能产生多余的负号. 但是接下来 $d_{\boldsymbol{p}_2',s_2'}$ 与 ψ_1 收缩时, 由于要越过 $\overline{\psi}_1$, 所以会贡献一个多余的负号. 这解释了为什么图 5.3 中两个 Feynman 图差一个相对符号.

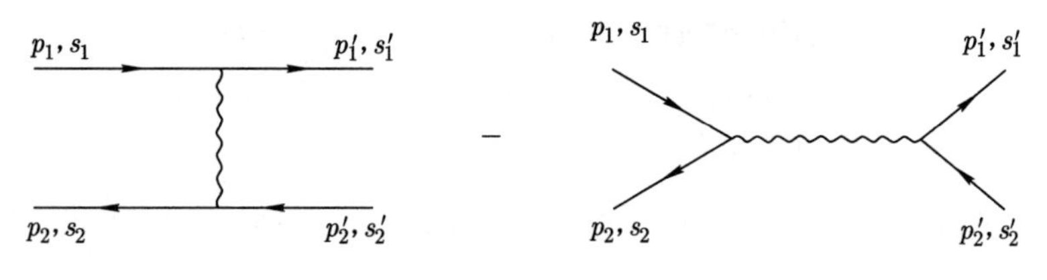

图 5.3 $\mathrm{e}^+ + \mathrm{e}^- \to \mathrm{e}^+ + \mathrm{e}^-$ 散射图.

这些额外的符号的出现也可以归纳为一个 Feynman 规则 (6′), 它囊括了 Feynman 规则 (6) 和上面的 Bhabha 散射时出现的情况: 设有 n 个费米子外线的产生、湮灭算符, 将它们任意按 $1,\cdots,n$ 排序. 它们与 S 中 n 个费米子场算符 $\overline{\psi}$ 或 ψ 收缩, 因此也顺便给这些场算符排了序 (比如与 b_1 收缩的 $\overline{\psi}$ 叫 $\overline{\psi}_1$, 与 d_2 收缩的 ψ 叫 ψ_2 等等). 不同的收缩对应着不同的场算符的排序. 后者不同的排序可以通过临近的算符不断地交换位置而变得相同. 那么若要交换奇数次临近算符位置才能使两种排序相同的话, 两种收缩之间就会差一个相对符号.

5.3.2 Furry 定理

Furry 定理说的是, 在计算 Green 函数时, 有奇数个顶角的费米子圈的 Feynman 图均可扔掉不计. 事实上, 费米子的不同取向给出的两个图贡献互相抵消, 如图 5.4 所示. 我们首先写出其中一个圈图的贡献:

$$G_1 = \mathrm{tr}[\gamma_{\mu_1} S_{\mathrm{F}}(x_1, x_n)\gamma_{\mu_n} S_{\mathrm{F}}(x_n, x_{n-1})\gamma_{\mu_{n-1}} \cdots \gamma_{\mu_2} S_{\mathrm{F}}(x_2, x_1)]. \tag{5.38}$$

利用 C 变换中的 C 矩阵的性质, $C\gamma_\mu C^{-1} = -\gamma_\mu^{\mathrm{T}}$, 易得

$$CS_{\mathrm{F}}(x, y)C^{-1} = S_{\mathrm{F}}^{\mathrm{T}}(y, x). \tag{5.39}$$

由此我们可以把 G_1 改写为

$$\begin{aligned} G_1 &= (-1)^n \mathrm{tr}[\gamma_{\mu_1}^{\mathrm{T}} S_{\mathrm{F}}^{\mathrm{T}}(x_n, x_1)\gamma_{\mu_n}^{\mathrm{T}} S_{\mathrm{F}}^{\mathrm{T}}(x_{n-1}, x_n)\gamma_{\mu_{n-1}}^{\mathrm{T}} \cdots \gamma_{\mu_2}^{\mathrm{T}} S_{\mathrm{F}}^{\mathrm{T}}(x_1, x_2)] \\ &= (-1)^n \mathrm{tr}[\gamma_{\mu_1} S_{\mathrm{F}}(x_1, x_2)\gamma_{\mu_2} \cdots \gamma_{\mu_n} S_{\mathrm{F}}(x_n, x_1)]. \end{aligned} \tag{5.40}$$

除了 $(-1)^n$ 因子, 这个最后形式完全等于费米子圈有相反取向的那个图的贡献. 因此对于奇数的 n, 两个图的贡献完全相消. Furry 定理是 QED C 宇称守恒的结果.

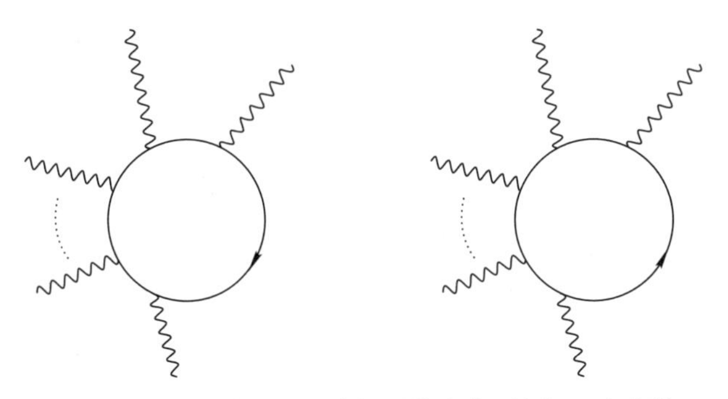

图 5.4 两个费米子圈具有相反的方向, 其中 n 为奇数.

5.3.3 $\lambda\phi^4$ 理论的 Feynman 规则

可以把 $\lambda\phi^4$ 理论的拉氏量分为自由部分与相互作用部分:

$$\mathcal{L} = \mathcal{L}_0 + \mathcal{L}_{\mathrm{I}}, \tag{5.41}$$

其中

$$\mathcal{L}_0 = \frac{1}{2}[\partial_\mu\phi\partial^\mu\phi - m^2\phi^2], \quad \mathcal{L}_{\mathrm{I}} = -\frac{\lambda}{4!}\phi^4. \tag{5.42}$$

这个理论的传播子与相互作用顶角为

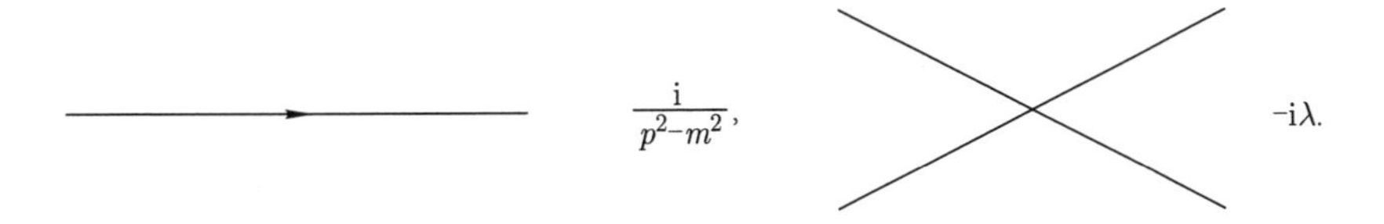

这里有一个补充的 Feynman 规则: 如果两个顶点之间有 n 条相同的线连在一起, 则有对称因子 $S=\dfrac{1}{n!}$. 为看清这一点, 举一个单圈水平上的 $1+2\to3+4$ 的例子. 在图 5.5 中, 由于内线的两条线交换时图是没有变化的, 每一个图都要乘以一个 1/2 的对称因子. 为此我们写出到第二阶的两两散射振幅:

$$
\begin{aligned}
S_{\mathrm{fi}}=&(2\pi)^6\sqrt{2E_{\boldsymbol{p}_3}2E_{\boldsymbol{p}_4}2E_{\boldsymbol{p}_1}2E_{\boldsymbol{p}_2}}\\
&\times\langle0|a_{\boldsymbol{p}_3}a_{\boldsymbol{p}_4}T\left\{\int\mathrm{d}^4x_1\int\mathrm{d}^4x_2\left(-\mathrm{i}\frac{\lambda}{4!}\phi^4(x_1)\right)\left(-\mathrm{i}\frac{\lambda}{4!}\phi^4(x_2)\right)\right\}a^\dagger_{\boldsymbol{p}_1}a^\dagger_{\boldsymbol{p}_2}|0\rangle.
\end{aligned}
\tag{5.43}
$$

设 $a^\dagger_{\boldsymbol{p}_1}$ 与某一个 $\phi(x_2)$ 收缩, 这有四种可能性, 出来一个因子 4. 又假设剩下的 $a^\dagger_{\boldsymbol{p}_2}$ 与剩下的 $\phi^3(x_2)$ 中的某个 $\phi(x_2)$ 收缩, 这又给出一个因子 3. 类似地如果 $a_{\boldsymbol{p}_3}$, $a_{\boldsymbol{p}_4}$ 再与 $\phi(x_2)$ 收缩会给出因子 2×1(即在计算这一过程的树图贡献时所发生的). 这解释了四点相互作用的 Feynman 顶角是 $-\mathrm{i}\lambda$ 而相互作用拉氏量是 $-\dfrac{\lambda}{4!}\phi^4$. 在进行如上式的第二阶计算时 $a_{\boldsymbol{p}_3}$, $a_{\boldsymbol{p}_4}$, 在发生了如上所假设的 $a^\dagger_{\boldsymbol{p}_1}$, $a^\dagger_{\boldsymbol{p}_2}$ 的收缩后, 唯一不消失的收缩方式是与 $\phi^4(x_1)$ 收缩, 这又贡献了额外的 4×3 因子, 而这种收缩实际上对应着图 5.5 中的第一个图 (其余两个图所对应的收缩方式请读者自行找出). 这样计算下去我们得到第一个图所对应的振幅为

$$
\begin{aligned}
S_{\mathrm{fi}}(a)=&\langle0|\int\mathrm{d}^4x_1\int\mathrm{d}^4x_2\mathrm{e}^{\mathrm{i}p_3\cdot x_1+\mathrm{i}p_4\cdot x_1}\mathrm{e}^{-\mathrm{i}p_1\cdot x_2-\mathrm{i}p_2\cdot x_2}\\
&\times2\left(-\mathrm{i}\frac{\lambda}{2!}\phi(x_1)\phi(x_1)\right)\left(-\mathrm{i}\frac{\lambda}{2!}\phi(x_2)\phi(x_2)\right)|0\rangle,
\end{aligned}
$$

其中多出来因子 2 是因为任选一个 $\phi(x_1)$ 与 $\phi(x_2)$ 进行收缩时有两种等价的方式. 继续计算上式, 得

$$
\begin{aligned}
S_{\mathrm{fi}}(a)=&\frac{1}{2}(-\mathrm{i}\lambda)^2\int\mathrm{d}^4x_1\int\mathrm{d}^4x_2\mathrm{e}^{\mathrm{i}p_3\cdot x_1+\mathrm{i}p_4\cdot x_1}(\mathrm{i}\Delta_{\mathrm{F}}(x_1-x_2))^2\mathrm{e}^{-\mathrm{i}p_1\cdot x_2-\mathrm{i}p_2\cdot x_2}\\
=&\frac{1}{2}(-\mathrm{i}\lambda)^2\int\mathrm{d}^4x_1\int\mathrm{d}^4x_2\mathrm{e}^{\mathrm{i}p_3\cdot x_1+\mathrm{i}p_4\cdot x_1}\mathrm{e}^{-\mathrm{i}p_1\cdot x_2-\mathrm{i}p_2\cdot x_2}\\
&\times\int\frac{\mathrm{d}^4q_1}{(2\pi)^4}\mathrm{e}^{-\mathrm{i}q_1\cdot(x_1-x_2)}\frac{\mathrm{i}}{q_1^2-m^2+\mathrm{i}\epsilon}\int\frac{\mathrm{d}^4q_2}{(2\pi)^4}\mathrm{e}^{-\mathrm{i}q_2\cdot(x_1-x_2)}\frac{\mathrm{i}}{q_2^2-m^2+\mathrm{i}\epsilon}\\
=&\frac{1}{2}(-\mathrm{i}\lambda)^2\int\frac{\mathrm{d}^4q_1}{(2\pi)^4}\int\frac{\mathrm{d}^4q_2}{(2\pi)^4}(2\pi)^4\delta^4(p_3+p_4-q_1-q_2)
\end{aligned}
$$

$$
\begin{aligned}
&\times(2\pi)^4\delta^4(q_1+q_2-p_1-p_2)\frac{\mathrm{i}}{q_1^2-m^2+\mathrm{i}\epsilon}\frac{\mathrm{i}}{q_2^2-m^2+\mathrm{i}\epsilon} \\
=&(2\pi)^4\delta^4(p_3+p_4-p_1-p_2)\frac{1}{2}(-\mathrm{i}\lambda)^2 \\
&\times\int\frac{\mathrm{d}^4q}{(2\pi)^4}\frac{\mathrm{i}}{q^2-m^2+\mathrm{i}\epsilon}\frac{\mathrm{i}}{(p_1+p_2-q)^2-m^2+\mathrm{i}\epsilon}.
\end{aligned}
\tag{5.44}
$$

以上的计算例子非常重要, 它首先解释了对称因子 $\frac{1}{2}$ 的来源, 其次揭示了为什么当出现一个圈图时会伴随出现一个对内部动量的积分 (即 5.3.1 小节的 Feynman 规则 (7))[①]. 事实上, 从我们在本节的分析和计算中不难看到以下规律: 每一个顶角实际上贡献了一个代表此顶角处四动量守恒的 4 维 δ 函数, 每一根内线传播子贡献了一个对四动量的积分, 它们彼此是相消的关系. 由于整体四动量守恒需要一个四维 δ 函数, 所以独立的 (或不能由顶角动量守恒的约束所固定的) 动量数目, 亦叫作圈数, 等于内部传播子的个数 - 顶角数目 +1. 在这个具体的例子里圈数为 1. 图 5.5 也叫作单圈图. 我们随手给出一个稍微复杂一点例子, 见图 5.6. 请读者自行验证它是两圈图并且对称因子是 $\frac{1}{3!}$.

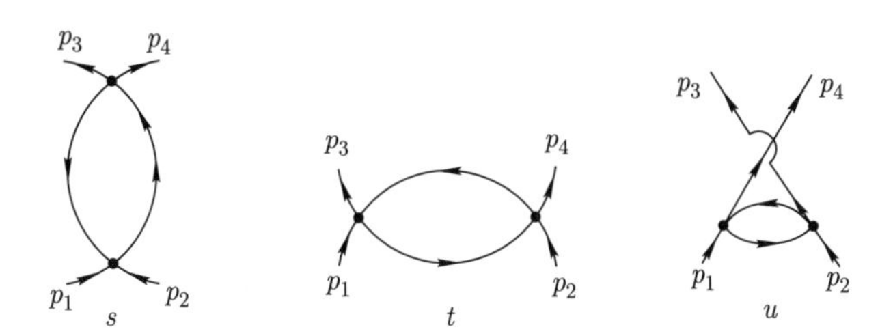

图 5.5 $\lambda\phi^4$ 理论中两两散射的单圈图.

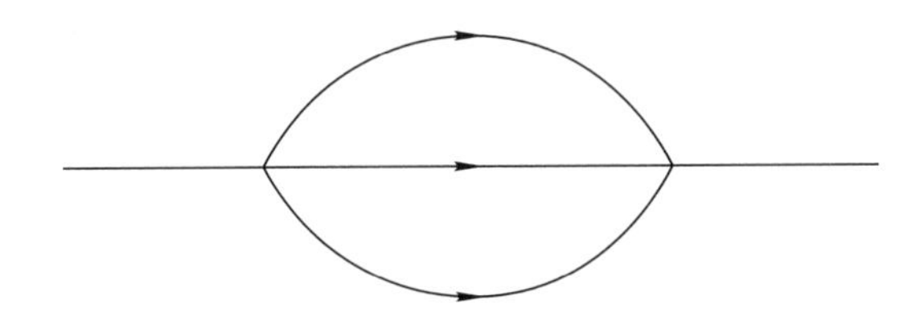

图 5.6 $\lambda\phi^4$ 理论中的一个两圈图例子.

我们在这里首次见到了圈图展开. 当然, 圈图展开可以理解为按照耦合常数的展开, 如同在 (5.32) 式中见到的那样. 如果耦合常数足够小, 按照耦合常数的幂次展开进行近似计算可以预期得到理想的结果. 但是按耦合常数的展开有另一层含

①我们会在 9.1.3 小节中重新遇到这些讨论.

义, 也许更为深刻, 那就是圈图展开实际上是按 Planck 常数的展开. 为了看清这一点让我们回到国际单位制. 此时在 (5.21) 式中 S 矩阵元改写为

$$S = T\mathrm{e}^{-\mathrm{i}/\hbar\int \mathrm{d}^4 x\mathcal{H}_{\mathrm{int}}(x)}. \tag{5.45}$$

于是 S 按照耦合常数的幂次做级数展开到第 n 阶提供了一个 $\hbar^{-n}$ 因子. 但是在计算矩阵元时要同时不停地进行收缩运算, 它的本质是对易关系, 即 $[a_{\boldsymbol{k}}, a_{\boldsymbol{k}'}^\dagger] = \mathrm{i}\hbar\delta^3(\boldsymbol{k}-\boldsymbol{k}')$. 收缩有两种: 一种是 S 里的相互作用场算符与代表初末态粒子的场算符的收缩, 这种收缩的个数对于每一种具体的过程来说都是固定的; 另外一种收缩是 S 算符中相互作用场之间的收缩. 对于后者每出现一次收缩就会出现一条内线并且伴随出现一个因子 $\hbar$. 所以总的 $\hbar$ 的幂次等于外腿个数加上内线个数减去顶角个数, 而内线个数减去顶角个数恰好等于圈数减一. 所以我们说按照圈图展开等价于按 Planck 常数展开.

我们注意到 (5.44) 式中的积分表达式是发散的, 具体来说是对数发散的. 这一现象在量子场论计算中, 总是伴随着圈图展开而出现 (当然圈图并不一定总是发散的). 由于发散是对动量的积分趋于无穷而造成的, 所以这样的发散也叫作紫外发散. 紫外发散的存在是由于我们对于 (未知的) 大动量区域, 即高能区域的相互作用采用了点相互作用这一简单形式. 所谓点相互作用是指两个场仅仅在时空坐标等同时才有相互作用[①].

5.3.4 标量 QED

考虑一个复标量场与电磁场的耦合, 其拉氏量可写为

$$\mathcal{L} = (\mathrm{D}_\mu\phi)^\dagger \mathrm{D}^\mu\phi - m^2\phi^\dagger\phi - \frac{\lambda}{2}(\phi^\dagger\phi)^2, \tag{5.47}$$

其中 $\mathrm{D}^\mu = \partial^\mu + \mathrm{i}eA^\mu$. 不难理解它具有定域的规范不变性. 相互作用拉氏量为

$$\mathcal{L}_{\mathrm{int}} = -\mathrm{i}eA^\mu(\phi^\dagger\partial_\mu\phi - \partial_\mu\phi^\dagger\phi) + e^2A^\mu A_\mu\phi^\dagger\phi. \tag{5.48}$$

[①] 为了看清这一点, 我们可以把 QED 的相互作用拉氏量改写成如

$$L_{\mathrm{int}} = -e\int \mathrm{d}^3\boldsymbol{x}\overline{\psi}(x-\epsilon)\not{A}(x)\psi(x+\epsilon) \tag{5.46}$$

的形式 (暂且不管规范不变性的问题), 那么可以使得对动量的积分不再发散. 对于积分 $\int^\infty \mathrm{d}qf(q)$, 只要 $f(q)$ 单调下降, 那么积分 $\int^\infty \mathrm{d}qf(q)\mathrm{e}^{-\mathrm{i}q\cdot\epsilon}$ 就是收敛的. 这个指数形式的振荡因子 $\mathrm{e}^{-\mathrm{i}q\cdot\epsilon}$ 可由分析 (5.46) 式的 Feynman 规则得出. 这种使得 Feynman 振幅保持有限的方法叫作点劈裂 (point splitting) 正规化. 参见 Newton C, Osland P, and Wu T T. Z. Phys. C, 1994, 61: 441.

与以前的例子不同的是, 这里的相互作用拉氏量含有微商耦合①. 为研究其 Feynman 顶角的形式, 我们先来计算

$$\begin{aligned}\partial_x^\mu\langle 0|T\{\phi(x)\phi^\dagger(x')\}|0\rangle &= \partial_x^\mu(\theta(x_0-x_0')\phi(x)\phi^\dagger(x')+\theta(x_0'-x_0)\phi^\dagger(x')\phi(x))\\ &= \langle 0|T\{\partial^\mu\phi(x)\phi^\dagger(x')\}|0\rangle + g_0{}^\mu\delta(x_0-x_0')[\phi(x),\phi^\dagger(x')],\end{aligned}$$

而后一项由 (4.20) 式的微观因果性条件等于 $g_0{}^\mu\delta(x_0-x_0')\Delta(0,\boldsymbol{x}-\boldsymbol{x}')=0$, 因此得微商算符与编时算符可对易, 即

$$\langle 0|T\{\partial^\mu\phi(x)\phi^\dagger(x')\}|0\rangle = \partial_x^\mu\langle 0|T\{\phi(x)\phi^\dagger(x')\}|0\rangle. \tag{5.49}$$

利用传播子的表达式 (4.36) 得知, 在动量空间中上式左边贡献出一个因子 $-\mathrm{i}p^\mu$. 同理可知 $\langle 0|T\{\phi(x)\partial^\mu\phi^\dagger(x')\}|0\rangle$ 贡献出一个因子 $+\mathrm{i}p^\mu$, 其中 p^μ 代表粒子从 x' 到 x 传播时的动量. 回到 (5.48) 式, 我们来研究如下收缩:

$$\phi(x_2):(\phi^\dagger(x)\partial_\mu\phi(x)-\partial_\mu\phi^\dagger(x)\phi(x)):\phi^\dagger(x_1),$$

它表示一个粒子从 x_1 产生并传播到 x, 贡献出一个因子 $-\mathrm{i}p^\mu$, 并继续传播到 x_2. 而另一个收缩

$$\phi(x_2):(\phi^\dagger(x)\partial_\mu\phi(x)-\partial_\mu\phi^\dagger(x)\phi(x)):\phi^\dagger(x_1)$$

则贡献一个因子 $\mathrm{i}p^{\mu\prime}$. 把这两种收缩方式合并起来并找回 (5.48) 中的 $-\mathrm{i}e$ 因子, 可知此光子, $\phi^\dagger$, ϕ 的 Feynman 顶角为 $-\mathrm{i}e(p^\mu+p^{\mu\prime})$, 如图 5.7 所示. 同时不难理解光子–光子–$\phi^\dagger-\phi$ 四点顶角为 $2\mathrm{i}e^2g^{\mu\nu}$.

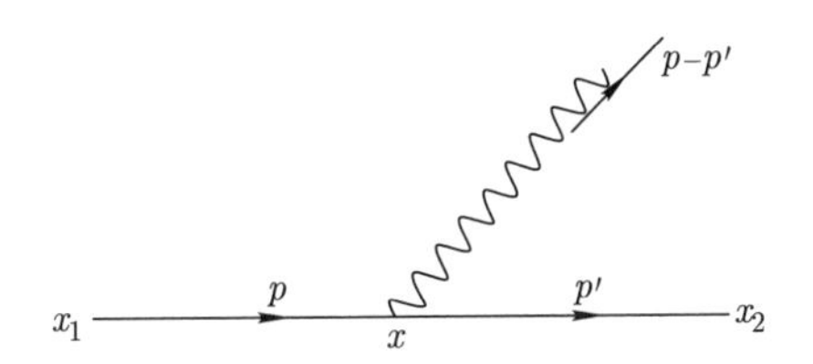

图 5.7 标量 QED 中微商耦合的顶角.

5.3.5 Yukawa 相互作用、吸引与排斥势

最后再讨论一下标量粒子与费米子的相互作用

$$\mathcal{L}_{\rm int} = -g\overline{\psi}\psi\phi, \tag{5.50}$$

①仔细的分析表明, 对于含有导数的相互作用系统, $\mathcal{H}_{\rm int}\neq-\mathcal{L}_{\rm int}$. 对于标量 QED, $\mathcal{H}_{\rm int}$ 会多出一项破坏协变性的项. 然而这并不引起任何麻烦, 可以证明这一贡献与 $\langle 0|T\{\partial^\mu\phi(x)\partial^\nu\phi^\dagger(x')\}|0\rangle$ 中的非协变贡献互相抵消.

或者赝标粒子与费米子的相互作用

$$\mathcal{L}_{\text{int}} = -g\overline{\psi}\mathrm{i}\gamma_5\psi\phi. \tag{5.51}$$

两种情况的 Feynman 顶角相应贡献为 $-\mathrm{i}g$ 或 $g\gamma_5$. 在 Yukawa 理论里面, 不可区分的费米子 (如电子–电子) 两两散射如图 5.8 所示, 如果费米子可区分则只有左边的第一个图存在.

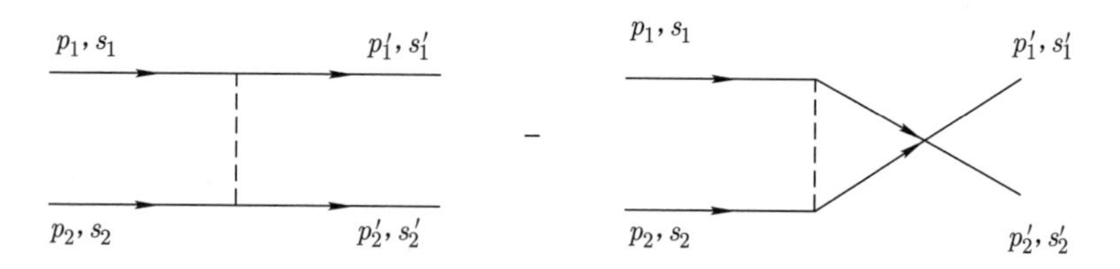

图 5.8 电子–电子通过 Yukawa 相互作用的散射.

讨论两个可分辨的费米子通过传递一个标量粒子散射的过程,

$$\mathrm{i}\mathcal{M} = \overline{u}(\boldsymbol{p}_1', s_1')(-\mathrm{i}g)u(\boldsymbol{p}_1, s_1)\frac{\mathrm{i}}{(p_1'-p_1)^2-m^2}\overline{u}(\boldsymbol{p}_2', s_2')(-\mathrm{i}g)u(\boldsymbol{p}_2, s_2). \tag{5.52}$$

在非相对论极限下, 只保留 3-动量到最低阶, 即 $p_1 = (m, \boldsymbol{p}_1)$, $p_2 = (m, \boldsymbol{p}_2)$, $p_1' = (m, \boldsymbol{p}_1')$, $p_2' = (m, \boldsymbol{p}_2')$, 且 $(p_1'-p_1)^2 = -(\boldsymbol{p}_1 - \boldsymbol{p}_1')^2$, $u(\boldsymbol{p}, s) = \sqrt{2m}(\xi^s, 0)^{\mathrm{T}}$ 等 (见 (2.60) 式). 尤其是有关系 (见 (4.45) 式),

$$\overline{u}(\boldsymbol{p}_1, s_1)u(\boldsymbol{p}_1', s_1') = 2m\delta_{s_1 s_1'}, \quad \overline{u}(\boldsymbol{p}_2, s_2)u(\boldsymbol{p}_2', s_2') = 2m\delta_{s_2 s_2'}.$$

所以有

$$\mathrm{i}\mathcal{M} = \frac{\mathrm{i}g^2}{(\boldsymbol{p}_1 - \boldsymbol{p}_1')^2 + m^2} 2m\delta_{s_1 s_1'} 2m\delta_{s_2 s_2'}, \tag{5.53}$$

其中 m 是标量粒子的质量. 由其得到的第一个结论是在非相对论极限下, 自旋不改变符号. 另一方面, 与两粒子 (质量为 m_1, m_2) 非相对论量子力学系统的 Born 振幅的结果相比, 可得到公式①

$$V(\boldsymbol{r}) = -\frac{1}{4m_1 m_2}\int \mathrm{d}^3\boldsymbol{q}\mathrm{e}^{\mathrm{i}\boldsymbol{q}\cdot\boldsymbol{r}}\mathcal{M}_{\mathrm{fi}}, \tag{5.55}$$

其中 $\boldsymbol{q}$ 即为质心系里两粒子的交换动量. 接下来将 Feynman 振幅中各个量做非相对论化即可, 比如只近似到 $O(q^0)$ 阶, 那么将没有任何相对论效应, 近似到 $O(q^1)$

①量子力学中与势 $V(\boldsymbol{x})$ 散射的 Born 近似散射振幅如下:

$$\langle p'|\mathrm{i}T|p\rangle = -\mathrm{i}\widetilde{V}(\boldsymbol{p}' - \boldsymbol{p})(2\pi)\delta(E_{\boldsymbol{p}'} - E_{\boldsymbol{p}}), \tag{5.54}$$

其中 $\widetilde{V}(\boldsymbol{q})$ 是 $V(\boldsymbol{r})$ 的 Fourier 变换.

阶将会出现自旋–轨道耦合效应, 等等. 所以我们推出

$$\widetilde{V}(\boldsymbol{q})=\frac{-g^2}{\boldsymbol{q}^2+m^2}, \tag{5.56}$$

也即

$$\begin{aligned}V(\boldsymbol{x})&=\int\frac{\mathrm{d}^3\boldsymbol{q}}{(2\pi)^3}\frac{-g^2}{\boldsymbol{q}^2+m^2}\mathrm{e}^{\mathrm{i}\boldsymbol{q}\cdot\boldsymbol{x}}\\&=\frac{-g^2}{4\pi^2\mathrm{i}qr}\int_0^\infty\frac{q^2\mathrm{d}q(\mathrm{e}^{\mathrm{i}qr}-\mathrm{e}^{-\mathrm{i}qr})}{q^2+m^2}=\frac{-g^2}{4\pi^2\mathrm{i}qr}\int_{-\infty}^{+\infty}\frac{q^2\mathrm{d}q\mathrm{e}^{\mathrm{i}qr}}{q^2+m^2}\\&=-\frac{g^2}{4\pi}\frac{\mathrm{e}^{-mr}}{r},\end{aligned} \tag{5.57}$$

这就是我们熟知的 Yukawa 势. 上述积分的最后一步可用留数定理在上半平面取围道积分得到. 对于费米子与一个反费米子的散射, Yukawa 相互作用势也仍然是吸引势. 为了看出这一点, 设粒子 2 是反粒子, (4.45) 式给出 $\overline{v}(\boldsymbol{p}_2,s_2)v(\boldsymbol{p}_2',s_2')=-2m\delta_{s_2s_2'}$, 但是在做 Wick 收缩时也会多出一个负号与 $\overline{v}v$ 的负号互相抵消, 下面来看一下. 考虑

$$\langle 0|b(\boldsymbol{p}_1',s_1')d(\boldsymbol{p}_2',s_2'):\overline{\psi}\psi::\overline{\psi}\psi:b^\dagger(\boldsymbol{p}_1,s_1)d^\dagger(\boldsymbol{p}_2,s_2)|0\rangle,$$

当 $b^\dagger$ 与 ψ 收缩后, $d^\dagger$ 找的是第一个 $\overline{\psi}$①:

$$\langle 0|b(\boldsymbol{p}_1',s_1')d(\boldsymbol{p}_2',s_2'):\overline{\psi}\psi::\overline{\psi}\psi:b^\dagger(\boldsymbol{p}_1,s_1)d^\dagger(\boldsymbol{p}_2,s_2)|0\rangle,$$

而剩下的收缩依次进行即可, 这个收缩不出现负号. 但是如果把 $d^\dagger(\boldsymbol{p}_2,s_2)$ 替换成 $b^\dagger(\boldsymbol{p}_2,s_2)$, 则 $b^\dagger(\boldsymbol{p}_2,s_2)$ 与第一个 ψ 收缩, 此时出现一个负号, 剩下的收缩依次进行也不再出现额外的负号. 所以总地来说, 费米子–反费米子散射 (的 t 道交换部分) 振幅符号与 (可分辨的) 费米子–费米子散射振幅的整体符号一致. 因此我们可以得出结论: Yukawa 相互作用具有普适的吸引相互作用势.

对于电磁规范相互作用, 也可以做类似的讨论. 结论是正、反粒子是吸引相互作用, 而同性粒子相互作用是排斥的②.

引力相互作用 (交换自旋为 2 的引力子) 与 Yukawa 相互作用一样, 都是吸引的.

①由于这里仅仅讨论 t 道交换的贡献, 并且与量子力学势散射做比较, 所以没有考虑可能的 s 道湮灭过程.

②在非相对论极限下, 由 (4.46) 式得知 $\overline{u}\gamma^0u\approx\overline{v}\gamma^0v\approx\delta_{ss'}$ 给出同样的符号.

§5.4 不变矩阵元、散射截面

5.4.1 散射截面

对于过程 $p_1+p_2\to p_1'+p_2'+\cdots+p_n'$, 散射的 S 矩阵元与 Lorentz 不变振幅 $\mathcal{M}$ 之间的关系是

$$\begin{aligned}&S=1+\mathrm{i}\mathcal{T},\\&\mathrm{i}\mathcal{T}_{\mathrm{fi}}=\mathrm{i}(2\pi)^4\delta^4\left(p_1+p_2-\sum_{i=1}^{n}p_i'\right)\mathcal{M}_{\mathrm{fi}}.\end{aligned}\tag{5.58}$$

对于 (5.28) 式所定义的态的归一化, 1, 2 粒子到 n 体末态 (动量落在区间 $\mathrm{d}^3\boldsymbol{p}_1'\cdots\mathrm{d}^3\boldsymbol{p}_n'$ 内) 的概率为

$$\begin{aligned}\mathcal{P}&=\frac{1}{2E_12E_2V^2}\prod_{i=1}^{n}\frac{\mathrm{d}^3\boldsymbol{p}_i'}{2E_i'(2\pi)^3}|\langle p_1',\cdots,p_n'|\mathrm{i}\mathcal{T}|p_1,p_2\rangle|^2\\&=\frac{1}{2E_12E_2V^2}\prod_{i=1}^{n}\frac{\mathrm{d}^3\boldsymbol{p}_i'}{2E_i'(2\pi)^3}|\mathcal{M}_{\mathrm{fi}}|^2(2\pi)^4\delta^4(p_1+p_2-\sum_{i=1}^{n}p_i')VT,\end{aligned}\tag{5.59}$$

其中第一个因子 V 来源于两个初态粒子的态矢的归一化①, 第二个因子 $VT=(2\pi)^4\delta^4(0)$ 是由 S 矩阵元的平方来的. 取粒子 2 的静止系, 设粒子 1 的速度为 $\boldsymbol{v}_1$, 则只要粒子 1 落在体积元 $\mathrm{d}\sigma v_1T$ 内, 粒子 1 与粒子 2 就会发生反应, 于是粒子 1 与粒子 2 发生反应的概率为 $\dfrac{\mathrm{d}\sigma Tv_1}{V}$, 它等于 (5.59) 式中的 $\mathcal{P}$. 做任意平行于 $\boldsymbol{v}_1$ 的 Lorentz 变换, 又可以证明 $2E_12E_2|\boldsymbol{v}_1-\boldsymbol{v}_2|=2E_12m_2v_1$, 于是得到微分散射截面的表达式

$$\mathrm{d}\sigma=\frac{1}{2E_12E_2|\boldsymbol{v}_1-\boldsymbol{v}_2|}(2\pi)^4\delta^4\left(p_1+p_2-\sum_{i=1}^{n}p_i'\right)\prod_{i=1}^{n}\frac{\mathrm{d}^3\boldsymbol{p}_i'}{2E_i'(2\pi)^3}|\mathcal{M}_{\mathrm{fi}}|^2.\tag{5.60}$$

在一般的 Lorentz 变换下, 截面的变换性质恰如一般的面积元的变换规律②. 在上式中, 如果不考虑极化, 则还要对入射粒子极化求平均, 对末态粒子极化求和. 总截面

$$\sigma=S\int\mathrm{d}\sigma.\tag{5.61}$$

①态的归一化为 $\langle\boldsymbol{k}|\boldsymbol{k}\rangle=(2\pi)^32E_{\boldsymbol{k}}\delta^3(0)$, 而

$$\delta^3(0)=\lim_{\boldsymbol{k}'\to\boldsymbol{k}}\int\frac{\mathrm{d}^3\boldsymbol{x}}{(2\pi)^3}\mathrm{e}^{\mathrm{i}(\boldsymbol{k}'-\boldsymbol{k})\cdot\boldsymbol{x}}=\frac{V}{(2\pi)^3},$$

即 $\langle\boldsymbol{k}|\boldsymbol{k}\rangle=2E_{\boldsymbol{k}}V$.

②似乎存在一个 $m_2|\boldsymbol{p}_1|$ 的 Lorentz 不变的推广: $m_2|\boldsymbol{p}_1|=\sqrt{(p_1p_2)^2-m_1^2m_2^2}$, 但这仅仅在 $\boldsymbol{v}_1$, $\boldsymbol{v}_2$ 共线的情况下才是对的.

式中的 S 是对称因子, 若末态中有 m 个全同粒子, 则 $S=\dfrac{1}{m!}$.

微分散射截面的重要物理意义在于, 它是唯一的可观测量! 场论可以计算很多量, 其中许多被声称为 "物理量", 实际上它们仅仅是在理论模型或近似的意义下从微分散射截面的实验数据或理论公式中抽取出来的而已.

考虑一个简单的散射的例子 $1+2\to 3+4$, 并假设末态粒子可区分. 在质心系中,

$$\boldsymbol{v}_1=\frac{\boldsymbol{q}_{s12}}{E_1},\quad \boldsymbol{v}_2=-\frac{\boldsymbol{q}_{s12}}{E_2},$$

所以 $2E_1 2E_2|\boldsymbol{v}_1-\boldsymbol{v}_2|=4(E_1+E_2)q_{s12}=4\sqrt{s}q_{s12}$, 其中 q_{s12} 是质心系中粒子 1 的 3-动量:

$$q_{s12}^2=\frac{1}{4s}[s-(m_1+m_2)^2][s-(m_1-m_2)^2].$$

为方便起见引入 "三角函数"

$$\lambda(x,y,z)=x^2+y^2+z^2-2xy-2yz-2zx, \tag{5.62}$$

则 $q_{s12}^2=\dfrac{1}{4s}\lambda(s,m_1^2,m_2^2)$, 于是

$$\begin{aligned}\sigma(12\to 34)&=\frac{1}{16\pi^2 q_{s12}\sqrt{s}}\int\frac{\mathrm{d}^3\boldsymbol{p}_3}{2E_3}\frac{\mathrm{d}^3\boldsymbol{p}_4}{2E_4}|\mathcal{M}(12\to 34)|^2\delta^4(p_1+p_2-p_3-p_4)\\&=\frac{1}{16\pi^2 q_{s12}\sqrt{s}}\int\frac{\mathrm{d}^3\boldsymbol{p}_3}{2E_3 2E_4}|\mathcal{M}|^2\delta(E_3+E_4-\sqrt{s}).\end{aligned}$$

可以用极坐标来表示三维动量积分的体积元, $\mathrm{d}^3\boldsymbol{p}_3=q_{s34}^2\mathrm{d}q_{s34}\mathrm{d}\Omega$, 其中 $\mathrm{d}\Omega=\sin\theta\mathrm{d}\theta\mathrm{d}\phi$ 是粒子 3 方向上的立体角元, 则

$$\sigma(12\to 34)=\frac{q_{s34}}{64\pi^2 s q_{s12}}\int\mathrm{d}\Omega|\mathcal{M}|^2. \tag{5.63}$$

因此可以定义微分散射截面为

$$\frac{\mathrm{d}\sigma}{\mathrm{d}\Omega}=\frac{q_{s34}}{64\pi^2 s q_{s12}}|\mathcal{M}|^2. \tag{5.64}$$

如果我们考虑无自旋粒子的散射, 那么上式可进一步简化[①]. 此时 $|\mathcal{M}|^2$ 不依赖于 ϕ 角, 而 $t=(p_1-p_3)^2=m_1^2+m_3^2-2E_1E_3+2q_{s12}q_{s34}\cos\theta$, 所以

$$\mathrm{d}\Omega=\mathrm{d}(\cos\theta)\mathrm{d}\phi=\frac{\mathrm{d}t}{2q_{s12}q_{s34}}\mathrm{d}\phi$$

且

$$\frac{\mathrm{d}\sigma}{\mathrm{d}t}=\frac{1}{64\pi q_{s12}^2 s}|\mathcal{M}(s,t)|^2. \tag{5.65}$$

①关于带自旋粒子的散射, 我们在下一章会讨论.

5.4.2 衰变宽度

质量为 M 的粒子在其静止系中衰变到 n 个不同的末态粒子 (在动量区间 $\boldsymbol{p}_{\rm f} \longrightarrow \boldsymbol{p}_{\rm f} + {\rm d}\boldsymbol{p}_{\rm f}$ 内) 在单位时间内的跃迁概率为

$$
{\rm d}\Gamma = \frac{1}{2M}|\mathcal{M}|^2 {\rm d}\Pi_n(P; p_1, \cdots, p_n), \tag{5.66}
$$

其中 ${\rm d}\Pi_n$ 是 n 体相空间中的体积元:

$$
{\rm d}\Pi_n(P; p_1, \cdots, p_n) = \prod_{i=1}^{n} \frac{{\rm d}^3\boldsymbol{p}_i}{(2\pi)^3}\frac{1}{2E_i}(2\pi)^4\delta^4\left(P - \sum_i p_i\right). \tag{5.67}
$$

分宽度 $\Gamma({\rm i} \to n) = \int {\rm d}\Gamma$ 具有质量量纲. 总宽度为

$$
\Gamma_{\rm tot} = \sum_n \Gamma({\rm i} \to n). \tag{5.68}
$$

上式求和中的各项称为某个道的分宽度. 分支比定义为 $\Gamma_{{\rm i}\to n}/\Gamma_{\rm tot}$. 设 N 为粒子数, $-\frac{{\rm d}N}{{\rm d}t}\Big/N = \Gamma$ 推出 $N = N_0{\rm e}^{-\Gamma t}$. 在 $t \to t + {\rm d}t$ 时段内衰变掉的粒子数目为 $|{\rm d}N| = N_0\Gamma{\rm e}^{-\Gamma t}{\rm d}t$, 它们的寿命是 t, 于是平均寿命

$$
\tau = \int_0^\infty t\frac{|{\rm d}N|}{N_0} = \frac{1}{\Gamma}. \tag{5.69}
$$

在利用 (5.66) 式计算衰变宽度时, 必须要清楚地认识到计算结果仅仅对于无穷小宽度近似才是对的. 我们将在第八章中认识到, 入射粒子和出射粒子均是稳定粒子, 而稳定粒子怎么可能衰变呢? 事实上作者知道的对 “宽度” 的数学上唯一精确的定义对应着粒子在复能量平面上的极点位置的虚部①. 在本章 5.4.3 小节中我们会在无穷小宽度近似下把极点位置的虚部在一定条件下与衰变宽度联系起来.

(5.67) 式满足一个有用的递推公式:

$$
{\rm d}\Pi_n(P; p_1, \cdots, p_n) = {\rm d}\Pi_j(q; p_1, \cdots, p_j) \times {\rm d}\Pi_{n-j+1}(P; q, p_{j+1}, \cdots, p_n)\frac{{\rm d}q^2}{2\pi}, \tag{5.70}
$$

其中 $q^2 = \left(\sum_{i=1}^{j} p_i\right)^2 = \left(\sum_{i=1}^{j} E_i\right)^2 - \left|\sum_{i=1}^{j} \boldsymbol{p}_i\right|^2$. 这个公式尤其在级联衰变的讨论中有用.

先来看两体衰变宽度 (见图 5.9). 在质心系中的质量为 M 的粒子衰变到质量分别为 m_1, m_2 的两个粒子. 粒子 1 的能量为

$$
E_1 = \frac{M^2 - m_2^2 + m_1^2}{2M}, \tag{5.71}
$$

①在 §13.1 中我们会讨论相关的概念.

动量为

$$|p_1| = |p_2| = \sqrt{\frac{(M^2 - (m_1 + m_2)^2)(M^2 - (m_1 - m_2)^2)}{4M^2}}, \tag{5.72}$$

微分衰变宽度为

$$\mathrm{d}\Gamma = \frac{1}{32\pi^2}|\mathcal{M}|^2\frac{|p_1|}{M^2}\mathrm{d}\Omega, \tag{5.73}$$

其中 $\mathrm{d}\Omega = \mathrm{d}\phi_1\mathrm{d}(\cos\theta_1)$ 是粒子 1 的立体角, $\mathcal{M}$ 是不变矩阵元.

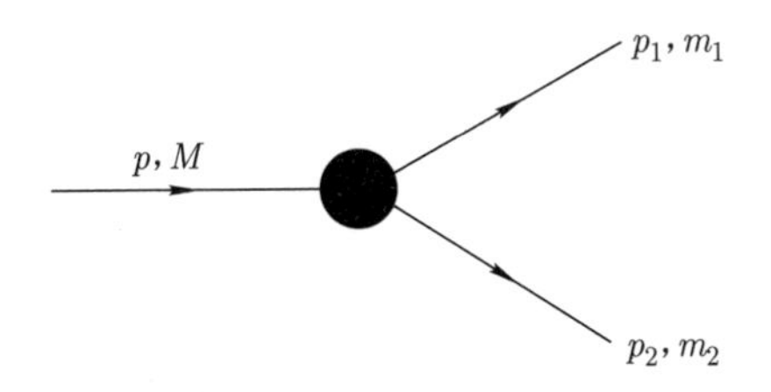

图 5.9 两体衰变的示意图.

再看三体衰变宽度 (见图 5.10). 定义 $p_{ij} = p_i + p_j$, $m_{ij}^2 = p_{ij}^2$, 那么 $m_{12}^2 + m_{23}^2 + m_{31}^2 = M^2 + m_1^2 + m_2^2 + m_3^2$ 并且

$$m_{12}^2 = (P - p_3)^2 = M^2 + m_3^2 - 2ME_3, \tag{5.74}$$

其中 E_3 是在 M 的静止系中粒子 3 的能量. m_{12} 的取值范围从 $m_1 + m_2$ 到 $M - m_3$, 则

$$\mathrm{d}\Gamma = \frac{1}{(2\pi)^5}\frac{1}{16M^2}|\mathcal{M}|^2|\boldsymbol{p}_1^*||\boldsymbol{p}_3|\mathrm{d}m_{12}\mathrm{d}\Omega_1^*\mathrm{d}\Omega_3, \tag{5.75}$$

其中 $(|\boldsymbol{p}_1^*|, \Omega_1^*)$ 是在 1, 2 粒子的质心系中粒子 1 的动量, Ω_3 是粒子 3 在 M 的静止系中的立体角, 且

$$\begin{aligned} |\boldsymbol{p}_1^*| &= \sqrt{\frac{(m_{12}^2 - (m_1 + m_2)^2)(m_{12}^2 - (m_1 - m_2)^2)}{4m_{12}^2}}, \\ |\boldsymbol{p}_3| &= \sqrt{\frac{(M^2 - (m_{12} + m_3)^2)(M^2 - (m_{12} - m_3)^2)}{4M^2}}. \end{aligned} \tag{5.76}$$

请将上式与 (5.72) 式做比较.

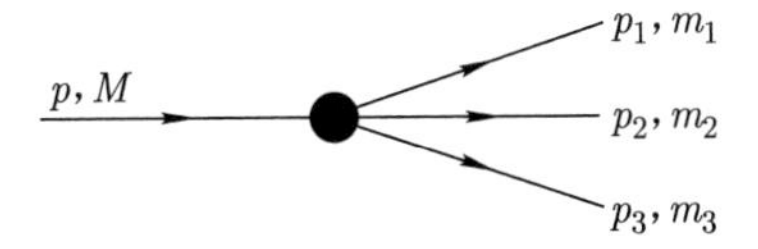

图 5.10 三体衰变的示意图.

5.4.3 窄共振近似与级联衰变

我们来讨论一下 Breit-Wigner 共振态的表述形式是怎样被定出来的: 共振态只在反应的中间过程中存在, 而在初态和末态中都不出现. 由于这种粒子不以自由粒子的形式出现, 不需要满足质壳条件, 但它在中间过程中存在, 其影响和贡献还是重要的, 在场论计算中用传播函数来描写. 质量为 m 的无自旋粒子的 Feynman 传播函数为

$$\Delta(p^2)=\frac{1}{p^2-m^2+\mathrm{i}\epsilon}, \tag{5.77}$$

其中 ϵ 是一个大于零的无穷小量, 它的作用是保证在计算中, 当积分过极点时, 确定如何正确地绕过极点, 计算完成后再让它趋于零. 现在需要研究的是, 当在中间过程中出现的是不稳定粒子时, 它的传播函数应采用什么形式. 考虑一个质量为 m, 宽度为 Γ 的无自旋粒子, 并且 $m\gg\Gamma$, 参照上面的表达式, 可以假定其形式为

$$\Delta(p^2)=\frac{1}{p^2-\alpha+\mathrm{i}\beta}, \tag{5.78}$$

其中 α 和 β 都是只与粒子属性有关的量, 亦即是 m 和 Γ 的函数, 并且当 Γ 趋于零时, α 应趋于 m^2, β 应从正值方面趋于 0. 现在看一个级联衰变过程:

$$A\to B+C,\quad B\to D+E, \tag{5.79}$$

如图 5.11 所示.

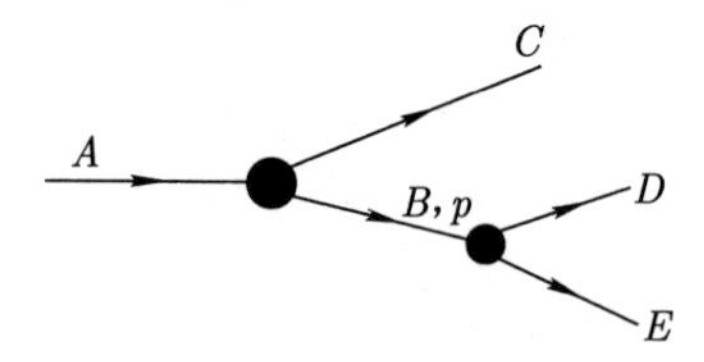

图 5.11 级联衰变的示意图.

不失结论的普遍性, 为简单起见, 假定这些粒子都是无自旋粒子. A 和 B 是不稳定粒子, 质量和宽度分别为 m_A, Γ_A 和 m_B, Γ_B. 描写这两个衰变过程的有效相互作用为

$$H_{\text{eff}}=fABC+gBDE, \tag{5.80}$$

其中 A, B, C, D, E 分别代表相应粒子的场量. 这个级联衰变过程也可以看作有 B 粒子在中间过程出现的一次衰变过程:

$$A\to C+D+E, \tag{5.81}$$

其衰变振幅为

$$\mathcal{M}(A \to CDE) = \mathrm{i}f \frac{\mathrm{i}}{p^2 - \alpha + \mathrm{i}\beta} \mathrm{i}g. \tag{5.82}$$

设 $s = p^2 = (p_D + p_E)^2$, 利用公式 (5.75) 我们得到

$$\begin{aligned}\varGamma_A &= \frac{1}{32\pi^3} \frac{1}{M_A^2} \int_{(m_D+m_E)^2}^{(M-m_C)^2} \mathrm{d}\sqrt{s} |\mathcal{M}|^2 |\boldsymbol{p}_D^*(s)||\boldsymbol{p}_C(s)| \\ &= \frac{1}{32\pi^3} \frac{1}{M_A^2} \int \mathrm{d}\sqrt{s} \frac{f^2 g^2}{(s-\alpha)^2 + (\beta)^2} |\boldsymbol{p}_D^*(s)||\boldsymbol{p}_C(s)|,\end{aligned} \tag{5.83}$$

其中积分限由 (5.74) 式决定. 对于无穷小宽度近似, 我们有 $\dfrac{1}{(s-\alpha)^2 + (\beta)^2} = \dfrac{1}{\beta}\pi\delta(s-\alpha)$, 代入 (5.83) 式, 表达式得到了极大的简化:

$$\begin{aligned}\varGamma_A &= \frac{1}{32\pi^2} \frac{f^2 g^2}{M_A^2} \frac{1}{2\beta\sqrt{\alpha}} |\boldsymbol{p}_D^*(\alpha)||\boldsymbol{p}_C(\alpha)| \\ &= \varGamma(A \to \alpha + C) \frac{g^2 |\boldsymbol{p}_D^*(\alpha)|}{8\pi\beta\sqrt{\alpha}} \\ &= \varGamma(A \to \alpha + C) \frac{\varGamma(\alpha \to D + E)\sqrt{\alpha}}{\beta},\end{aligned} \tag{5.84}$$

其中最后两步利用了 (5.76) 式和两体衰变公式 (5.73). 最后的表达式应该与利用两体衰变公式算出的 $\varGamma_A$ 一致, 所以得出 $\alpha = m_B^2$, $\beta = m_B \varGamma_B$, 亦即不稳定粒子的传播函数为

$$\Delta(p^2) = \frac{1}{p^2 - m^2 + \mathrm{i}m\varGamma}. \tag{5.85}$$

这个公式被广泛地应用 (甚至被滥用) 于共振态的实验确定和理论计算中. 从得到它的推导过程来看, 这一公式只适合于宽度非常小, 并且粒子极点位置远离阈的情况下, 因此在实际应用中必须小心. 这个公式中传播子分母中的 $\mathrm{i}m\varGamma$ 项实际上仅仅是 9.1.1 小节中讨论的自能函数的某种近似.

§5.5 S 矩阵在 T 变换下的性质

在 T 变换下 S 矩阵的变换规律是

$$\mathcal{T} S \mathcal{T}^{-1} = S^\dagger. \tag{5.86}$$

证明如下. 在相互作用表象中有

$$\begin{aligned}-\frac{1}{\mathrm{i}} \frac{\partial}{\partial t} U(t, t_0) &= H_{\text{int}}(t) U(t, t_0), \\ U(t_0, t_0) &= 1.\end{aligned} \tag{5.87}$$

在 T 变换下,

$$\mathcal{T}\left[-\frac{1}{\mathrm{i}}\frac{\partial}{\partial t}U(t,t_0)\right]\mathcal{T}^{-1}=\mathcal{T}H_{\mathrm{int}}(t)\mathcal{T}^{-1}\mathcal{T}U(t,t_0)\mathcal{T}^{-1}. \tag{5.88}$$

由时间反演不变性, 在 Schrödinger 表象中, 有 $\mathcal{T}H_{\mathrm{int}}^{\mathrm{S}}\mathcal{T}^{-1}=H_{\mathrm{int}}^{\mathrm{S}}$, 而这里 (相互作用表象) 有 $\mathcal{T}H_{\mathrm{int}}(t)\mathcal{T}^{-1}=H_{\mathrm{int}}(-t)$. 由此得到

$$-\frac{1}{\mathrm{i}}\frac{\partial}{\partial(-t)}\mathcal{T}U(t,t_0)\mathcal{T}^{-1}=H_{\mathrm{int}}(-t)\mathcal{T}U(t,t_0)\mathcal{T}^{-1}. \tag{5.89}$$

由其推出

$$\mathcal{T}U(t,t_0)\mathcal{T}^{-1}=U(-t,-t_0). \tag{5.90}$$

而 $S=U(+\infty,-\infty)$, 所以我们得到

$$\mathcal{T}S\mathcal{T}^{-1}=U(-\infty,+\infty)=U(+\infty,-\infty)^{-1}=U(+\infty,-\infty)^{\dagger}=S^{\dagger}. \tag{5.91}$$

又根据定义, $S=1+\mathrm{i}T$, 因此有

$$\mathcal{T}T\mathcal{T}^{-1}=T^{\dagger}. \tag{5.92}$$

下面讨论一下 T 变换下不变性的一些结论.

5.5.1 倒易关系

对于如下反应

$$a+b\rightleftharpoons a'+b'+\cdots \tag{5.93}$$

我们有:

定理 $|\langle \boldsymbol{p}_j',\lambda_j'|S|\boldsymbol{p}_i,\lambda_i\rangle|=|\langle -\boldsymbol{p}_i,\lambda_i|S|-\boldsymbol{p}_j',\lambda_j'\rangle|$.

证明: 在时间反演下一个自由粒子反转了动量和自旋 (螺旋度不变), 所以

$$\begin{aligned}\mathcal{T}|\boldsymbol{p}_i,\lambda_i\rangle&=\mathrm{e}^{\mathrm{i}\theta}|-\boldsymbol{p}_i,\lambda_i\rangle,\\ \mathcal{T}|\boldsymbol{p}_j',\lambda_j'\rangle&=\mathrm{e}^{\mathrm{i}\theta'}|-\boldsymbol{p}_j',\lambda_j'\rangle,\end{aligned} \tag{5.94}$$

其中作用在态矢上的 * 号都放到 $\mathrm{e}^{\mathrm{i}\theta}$ 因子里去了 (θ, θ' 由 Dirac 场或标量场在时间反演下的性质决定, 见 4.4.3 小节的讨论). 于是可以写出

$$\begin{aligned}\langle \boldsymbol{p}_j',\lambda_j'|S|\boldsymbol{p}_i,\lambda_i\rangle^*&=\langle \boldsymbol{p}_j',\lambda_j'|\mathcal{T}^{-1}\mathcal{T}S\mathcal{T}^{-1}\mathcal{T}|\boldsymbol{p}_i,\lambda_i\rangle\\&=\mathrm{e}^{\mathrm{i}\theta-\mathrm{i}\theta'}\langle -\boldsymbol{p}_j',\lambda_j'|S^{\dagger}|-\boldsymbol{p}_i,\lambda_i\rangle\\&=\mathrm{e}^{\mathrm{i}\theta-\mathrm{i}\theta'}\langle -\boldsymbol{p}_i,\lambda_i|S|-\boldsymbol{p}_j',\lambda_j'\rangle^*.\end{aligned} \tag{5.95}$$

这就证明了倒易定理 (注意 $\mathcal{T}^{-1}\mathcal{T}\neq 1$).

对于角动量的本征态我们可以更进一步地固定 T 变换的相位因子. 首先我们有

$$\mathcal{T}\boldsymbol{J}\mathcal{T}^{-1}=-\boldsymbol{J}, \tag{5.96}$$

且由 $J_z|j,m\rangle=m|j,m\rangle$ 和 $\mathcal{T}J_z\mathcal{T}^{-1}\mathcal{T}|j,m\rangle=m\mathcal{T}|j,m\rangle$ 得知,

$$J_z\mathcal{T}|j,m\rangle=-m\mathcal{T}|j,m\rangle. \tag{5.97}$$

所以必然有 $\mathcal{T}|j,m\rangle=\mathrm{e}^{\mathrm{i}\theta(j,m)}|j,-m\rangle$ 是 H, J^2 和 J_z 的本征态. 算符 $\mathcal{T}$ 可如下构造:

$$\mathcal{T}|j,m\rangle=U_T|j,m\rangle^*=U_T|j,m\rangle=\mathrm{e}^{\mathrm{i}\pi J_y}|j,m\rangle=(-1)^{j+m}|j,-m\rangle. \tag{5.98}$$

上面的推导过程用到了一个事实, 即总可以构造出实的角动量本征态基矢. 又由上式可以得到 $\mathcal{T}^2=(-1)^{2j}$, 这与 (4.170) 式是自洽的. 对于角动量本征态现在有

$$\langle J,M,n_1|S|J,M,n_2\rangle=\langle J,-M,n_2|S|J,-M,n_1\rangle(-1)^{2J+2M}, \tag{5.99}$$

而 $(-1)^{2J+2M}=1$, 所以推出

$$S_{n_1n_2}=S_{n_2n_1} \tag{5.100}$$

或

$$T_{n_1n_2}=T_{n_2n_1}. \tag{5.101}$$

5.5.2　Watson 末态定理

假设一组态 $|1\rangle,|2\rangle,\cdots,|n\rangle$ 是 "强" 相互作用和 J 的本征态 (J 是好量子数),

$$S_0=\begin{pmatrix}\mathrm{e}^{2\mathrm{i}\delta_1} & & \\ & \ddots & \\ & & \mathrm{e}^{2\mathrm{i}\delta_n}\end{pmatrix}. \tag{5.102}$$

现在考虑引入 "弱" 相互作用, S 矩阵不再对角, 非对角元 $\mathrm{i}\Sigma\propto O(\epsilon)$. 零级近似下

$$S=S_0,$$

一级近似下

$$S=S_0+\mathrm{i}\Sigma. \tag{5.103}$$

幺正性条件要求 $SS^\dagger=S^\dagger S=1$, 即

$$1=S_0^\dagger S_0+\mathrm{i}(\Sigma S_0^\dagger-S_0\Sigma^\dagger)+O(\epsilon^2). \tag{5.104}$$

这导致 $\Sigma S_0^\dagger = S_0\Sigma^\dagger$, 又由时间反演不变性 $\Sigma_{mn} = \Sigma_{nm}$, 推出

$$\Sigma_{mn} = |\Sigma_{mn}|\mathrm{e}^{\mathrm{i}(\delta_n+\delta_m)}. \tag{5.105}$$

对于 "弱" 二体衰变振幅 $\mathrm{i} \to \mathrm{f}$, 我们有 $A_{\mathrm{i}\to\mathrm{f}} = |A_{\mathrm{i}\to\mathrm{f}}|\mathrm{e}^{\mathrm{i}\delta_\mathrm{f}}$, 其中 δ_f 是末态二体弹性散射的相移. 例如 $\mathrm{K_s} \to 2\pi$, $\Sigma^- \to \mathrm{n}\pi^-$, $\Lambda^0 \to \pi\mathrm{N}$ 等.

5.5.3 电偶极矩

考虑静止单态 $|j,m\rangle$ 或 $|m\rangle$, 电偶极矩算符 $\boldsymbol{d} = \sum_i e_i\boldsymbol{r}_i$ 是一个厄米算符, 且 $\mathcal{T}\boldsymbol{d}\mathcal{T}^{-1} = \boldsymbol{d}$, 有

$$\langle m|\boldsymbol{d}|m\rangle = \langle m|\boldsymbol{d}|m\rangle^* = \langle m|\mathcal{T}^{-1}\mathcal{T}\boldsymbol{d}\mathcal{T}^{-1}\mathcal{T}|m\rangle = \langle \mathcal{T}m|\boldsymbol{d}|\mathcal{T}m\rangle. \tag{5.106}$$

又因为 $\mathcal{T}|m\rangle = U(y_\pi)|m\rangle$, 上式导出 (其中 y_π 是绕 y 轴转动 π 的变换)

$$\langle \mathcal{T}m|\boldsymbol{d}|\mathcal{T}m\rangle = \langle m|U^{-1}(y_\pi)\boldsymbol{d}U(y_\pi)|m\rangle = -\langle m|\boldsymbol{d}|m\rangle = 0. \tag{5.107}$$

5.5.4 PCT 变换与 PCT 定理

定义 P, C, T 的联合变换

$$\Theta \equiv PCT. \tag{5.108}$$

T 是反幺正的, 因此 PCT 也是. Θ 对态矢量的作用结果可以从态矢量分别在 P, C, T 变换下的性质得出,

$$\begin{aligned} \boldsymbol{p} &\longrightarrow \boldsymbol{p}, \\ \lambda &\longrightarrow -\lambda, \\ e &\longrightarrow -e. \end{aligned} \tag{5.109}$$

由

(1) 定域、Lorentz 不变性、厄米性 $\mathcal{L} = \mathcal{L}^\dagger$,

(2) 自旋统计关系,

可以导出 PCT 是使哈密顿量不变的对称函数. 更准确地有 $\Theta\mathcal{L}(x)\Theta^{-1} = \mathcal{L}(-x)$.

考虑由 $\phi(x)$, $A^\mu(x)$, $\psi(x)$ 构成的拉氏量①. 在 PCT 联合变换下, 由前面小节的讨论可得:

$$\begin{aligned} &\Theta\phi(\boldsymbol{x},t)\Theta^{-1} = \eta_\Theta\phi^\dagger(-\boldsymbol{x},-t), \quad \Theta\phi^\dagger(\boldsymbol{x},t)\Theta^{-1} = \eta_\Theta^*\phi(-\boldsymbol{x},-t); \\ &\Theta\psi(\boldsymbol{x},t)\Theta^{-1} = \eta_\Theta\mathrm{i}\gamma_5\psi^*(-\boldsymbol{x},-t), \quad \Theta\overline{\psi}(\boldsymbol{x},t)\Theta^{-1} = -\mathrm{i}\psi^\mathrm{T}(-\boldsymbol{x},-t)\gamma_5\gamma^0\eta_\Theta^*; \\ &\Theta A^\mu(\boldsymbol{x},t)\Theta^{-1} = -A^\mu(-\boldsymbol{x},-t). \end{aligned} \tag{5.110}$$

①可以推广到任意自旋情况.

不失一般性可令 ϕ 场的 $\eta_\Theta = 1$. 由这些关系式可证明 (见表 4.2)

$$\Theta\overline{\psi}^{(A)}(\boldsymbol{x},t)\Gamma\psi^{(B)}(\boldsymbol{x},t)\Theta^{-1} = (\overline{\psi}^{(A)}(-\boldsymbol{x},-t)\Gamma'\psi^{(B)}(-\boldsymbol{x},-t))^\dagger, \tag{5.111}$$

其中 $\Gamma' = \Gamma$ (对于 $\Gamma = 1, \mathrm{i}\gamma_5, \sigma^{\mu\nu}$), $\Gamma' = -\Gamma$ (对于 $\Gamma = \gamma^\mu, \gamma^\mu\gamma^5$). 定域性要求 $\mathcal{L}$ 仅具有有限阶的乘积或导数, 又因为 $\Theta\partial_\mu\Theta^{-1} = p_\mu$, $\Theta c\Theta^{-1} = c^*$, 那么如果 $\mathcal{L}$ 是 Lorentz 标量, 则 Lorentz 指标最终将缩并掉, 也即不出现符号的变化, 或 Γ' 给出的负号被 ∂_μ 吸收. 又 $\mathcal{L}$ 中所有的系数都变为复共轭, 场量 ϕ 变为 $\phi^\dagger(-x)$, 所以我们最终得出

$$\Theta\mathcal{L}(\boldsymbol{x},t)\Theta^{-1} = \mathcal{L}^\dagger(-\boldsymbol{x},-t) = \mathcal{L}(-\boldsymbol{x},-t). \tag{5.112}$$

由能动张量的表达式 (3.67) 知

$$\Theta T^{\mu\nu}(x)\Theta^{-1} = T^{\mu\nu}(-x). \tag{5.113}$$

由此可以证明 $\Theta\mathcal{H}(\boldsymbol{x},t)\Theta^{-1} = \mathcal{H}(-\boldsymbol{x},-t)$, 并进一步得到 $\Theta H(t)\Theta^{-1} = H(-t)$. 于是对于封闭系统, $\Theta H\Theta^{-1} = H$ (即总哈密顿量与时间无关).

PCT 定理可以立刻导致一些重要推论, 如粒子和反粒子质量相等、电荷相反, 粒子和反粒子寿命相等 (但是分宽度或分支比不一定相等) 等. 感兴趣的读者可以查阅相应参考书.

第六章　QED 过程的树图计算

在学习了如何微扰计算散射振幅以后, 我们在这一章中通过几个例子, 继续介绍对微分散射截面的计算. 为此目的需要首先做一些关于 γ 矩阵性质的讨论.

§6.1　γ 矩阵的性质, γ 代数与 Fierz 变换

6.1.1　γ 矩阵的性质

首先给出一些计算中常用的 γ 矩阵公式, 在这里 D 是空间维数:

$$
\begin{aligned}
&g_{\mu\nu}g^{\mu\nu} = D, \quad \{\gamma^\mu, \gamma^\nu\} = 2g^{\mu\nu}, \\
&\gamma_\mu\gamma^\mu = D, \\
&\gamma_\mu\gamma^\nu\gamma^\mu = (2-D)\gamma^\nu, \\
&\gamma_\mu\gamma^\nu\gamma^\rho\gamma^\mu = 4g^{\nu\rho} - (4-D)\gamma^\nu\gamma^\rho, \\
&\gamma_\mu\gamma^\nu\gamma^\rho\gamma^\sigma\gamma^\mu = -2\gamma^\sigma\gamma^\rho\gamma^\nu + (4-D)\gamma^\nu\gamma^\rho\gamma^\sigma.
\end{aligned}
\tag{6.1}
$$

γ_5 的定义如下:

$$
\gamma_5 \equiv \frac{\mathrm{i}}{4!}\epsilon_{\mu\nu\rho\sigma}\gamma^\mu\gamma^\nu\gamma^\rho\gamma^\sigma. \tag{6.2}
$$

另外还有求迹公式:

$$
\begin{aligned}
&\mathrm{tr}\{1\} = 4, \\
&\mathrm{tr}\{\not{a}_1 \cdots \not{a}_{2n+1}\} = 0 \ \text{(奇数个 γ 矩阵求迹为零)}, \\
&\mathrm{tr}\{\gamma_\mu\gamma_\nu\} = 4g_{\mu\nu}, \\
&\mathrm{tr}\{\gamma^\mu\gamma^\nu\gamma^\rho\gamma^\sigma\} = 4(g^{\mu\nu}g^{\rho\sigma} - g^{\mu\rho}g^{\nu\sigma} + g^{\mu\sigma}g^{\nu\rho}), \\
&\mathrm{tr}\{\gamma_5\} = 0, \\
&\mathrm{tr}\{\gamma^\mu\gamma^\nu\gamma^\rho\gamma^\sigma\gamma_5\} = -4\mathrm{i}\epsilon^{\mu\nu\rho\sigma}.
\end{aligned}
\tag{6.3}
$$

利用 γ 矩阵性质 $\gamma_\mu^{\mathrm{T}} = -C^{-1}\gamma_\mu C$ 还可以得到一个有用的公式:

$$
\mathrm{tr}\{\not{a}_1 \cdots \not{a}_n\} = \mathrm{tr}\{\not{a}_n \cdots \not{a}_1\}.
$$

n 为偶数时, 利用 $\not{a}_1\not{a}_2 = -\not{a}_2\not{a}_1 + 2a_1 \cdot a_2$, 可得

$$\begin{aligned}\mathrm{tr}(\not{a}_1\not{a}_2\cdots\not{a}_n) &= a_1 \cdot a_2\mathrm{tr}(\not{a}_3\cdots\not{a}_n) - a_1 \cdot a_3\mathrm{tr}(\not{a}_2\cdots\not{a}_n)\\ &\quad + \cdots + a_1 \cdot a_n\mathrm{tr}(\not{a}_2\cdots\not{a}_{n-1}).\end{aligned} \tag{6.4}$$

自旋波函数 $u(\boldsymbol{p}, s)$ 与 $v(\boldsymbol{p}, s)$ 具有如下性质:

$$\begin{aligned}&(\not{p} - m)u(\boldsymbol{p}, s) = 0, \quad (\not{p} + m)v(\boldsymbol{p}, s) = 0,\\ &\overline{u}(\boldsymbol{p}, s)(\not{p} - m) = 0, \quad \overline{v}(\boldsymbol{p}, s)(\not{p} + m) = 0;\end{aligned} \tag{6.5}$$

$$\sum_s u(\boldsymbol{p}, s)\overline{u}(\boldsymbol{p}, s) = \not{p} + m, \quad \sum_s v(\boldsymbol{p}, s)\overline{v}(\boldsymbol{p}, s) = \not{p} - m. \tag{6.6}$$

对于光子, 有如下极化求和公式: 利用规范不变性可以证明, 在计算非极化的光子散射时, 可以做替换

$$\sum_{\lambda=1,2} \epsilon^*_\mu(\lambda)\epsilon_\nu(\lambda) = -g_{\mu\nu}. \tag{6.7}$$

关于规范不变性的一般讨论可以参见 10.1.2 小节.

6.1.2 γ 代数

我们可以从代数的角度重新看待 γ 矩阵. 在数学上可以证明

$$1, \gamma^\mu, \gamma_5 \equiv \mathrm{i}\gamma^0\gamma^1\gamma^2\gamma^3, \quad \mathrm{i}\gamma_5\gamma^\mu, \sigma^{\mu\nu} \equiv \frac{\mathrm{i}}{2}[\gamma^\mu, \gamma^\nu]$$

(其中 1 表示 4×4 单位矩阵) 这 16 个 γ 矩阵线性无关 (注意 $\sigma_{\mu\nu}$ 按定义关于指标 $\mu\nu$ 反对称, 而且 $\mu = \nu$ 时肯定为 0, 所以真正独立且非平凡的 $\sigma_{\mu\nu}$ 只有 6 个), 而且构成了所有 4×4 复矩阵的一组完备基, 也就是任何的 4×4 复矩阵都可以用这 16 个矩阵的线性组合来唯一表示. 将它们记为 Γ^a, 则它们除了线性无关性和完备性以外, 还有如下性质:

(1) $(\Gamma^a)^2 = \pm 1$;

(2) 对任何 $\Gamma^a \neq 1$, 都存在一个 Γ^b 使得 $\{\Gamma^a, \Gamma^b\} = 0$;

(3) 对任何 $\Gamma^a \neq 1$, $\mathrm{tr}\Gamma^a = 0$;

(4) 对任何 $\Gamma^a \neq \Gamma^b$, 都存在一个 $\Gamma^c \neq 1$ 使得 $\Gamma^a\Gamma^b = \eta\Gamma^c$, 也就是说两个 γ 矩阵的乘积只正比于一个 γ 矩阵, 而不是多个 γ 矩阵的线性组合.

6.1.3 Fierz 变换

利用 γ 代数, 可以对旋量有一些进一步的理解. 在旋量的计算中, 经常会出现旋量的双线性乘积, 比如 $(\overline{u}_1\Gamma^a u_2)(\overline{u}_3\Gamma^b u_4)$, 我们需要调换旋量 $u_1, \cdots, u_4$ 的顺序,

使同类项得以合并. 最常见的是调换 2, 4 的顺序, 相应地中间的 Γ^a, Γ^b 也要发生变化, 但由于 γ 代数的完备性, 变化后旋量中间夹的矩阵仍然是一些 γ 矩阵的线性组合, 可以求出组合系数. 这些变换公式通常称为 Fierz 变换式. Fierz 变换式完全是 γ 矩阵正交、归一以及完备性的结果.

为介绍 Fierz 变换, 我们先约定所有的 $\Gamma^a \equiv \Gamma_I^r$, 上指标 r 是 γ 矩阵的 Lorentz 指标, 可以通过度规进行升降. 下指标 I 是其类别指标, 取值 $I = S, V, P, A, T$ 分别代表标量、矢量、赝标量、轴矢量、张量. 比如 $\Gamma_S^0 \equiv 1, \Gamma_A^3 \equiv \mathrm{i}\gamma_5\gamma^3, \Gamma_{V3} \equiv \gamma_3$. 这里重点指出张量的约定, 对于张量在不引起混淆的情况下可以用 r 代指两个 Lorentz 指标 $\mu\nu$, 规定 $\mu < \nu$, 且采用"字典排序", 即 Γ_T^r 中的指标 r 从 1 取到 6 分别代表 $\sigma^{01}, \sigma^{02}, \sigma^{03}, \sigma^{12}, \sigma^{13}, \sigma^{23}$, 且 Γ_{Tr} 对应 Γ_T^r 的两个上标都变为下标, 比如 $\Gamma_{T1} = \sigma_{01}, \Gamma_{T6} = \sigma_{23}$, 还约定类别指标求和明确写出, 而 Lorentz 指标和矩阵分量指标求和满足 Einstein 求和约定 (两个指标重复出现代表求和). 不难验证这样定义的 γ 矩阵有归一化关系

$$\mathrm{tr}(\Gamma_I^r \Gamma_{Jq}) = 4\delta_{IJ}\delta_q^r. \tag{6.8}$$

于是任意的 4×4 复矩阵 M 都可以按照 γ 矩阵展开为

$$M = \frac{1}{4}\sum_I \Gamma_I^r[\mathrm{tr}(\Gamma_{Ir}M)]. \tag{6.9}$$

利用矩阵乘法 $(AB)_{ij} = A_{ik}B_{kj}$ 把这个展开式写成矩阵分量形式, 就能得出 γ 代数所谓的封闭性:

$$\frac{1}{4}\sum_J (\Gamma_J^r)_{a'd}(\Gamma_{Jr})_{c'b} = \delta_{a'b}\delta_{c'd}. \tag{6.10}$$

由此式两边乘 $(\Gamma_I^q)_{aa'}(\Gamma_{Iq})_{cc'}$ 并对 a', c' 求和, 有

$$\frac{1}{4}\sum_J (\Gamma_I^q\Gamma_J^r)_{ad}(\Gamma_{Iq}\Gamma_{Jr})_{cb} = (\Gamma_I^q)_{ab}(\Gamma_{Iq})_{cd}. \tag{6.11}$$

上面已经讨论过两个 γ 矩阵的乘积总正比于一个 γ 矩阵, 因此有

$$(\Gamma_I^q)_{ab}(\Gamma_{Iq})_{cd} = \sum_K C_{IK}(\Gamma_K^r)_{ad}(\Gamma_{Kr})_{cb}. \tag{6.12}$$

上面的公式揭示了两个 γ 矩阵的乘积矩阵元指标可以 2, 4 互换, 这实际就是 Fierz 变换成立的根源所在. 把上式两边分别乘 $(\Gamma_J^s)_{bc}(\Gamma_{Js})_{da}$ 并对重复矩阵指标和 Lorentz 指标求和, 再利用 $\mathrm{tr}(AB) = A_{ij}B_{ji}$ 和归一化条件 (6.8) 式, 得到

$$\mathrm{tr}(\Gamma_{Js}\Gamma_I^q\Gamma_J^s\Gamma_{Iq}) = \sum_K C_{IK}\mathrm{tr}(\Gamma_{Kr}\Gamma_J^s)\mathrm{tr}(\Gamma_K^r\Gamma_{Js})$$

$$
\begin{aligned}
&= 16\sum_K C_{IK}(\delta_{JK})^2\delta^r_s\delta^s_r \\
&= 16C_{IJ}\delta^r_r \\
&= 16N_J C_{IJ},
\end{aligned} \tag{6.13}
$$

其中 $N_J = \delta^r_r$ 为 J 类别中独立 γ 矩阵的个数 (注意 δ^r_r 中有 Einstein 求和约定, 也就是对 Lorentz 指标 r 是要求和的), 比如 $N_S = 1, N_V = 4, N_T = 6$. 于是

$$
C_{IJ} = \frac{1}{16N_J}\mathrm{tr}(\Gamma_{Js}\Gamma^q_I\Gamma^s_J\Gamma_{Iq}). \tag{6.14}
$$

上面的求迹中包含 $\Gamma^q\Gamma^s\Gamma_q$ 的结构, 都可以直接计算得出, 比如

$$
\begin{aligned}
&\gamma^\mu\gamma^\nu\gamma_\mu = -2\gamma^\nu, \\
&\gamma^\mu\sigma^{\nu\rho}\gamma_\mu = 0.
\end{aligned}
$$

经过一系列计算, 可以得到

$$
C_{IJ} = \frac{1}{4}\begin{pmatrix}
1 & 1 & 1 & 1 & 1 \\
4 & -2 & 0 & 2 & -4 \\
6 & 0 & -2 & 0 & 6 \\
4 & 2 & 0 & -2 & -4 \\
1 & -1 & 1 & -1 & 1
\end{pmatrix}. \tag{6.15}
$$

再考虑由 Γ^r_I 的定义所引起的一些因子,

$$
\begin{aligned}
(\overline{u}_1\gamma^\mu\gamma_5 u_2)(\overline{u}_3\gamma_\mu\gamma_5 u_4) &= -(\overline{u}_1\mathrm{i}\gamma^\mu\gamma_5 u_2)(\overline{u}_3\mathrm{i}\gamma_\mu\gamma_5 u_4) \\
&= -(\overline{u}_1\Gamma^r_A u_2)(\overline{u}_3\Gamma_{Ar} u_4), \qquad (6.16) \\
\sum_{\mu,\nu=0}^{3}(\overline{u}_1\sigma^{\mu\nu}u_2)(\overline{u}_3\sigma_{\mu\nu}u_4) &= 2\sum_{\mu<\nu}(\overline{u}_1\sigma^{\mu\nu}u_2)(\overline{u}_3\sigma_{\mu\nu}u_4) \\
&= 2(\overline{u}_1\Gamma^r_T u_2)(\overline{u}_3\Gamma_{Tr}u_4), \qquad (6.17)
\end{aligned}
$$

最终

$$
\begin{pmatrix}
(\overline{u}_1u_2)(\overline{u}_3u_4) \\
(\overline{u}_1\gamma^\mu u_2)(\overline{u}_3\gamma_\mu u_4) \\
(\overline{u}_1\sigma^{\mu\nu}u_2)(\overline{u}_3\sigma_{\mu\nu}u_4) \\
(\overline{u}_1\gamma^\mu\gamma_5u_2)(\overline{u}_3\gamma_\mu\gamma_5u_4) \\
(\overline{u}_1\gamma_5u_2)(\overline{u}_3\gamma_5u_4)
\end{pmatrix}
= \frac{1}{4}\begin{pmatrix}
1 & 1 & 1/2 & -1 & 1 \\
4 & -2 & 0 & -2 & -4 \\
12 & 0 & -2 & 0 & 12 \\
-4 & -2 & 0 & -2 & 4 \\
1 & -1 & 1/2 & 1 & 1
\end{pmatrix}
\begin{pmatrix}
(\overline{u}_1u_4)(\overline{u}_3u_2) \\
(\overline{u}_1\gamma^\mu u_4)(\overline{u}_3\gamma_\mu u_2) \\
(\overline{u}_1\sigma^{\mu\nu}u_4)(\overline{u}_3\sigma_{\mu\nu}u_2) \\
(\overline{u}_1\gamma^\mu\gamma_5u_4)(\overline{u}_3\gamma_\mu\gamma_5u_2) \\
(\overline{u}_1\gamma_5u_4)(\overline{u}_3\gamma_5u_2)
\end{pmatrix}. \tag{6.18}
$$

这就是 Fierz 变换式. 具体地如

$$(\overline{u}_1u_2)(\overline{u}_3u_4)=\frac{1}{4}\Big[(\overline{u}_1u_4)(\overline{u}_3u_2)+(\overline{u}_1\gamma^\mu u_4)(\overline{u}_3\gamma_\mu u_2)+\frac{1}{2}(\overline{u}_1\sigma^{\mu\nu}u_4)(\overline{u}_3\sigma_{\mu\nu}u_2)\\-(\overline{u}_1\gamma^\mu\gamma_5u_4)(\overline{u}_3\gamma_\mu\gamma_5u_2)+(\overline{u}_1\gamma_5u_4)(\overline{u}_3\gamma_5u_2)\Big]\tag{6.19}$$

以及

$$(\overline{u}_1\gamma^\mu u_2)(\overline{u}_3\gamma_\mu u_4)=\frac{1}{2}[2(\overline{u}_1u_4)(\overline{u}_3u_2)-(\overline{u}_1\gamma^\mu u_4)(\overline{u}_3\gamma_\mu u_2)\\-(\overline{u}_1\gamma^\mu\gamma_5u_4)(\overline{u}_3\gamma_\mu\gamma_5u_2)-2(\overline{u}_1\gamma_5u_4)(\overline{u}_3\gamma_5u_2)].\tag{6.20}$$

最后指出, 上述 γ 矩阵的各种性质是普适的, 不依赖 γ 矩阵的具体形式, 因此无论是在 Pauli-Dirac 表象还是手征表象下, 上述性质都成立.

§6.2　Compton 散射

先来看 Feynman 图. 树图水平, Compton 散射过程 $\mathrm{e}^-+\gamma\to\mathrm{e}^-+\gamma$ 包括以下两个图 (图 6.1):

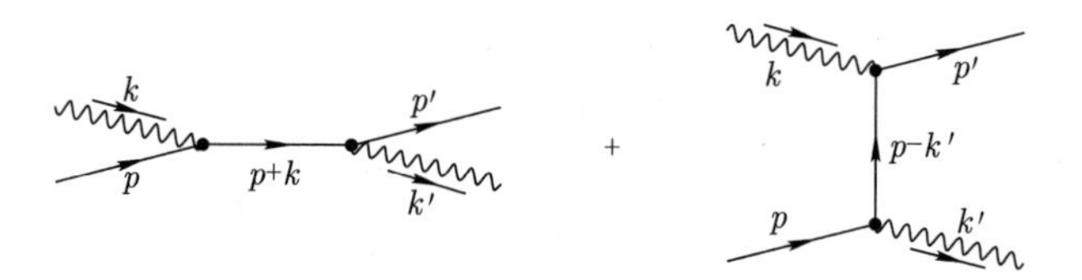

图 6.1　树图水平的 Compton 散射.

Feynman 振幅

$$\begin{aligned}\mathrm{i}\mathcal{M}=&\,\overline{u}(\boldsymbol{p}')(-\mathrm{i}e\gamma^\mu)\epsilon^*_\mu(\boldsymbol{k}')\frac{\mathrm{i}(\not p+\not k+m)}{(p+k)^2-m^2}\epsilon_\nu(\boldsymbol{k})(-\mathrm{i}e\gamma^\nu)u(\boldsymbol{p})\\&+\overline{u}(\boldsymbol{p}')(-\mathrm{i}e\gamma^\nu)\epsilon_\nu(\boldsymbol{k})\frac{\mathrm{i}(\not p-\not k'+m)}{(p-k')^2-m^2}\epsilon^*_\mu(\boldsymbol{k}')(-\mathrm{i}e\gamma^\mu)u(\boldsymbol{p})\\=&-\mathrm{i}e^2\epsilon^*_\mu(\boldsymbol{k}')\epsilon_\nu(\boldsymbol{k})\overline{u}(\boldsymbol{p}')\left[\frac{\gamma^\mu(\not p+\not k+m)\gamma^\nu}{(p+k)^2-m^2}+\frac{\gamma^\nu(\not p-\not k'+m)\gamma^\mu}{(p-k')^2-m^2}\right]u(\boldsymbol{p})\\=&-\mathrm{i}e^2\epsilon^*_\mu(\boldsymbol{k}')\epsilon_\nu(\boldsymbol{k})\overline{u}(\boldsymbol{p}')\left[\frac{\gamma^\mu\not k\gamma^\nu+2\gamma^\mu p^\nu}{2p\cdot k}+\frac{-\gamma^\nu\not k'\gamma^\mu+2\gamma^\nu p^\mu}{-2p\cdot k'}\right]u(\boldsymbol{p}).\end{aligned}\tag{6.21}$$

上面的化简中用到了以下质壳条件:

$$p^2=p'^2=m^2,\tag{6.22}$$

$$k^2=k'^2=0,\tag{6.23}$$

$$(\not p-m)u(\boldsymbol{p})=\overline{u}(\boldsymbol{p})(\not p-m)=0.\tag{6.24}$$

下面讨论规范不变性. 对于 (6.21) 式中的物理矩阵元 $\mathcal{M}\equiv\epsilon_\mu^*(\boldsymbol{k}')\epsilon_\nu(\boldsymbol{k})M^{\mu\nu}$, 可以验证规范不变性①

$$k_\nu\mathcal{M}^{\mu\nu}=0=k'_\mu\mathcal{M}^{\mu\nu},$$

如

$$k_\nu\mathcal{M}^{\mu\nu}=-e^2\overline{u}(\boldsymbol{p}')\left\{\gamma^\mu+\frac{-\not{k}\not{k}'\gamma^\mu+2\not{k}p^\mu}{-2p\cdot k'}\right\}u(\boldsymbol{p}). \tag{6.25}$$

利用 $k=k'+p'-p$, 可得 $-\not{k}\not{k}'\gamma^\mu=(\not{k}\not{p}'-\not{k}\not{p})\gamma^\mu$, 即 (6.25) 式等号右边第二项中的分子 $-\not{k}\not{k}'\gamma^\mu+2\not{k}p^\mu=\not{k}\not{p}'\gamma^\mu+\not{k}\gamma^\mu\not{p}=2k\cdot p'\gamma^\mu-\not{p}'\not{k}\gamma^\mu+\not{k}\gamma^\mu\not{p}$. 再利用运动方程 (6.24) 式, 即可证 (6.25) 式结果为 0.

再看振幅模方的计算. 振幅里存在 $\overline{u}(\boldsymbol{p}')\gamma^\mu u(\boldsymbol{p})$ 和 $\overline{u}(\boldsymbol{p}')\gamma^\mu\gamma^\alpha\gamma^\beta u(\boldsymbol{p})$ 的结构, 计算模方的关键在于处理这些结构. 事实上, $\overline{u}$ 是一个 1×4 行矢量, γ^μ 为 4×4 矩阵, u 为 4×1 列矢量, 三者乘积在旋量指标下为一个数, 它的复共轭就是它的厄米共轭, 因此

$$\begin{aligned}(\overline{u}(\boldsymbol{p}')\gamma^\mu u(\boldsymbol{p}))^*&=(\overline{u}(\boldsymbol{p}')\gamma^\mu u(\boldsymbol{p}))^\dagger\\&=(u^\dagger(\boldsymbol{p}')\gamma^0\gamma^\mu u(\boldsymbol{p}))^\dagger\\&=u^\dagger(\boldsymbol{p})\gamma^{\mu\dagger}\gamma^{0\dagger}u(\boldsymbol{p}')\\&=u^\dagger(\boldsymbol{p})\gamma^0\gamma^\mu u(\boldsymbol{p}')\\&=\overline{u}(\boldsymbol{p})\gamma^\mu u(\boldsymbol{p}'),\end{aligned} \tag{6.26}$$

其中用到了 $\gamma^{0\dagger}=\gamma^0$, 还有 $\gamma^{\mu\dagger}\gamma^0=\gamma^0\gamma^\mu$(这个公式用 γ^μ 的具体形式很容易验证). 类似地有

$$(\overline{u}(\boldsymbol{p}')\gamma^\mu\gamma^\alpha\gamma^\beta u(\boldsymbol{p}))^*=\overline{u}(\boldsymbol{p})\gamma^\beta\gamma^\alpha\gamma^\mu u(\boldsymbol{p}'). \tag{6.27}$$

另外, 当我们计算的是非极化振幅时, 需要对自旋初态取平均、对末态求和, 也就是旋量中的自旋指标 s,s' 对 2 种取值求和, 光子偏振矢量也对 2 种横向极化求和. 初态光子有 2 种可能的极化, 电子有 2 种, 一共 4 种组合, 因此取平均意味着要乘以 1/4 的因子. 经过这些处理后, 振幅模方可写成

$$\begin{aligned}\frac{1}{4}\sum_{\text{spins}}|\mathcal{M}|^2=&\frac{1}{4}\sum_{\text{spins}}\left\{-\mathrm{i}e^2\epsilon_\mu^*(\boldsymbol{k}')\epsilon_\nu(\boldsymbol{k})\overline{u}(\boldsymbol{p}')\left[\frac{\gamma^\mu\not{k}\gamma^\nu+2\gamma^\mu p^\nu}{2p\cdot k}+\frac{-\gamma^\nu\not{k}'\gamma^\mu+2\gamma^\nu p^\mu}{-2p\cdot k'}\right]u(\boldsymbol{p})\right.\\&\times\left\{\mathrm{i}e^2\epsilon_\rho(\boldsymbol{k}')\epsilon_\sigma^*(\boldsymbol{k})\overline{u}(\boldsymbol{p})\left[\frac{\gamma^\sigma\not{k}\gamma^\rho+2\gamma^\rho p^\sigma}{2p\cdot k}+\frac{-\gamma^\rho\not{k}'\gamma^\sigma+2\gamma^\sigma p^\rho}{-2p\cdot k'}\right]u(\boldsymbol{p}')\right\}\\=&\frac{e^4}{4}\sum_{\text{pol}}\left(\epsilon_\mu^*(\boldsymbol{k}')\epsilon_\rho(\boldsymbol{k}')\right)\sum_{\text{pol}}\left(\epsilon_\sigma^*(\boldsymbol{k})\epsilon_\nu(\boldsymbol{k})\right)\end{aligned}$$

①关于此式的不依赖于微扰论的一般证明, 可以参见 10.1.2 小节.

$$\times\mathrm{tr}\Bigg\{\sum_{\mathrm{spins}}(u(\boldsymbol{p}')\overline{u}(\boldsymbol{p}'))\left[\frac{\gamma^\mu \not{k}\gamma^\nu+2\gamma^\mu p^\nu}{2p\cdot k}+\frac{-\gamma^\nu \not{k}'\gamma^\mu+2\gamma^\nu p^\mu}{-2p\cdot k'}\right]$$

$$\times\sum_{\mathrm{spins}}(u(\boldsymbol{p})\overline{u}(\boldsymbol{p}))\left[\frac{\gamma^\sigma \not{k}\gamma^\rho+2\gamma^\rho p^\sigma}{2p\cdot k}+\frac{-\gamma^\rho \not{k}'\gamma^\sigma+2\gamma^\sigma p^\rho}{-2p\cdot k'}\right]\Bigg\}$$

$$=\frac{e^4}{4}g_{\mu\rho}g_{\nu\sigma}\mathrm{tr}\Bigg\{(\not{p}'+m)\left[\frac{\gamma^\mu \not{k}\gamma^\nu+2\gamma^\mu p^\nu}{2p\cdot k}+\frac{-\gamma^\nu \not{k}'\gamma^\mu+2\gamma^\nu p^\mu}{-2p\cdot k'}\right]$$

$$\times(\not{p}+m)\left[\frac{\gamma^\sigma \not{k}\gamma^\rho+2\gamma^\rho p^\sigma}{2p\cdot k}+\frac{-\gamma^\rho \not{k}'\gamma^\sigma+2\gamma^\sigma p^\rho}{-2p\cdot k'}\right]\Bigg\}$$

$$\equiv\frac{e^4}{4}\left[\frac{A}{(2p\cdot k)^2}+\frac{B}{(2p\cdot k)(2p\cdot k')}+\frac{C}{(2p\cdot k')(2p\cdot k)}+\frac{D}{(2p\cdot k')^2}\right] \tag{6.28}$$

(上面之所以能把 $u(\boldsymbol{p}')\overline{u}(\boldsymbol{p}')$ 替换为 $\not{p}'+m$, 能把 $\epsilon^*_\mu(\boldsymbol{k}')\epsilon_\rho(\boldsymbol{k}')$ 替换为 $-g_{\mu\rho}$, 就是因为对自旋极化进行了求和), 其中

$$A=\mathrm{tr}\big[(\not{p}'+m)(\gamma^\mu \not{k}\gamma^\nu+2\gamma^\mu p^\nu)(\not{p}+m)(\gamma_\nu \not{k}\gamma_\mu+2\gamma_\mu p_\nu)\big], \tag{6.29}$$

$$B=\mathrm{tr}\big[(\not{p}'+m)(\gamma^\mu \not{k}\gamma^\nu+2\gamma^\mu p^\nu)(\not{p}+m)(\gamma_\mu \not{k}'\gamma_\nu-2\gamma_\nu p_\mu)\big], \tag{6.30}$$

$$C=\mathrm{tr}\big[(\not{p}'+m)(\gamma^\nu \not{k}'\gamma^\mu-2\gamma^\nu p^\mu)(\not{p}+m)(\gamma_\nu \not{k}\gamma_\mu+2\gamma_\mu p_\nu)\big], \tag{6.31}$$

$$D=\mathrm{tr}\big[(\not{p}'+m)(\gamma^\nu \not{k}'\gamma^\mu-2\gamma^\nu p^\mu)(\not{p}+m)(\gamma_\mu \not{k}'\gamma_\nu-2\gamma_\nu p_\mu)\big]. \tag{6.32}$$

计算这些矩阵求迹, 我们可能要用到的公式有:

$$\begin{aligned}
&\mathrm{tr}(1)=4,\\
&\mathrm{tr}(\gamma^\mu\gamma^\nu)=4g^{\mu\nu},\\
&\mathrm{tr}(\gamma^\mu\gamma^\nu\gamma^\rho\gamma^\sigma)=4(g^{\mu\nu}g^{\rho\sigma}-g^{\mu\rho}g^{\nu\sigma}+g^{\mu\sigma}g^{\nu\rho}),\\
&\mathrm{tr}(\text{奇数个}\gamma\text{矩阵})=0,\\
&\not{a}\not{b}+\not{b}\not{a}=2(a\cdot b),\\
&\gamma^\mu\not{a}\gamma_\mu=-2\not{a},\\
&\gamma^\mu\not{a}\not{b}\gamma_\mu=4(a\cdot b),\\
&\gamma^\mu\not{a}\not{b}\not{c}\gamma_\mu=-2\not{c}\not{b}\not{a},\\
&\gamma^\mu\not{a}\not{b}\not{c}\not{d}\gamma_\mu=2(\not{d}\not{a}\not{b}\not{c}+\not{c}\not{b}\not{a}\not{d}).
\end{aligned}$$

(1) A 的计算.

因为 tr (奇数个 γ 矩阵) $=0$, A 中含偶数个 γ 矩阵的项有以下八项:

$$\begin{aligned}
\mathrm{tr}[\not{p}'\gamma^\mu\not{k}\gamma^\nu\not{p}\gamma_\nu\not{k}\gamma_\mu]&=\mathrm{tr}[(-2\not{p}')\not{k}(-2\not{p})\not{k}]\\
&=4\mathrm{tr}[\not{p}'\not{k}\not{p}\not{k}]
\end{aligned}$$

$$
\begin{aligned}
&= 16[2(p'\cdot k)(p\cdot k)-(p'\cdot p)k^2] \\
&= 32(p'\cdot k)(p\cdot k), \qquad (6.33)\\
\mathrm{tr}[\not{p}'\gamma^\mu \not{k}\gamma^\nu \not{p}2\gamma_\mu p_\nu] &= 2\mathrm{tr}[-2\not{p}'\not{k}p^2] \\
&= -16p^2(p'\cdot k) \\
&= -16m^2(p'\cdot k), \qquad (6.34)\\
\mathrm{tr}[\not{p}'2\gamma^\mu p^\nu \not{p}\gamma_\nu \not{k}\gamma_\mu] &= 2\mathrm{tr}[-2\not{p}'\not{k}p^2] \\
&= -16m^2(p'\cdot k), \qquad (6.35)\\
\mathrm{tr}[\not{p}'2\gamma^\mu p^\nu \not{p}2\gamma_\mu p_\nu] &= 4\mathrm{tr}[\not{p}'(-2)\not{p}p^2] \\
&= -32m^2(p'\cdot p), \qquad (6.36)\\
\mathrm{tr}[m\gamma^\mu \not{k}\gamma^\nu m\gamma_\nu \not{k}\gamma_\mu] &= m^2\mathrm{tr}[\gamma^\mu\gamma_\mu \not{k}4\not{k}] \\
&= 64m^2k^2 \\
&= 0, \qquad (6.37)\\
\mathrm{tr}[m\gamma^\mu \not{k}\gamma^\nu m2\gamma_\mu p_\nu] &= 2m^2\mathrm{tr}[\gamma^\mu \not{k}\not{p}\gamma_\mu] \\
&= 32m^2(p\cdot k), \qquad (6.38)\\
\mathrm{tr}[m2\gamma^\mu p^\nu m\gamma_\nu \not{k}\gamma_\mu] &= 2m^2\mathrm{tr}[\gamma^\mu \not{p}\not{k}\gamma_\mu] \\
&= 32m^2(p\cdot k), \qquad (6.39)\\
\mathrm{tr}[m2\gamma^\mu p^\nu m2\gamma_\mu p_\nu] &= 4m^2\mathrm{tr}[\gamma^\mu\gamma_\mu p^2] \\
&= 64m^4. \qquad (6.40)
\end{aligned}
$$

因此

$$
\begin{aligned}
A &= 32(p'\cdot k)(p\cdot k)-16m^2(p'\cdot k)-16m^2(p'\cdot k)-32m^2(p'\cdot p) \\
&\quad +0+32m^2(p\cdot k)+32m^2(p\cdot k)+64m^4 \\
&= 32[(p'\cdot k)(p\cdot k)+m^2(p\cdot k)+m^4]. \qquad (6.41)
\end{aligned}
$$

(2) B 的计算.

同样因为 tr (奇数个 γ 矩阵) $=0$, B 中含偶数个 γ 矩阵的项有以下八项:

$$
\begin{aligned}
\mathrm{tr}[\not{p}'\gamma^\mu \not{k}\gamma^\nu \not{p}\gamma_\mu \not{k}'\gamma_\nu] &= \mathrm{tr}[\not{p}'\gamma^\mu \not{k}(-2)\not{k}'\gamma_\mu \not{p}] \\
&= -2\mathrm{tr}[\not{p}'4(k\cdot k')\not{p}] \\
&= -32(k\cdot k')(p\cdot p'), \qquad (6.42)\\
\mathrm{tr}[\not{p}'\gamma^\mu \not{k}\gamma^\nu \not{p}(-2)\gamma_\nu p_\mu] &= 4\mathrm{tr}[\not{p}'\not{p}\not{k}\not{p}] \\
&= 32(p\cdot p')(k\cdot p)-16m^2(k\cdot p'), \qquad (6.43)
\end{aligned}
$$

$$\begin{aligned}
\mathrm{tr}[\not{p}'2\gamma^\mu p^\nu \not{p}\gamma_\mu \not{k}'\gamma_\nu] &= -4\mathrm{tr}[\not{p}'\not{p}\not{k}'\not{p}] \\
&= -32(p\cdot p')(k'\cdot p) + 16m^2(k'\cdot p'), \qquad (6.44)\\
\mathrm{tr}[\not{p}'2\gamma^\mu p^\nu \not{p}(-2)\gamma_\nu p_\mu] &= -4\mathrm{tr}[\not{p}'\not{p}\not{p}\not{p}] \\
&= -16m^2(p\cdot p'), \qquad (6.45)\\
\mathrm{tr}[m\gamma^\mu \not{k}\gamma^\nu m\gamma_\mu \not{k}'\gamma_\nu] &= m^2\mathrm{tr}[\gamma^\mu\gamma_\mu \not{k}\not{k}'] \\
&= 16m^2(k\cdot k'), \qquad (6.46)\\
\mathrm{tr}[m\gamma^\mu \not{k}\gamma^\nu m(-2)\gamma_\nu p_\mu] &= -8m^2\mathrm{tr}[\not{k}\not{p}] \\
&= -32m^2(p\cdot k), \qquad (6.47)\\
\mathrm{tr}[m2\gamma^\mu p^\nu m\gamma_\mu \not{k}'\gamma_\nu] &= 8m^2\mathrm{tr}[\not{p}\not{k}'] \\
&= 32m^2(p\cdot k'), \qquad (6.48)\\
\mathrm{tr}[m2\gamma^\mu p^\nu m(-2)\gamma_\nu p_\mu] &= -4m^2\mathrm{tr}[p^2] \\
&= -16m^4. \qquad (6.49)
\end{aligned}$$

因此

$$\begin{aligned}
B =& -32(k\cdot k')(p\cdot p')+32(p\cdot p')(k\cdot p)-16m^2(k\cdot p')-32(p\cdot p')(k'\cdot p)+16m^2(k'\cdot p')\\
&-16m^2(p\cdot p') + 16m^2(k\cdot k') - 32m^2(p\cdot k) + 32m^2(p\cdot k') - 16m^4\\
=& -32(p\cdot p')[(k\cdot k') - (k\cdot p) + (k'\cdot p)] - 16m^2[(p\cdot p') - (k\cdot k')]\\
&-16m^2(p\cdot k) + 16m^2(p\cdot k') - 16m^4\\
=& \, 0 - 16m^2m^2 - 16m^2(p\cdot k) + 16m^2(p\cdot k') - 16m^4\\
=& -16m^2[p\cdot k - p\cdot k' + 2m^2]. \qquad (6.50)
\end{aligned}$$

(3) C 的计算.

$$\begin{aligned}
C &= B(k \leftrightarrow -k')\\
&= -16m^2[p\cdot k - p\cdot k' + 2m^2]. \qquad (6.51)
\end{aligned}$$

(4) D 的计算.

$$\begin{aligned}
D &= A(k \leftrightarrow -k')\\
&= 32[(p'\cdot k')(p\cdot k') - m^2(p\cdot k') + m^4]. \qquad (6.52)
\end{aligned}$$

将 A, B, C, D 代入 (6.28) 式并化简得, 振幅模方

$$\frac{1}{4}\sum_{\text{spins}}|\mathcal{M}|^2 = \frac{e^4}{4}\left[\frac{32[(p'\cdot k)(p\cdot k) + m^2(p\cdot k) + m^4]}{(2p\cdot k)^2} + \frac{-16m^2[p\cdot k - p\cdot k' + 2m^2]}{(2p\cdot k)(2p\cdot k')}\right.$$

$$
+\frac{-16m^2[p\cdot k-p\cdot k'+2m^2]}{(2p\cdot k')(2p\cdot k)}+\frac{32[(p'\cdot k')(p\cdot k')-m^2(p\cdot k')+m^4]}{(2p\cdot k')^2}\Bigg]
$$

$$
=2e^4\left[\frac{p\cdot k'}{p\cdot k}+\frac{p\cdot k}{p\cdot k'}+2m^2\Big(\frac{1}{p\cdot k}-\frac{1}{p\cdot k'}\Big)+m^4\Big(\frac{1}{p\cdot k}-\frac{1}{p\cdot k'}\Big)^2\right]. \tag{6.53}
$$

为了使散射截面具有简单的形式, 可以采用初态电子的静止系, 并将初态光子的入射方向规定为 z 轴方向, 末态光子的出射方向和 z 轴成夹角 θ, 亦即

$$
\begin{aligned}
p&=(m,\mathbf{0}),\\
k&=(\omega,\boldsymbol{\omega})=(\omega,\omega\widehat{z}),\\
p'&=(E',\boldsymbol{p}'),\\
k'&=(\omega',\boldsymbol{\omega}')=(\omega',\omega'\sin\theta,0,\omega'\cos\theta).
\end{aligned}
$$

结合四动量守恒 $p+k=p'+k'$ 以及各粒子质壳条件, 有

$$
\begin{aligned}
m^2&=(p')^2\\
&=(p+k-k')^2\\
&=m^2+2m(\omega-\omega')-2\omega\omega'(1-\cos\theta),
\end{aligned}
$$

由此得

$$
\frac{1}{\omega'}-\frac{1}{\omega}=\frac{1}{m}(1-\cos\theta) \tag{6.54}
$$

或者

$$
\omega'=\frac{\omega}{1+\omega(1-\cos\theta)/m}. \tag{6.55}
$$

这两个式子在截面的化简中有重要作用.

这样得散射截面为

$$
\begin{aligned}
\int\mathrm{d}\sigma&=\frac{1}{2m}\frac{1}{2\omega}\frac{1}{u_{12}}\int_{-\infty}^{\infty}\int_{-\infty}^{\infty}\frac{1}{4}\sum_{\text{spins}}|\mathcal{M}|^2(2\pi)^4\delta^4(p'+k'-p-k)\frac{\mathrm{d}^3\boldsymbol{p}'}{(2\pi)^3 2E'}\frac{\mathrm{d}^3\boldsymbol{\omega}'}{(2\pi)^3 2\omega'}\\
&=\frac{1}{2m}\frac{1}{2\omega}\frac{1}{u_{12}}\int_{-\infty}^{\infty}\frac{1}{4}\sum_{\text{spins}}|\mathcal{M}|^2(2\pi)\delta(E'+\omega'-m-\omega)\\
&\quad\times\left[\int_{-\infty}^{\infty}(2\pi)^3\delta^3(\boldsymbol{p}'+\boldsymbol{\omega}'-0-\boldsymbol{\omega})\frac{\mathrm{d}^3\boldsymbol{p}'}{(2\pi)^3 2E'}\right]\frac{\mathrm{d}^3\boldsymbol{\omega}'}{(2\pi)^3 2\omega'}\\
&=\frac{1}{2m}\frac{1}{2\omega}\frac{1}{u_{12}}\int_{-\infty}^{\infty}\frac{1}{4}\sum_{\text{spins}}|\mathcal{M}|^2(2\pi)\\
&\quad\times\delta\left(\sqrt{m^2+\omega^2+\omega'^2-2\omega\omega'\cos\theta}+\omega'-m-\omega\right)\frac{1}{2E'}\frac{\mathrm{d}^3\boldsymbol{\omega}'}{(2\pi)^3 2\omega'}\\
&=\frac{1}{2m}\frac{1}{2\omega}\frac{1}{u_{12}}\int_{\Omega}\int_{0}^{\infty}\frac{1}{4}\sum_{\text{spins}}|\mathcal{M}|^2(2\pi)
\end{aligned}
$$

$$
\begin{aligned}
&\times\delta(\sqrt{m^2+\omega^2+\omega'^2-2\omega\omega'\cos\theta}+\omega'-m-\omega)\frac{\omega'^2\mathrm{d}\omega'\mathrm{d}\Omega}{(2\pi)^3 4\omega' E'}\\
&=\frac{1}{2m}\frac{1}{2\omega}\frac{1}{u_{12}}\int_{-1}^{1}\int_{0}^{2\pi}\frac{1}{4}\sum_{\text{spins}}|\mathcal{M}|^2\frac{2\pi}{|1+(\omega'-\omega\cos\theta)/E'|}\frac{\omega'^2\mathrm{d}\cos\theta\mathrm{d}\varphi}{(2\pi)^3 4\omega' E'}\\
&=\frac{1}{32\pi m\omega u_{12}}\int_{-1}^{1}\frac{1}{4}\sum_{\text{spins}}|\mathcal{M}|^2\frac{\omega'}{|E'+(\omega'-\omega\cos\theta)|}\mathrm{d}\cos\theta\\
&=\frac{1}{32\pi m\omega u_{12}}\int_{-1}^{1}\frac{1}{4}\sum_{\text{spins}}|\mathcal{M}|^2\frac{\omega'}{|m+\omega(1-\cos\theta)|}\mathrm{d}\cos\theta,
\end{aligned}
\tag{6.56}
$$

其中 u_{12} 为初态粒子速度差大小, 即 $|\boldsymbol{v}_1-\boldsymbol{v}_2|$, 在这里 $u_{12}=1$. 上面的计算中利用了公式

$$
\delta(f(x))=\frac{1}{|f'(x_0)|}\delta(x-x_0),\qquad f(x_0)=0. \tag{6.57}
$$

因此

$$
\frac{\mathrm{d}\sigma}{\mathrm{d}\cos\theta}=\frac{1}{32\pi m\omega}\frac{1}{4}\sum_{\text{spins}}|\mathcal{M}|^2\frac{\omega'}{|m+\omega(1-\cos\theta)|}. \tag{6.58}
$$

将 (6.53) 式代入 (6.58) 式, 利用 (6.54), (6.55) 式化简得到:

$$
\begin{aligned}
\frac{\mathrm{d}\sigma}{\mathrm{d}\cos\theta}&=\frac{2e^4}{32\pi m\omega}\left[\frac{\omega'}{\omega}+\frac{\omega}{\omega'}+2m^2\left(\frac{1}{m\omega}-\frac{1}{m\omega'}\right)+m^4\left(\frac{1}{m\omega}-\frac{1}{m\omega'}\right)^2\right]\frac{\omega'}{|m+\omega(1-\cos\theta)|}\\
&=\frac{\pi\alpha^2}{m^2}\left(\frac{\omega'}{\omega}\right)^2\left[\frac{\omega'}{\omega}+\frac{\omega}{\omega'}+2(\cos\theta-1)+(\cos\theta-1)^2\right]\\
&=\frac{\pi\alpha^2}{m^2}\left(\frac{\omega'}{\omega}\right)^2\left[\frac{\omega'}{\omega}+\frac{\omega}{\omega'}-\sin^2\theta\right],
\end{aligned}
\tag{6.59}
$$

其中 $\alpha=\dfrac{e^2}{4\pi}$ 为精细结构常数. 在低能极限下 ($\omega\to 0$, 于是 $\omega'/\omega\to 1$), 上式回到了经典理论所熟知的结果.

§6.3 正负电子湮灭

树图水平, 正负电子湮灭过程 $\mathrm{e}^+\mathrm{e}^-\to 2\gamma$ 如图 6.2 所示. 而 Feynman 振幅为

$$
\mathrm{i}\mathcal{M}=\overline{v}(\boldsymbol{p}_2)(-\mathrm{i}e\gamma^\mu)\epsilon_\mu^*(\boldsymbol{k}_2)\frac{\mathrm{i}(\not{p}_1-\not{k}_1+m)}{(p_1-k_1)^2-m^2}\epsilon_\nu^*(\boldsymbol{k}_1)(-\mathrm{i}e\gamma^\nu)u(\boldsymbol{p}_1)
$$

$$
\begin{aligned}
&+\overline{v}(\boldsymbol{p}_2)(-\mathrm{i}e\gamma^\nu)\epsilon^*_\nu(\boldsymbol{k}_1)\frac{\mathrm{i}(\not p_1-\not k_2+m)}{(p_1-k_2)^2-m^2}\epsilon^*_\mu(\boldsymbol{k}_2)(-\mathrm{i}e\gamma^\mu)u(\boldsymbol{p}_1)\\
&=-\mathrm{i}e^2\epsilon^*_\mu(\boldsymbol{k}_2)\epsilon^*_\nu(\boldsymbol{k}_1)\overline{v}(\boldsymbol{p}_2)\left[\frac{\gamma^\mu(\not p_1-\not k_1+m)\gamma^\nu}{(p_1-k_1)^2-m^2}+\frac{\gamma^\nu(\not p_1-\not k_2+m)\gamma^\mu}{(p_1-k_2)^2-m^2}\right]u(\boldsymbol{p}_1)\\
&=-\mathrm{i}e^2\epsilon^*_\mu(\boldsymbol{k}_2)\epsilon^*_\nu(\boldsymbol{k}_1)\overline{v}(\boldsymbol{p}_2)\left[\frac{\gamma^\mu\not k_1\gamma^\nu-2\gamma^\mu p_1^\nu}{2p_1\cdot k_1}+\frac{\gamma^\nu\not k_2\gamma^\mu-2\gamma^\nu p_1^\mu}{2p_1\cdot k_2}\right]u(\boldsymbol{p}_1).
\end{aligned}
$$

末态自旋极化求和, 初态自旋极化取平均后的振幅模方为

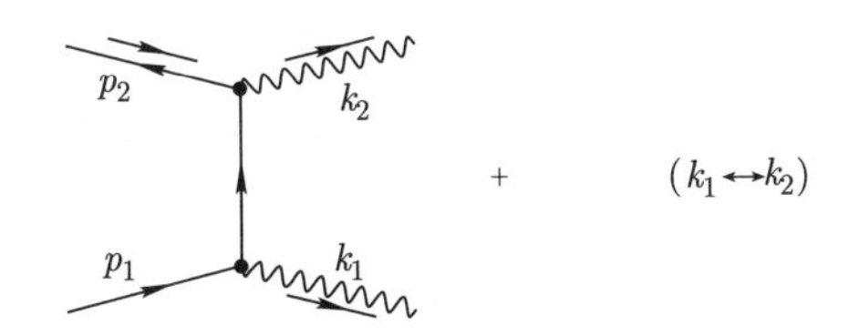

图 6.2 树图水平的 $\mathrm{e^+e^-}\to 2\gamma$ Feynman 图.

$$
\begin{aligned}
\frac{1}{4}\sum_{\text{spins}}|\mathcal{M}|^2&=\frac{1}{4}\sum_{\text{spins}}\Bigg\{-\mathrm{i}e^2\epsilon^*_\mu(\boldsymbol{k}_2)\epsilon^*_\nu(\boldsymbol{k}_1)\overline{v}(\boldsymbol{p}_2)\Bigg[\frac{\gamma^\mu\not k_1\gamma^\nu-2\gamma^\mu p_1^\nu}{2p_1\cdot k_1}\\
&\quad+\frac{\gamma^\nu\not k_2\gamma^\mu-2\gamma^\nu p_1^\mu}{2p_1\cdot k_2}\Bigg]u(\boldsymbol{p}_1)\Bigg\}\\
&\quad\times\left\{\mathrm{i}e^2\epsilon_\rho(\boldsymbol{k}_2)\epsilon_\sigma(\boldsymbol{k}_1)\overline{u}(\boldsymbol{p}_1)\left[\frac{\gamma^\sigma\not k_1\gamma^\rho-2\gamma^\rho p_1^\sigma}{2p_1\cdot k_1}+\frac{\gamma^\rho\not k_2\gamma^\sigma-2\gamma^\sigma p_1^\rho}{2p_1\cdot k_2}\right]v(\boldsymbol{p}_2)\right\}\\
&=\frac{e^4}{4}\mathrm{tr}\Bigg\{\sum_{\text{spins}}(v(\boldsymbol{p}_2)\overline{v}(\boldsymbol{p}_2))\left[\frac{\gamma^\mu\not k_1\gamma^\nu-2\gamma^\mu p_1^\nu}{2p_1\cdot k_1}+\frac{\gamma^\nu\not k_2\gamma^\mu-2\gamma^\nu p_1^\mu}{2p_1\cdot k_2}\right]\\
&\quad\times\sum_{\text{spins}}(u(\boldsymbol{p}_1)\overline{u}(\boldsymbol{p}_1))\left[\frac{\gamma_\nu\not k_1\gamma_\mu-2\gamma_\mu p_{1\nu}}{2p_1\cdot k_1}+\frac{\gamma_\mu\not k_2\gamma_\nu-2\gamma_\nu p_{1\mu}}{2p_1\cdot k_2}\right]\Bigg\}\\
&=\frac{e^4}{4}\mathrm{tr}\Bigg\{(\not p_2-m)\left[\frac{\gamma^\mu\not k_1\gamma^\nu-2\gamma^\mu p_1^\nu}{2p_1\cdot k_1}+\frac{\gamma^\nu\not k_2\gamma^\mu-2\gamma^\nu p_1^\mu}{2p_1\cdot k_2}\right]\\
&\quad\times(\not p_1+m)\left[\frac{\gamma_\nu\not k_1\gamma_\mu-2\gamma_\mu p_{1\nu}}{2p_1\cdot k_1}+\frac{\gamma_\mu\not k_2\gamma_\nu-2\gamma_\nu p_{1\mu}}{2p_1\cdot k_2}\right]\Bigg\}\\
&\equiv\frac{e^4}{4}\left\{\frac{A}{(2p_1\cdot k_1)^2}+\frac{B}{(2p_1\cdot k_1)(2p_1\cdot k_2)}+\frac{C}{(2p_1\cdot k_2)(2p_1\cdot k_1)}+\frac{D}{(2p_1\cdot k_2)^2}\right\},
\end{aligned}
\tag{6.60}
$$

其中

$$
A=\mathrm{tr}[(\not p_2-m)(\gamma^\mu\not k_1\gamma^\nu-2\gamma^\mu p_1^\nu)(\not p_1+m)(\gamma_\nu\not k_1\gamma_\mu-2\gamma_\mu p_{1\nu})],\tag{6.61}
$$

$$
B=\mathrm{tr}[(\not p_2-m)(\gamma^\mu\not k_1\gamma^\nu-2\gamma^\mu p_1^\nu)(\not p_1+m)(\gamma_\mu\not k_2\gamma_\nu-2\gamma_\nu p_{1\mu})],\tag{6.62}
$$

$$C = \text{tr}[(\not{p}_2 - m)(\gamma^\nu \not{k}_2 \gamma^\mu - 2\gamma^\nu p_1^\mu)(\not{p}_1 + m)(\gamma_\nu \not{k}_1 \gamma_\mu - 2\gamma_\mu p_{1\nu})], \tag{6.63}$$

$$D = \text{tr}[(\not{p}_2 - m)(\gamma^\nu \not{k}_2 \gamma^\mu - 2\gamma^\nu p_1^\mu)(\not{p}_1 + m)(\gamma_\mu \not{k}_2 \gamma_\nu - 2\gamma_\nu p_{1\mu})]. \tag{6.64}$$

通过类似 Compton 散射中的计算, 得

$$\begin{aligned} A &= 32(p_1 \cdot k_1)(p_2 \cdot k_1) + 32m^2(p_2 \cdot k_1) - 32m^2(p_1 \cdot p_2) + 64m^2(p_1 \cdot k_1) - 64m^4 \\ &= 32(p_1 \cdot k_1)(p_2 \cdot k_1) + 32m^2(p_1 \cdot k_1) - 32m^4, \end{aligned} \tag{6.65}$$

$$\begin{aligned} B &= -32(p_1 \cdot p_2)(k_1 \cdot k_2) + 16m^2(k_1 \cdot p_2) + 16m^2(k_2 \cdot p_2) + 16m^2(p_1 \cdot p_2) \\ &\quad -16m^2(k_1 \cdot k_2) + 32m^2(k_1 \cdot p_2) + 16m^2(p_1 \cdot k_2) - 16m^4 \\ &= 16m^2(k_1 \cdot p_2) + 16m^2(k_2 \cdot p_2) - 32m^4, \end{aligned} \tag{6.66}$$

$$\begin{aligned} C &= B(k_1 \leftrightarrow k_2) \\ &= 16m^2(k_1 \cdot p_2) + 16m^2(k_2 \cdot p_2) - 32m^4, \end{aligned} \tag{6.67}$$

$$\begin{aligned} D &= A(k_1 \leftrightarrow k_2) \\ &= 32(p_1 \cdot k_2)(p_2 \cdot k_2) + 32m^2(p_1 \cdot k_2) - 32m^4. \end{aligned} \tag{6.68}$$

将 (6.65) ~ (6.68) 式代入 (6.60) 式, 得

$$\begin{aligned} \frac{1}{4}\sum_{\text{spins}} |\mathcal{M}|^2 = \frac{e^4}{4}\bigg\{ &\frac{32(p_1 \cdot k_1)(p_2 \cdot k_1) + 32m^2(p_1 \cdot k_1) - 32m^4}{(2p_1 \cdot k_1)^2} \\ &+ \frac{16m^2(k_1 \cdot p_2) + 16m^2(k_2 \cdot p_2) - 32m^4}{(2p_1 \cdot k_1)(2p_1 \cdot k_2)} \\ &+ \frac{16m^2(k_1 \cdot p_2) + 16m^2(k_2 \cdot p_2) - 32m^4}{(2p_1 \cdot k_2)(2p_1 \cdot k_1)} \\ &+ \frac{32(p_1 \cdot k_2)(p_2 \cdot k_2) + 32m^2(p_1 \cdot k_2) - 32m^4}{(2p_1 \cdot k_2)^2} \bigg\} \\ = 2e^4 \bigg[&\frac{p_1 \cdot k_2}{p_1 \cdot k_1} + \frac{p_1 \cdot k_1}{p_1 \cdot k_2} + 2m^2 \left(\frac{1}{p_1 \cdot k_1} + \frac{1}{p_1 \cdot k_2} \right) - m^4 \left(\frac{1}{p_1 \cdot k_1} + \frac{1}{p_1 \cdot k_2} \right)^2 \bigg]. \end{aligned} \tag{6.69}$$

在初态粒子的质心系中计算散射截面, 参数化各粒子的四动量如下:

$$p_1 = (E_1, \boldsymbol{P}_1) = (E, p\widehat{z}), \tag{6.70}$$

$$p_2 = (E_2, \boldsymbol{P}_2) = (E, -p\widehat{z}), \tag{6.71}$$

$$k_1 = (\omega_1, \boldsymbol{\omega}_1) = (E, E\sin\theta, 0, E\cos\theta), \tag{6.72}$$

$$k_2 = (\omega_2, \boldsymbol{\omega}_2) = (E, -E\sin\theta, 0, -E\cos\theta). \tag{6.73}$$

质心系能量为 $\sqrt{s}$:

$$s=(p_1+p_2)^2=2m^2+2E^2+2p^2=4E^2. \tag{6.74}$$

$$\begin{aligned}
\int \mathrm{d}\sigma &= \frac{1}{2E_1}\frac{1}{2E_2}\frac{1}{u_{12}}\int_{-\infty}^{\infty}\int_{-\infty}^{\infty}\frac{1}{4}\sum_{\text{spins}}|\mathcal{M}|^2(2\pi)^4 \\
&\quad\times\delta^4(k_1+k_2-p_1-p_2)\frac{\mathrm{d}^3\boldsymbol{k}_1}{(2\pi)^3 2\omega_1}\frac{\mathrm{d}^3\boldsymbol{k}_2}{(2\pi)^3 2\omega_2} \\
&= \frac{1}{4E^2}\frac{1}{u_{12}}\int_{-\infty}^{\infty}\frac{1}{4}\sum_{\text{spins}}|\mathcal{M}|^2(2\pi)\delta(2\omega_1-2E)\frac{\mathrm{d}^3\boldsymbol{k}_1}{(2\pi)^3 4\omega_1^2} \\
&= \frac{1}{4E^2}\frac{1}{u_{12}}\int_{-1}^{1}\int_{0}^{2\pi}\int_{0}^{\infty}\frac{1}{4}\sum_{\text{spins}}|\mathcal{M}|^2(2\pi)\frac{\delta(\omega_1-E)}{2}\frac{\omega_1^2\mathrm{d}\cos\theta\mathrm{d}\phi\mathrm{d}\omega_1}{(2\pi)^3 4\omega_1^2} \\
&= \frac{1}{64\pi E^2}\frac{1}{u_{12}}\int_{-1}^{1}\frac{1}{4}\sum_{\text{spins}}|\mathcal{M}|^2\mathrm{d}\cos\theta,
\end{aligned} \tag{6.75}$$

其中 u_{12} 是初态粒子速度差大小,

$$u_{12}=|\boldsymbol{v}_1-\boldsymbol{v}_2|=\left|\frac{p}{E}-\frac{-p}{E}\right|=\frac{2p}{E}. \tag{6.76}$$

因此

$$\begin{aligned}
\frac{\mathrm{d}\sigma}{\mathrm{d}\cos\theta} &= \frac{1}{64\pi E^2}\frac{1}{u_{12}}\frac{1}{4}\sum_{\text{spins}}|\mathcal{M}|^2=\frac{1}{64\pi E^2}\frac{1}{u_{12}}2e^4 \\
&\quad\times\left[\frac{p_1\cdot k_2}{p_1\cdot k_1}+\frac{p_1\cdot k_1}{p_1\cdot k_2}+2m^2\left(\frac{1}{p_1\cdot k_1}+\frac{1}{p_1\cdot k_2}\right)-m^4\left(\frac{1}{p_1\cdot k_1}+\frac{1}{p_1\cdot k_2}\right)^2\right] \\
&= \frac{e^4}{16\pi E^2}\frac{1}{u_{12}}\left[\frac{E^2+p^2\cos^2\theta}{m^2+p^2\sin^2\theta}+\frac{2m^2}{m^2+p^2\sin^2\theta}-\frac{2m^4}{(m^2+p^2\sin^2\theta)^2}\right] \\
&= \frac{2\pi\alpha^2}{s}\frac{E}{p}\left[\frac{E^2+p^2\cos^2\theta}{m^2+p^2\sin^2\theta}+\frac{2m^2}{m^2+p^2\sin^2\theta}-\frac{2m^4}{(m^2+p^2\sin^2\theta)^2}\right].
\end{aligned} \tag{6.77}$$

§6.4 螺旋度、手征性与手征表象

螺旋度指粒子的自旋在其运动方向的投影,

$$\widehat{h}\equiv\boldsymbol{p}\cdot\boldsymbol{S}/p, \tag{6.78}$$

其中 $p\equiv|\boldsymbol{p}|$. 对于自旋 1/2 的费米子, 上述自旋算符

$$\boldsymbol{S}=\frac{\hbar}{2}\boldsymbol{\Sigma}=\frac{\hbar}{2}\begin{pmatrix}\boldsymbol{\sigma} & 0\\ 0 & \boldsymbol{\sigma}\end{pmatrix}. \tag{6.79}$$

对于自旋 1/2 的费米子, 其螺旋度只有 $\pm 1/2$ 两种取值. 而自旋为 1 的光子, 螺旋度本应有 $\pm 1, 0$ 三种取值, 但由于横波条件限制, 光子的螺旋度不能为 0. 螺旋度显然是依赖于参考系的选择的 (因为 3-矢量依赖于参考系), 但无质量粒子 (光速运动) 或者极端相对论近似 $v \approx 1$ 下, 螺旋度就不依赖于参考系了.

要想计算特定螺旋度的物理量, 只需要把 (2.60) 式中的 χ, η 取成适当的本征矢即可: 想计算正能解螺旋度 $+1/2$ 的结果, 只要把 χ 取成 $\boldsymbol{p}\cdot\boldsymbol{\sigma}/p$ 为 $+1$ 的本征矢, $-1/2$ 的结果则取 -1 本征矢; 负能解则恰好相反, $+1/2$ 的螺旋度对应 $\boldsymbol{p}\cdot\boldsymbol{\sigma}/p = -1$ 本征矢, $-1/2$ 对应 $+1$ (负能解本征值与自旋之间差一负号, 这与 (2.59) 式是一致的).

粒子物理中还有一个重要的概念, 就是 “手征性”. 它来源于两个左右手投影算符 (矩阵)

$$P_{\mathrm{L}} \equiv \frac{1}{2}(1-\gamma^5) = \frac{1}{2}\begin{pmatrix} 1 & -1 \\ -1 & 1 \end{pmatrix} \tag{6.80}$$

和

$$P_{\mathrm{R}} \equiv \frac{1}{2}(1+\gamma^5) = \frac{1}{2}\begin{pmatrix} 1 & 1 \\ 1 & 1 \end{pmatrix}. \tag{6.81}$$

如果一个旋量 u 满足 $P_{\mathrm{L}}u = u, P_{\mathrm{R}}u = 0$, 则称它为左手旋量, 右手旋量定义类似. 手征性和上面说的螺旋度有密切的联系. 在极端相对论情况下, (2.60) 式中的 $m \ll E$, 可忽略, 且 $E \approx p$, 于是 $\dfrac{\boldsymbol{p}\cdot\boldsymbol{\sigma}}{E+m} \approx \boldsymbol{p}\cdot\boldsymbol{\sigma}/p$. 我们取 $\boldsymbol{p}\cdot\boldsymbol{\sigma}/p$ 的 $+1$ 本征态 $\chi(1), \eta(1)$, 则根据 (2.60) 式可计算出

$$\begin{aligned} u(\boldsymbol{p},1) &= \sqrt{E}\begin{pmatrix} \chi(1) \\ +\chi(1) \end{pmatrix}, \\ v(\boldsymbol{p},1) &= \sqrt{E}\begin{pmatrix} +\eta(1) \\ \eta(1) \end{pmatrix}. \end{aligned} \tag{6.82}$$

这两个态恰好就是右手态:

$$P_{\mathrm{R}}u(\boldsymbol{p},1) = u(\boldsymbol{p},1), \tag{6.83}$$

$$P_{\mathrm{L}}u(\boldsymbol{p},1) = 0, \tag{6.84}$$

$$P_{\mathrm{R}}v(\boldsymbol{p},1) = v(\boldsymbol{p},1), \tag{6.85}$$

$$P_{\mathrm{L}}v(\boldsymbol{p},1) = 0. \tag{6.86}$$

还可以验证, 如果取 $\boldsymbol{p}\cdot\boldsymbol{\sigma}/p$ 的 -1 本征态 $\chi(2), \eta(2)$, 则得到的结果就是左手态. 于是上述结论可以归纳为: 极端相对论下, $\boldsymbol{p}\cdot\boldsymbol{\sigma}/p$ 本征值 $+1$ 的旋量就是右手旋量,

$\boldsymbol{p}\cdot\boldsymbol{\sigma}/p$ 本征值 -1 的旋量就是左手旋量. 再考虑 $\boldsymbol{p}\cdot\boldsymbol{\sigma}/p$ 本征值和螺旋度 $\pm1/2$ 之间的关系, 就知道: 极端相对论下, 正能解 $+1/2$ 螺旋度对应右手态, $-1/2$ 螺旋度对应左手态; 负能解 $+1/2$ 螺旋度对应左手态, $-1/2$ 螺旋度对应右手态.

最后, 手征投影算符 $P_{\mathrm{L}}, P_{\mathrm{R}}$ 在我们这里并非对角矩阵, 这不够方便. 我们可以重新定义 γ 矩阵的表示, 让手征投影算符变得简洁. 将所有原有的旋量做变换 $(u,v)\to O^{\mathrm{T}}(u,v)$, γ 矩阵做变换 $\Gamma^a\to O^{\mathrm{T}}\Gamma^a O$, 其中 O 为分块正交矩阵,

$$O=\frac{1}{\sqrt{2}}\begin{pmatrix}1 & 1\\ -1 & 1\end{pmatrix}, \tag{6.87}$$

矩阵内的每个 1 都表示 2×2 单位矩阵. 这样变换后的态空间称为手征表象 (之前一直用的表象为 Pauli-Dirac 表象). 手征表象里 γ^0 和 γ^5 与之前不同, γ^i 与之前是相同的, 手征表象中

$$\gamma^0=\begin{pmatrix}0 & 1\\ 1 & 0\end{pmatrix},\quad \gamma^i=\begin{pmatrix}0 & \sigma^i\\ -\sigma^i & 0\end{pmatrix}, \tag{6.88}$$

$$\gamma^5=\begin{pmatrix}-1 & 0\\ 0 & 1\end{pmatrix}, \tag{6.89}$$

其中 1 与 0 分别表示 2×2 的单位矩阵和 0 矩阵. 可见 γ^5 变为对角矩阵, 由 $P_{\mathrm{L}}, P_{\mathrm{R}}$ 形式可知: 在手征表象里一个旋量的左手投影就是它的上分量, 右手投影就是它的下分量; 而在 Pauli-Dirac 表象里, 上分量是非相对论极限下的大分量, 而下分量是小分量, 它们具有不同的物理意义. 也正因为如此, Pauli-Dirac 表象更方便于讨论非相对论极限, 而手征表象更方便于讨论手征性. 另外, 自由粒子解的形式在手征表象里可以写为

$$u(\boldsymbol{p},s)=\begin{pmatrix}\left[\sqrt{\dfrac{E+m}{2}}-\dfrac{\boldsymbol{p}\cdot\boldsymbol{\sigma}}{\sqrt{2(E+m)}}\right]\chi(s)\\ \left[\sqrt{\dfrac{E+m}{2}}+\dfrac{\boldsymbol{p}\cdot\boldsymbol{\sigma}}{\sqrt{2(E+m)}}\right]\chi(s)\end{pmatrix}=\begin{pmatrix}\sqrt{p\cdot\sigma}\,\chi(s)\\ \sqrt{p\cdot\overline{\sigma}}\,\chi(s)\end{pmatrix}, \tag{6.90}$$

$$v(\boldsymbol{p},s)=\begin{pmatrix}\left[-\sqrt{\dfrac{E+m}{2}}+\dfrac{\boldsymbol{p}\cdot\boldsymbol{\sigma}}{\sqrt{2(E+m)}}\right]\eta(s)\\ \left[\sqrt{\dfrac{E+m}{2}}+\dfrac{\boldsymbol{p}\cdot\boldsymbol{\sigma}}{\sqrt{2(E+m)}}\right]\eta(s)\end{pmatrix}=\begin{pmatrix}-\sqrt{p\cdot\sigma}\,\eta(s)\\ \sqrt{p\cdot\overline{\sigma}}\,\eta(s)\end{pmatrix}. \tag{6.91}$$

两个等式的第一个等号是由 $(u,v)\to O^{\mathrm{T}}(u,v)$ 结合 (2.60) 式得来的, 而第二个等号并不显然, 需要详细解释. 这里的 $\sigma\equiv(1,\boldsymbol{\sigma})$ 和 $\overline{\sigma}\equiv(1,-\boldsymbol{\sigma})$ 都是 Pauli 矩阵和单位

矩阵所组成的 "4-矢量", 事实上

$$\begin{aligned}\sqrt{p\cdot\sigma} &= \sqrt{E}\sqrt{1-\frac{\boldsymbol{p}\cdot\boldsymbol{\sigma}}{E}}\\ &= \sqrt{E}\left[1-\frac{1}{2}(\boldsymbol{\rho}\cdot\boldsymbol{\sigma})-\frac{1}{8}(\boldsymbol{\rho}\cdot\boldsymbol{\sigma})^2-\frac{1}{16}(\boldsymbol{\rho}\cdot\boldsymbol{\sigma})^3-\cdots\right]\\ &= \sqrt{E}\left[\left(1-\frac{1}{8}\rho^2-\cdots\right)+(\boldsymbol{p}\cdot\boldsymbol{\sigma})\left(-\frac{1}{2}\rho-\frac{1}{16}\rho^3-\cdots\right)\right]\\ &= \frac{1}{2}\left[(\sqrt{E-p}+\sqrt{E+p})+(\boldsymbol{p}\cdot\boldsymbol{\sigma})(\sqrt{E-p}-\sqrt{E+p})\right]\\ &= \sqrt{\frac{1}{2}}\left[\sqrt{E+m}-\sqrt{\frac{E-m}{p^2}}(\boldsymbol{p}\cdot\boldsymbol{\sigma})\right]=\sqrt{\frac{E+m}{2}}-\frac{\boldsymbol{p}\cdot\boldsymbol{\sigma}}{\sqrt{2(E+m)}},\end{aligned} \tag{6.92}$$

其中 $\boldsymbol{\rho}\equiv\boldsymbol{p}/E, \widehat{p}=\boldsymbol{p}/p=\boldsymbol{\rho}/\rho$ 为 $\boldsymbol{p}$ 方向的单位矢量. 上面用到了 $\sqrt{1\pm x}$ 的 Taylor 展开, 以及 $(\boldsymbol{\rho}\cdot\boldsymbol{\sigma})^2=\rho^2$, 还用到了质壳条件 $E^2=p^2+m^2$, 如

$$\begin{aligned}\sqrt{E-p}\pm\sqrt{E+p} &= \pm\sqrt{(\sqrt{E-p}\pm\sqrt{E+p})^2}\\ &= \pm\sqrt{2E\pm 2\sqrt{E^2-p^2}}=\pm\sqrt{2(E\pm m)}.\end{aligned} \tag{6.93}$$

§6.5 $\mathrm{e}^+\mathrm{e}^-\to\mu^+\mu^-$: 极化过程的计算

前面的计算中都对粒子自旋初态求平均、末态求和, 这对应着粒子自旋方向完全随机的实验. 但有时我们需要计算粒子自旋沿特定方向的散射问题, 这就要用到 §6.4 中螺旋度的概念. 下面以 $\mathrm{e}^+\mathrm{e}^-\to\mu^+\mu^-$ 过程为例, 展示极化过程如何计算.

6.5.1 极化振幅计算

μ 子与电子同属轻子, 但 μ 子质量比电子大很多, 因此在 $\mathrm{e}^+\mathrm{e}^-\to\mu^+\mu^-$ 过程中电子的质量可以忽略, 而只考虑 μ 子质量 (记为 m). 另外, 与电子类似, 我们视 μ^- 为正粒子, μ^+ 为反粒子. 最后说明, $\mathrm{e}^+\mathrm{e}^-\to\mu^+\mu^-$ 过程不仅可以通过电磁相互作用实现, 也可以通过弱相互作用实现, 我们这里不考虑弱相互作用.

$\mathrm{e}^+\mathrm{e}^-\to\mu^+\mu^-$ 过程的树图只有一个 (见图 6.3). 由 QED Feynman 规则, 在光子的 $\xi=1$ 规范下容易写出 Feynman 振幅

$$\begin{aligned}\mathrm{i}\mathcal{M} &= [\overline{u}(\boldsymbol{k},r)(-\mathrm{i}e\gamma^\nu)v(\boldsymbol{k}',r')]\frac{-\mathrm{i}g_{\mu\nu}}{(p+p')^2}[\overline{v}(\boldsymbol{p}',s')(-\mathrm{i}e\gamma^\mu)u(\boldsymbol{p},s)]\\ &= \frac{\mathrm{i}e^2}{s}[\overline{u}(\boldsymbol{k},r)\gamma_\mu v(\boldsymbol{k}',r')][\overline{v}(\boldsymbol{p}',s')\gamma^\mu u(\boldsymbol{p},s)],\end{aligned} \tag{6.94}$$

其中 $s = (p + p')^2 = (k + k')^2$. 根据第二章的讨论, 旋量为 (注意忽略了电子质量)

$$\begin{aligned}
u(\boldsymbol{p}, s) &= \sqrt{E}\begin{pmatrix} \chi(s) \\ \widehat{\boldsymbol{p}}\cdot\boldsymbol{\sigma}\chi(s) \end{pmatrix}, \\
\overline{v}(\boldsymbol{p}', s') &= \sqrt{E}\begin{pmatrix} \eta(s')^{\mathrm{T}}(\widehat{\boldsymbol{p}}'\cdot\boldsymbol{\sigma}), & -\eta(s')^{\mathrm{T}} \end{pmatrix}, \\
v(\boldsymbol{k}', r') &= \sqrt{E+m}\begin{pmatrix} \dfrac{\boldsymbol{k}'\cdot\boldsymbol{\sigma}}{E+m}\eta(r') \\ \eta(r') \end{pmatrix}, \\
\overline{u}(\boldsymbol{k}, r) &= \sqrt{E+m}\begin{pmatrix} \chi(r)^{\mathrm{T}}, & -\chi(r)^{\mathrm{T}}\dfrac{\boldsymbol{k}\cdot\boldsymbol{\sigma}}{E+m} \end{pmatrix}.
\end{aligned} \tag{6.95}$$

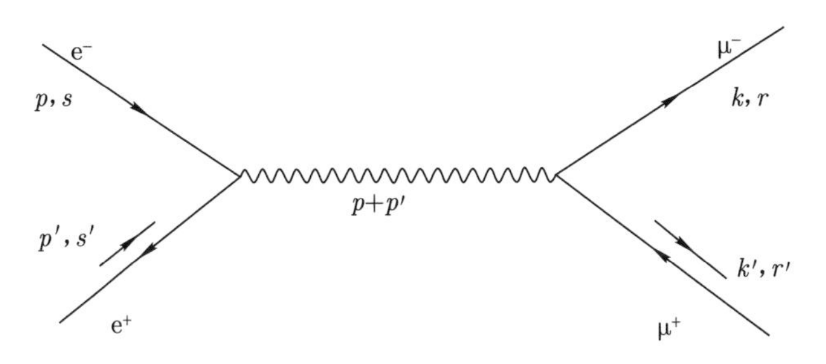

图 6.3　$e^+e^- \to \mu^+\mu^-$ 树图.

取质心系且初态电子沿 z 轴正向运动, 末态粒子在 x-z 平面运动, 则粒子的动量分别为

$$\begin{aligned}
p &= (E, 0, 0, E) \equiv (E, \boldsymbol{p}), \\
p' &= (E, 0, 0, -E) \equiv (E, \boldsymbol{p}'), \\
k &= (E, k\sin\theta, 0, k\cos\theta) \equiv (E, \boldsymbol{k}), \\
k' &= (E, -k\sin\theta, 0, -k\cos\theta) \equiv (E, \boldsymbol{k}').
\end{aligned} \tag{6.96}$$

考虑初态 e^- 螺旋度 $+1/2$, e^+ 螺旋度 $-1/2$, 末态 μ^- 螺旋度 $+1/2$ 而 μ^+ 螺旋度 $-1/2$ 的过程, 可以把这个振幅叫作 $\mathcal{M}_{+-+-}$. e^- 螺旋度为 $+1/2$, 根据 (6.95) 式, 把初态 e^- 的旋量 $u(\boldsymbol{p}, s)$ 中 $\chi(s)$ 取为 $\widehat{\boldsymbol{p}}\cdot\boldsymbol{\sigma}$ 本征值为 $+1$ 的本征矢 $\chi(\widehat{\boldsymbol{p}})$, 得到

$$u(\boldsymbol{p}, s) \to \sqrt{E}\begin{pmatrix} \chi(\widehat{\boldsymbol{p}}) \\ +\chi(\widehat{\boldsymbol{p}}) \end{pmatrix}. \tag{6.97}$$

由于 $\widehat{\boldsymbol{p}} = (0, 0, 1)$ 从而 $\widehat{\boldsymbol{p}}\cdot\boldsymbol{\sigma} = \sigma^3$, 不难计算出这个本征矢

$$\chi(\widehat{\boldsymbol{p}}) = \begin{pmatrix} 1 \\ 0 \end{pmatrix}. \tag{6.98}$$

对于末态 μ^-, 动量的单位矢量 $\widehat{\boldsymbol{k}} = (\sin\theta, 0, \cos\theta)$. 也可以计算出 $\widehat{\boldsymbol{k}}\cdot\boldsymbol{\sigma}$ 本征值为 +1 的本征矢

$$\chi(\widehat{\boldsymbol{k}}) = \begin{pmatrix} \cos\dfrac{\theta}{2} \\ \sin\dfrac{\theta}{2} \end{pmatrix}. \tag{6.99}$$

于是 (下式中 $k = |\boldsymbol{k}|$)

$$\overline{u}(\boldsymbol{k}, r) \to \sqrt{E+m}\left(\chi(\widehat{\boldsymbol{k}})^{\mathrm{T}},\ -\frac{k}{E+m}\chi(\widehat{\boldsymbol{k}})^{\mathrm{T}}\right). \tag{6.100}$$

下面考虑反粒子. 初态 e^+ 的螺旋度为 $-1/2$, 意味着它的旋量中的 η 应该选择 $\widehat{\boldsymbol{p}}'\cdot\boldsymbol{\sigma}$ 为 +1 的本征态 (再次注意反粒子的螺旋度与本征值之间相差负号). 考虑到 $\widehat{\boldsymbol{p}}' = (0, 0, -1)$ 则 $\widehat{\boldsymbol{p}}'\cdot\boldsymbol{\sigma} = -\sigma^3$, 不难计算这个本征态为

$$\eta(\widehat{\boldsymbol{p}}') = \begin{pmatrix} 0 \\ 1 \end{pmatrix}. \tag{6.101}$$

同理对于 μ^+, 要取 $\widehat{\boldsymbol{k}}'\cdot\boldsymbol{\sigma}$ 为 +1 的本征态, 它是

$$\eta(\widehat{\boldsymbol{k}}') = \begin{pmatrix} -\sin\dfrac{\theta}{2} \\ \cos\dfrac{\theta}{2} \end{pmatrix}. \tag{6.102}$$

最终有

$$\begin{aligned} v(\boldsymbol{k}', r') &\to \sqrt{E+m}\begin{pmatrix} \dfrac{k}{E+m}\eta(\widehat{\boldsymbol{k}}') \\ \eta(\widehat{\boldsymbol{k}}') \end{pmatrix}, \\ \overline{v}(\boldsymbol{p}', s') &\to \sqrt{E}\left(\eta(\widehat{\boldsymbol{p}}')^{\mathrm{T}},\ -\eta(\widehat{\boldsymbol{p}}')^{\mathrm{T}}\right). \end{aligned} \tag{6.103}$$

把上述结果代入振幅的表达式, 得到

$$\begin{aligned} &[\overline{u}(\boldsymbol{k}, r)\gamma_\mu v(\boldsymbol{k}', r')][\overline{v}(\boldsymbol{p}', s')\gamma^\mu u(\boldsymbol{p}, s)] \\ &= E(E+m)\left(\chi(\widehat{\boldsymbol{k}})^{\mathrm{T}},\ -\frac{k}{E+m}\chi(\widehat{\boldsymbol{k}})^{\mathrm{T}}\right)\begin{pmatrix} 1 & 0 \\ 0 & -1 \end{pmatrix}\begin{pmatrix} \dfrac{k}{E+m}\eta(\widehat{\boldsymbol{k}}') \\ \eta(\widehat{\boldsymbol{k}}') \end{pmatrix} \\ &\quad\times\left(\eta(\widehat{\boldsymbol{p}}')^{\mathrm{T}},\ -\eta(\widehat{\boldsymbol{p}}')^{\mathrm{T}}\right)\begin{pmatrix} 1 & 0 \\ 0 & -1 \end{pmatrix}\begin{pmatrix} \chi(\widehat{\boldsymbol{p}}) \\ \chi(\widehat{\boldsymbol{p}}) \end{pmatrix} \end{aligned}$$

$$-E(E+m)\sum_{i=1}^{3}\left(\chi(\widehat{\boldsymbol{k}})^{\mathrm{T}},\ -\frac{k}{E+m}\chi(\widehat{\boldsymbol{k}})^{\mathrm{T}}\right)\begin{pmatrix}0 & \sigma^i\\ -\sigma^i & 0\end{pmatrix}\begin{pmatrix}\frac{k}{E+m}\eta(\widehat{\boldsymbol{k}'})\\ \eta(\widehat{\boldsymbol{k}'})\end{pmatrix}$$

$$\times\left(\eta(\widehat{\boldsymbol{p}'})^{\mathrm{T}},\ -\eta(\widehat{\boldsymbol{p}'})^{\mathrm{T}}\right)\begin{pmatrix}0 & \sigma^i\\ -\sigma^i & 0\end{pmatrix}\begin{pmatrix}\chi(\widehat{\boldsymbol{p}})\\ \chi(\widehat{\boldsymbol{p}})\end{pmatrix}. \tag{6.104}$$

容易看出 γ^0 那一项由于 $\eta(\widehat{\boldsymbol{p}'})^{\mathrm{T}}\chi(\widehat{\boldsymbol{p}})=0$ 而贡献为 0, 后面 γ^i 的贡献可以整理为

$$-2E(E+m)\left[1+\left(\frac{k}{E+m}\right)^2\right]\sum_{i=1}^{3}[(\eta(\widehat{\boldsymbol{p}'})^{\mathrm{T}}\sigma^i\chi(\widehat{\boldsymbol{p}}))(\chi(\widehat{\boldsymbol{k}})^{\mathrm{T}}\sigma^i\eta(\widehat{\boldsymbol{k}'}))]. \tag{6.105}$$

而 $i=3$ 的结果为 0, $i=1,2$ 时有

$$\begin{aligned}
&\chi(\widehat{\boldsymbol{k}})^{\mathrm{T}}\sigma^1\eta(\widehat{\boldsymbol{k}'})=\cos\theta,\\
&\chi(\widehat{\boldsymbol{k}})^{\mathrm{T}}\sigma^2\eta(\widehat{\boldsymbol{k}'})=-\mathrm{i},\\
&\eta(\widehat{\boldsymbol{p}'})^{\mathrm{T}}\sigma^1\chi(\widehat{\boldsymbol{p}})=1,\\
&\eta(\widehat{\boldsymbol{p}'})^{\mathrm{T}}\sigma^2\chi(\widehat{\boldsymbol{p}})=\mathrm{i}.
\end{aligned} \tag{6.106}$$

最终

$$[\overline{u}(\boldsymbol{k},r)\gamma_\mu v(\boldsymbol{k}',r')][\overline{v}(\boldsymbol{p}',s')\gamma^\mu u(\boldsymbol{p},s)]=-2E(E+m)\left[1+\left(\frac{k}{E+m}\right)^2\right](1+\cos\theta). \tag{6.107}$$

振幅为 (注意 $s=4E^2$ 以及质壳条件 $E^2=k^2+m^2$)

$$\mathrm{i}\mathcal{M}_{+-+-}=-\mathrm{i}e^2\frac{E+m}{E}\left[1+\left(\frac{k}{E+m}\right)^2\right]\frac{1+\cos\theta}{2}=-2\mathrm{i}e^2\frac{1+\cos\theta}{2}. \tag{6.108}$$

这就是特定极化下的散射振幅, 我们关注它的角度依赖关系: $\mathcal{M}\propto\dfrac{1+\cos\theta}{2}=d^1_{1,1}$. 它正比于一个 d 函数, 这个 d 函数的上标 1 表示散射过程中间态的虚光子自旋为 1, 两个下标 1,1 分别表示初末态沿运动方向的总自旋是 1(或者说初末态分别计算两粒子螺旋度的差值). 这个角度依赖结果稍加分析就可以得到. 初态两粒子在 z 轴对撞, 它们组成的系统总自旋 $J=1$(因为中间态是虚光子), 自旋的 z 分量 $J_z=h_{\mathrm{e}^-}-h_{\mathrm{e}^+}=1/2-(-1/2)=1$, 所以初态可以用 $|J=1,J_z=1\rangle$ 来描述. 末态两粒子的系统, 总自旋 $J=1$, 末态运动方向 z' 轴上的投影为 $J_{z'}=h_{\mu^-}-h_{\mu^+}=1/2-(-1/2)=1$, 用态 $|J=1,J_{z'}=1\rangle$ 来描述. 初末态之间存在一个把 z 轴向 z' 轴的转动, 绕 y 轴转了 θ 角, 在角动量本征态的空间, 这个转动算符为 $\mathrm{e}^{-\mathrm{i}J_y\theta}$, J_y 为 y 方向的转动生成元. 所以初态跃迁到末态的概率幅, 正比于 $\langle J=1,J_{z'}=1|\mathrm{e}^{-\mathrm{i}J_y\theta}|J=1,J_z=1\rangle$. 根据 d 函数的定义, 这就是 $d^1_{1,1}$①.

①关于转动函数的更多的讨论, 见附录的 1.3 小节.

从螺旋度振幅出发, 我们还能得到更多有意义的结果. 比如, 我们再来计算 $+1/2, +1/2 \to +1/2, -1/2$ 的过程, 它的振幅记为 $\mathcal{M}_{+++-}$. 只需要把上述过程中

$$v(\boldsymbol{p}', s') = \sqrt{E}\begin{pmatrix} (\widehat{\boldsymbol{p}'} \cdot \boldsymbol{\sigma})\eta(s') \\ \eta(s') \end{pmatrix}$$

的 $\eta(s')$ 取成 $\widehat{\boldsymbol{p}'} \cdot \boldsymbol{\sigma}$ 的 -1 本征态 $\eta(-\widehat{\boldsymbol{p}'})$. 不难计算这个本征态是 $-\chi(\widehat{\boldsymbol{p}}) = -(1, 0)^{\mathrm{T}}$. 此时

$$v(\boldsymbol{p}', s') \to -\sqrt{E}\begin{pmatrix} -\chi(\widehat{\boldsymbol{p}}) \\ \chi(\widehat{\boldsymbol{p}}) \end{pmatrix}, \tag{6.109}$$

而 $u(\boldsymbol{p}, s)$ 不变,

$$u(\boldsymbol{p}, s) \to \sqrt{E}\begin{pmatrix} \chi(\widehat{\boldsymbol{p}}) \\ \chi(\widehat{\boldsymbol{p}}) \end{pmatrix}.$$

只考虑振幅中的一个因子

$$[\overline{v}(\boldsymbol{p}', s')\gamma^\mu u(\boldsymbol{p}, s)] = E\begin{pmatrix} \chi(\widehat{\boldsymbol{p}})^{\mathrm{T}}, & \chi(\widehat{\boldsymbol{p}})^{\mathrm{T}} \end{pmatrix}\left(\begin{pmatrix} 1 & 0 \\ 0 & -1 \end{pmatrix}, \begin{pmatrix} 0 & \sigma^i \\ -\sigma^i & 0 \end{pmatrix}\right)\begin{pmatrix} \chi(\widehat{\boldsymbol{p}}) \\ \chi(\widehat{\boldsymbol{p}}) \end{pmatrix}, \tag{6.110}$$

显然对于每个 μ 结果都是 0, 从而 $\mathcal{M}_{+++-} = 0$. 而且上面只用了振幅中的一个因子, 和末态无关, 所以我们其实是证明了 $\mathcal{M}_{++\cdots} = 0$, 也就是只要初态螺旋度都是 $+1/2$, 那么无论末态如何散射振幅都是 0. 我们可以从两方面分析其中的原因. 第一, 之前提到过在极端相对论 (忽略粒子质量) 的情况下螺旋度和手征性是等价的. $\mathrm{e}^-, \mathrm{e}^+$ 的螺旋度都是 $+1/2$ 等价于 e^- 是右手的而 e^+ 是左手的, 也就是说散射振幅中其实存在着如下的因子 (注意手征投影算符的定义 $P_{\mathrm{R,L}} \equiv (1 \pm \gamma^5)/2$):

$$[\overline{v}_{\mathrm{L}}(\boldsymbol{p}', s')\gamma^\mu u_{\mathrm{R}}(\boldsymbol{p}, s)] = (P_{\mathrm{L}} v(\boldsymbol{p}', s'))^\dagger \gamma^0 \gamma^\mu P_{\mathrm{R}} u(\boldsymbol{p}, s). \tag{6.111}$$

利用 γ^5 和 γ^μ 都反对易以及 $P_{\mathrm{L}}^\dagger = P_{\mathrm{L}}, P_{\mathrm{L}} P_{\mathrm{R}} = 0$, 得到

$$(P_{\mathrm{L}} v(\boldsymbol{p}', s'))^\dagger \gamma^0 \gamma^\mu P_{\mathrm{R}} u(\boldsymbol{p}, s) = \overline{v}(\boldsymbol{p}', s')\gamma^\mu P_{\mathrm{L}} P_{\mathrm{R}} u(\boldsymbol{p}, s) = 0, \tag{6.112}$$

所以这个振幅等于 0 是左右手投影算符互相正交的结果. 第二, 初态两粒子对撞合成一个虚光子, 螺旋度都是 $+1/2$ 意味着虚光子 z 方向的自旋是 0, 虚光子是纵向偏振, 这违背了光的横波条件, 因此不可能发生. 用完全类似的方法可得初态螺旋度都是 $-1/2$ 的结果也是 0, 即 $\mathcal{M}_{--\cdots} = 0$.

下面计算 $\mathcal{M}_{+-++}$. 只需要把 $\mathcal{M}_{+-+-}$ 中的 μ^+ 旋量改成螺旋度 $+1/2$ 的态, 也就是 $\widehat{\boldsymbol{k}'} \cdot \boldsymbol{\sigma}$ 为 -1 的本征态, 它等于 $-\chi(\widehat{\boldsymbol{k}})$, 从而

$$v(\boldsymbol{k}', r') \to -\sqrt{E+m}\begin{pmatrix} -\dfrac{k}{E+m}\chi(\widehat{\boldsymbol{k}}) \\ \chi(\widehat{\boldsymbol{k}}) \end{pmatrix}, \tag{6.113}$$

其余旋量都与 $\mathcal{M}_{+-+-}$ 中的一样. 完全类似的计算可得

$$\begin{aligned}
&[\overline{u}(\boldsymbol{k},r)\gamma_\mu v(\boldsymbol{k}',r')][\overline{v}(\boldsymbol{p}',s')\gamma^\mu u(\boldsymbol{p},s)]\\
&=-E(E+m)\left(\chi(\widehat{\boldsymbol{k}})^{\mathrm{T}},\quad -\frac{k}{E+m}\chi(\widehat{\boldsymbol{k}})^{\mathrm{T}}\right)\begin{pmatrix}1&0\\0&-1\end{pmatrix}\begin{pmatrix}-\dfrac{k}{E+m}\chi(\widehat{\boldsymbol{k}})\\ \chi(\widehat{\boldsymbol{k}})\end{pmatrix}\\
&\quad\times\left(\eta(\widehat{\boldsymbol{p}}')^{\mathrm{T}},\quad -\eta(\widehat{\boldsymbol{p}}')^{\mathrm{T}}\right)\begin{pmatrix}1&0\\0&-1\end{pmatrix}\begin{pmatrix}\chi(\widehat{\boldsymbol{p}})\\ \chi(\widehat{\boldsymbol{p}})\end{pmatrix}\\
&\quad+E(E+m)\sum_{i=1}^{3}\begin{pmatrix}\chi(\widehat{\boldsymbol{k}})^{\mathrm{T}}\\ -\dfrac{k}{E+m}\chi(\widehat{\boldsymbol{k}})^{\mathrm{T}}\end{pmatrix}\begin{pmatrix}0&\sigma^i\\-\sigma^i&0\end{pmatrix}\begin{pmatrix}-\dfrac{k}{E+m}\chi(\widehat{\boldsymbol{k}})\\ \chi(\widehat{\boldsymbol{k}})\end{pmatrix}\\
&\quad\times\left(\eta(\widehat{\boldsymbol{p}}')^{\mathrm{T}},\quad -\eta(\widehat{\boldsymbol{p}}')^{\mathrm{T}}\right)\begin{pmatrix}0&\sigma^i\\-\sigma^i&0\end{pmatrix}\begin{pmatrix}\chi(\widehat{\boldsymbol{p}})\\ \chi(\widehat{\boldsymbol{p}})\end{pmatrix}\\
&=2E(E+m)\left[1-\left(\frac{k}{E+m}\right)^2\right]\sum_{i=1}^{3}[(\eta(\widehat{\boldsymbol{p}}')^{\mathrm{T}}\sigma^i\chi(\widehat{\boldsymbol{p}}))(\chi(\widehat{\boldsymbol{k}})^{\mathrm{T}}\sigma^i\chi(\widehat{\boldsymbol{k}}))],
\end{aligned}\tag{6.114}$$

其中同样用到了 $\eta(\widehat{\boldsymbol{p}}')^{\mathrm{T}}\chi(\widehat{\boldsymbol{p}})=0$. 容易看出 $\chi(\widehat{\boldsymbol{k}})^{\mathrm{T}}\sigma^2\chi(\widehat{\boldsymbol{k}})=\eta(\widehat{\boldsymbol{p}}')^{\mathrm{T}}\sigma^3\chi(\widehat{\boldsymbol{p}})=0$, 只有 $i=1$ 时不为 0. 经计算有

$$\begin{aligned}
\chi(\widehat{\boldsymbol{k}})^{\mathrm{T}}\sigma^1\chi(\widehat{\boldsymbol{k}})&=\sin\theta,\\
\eta(\widehat{\boldsymbol{p}}')^{\mathrm{T}}\sigma^1\chi(\widehat{\boldsymbol{p}})&=1,
\end{aligned}\tag{6.115}$$

从而最终得

$$\mathrm{i}\mathcal{M}_{+-++}=\mathrm{i}e^2\frac{E+m}{E}\left[1-\left(\frac{k}{E+m}\right)^2\right]\frac{\sin\theta}{2}=\sqrt{2}\mathrm{i}e^2\frac{m}{E}\frac{\sin\theta}{\sqrt{2}}.\tag{6.116}$$

这个振幅有两个地方值得注意. 首先它正比于 $d^1_{1,0}=-\sin\theta/\sqrt{2}$, 其次它正比于 m/E. 当 μ 子为接近极端相对论情形时, $m/E\approx 0$, 从而这个振幅近似为 0, 原因在于当 μ 子为极端相对论时它的螺旋度具有了确定的意义, 光的横波条件不仅可以限制初态电子螺旋度不能相等, 也限制末态 μ 子螺旋度不能相等.

最后我们计算 $\mathcal{M}_{-+-+}$, 也就是初态电子螺旋度 $-1/2$, 正电子螺旋度 $+1/2$, 末态 μ 子螺旋度 $-1/2$, 正 μ 子螺旋度 $+1/2$, 所有螺旋度都和 $\mathcal{M}_{+-+-}$ 恰好差一个负号. 还是将旋量中的 χ,η 取到它相应的本征态上 (应该都取它动量点乘 $\boldsymbol{\sigma}$ 的负本征态), 得到

$$u(\boldsymbol{p},s)\to\sqrt{E}\begin{pmatrix}\chi(-\widehat{\boldsymbol{p}})\\-\chi(-\widehat{\boldsymbol{p}})\end{pmatrix},\tag{6.117}$$

$$\overline{v}(\boldsymbol{p}', s') \to \sqrt{E}\left(-\eta(-\widehat{\boldsymbol{p}}')^{\mathrm{T}}, \quad -\eta(-\widehat{\boldsymbol{p}}')^{\mathrm{T}}\right), \tag{6.118}$$

$$v(\boldsymbol{k}', r') \to \sqrt{E+m}\begin{pmatrix} -\dfrac{k}{E+m}\eta(-\widehat{\boldsymbol{k}}') \\ \eta(-\widehat{\boldsymbol{k}}') \end{pmatrix}, \tag{6.119}$$

$$\overline{u}(\boldsymbol{k}, r) \to \sqrt{E+m}\left(\chi(-\widehat{\boldsymbol{k}})^{\mathrm{T}}, \quad \frac{k}{E+m}\chi(-\widehat{\boldsymbol{k}})^{\mathrm{T}}\right), \tag{6.120}$$

其中

$$\chi(-\widehat{\boldsymbol{p}}) = \begin{pmatrix} 0 \\ 1 \end{pmatrix}, \tag{6.121}$$

$$\eta(-\widehat{\boldsymbol{p}}') = \begin{pmatrix} -1 \\ 0 \end{pmatrix}, \tag{6.122}$$

$$\eta(-\widehat{\boldsymbol{k}}') = -\begin{pmatrix} \cos\dfrac{\theta}{2} \\ \sin\dfrac{\theta}{2} \end{pmatrix}, \tag{6.123}$$

$$\chi(-\widehat{\boldsymbol{k}}) = \begin{pmatrix} -\sin\dfrac{\theta}{2} \\ \cos\dfrac{\theta}{2} \end{pmatrix}. \tag{6.124}$$

于是有

$$\begin{aligned}
&[\overline{u}(\boldsymbol{k}, r)\gamma_\mu v(\boldsymbol{k}', r')][\overline{v}(\boldsymbol{p}', s')\gamma^\mu u(\boldsymbol{p}, s)] \\
&= E(E+m)\left(\chi(-\widehat{\boldsymbol{k}})^{\mathrm{T}}, \quad \frac{k}{E+m}\chi(-\widehat{\boldsymbol{k}})^{\mathrm{T}}\right)\begin{pmatrix} 1 & 0 \\ 0 & -1 \end{pmatrix}\begin{pmatrix} -\dfrac{k}{E+m}\eta(-\widehat{\boldsymbol{k}}') \\ \eta(-\widehat{\boldsymbol{k}}') \end{pmatrix} \\
&\quad \times \left(-\eta(-\widehat{\boldsymbol{p}}')^{\mathrm{T}}, \quad -\eta(-\widehat{\boldsymbol{p}}')^{\mathrm{T}}\right)\begin{pmatrix} 1 & 0 \\ 0 & -1 \end{pmatrix}\begin{pmatrix} \chi(-\widehat{\boldsymbol{p}}) \\ -\chi(-\widehat{\boldsymbol{p}}) \end{pmatrix} \\
&\quad -E(E+m)\sum_{i=1}^{3}\left(\chi(-\widehat{\boldsymbol{k}})^{\mathrm{T}}, \ \frac{k}{E+m}\chi(-\widehat{\boldsymbol{k}})^{\mathrm{T}}\right)\begin{pmatrix} 0 & \sigma^i \\ -\sigma^i & 0 \end{pmatrix}\begin{pmatrix} \dfrac{-k}{E+m}\eta(-\widehat{\boldsymbol{k}}') \\ \eta(-\widehat{\boldsymbol{k}}') \end{pmatrix} \\
&\quad \times \left(-\eta(-\widehat{\boldsymbol{p}}')^{\mathrm{T}}, \quad -\eta(-\widehat{\boldsymbol{p}}')^{\mathrm{T}}\right)\begin{pmatrix} 0 & \sigma^i \\ -\sigma^i & 0 \end{pmatrix}\begin{pmatrix} \chi(-\widehat{\boldsymbol{p}}) \\ -\chi(-\widehat{\boldsymbol{p}}) \end{pmatrix} \\
&= -2E(E+m)\left[1+\left(\frac{k}{E+m}\right)^2\right]\sum_{i=1,2}[(\eta(-\widehat{\boldsymbol{p}}')^{\mathrm{T}}\sigma^i\chi(-\widehat{\boldsymbol{p}}))(\chi(-\widehat{\boldsymbol{k}})^{\mathrm{T}}\sigma^i\eta(-\widehat{\boldsymbol{k}}'))].
\end{aligned} \tag{6.125}$$

进一步计算有

$$
\begin{aligned}
\chi(-\widehat{\boldsymbol{k}})^{\mathrm{T}}\sigma^1\eta(-\widehat{\boldsymbol{k}}') &= -\cos\theta,\\
\chi(-\widehat{\boldsymbol{k}})^{\mathrm{T}}\sigma^2\eta(-\widehat{\boldsymbol{k}}') &= -\mathrm{i},\\
\eta(-\widehat{\boldsymbol{p}}')^{\mathrm{T}}\sigma^1\chi(-\widehat{\boldsymbol{p}}) &= -1,\\
\eta(-\widehat{\boldsymbol{p}}')^{\mathrm{T}}\sigma^2\chi(-\widehat{\boldsymbol{p}}) &= \mathrm{i}.
\end{aligned} \tag{6.126}
$$

最终得到

$$
\mathrm{i}\mathcal{M}_{-+-+} = -\mathrm{i}e^2\frac{E+m}{E}\left[1+\left(\frac{k}{E+m}\right)^2\right]\frac{1+\cos\theta}{2} = \mathrm{i}\mathcal{M}_{+-+-}. \tag{6.127}
$$

它和之前已经计算的 $\mathcal{M}_{+-+-}$ 相等, 这并不是偶然的. 事实上 “$-+-+$” 这个过程是 “$+-+-$” 做宇称变换后得到的, QED 宇称守恒, 从而这两个振幅相等. 一般地, 对 $2\to 2$ 散射过程, 螺旋度 $h_1, h_2 \to h_3, h_4$ 的振幅具有如下的宇称变换性质:

$$
\mathcal{M}(h_1, h_2 \to h_3, h_4) = \eta\mathcal{M}(-h_1, -h_2 \to -h_3, -h_4). \tag{6.128}
$$

相因子 $\eta = \pm 1$ 满足

$$
\eta = P_1P_2P_3P_4(-1)^{s_1-h_1+s_2+h_2-s_3+h_3-s_4-h_4}, \tag{6.129}
$$

其中 s_i 为第 i 个粒子总自旋, P_i 为第 i 个粒子的内禀宇称. 对于 $\mathcal{M}_{+-+-}$ 过程, $h_1 = h_3 = 1/2, h_2 = h_4 = -1/2$, 粒子总自旋都是 1/2. 第四章已经讨论了, 正反费米子对具有负的内禀宇称, 因此 $P_1P_2 = P_3P_4 = -1$, 从而 $\eta = (-1)^2(-1)^{-1+1} = +1$.

6.5.2 极化散射截面

上面具体演示了极化振幅如何计算, 并讨论了角度依赖关系以及宇称变换规律. 下面计算极化散射截面. 与非极化一样, 对振幅取模方, 再对相空间积分可得到截面. 还是以 $\mathcal{M}_{+-+-}$ 为例, 此时

$$
\begin{aligned}
\mathrm{d}\sigma_{+-+-} &= \frac{1}{2E_1 2E_2|\boldsymbol{v}_1-\boldsymbol{v}_2|}|\mathcal{M}_{+-+-}|^2(2\pi)^4\delta^4(p+p'-k-k')\frac{\mathrm{d}^3\boldsymbol{k}}{2E_{\boldsymbol{k}}(2\pi)^3}\frac{\mathrm{d}^3\boldsymbol{k}'}{2E_{\boldsymbol{k}'}(2\pi)^3}\\
&= \frac{|\mathcal{M}_{+-+-}|^2}{8E^2}\delta^3(\boldsymbol{k}+\boldsymbol{k}')\delta(2E-E_{\boldsymbol{k}}-E_{\boldsymbol{k}'})\frac{\mathrm{d}^3\boldsymbol{k}\mathrm{d}^3\boldsymbol{k}'}{4E_{\boldsymbol{k}}E_{\boldsymbol{k}'}(2\pi)^2} \equiv \frac{|\mathcal{M}_{+-+-}|^2}{8E^2}\mathrm{d}\Pi_2.
\end{aligned} \tag{6.130}
$$

这里的 $|\mathcal{M}_{+-+-}|^2$ 与 k, k' 无关, 初态电子忽略质量, 因此 $|\boldsymbol{v}_1-\boldsymbol{v}_2| \approx 2$. $\mathrm{d}\Pi_2$ 是 2

体相空间体积元. 对相空间积分, 得到

$$\begin{aligned}
\sigma_{+-+-} &= \int \mathrm{d}\Pi_2 \frac{|\mathcal{M}_{+-+-}|^2}{8E^2} \\
&= \int \frac{\mathrm{d}^3\boldsymbol{k}\mathrm{d}^3\boldsymbol{k}'}{4E_{\boldsymbol{k}}E_{\boldsymbol{k}'}(2\pi)^2}\delta^3(\boldsymbol{k}+\boldsymbol{k}')\delta(2E-E_{\boldsymbol{k}}-E_{\boldsymbol{k}'})\frac{|\mathcal{M}_{+-+-}|^2}{8E^2} \\
&= \int \frac{\mathrm{d}^3\boldsymbol{k}}{4E_{\boldsymbol{k}}^2(2\pi)^2}\delta(2E-2E_{\boldsymbol{k}})\frac{|\mathcal{M}_{+-+-}|^2}{8E^2} \\
&= \int \frac{\mathrm{d}^3\boldsymbol{k}}{4E_{\boldsymbol{k}}^2(2\pi)^2}\frac{E}{2k_0}\delta(k-k_0)\frac{|\mathcal{M}_{+-+-}|^2}{8E^2} \\
&= \int \frac{k^2\mathrm{d}k}{4E_{\boldsymbol{k}}^2(2\pi)^2}\frac{E}{2k_0}\delta(k-k_0)(2\pi)\int \mathrm{d}\cos\theta\frac{|\mathcal{M}_{+-+-}|^2}{8E^2} \\
&= \frac{2\pi k_0}{64E^3(2\pi)^2}\int |\mathcal{M}_{+-+-}|^2\mathrm{d}\cos\theta,
\end{aligned} \tag{6.131}$$

其中 $k_0=\sqrt{E^2-m^2}$. 上面相空间积分中用到了 $\delta(f(x))=\delta(x_0)/|f'(x_0)|$, x_0 为 $f(x)$ 的零点. 于是得到了极化的微分散射截面

$$\frac{\mathrm{d}\sigma_{+-+-}}{\mathrm{d}\cos\theta}=\frac{2\pi k_0}{64E^3(2\pi)^2}|\mathcal{M}_{+-+-}|^2=\frac{2\pi\alpha^2\sqrt{E^2-m^2}}{16E^3}(1+\cos\theta)^2. \tag{6.132}$$

之前已经计算过 $\mathcal{M}_{+-++}$, 它给出的散射截面的计算与上面完全类似:

$$\frac{\mathrm{d}\sigma_{+-++}}{\mathrm{d}\cos\theta}=\frac{2\pi k_0}{64E^3(2\pi)^2}|\mathcal{M}_{+-++}|^2=\frac{2\pi\alpha^2\sqrt{E^2-m^2}}{16E^3}\frac{m^2}{E^2}\sin^2\theta. \tag{6.133}$$

本过程初态电子螺旋度相同的振幅均为 0, 从而非零的振幅有 8 个:

$$\mathcal{M}_{+-++},\quad \mathcal{M}_{+-+-},\quad \mathcal{M}_{+--+},\quad \mathcal{M}_{+---}$$

以及

$$\mathcal{M}_{-+--},\quad \mathcal{M}_{-+-+},\quad \mathcal{M}_{-++-},\quad \mathcal{M}_{-+++}.$$

由于宇称守恒, 后面四个振幅模方与前面四个分别相等. 所以独立的振幅只剩下前四个. 前面已经详细演示过前两个极化振幅的计算步骤, 因此这里不再写具体过程, 而直接给出另外两个振幅的结果:

$$\mathrm{i}\mathcal{M}_{+--+}=-2\mathrm{i}e^2\frac{1-\cos\theta}{2}\propto d^1_{1,-1}=\frac{1-\cos\theta}{2}, \tag{6.134}$$

$$\mathrm{i}\mathcal{M}_{+---}=\sqrt{2}\mathrm{i}e^2\frac{m}{E}\frac{\sin\theta}{\sqrt{2}}\propto d^1_{1,0}=-\frac{\sin\theta}{\sqrt{2}}. \tag{6.135}$$

$e^+e^- \to \mu^+\mu^-$ 的非极化截面, 等于所有极化截面对初态求平均 (也就是相加后再除以 4),

$$\begin{aligned}
\frac{\mathrm{d}\sigma}{\mathrm{d}\cos\theta} &= \frac{1}{4} \times \frac{2\pi k_0}{64E^3(2\pi)^2} \times 2(|\mathcal{M}_{+-++}|^2 + |\mathcal{M}_{+-+-}|^2 + |\mathcal{M}_{+--+}|^2 + |\mathcal{M}_{+---}|^2) \\
&= \frac{2\pi\alpha^2\sqrt{E^2-m^2}}{64E^3} \times 2\left[(1+\cos\theta)^2 + (1-\cos\theta)^2 + 2\frac{m^2}{E^2}\sin^2\theta\right] \\
&= \frac{2\pi\alpha^2}{16E^2}\sqrt{1-\frac{m^2}{E^2}}\left[\left(1+\frac{m^2}{E^2}\right) + \left(1-\frac{m^2}{E^2}\right)\cos^2\theta\right].
\end{aligned} \tag{6.136}$$

为验证上述方法得到的确实是非极化截面, 我们回到最熟悉的方法, 用振幅直接计算非极化截面:

$$\begin{aligned}
\mathrm{i}\mathcal{M} &= \frac{\mathrm{i}e^2}{s}[\overline{u}(\boldsymbol{k},r)\gamma_\mu v(\boldsymbol{k}',r')][\overline{v}(\boldsymbol{p}',s')\gamma^\mu u(\boldsymbol{p},s)], \\
-\mathrm{i}\mathcal{M}^* &= -\frac{\mathrm{i}e^2}{s}[\overline{v}(\boldsymbol{k}',r')\gamma_\nu u(\boldsymbol{k},r)][\overline{u}(\boldsymbol{p},s)\gamma^\nu v(\boldsymbol{p}',s')],
\end{aligned} \tag{6.137}$$

于是

$$\begin{aligned}
\frac{1}{4}\sum_{\text{spins}}|\mathcal{M}|^2 = \frac{e^4}{4s^2}&\sum_{r,r'}\mathrm{tr}[\gamma_\nu u(\boldsymbol{k},r)\overline{u}(\boldsymbol{k},r)\gamma_\mu v(\boldsymbol{k}',r')\overline{v}(\boldsymbol{k}',r')] \\
&\times\sum_{s,s'}\mathrm{tr}[\gamma^\mu u(\boldsymbol{p},s)\overline{u}(\boldsymbol{p},s)\gamma^\nu v(\boldsymbol{p}',s')\overline{v}(\boldsymbol{p}',s')].
\end{aligned} \tag{6.138}$$

利用 $\sum_s u(\boldsymbol{p},s)\overline{u}(\boldsymbol{p},s) = \not{p} + m$ 还有 $\sum_s v(\boldsymbol{p},s)\overline{v}(\boldsymbol{p},s) = \not{p} - m$, 并忽略电子质量, 得

$$\begin{aligned}
\frac{1}{4}\sum_{\text{spins}}|\mathcal{M}|^2 &= \frac{e^4}{4s^2}\mathrm{tr}[\gamma_\nu(\not{k}+m)\gamma_\mu(\not{k}'-m)]\mathrm{tr}[\gamma^\mu\not{p}\gamma^\nu\not{p}'] \\
&= \frac{e^4}{4s^2}\mathrm{tr}[\gamma_\nu\not{k}\gamma_\mu\not{k}' - m^2\gamma_\nu\gamma_\mu]\mathrm{tr}[\gamma^\mu\not{p}\gamma^\nu\not{p}'].
\end{aligned} \tag{6.139}$$

把所有 $\not{a}$ 写成 $a_\alpha\gamma^\alpha$, 利用 $\mathrm{tr}[\gamma_\alpha\gamma_\beta\gamma_\rho\gamma_\sigma] = 4(g_{\alpha\beta}g_{\rho\sigma} - g_{\alpha\rho}g_{\beta\sigma} + g_{\alpha\sigma}g_{\beta\rho})$, 以及 $\mathrm{tr}[\gamma_\alpha\gamma_\beta] = 4g_{\alpha\beta}$, 得到

$$\begin{aligned}
\frac{1}{4}\sum_{\text{spins}}|\mathcal{M}|^2 &= \frac{4e^4}{s^2}[k_\nu k'_\mu - (k\cdot k')g_{\nu\mu} + k'_\nu k_\mu - m^2 g_{\nu\mu}][p^\mu p'^\nu - g^{\mu\nu}(p\cdot p') + p'^\mu p^\nu] \\
&= \frac{8e^4}{s^2}[(p\cdot k')(k\cdot p') + (p\cdot k)(p'\cdot k') + m^2(p\cdot p')].
\end{aligned} \tag{6.140}$$

取质心系, 动量的表达式如 (6.96) 式, 可得

$$\begin{aligned}\frac{1}{4}\sum_{\text{spins}}|\mathcal{M}|^2&=\frac{e^4}{2E^4}[E^2(E+k\cos\theta)^2+E^2(E-k\cos\theta)^2+2m^2E^2]\\&=e^4\left[\left(1+\frac{m^2}{E^2}\right)+\left(1-\frac{m^2}{E^2}\right)\cos^2\theta\right],\end{aligned}\tag{6.141}$$

其中用到了质壳条件 $k^2=E^2-m^2$. 于是非极化微分散射截面 (相空间积分之前已经计算过了) 为

$$\begin{aligned}\frac{\mathrm{d}\sigma}{\mathrm{d}\cos\theta}&=\frac{2\pi k_0}{64E^3(2\pi)^2}\times\frac{1}{4}\sum_{\text{spins}}|\mathcal{M}|^2\\&=\frac{2\pi\alpha^2}{16E^2}\sqrt{1-\frac{m^2}{E^2}}\left[\left(1+\frac{m^2}{E^2}\right)+\left(1-\frac{m^2}{E^2}\right)\cos^2\theta\right].\end{aligned}\tag{6.142}$$

与之前用极化截面相加再除以 4 的结果完全一样.

6.5.3 极化过程总结

最后, 对上述极化过程的讨论做一个总结. 结论是比较一般的, 不仅适用于 $\mathrm{e}^+\mathrm{e}^-\to\mu^+\mu^-$ 过程, 也适用于其他过程.

(1) $h_1,h_2\to h_3,h_4$ 过程的螺旋度振幅正比于 $d^J_{h_1-h_2,h_3-h_4}$, J 为中间态粒子的总自旋.

(2) 在宇称守恒的过程里, 螺旋度振幅满足 $\mathcal{M}(h_1,h_2\to h_3,h_4)=\pm\mathcal{M}(-h_1,-h_2\to -h_3,-h_4)$.

(3) 初态/末态粒子质量可以忽略时, 螺旋度具有确定的意义. 如果中间粒子是光子, 则初态/末态自旋方向相反的振幅总是 0, 因为光子不能纵向偏振.

(4) 把某个过程所有螺旋度对应的极化散射截面相加再除以初态自旋可能的组合个数, 得到的就是非极化散射的截面 (在 $\mathrm{e}^+\mathrm{e}^-\to\mu^+\mu^-$ 过程中初态自旋有 $++,+-,-+,--$ 四种组合, 从而除以 4).

还可以用螺旋度振幅来计算别的极化散射过程, 比如之前已经计算过的 Compton 散射和正负电子湮灭. 那些过程的计算比起 $\mathrm{e}^+\mathrm{e}^-\to\mu^+\mu^-$ 更加复杂一些, 它们的 Feynman 图个数多, 而且不仅要考虑电子极化还要考虑光子, 但思路是完全类似的. 有兴趣的读者可以自行计算, 这里不再讨论.

第七章　Feynman 图的解析行为

在第 5.3.3 小节中我们遇到了计算 Feynman 振幅时的发散. 这当然是很严重的问题, 我们将在第九章中严肃地面对并处理这一问题. 除此之外, 在审视如 (5.44) 式时, 我们还注意到振幅依赖于变量 $s=(p_1+p_2)^2$. 定义

$$I(s)=-\mathrm{i}\int\frac{\mathrm{d}^4q}{(2\pi)^4}\frac{1}{(q^2-m^2)((q-p_1-p_2)^2-m^2)},\tag{7.1}$$

则对于图 5.5 所代表的 $1+2\to 3+4$ 散射, 不变振幅为

$$\mathrm{i}\mathcal{M}(s,t,u)=\frac{(-\mathrm{i}\lambda)^2}{2!\mathrm{i}}(I(s)+I(t)+I(u)),\tag{7.2}$$

其中 $t=(p_1-p_3)^2$, $u=(p_1-p_4)^2$. 积分 $I(s)$ 是对数发散的, 但是目前这并不引起我们的担心, 因为这里将仅讨论散射振幅对变量 $s(t,u)$ 的依赖关系. 在第九章讨论量子场论紫外发散时我们会知道, 紫外发散对外动量只是多项式依赖的, 因此其解析性质是平庸的. 事实上我们在 7.2.2 小节中很快会看到, 积分 $I(s)$ 在实 s 轴上的不连续性根本就是有限的.

研究物理散射振幅对于变量 s 等的非平庸的 (即奇异性的) 依赖关系是十分重要的, 并会导致丰富的物理成果, 这一章将集中探讨这个问题. 其重要性可以从如下观点来理解: 物理散射振幅的全部重要信息来自于在所研究能标附近的奇异结构. 如果知道了后者, 也就知道了物理振幅.

为此目的我们首先介绍散射振幅的幺正性导致的光学定理. 光学定理这个名词来源于经典电动力学, 在那里光学定理是电磁波与任意物体散射过程中能量守恒的后果. 而在量子理论里面光学定理是概率守恒的后果. 更重要的是, 光学定理也给出了散射振幅奇异性的最初、最坚实可靠和最直接的证据.

§7.1　散射矩阵的幺正性与光学定理

在入态和出态以平面波为基矢表述时, S 矩阵与 $\mathcal{T}$ 矩阵的关系是

$$S=1+\mathrm{i}\mathcal{T}.\tag{7.3}$$

以 $2\to n$ 体反应为例, 对于 $\mathcal{T}$ 我们还可以定义不变矩阵元 $\mathcal{M}$,

$$\langle p_\mathrm{f}|\mathrm{i}\mathcal{T}|p_1,p_2\rangle=\mathrm{i}(2\pi)^4\delta^4\left(p_1+p_2-\sum p_\mathrm{f}\right)\mathcal{M}(p_1,p_2\to p_\mathrm{f}),\tag{7.4}$$

其中 $\mathcal{M}$ 是 Lorentz 不变振幅. 由于概率守恒, $S^\dagger S = I$, 而光学定理是概率守恒的直接结果:

$$-\mathrm{i}(\mathcal{T} - \mathcal{T}^\dagger) = \mathcal{T}^\dagger \mathcal{T}. \tag{7.5}$$

考虑上式在 $2 \to 2$ 散射时的矩阵元. 首先在上式右边插入一组中间态的完备集, 导出

$$\langle p_3 p_4 | \mathcal{T}^\dagger \mathcal{T} | p_1 p_2 \rangle = \sum_n \int \prod_{i=1}^{n} \frac{\mathrm{d}^3 \boldsymbol{k}_i}{(2\pi)^3} \frac{1}{2E_i} \langle p_3 p_4 | \mathcal{T}^\dagger | n \rangle \langle n | \mathcal{T} | p_1 p_2 \rangle. \tag{7.6}$$

利用 (7.4) 式, 导出 (用符号 T 来代替 $\mathcal{M}$)①

$$\begin{aligned} &-\mathrm{i}(T(p_1 p_2 \to p_3 p_4) - T(p_3 p_4 \to p_1 p_2)^*) \\ &= \sum_n \int \prod_{i=1}^{n} \frac{\mathrm{d}^3 \boldsymbol{k}_i}{(2\pi)^3} \frac{1}{2E_i} T^*(p_3 p_4 \to n) T(p_1 p_2 \to n) \times (2\pi)^4 \delta^4 \left(p_1 + p_2 - \sum_i k_i \right). \end{aligned} \tag{7.8}$$

这个式子可以简写为

$$-\mathrm{i}(T(\mathrm{i} \to \mathrm{f}) - T(\mathrm{f} \to \mathrm{i})^*) = \sum_n \int \mathrm{d}\Phi_n T^*(\mathrm{i} \to \mathrm{n}) T(\mathrm{f} \to \mathrm{n}). \tag{7.9}$$

当 $\mathrm{i} = \mathrm{f}$ 时, 上式就给出了光学定理

$$\mathrm{Im} T(p_1 p_2 \to p_1 p_2) = 2k_{\mathrm{cm}} \sqrt{s} \sigma_{\mathrm{tot}}(p_1 p_2 \to \text{任意末态}), \tag{7.10}$$

其中 k_{cm} 是质心系中某入射粒子的动量 (比如对于相同质量粒子的散射, $2k_{\mathrm{cm}} = \sqrt{s - 4m^2}$), $\sqrt{s}$ 是质心系中的总能量. 如果时间反演不变性不再成立, 则 (7.8) 式的形式不再是对的, 但光学定理 (7.10) 式仍然成立.

§7.2 Feynman 图的奇异性分析、Cutkosky 规则

为做 Feynman 振幅的奇异结构分析, 我们来简单地回顾一下常出现在场论振幅里面的一些解析函数的奇异性. 除了孤立奇点, 即极点外, 振幅里常出现的是 $\sqrt{z}$

①其中包括了 n 体相空间的积分:

$$\prod_{i=1}^{n} \int \frac{\mathrm{d}^3 \boldsymbol{k}_i}{(2\pi)^3} \frac{1}{2E_i} (2\pi)^4 \delta^4 \left(P - \sum_i k_i \right) = \prod_{i=1}^{n} \int \frac{\mathrm{d}^4 k_i}{(2\pi)^3} \delta^4(k_i^2 - m_i^2) \theta(k_i^0) (2\pi)^4 \delta^4 \left(P - \sum_i k_i \right). \tag{7.7}$$

这个公式一般情况下积不出来, 但对于 n 个无质量粒子, 上式等于

$$\frac{16\pi^{5/2}}{(2\pi)^{2n}} \frac{\Gamma\left(n + \frac{1}{2}\right)}{\Gamma(n-1)\Gamma(2n)} \theta(P_0) \theta(P^2) (P^2)^{n-2}.$$

和 $\ln(z)$ 这样的函数. 对于 $\sqrt{z}$, 由于开根号是双值的, $z=0$ 为其支点, 需要引一条割线至无穷远. 这条割线可以取在正实轴上. 为了定义一个完整的单值函数, 需要定义一个两个叶的 Riemann 面. 图 7.1 画出了两个叶的 Riemann 面的示意图. 当 $z(z>0)$ 从正实轴上方出发 $(\sqrt{z}>0)$, 绕过 $z=0$ 的支点来到正实轴的下方时, $\sqrt{z}<0$, 此时 z 的轨迹在第一叶上, 用实线表示. 当 z 继续在复 z 平面向上移动时, 穿过了割线进入了第二叶 Riemann 面, 轨迹用虚线表示. 当 z 在第二叶上继续绕支点一周, 来到第二叶的下半平面割线的下沿时, 有 $\sqrt{z}>0$. 于是第二叶的下半平面与第一叶的上半平面粘连在一起, 即 z 继续往上移动时, 重新进入第一叶的上半平面. 如果定义正数开根号为正数, 则第二叶上开根号函数的定义为 $\sqrt{z}^{\mathrm{II}}\equiv-\sqrt{z}$.

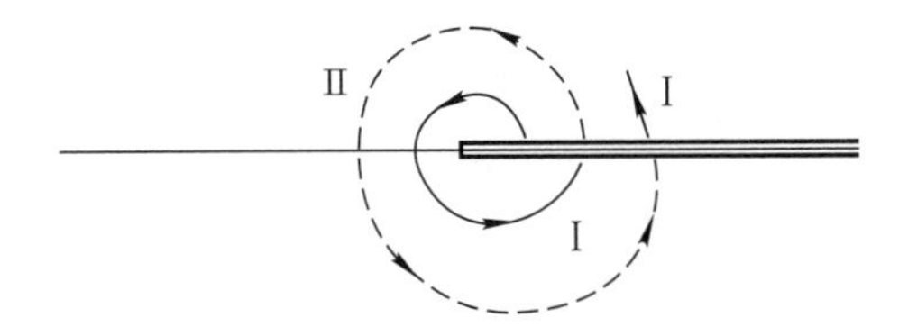

图 7.1　两个叶的 Riemann 面, 其中实线表示在第一叶上, 虚线表示在第二叶上.

对数函数 $\ln(z)$ 的 $z=0$ 也是支点, 引一条割线从 $z=0$ 到正无穷. 当 z 从上半平面接近正实轴的地方出发绕过支点移动到正实轴下方时, $\ln(z-\mathrm{i}\epsilon)=\ln(z+\mathrm{i}\epsilon)+2\pi\mathrm{i}$. 则 $\ln(z)$ 定义了一个无穷多叶的 Riemann 面. 第二叶上的对数函数的定义为 $\ln^{\mathrm{II}}(z)\equiv\ln(z)+2\pi\mathrm{i}$, 而第 N 叶上 $\ln^{N}(z)\equiv\ln(z)+2(N-1)\pi\mathrm{i}$.

7.2.1 Feynman 图的奇异性、Landau 方程

考虑积分

$$F(z)=\int_C \mathrm{d}x f(x,z), \tag{7.11}$$

其中 C 是路径, 如实轴上的间隔 (a,b), 而 $f(x,z)$ 是自变量 x, z 的解析函数, 除了在 $x=x_n(z)$ 上有奇异性. 显然, 如果 C 附近 f 解析那么 $F(z)$ 亦解析. 如果有一奇点逼近 C, 那么可以改变路径 C 以避开奇点, 则函数 $F(z)$ 仍然是解析的. 于是 $F(z)$ 的奇异性仅仅在如下两种情况时才会出现:

(1) 有一个奇异点 $x_k(z)$ 逼近路径 C 的端点 a 和 b, 因此没有办法绕开奇异点. 此时 $F(z)$ 的奇异性叫作端点奇异性 (end point singularity).

(2) 路径 C 被夹在两个逼近的奇异点 $x_1(z)$, $x_2(z)$ 之间. 同样不可能改变 C 绕开奇点, 此时 $F(z)$ 的奇异叫作夹持奇异性 (pinch singularity).

下面举两个简单的例子. 积分

$$F(z)=\int_{-1}^{1}\frac{\mathrm{d}x}{x^2+z}=\frac{2}{\sqrt{z}}\arctan\frac{1}{\sqrt{z}}$$

有两个奇异点逼近 C, $x_1(z)=\mathrm{i}\sqrt{z}$, $x_2(z)=-\mathrm{i}\sqrt{z}$. 当 $z\to 0$ 时, 它们在复 x 平面上沿上下虚轴趋于原点, 因此 $z=0$ 处积分 $F(z)$ 有夹持奇异性. 而积分

$$F(z)=\int_0^1\frac{\mathrm{d}x}{(x-z)}=\ln\left[\frac{(z-1)}{z}\right]$$

在 $z=0$ 和 $z=1$ 处是端点奇异性. 另一个稍微复杂的例子是积分

$$F(z)=\int_0^1\frac{\mathrm{d}x}{(x-2)(x-z)}=\frac{1}{z-2}\ln\left[\frac{2(z-1)}{z}\right]. \tag{7.12}$$

在这个例子里, $z=0$ 和 $z=1$ 处是端点奇异性, 而 $z=2$ 在除了物理叶的所有 Riemann 面上奇异. 本质上后者是一个夹持奇异性, 当把 z 从第一叶向第二叶 ($z=2$ 点) 移动时, 不得不变形 [0,1] 的积分路径, 而夹持奇异性就会发生, 见图 7.2.

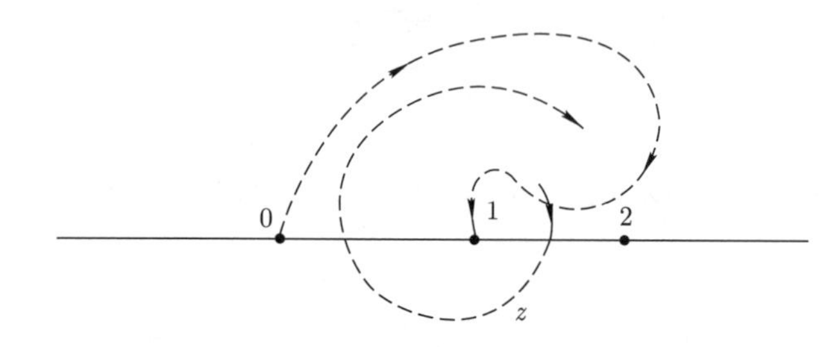

图 7.2 解析延拓与非物理叶上的奇异性.

上述讨论可以推广到多个复变量 x_i, z_j 的情形. 设积分区间的 H 的边界由一组关系式 $\widetilde{\mathcal{S}}_n(x_i,z_j)=0$ 决定, 而被积函数的奇异点 (面) 由 $\mathcal{S}_m(x_i,z_j)=0$ 决定, 于是奇异性发生在积分 (超) 路径被两个或更多奇异面所夹击, 或者 H 的边界被奇异面所逼近时. 因此可以写出决定奇点的必要条件:

$$\begin{aligned}&\lambda_m\mathcal{S}_m(x,z)=0\ (\text{对于所有的 } m),\\&\widetilde{\lambda}_n\widetilde{\mathcal{S}}_n(x,z)=0\ (\text{对于所有的 } n),\\&\frac{\partial}{\partial x_i}\left[\sum_m\lambda_m\mathcal{S}_m(x,z)+\sum_n\widetilde{\lambda}_n\widetilde{\mathcal{S}}_n(x,z)\right]=0,\end{aligned} \tag{7.13}$$

其中第三个方程表示各奇异面在交点相切, 而 λ_m, $\widetilde{\lambda}_n$ 是任意参数. 注意这个方程仅仅是必要条件, 方程 (7.13) 的某个解是否对应着真正的奇异性需要具体问题具体分析.

把上述分析应用到 Feynman 图, 不失一般性, 考虑如下积分:

$$I_G=\int\prod_{l=1}^{L}\frac{\mathrm{d}^4q_l}{(2\pi)^4}\prod_{i=1}^{n}\frac{\mathrm{i}}{k_i^2-m_i^2+\mathrm{i}\epsilon}. \tag{7.14}$$

这个积分表达式的积分区间的边界在无穷远. 这里我们不去分析在无穷远处出现的可能奇点因而扔掉 $\widetilde{\mathcal{S}}_i$ 项而仅考虑 $\mathcal{S}_i=(k_i^2-m_i^2)$ 的项, 于是得到 Landau 方程①:

$$\begin{aligned}&\lambda_i(k_i^2-m_i^2)=0\quad(i=1,\cdots,n),\\&\sum_i\lambda_ik_i\frac{\partial k_i}{\partial q_l}=0\quad(l=1,\cdots,L).\end{aligned}\tag{7.15}$$

在 Landau 方程中, 如果所有的 $\lambda_i\neq0$, 得到的叫作领头奇异性, 否则叫作非领头奇异性. 寻找 (7.15) 式的各种解是一个艰巨的工作. 下面仅局限于讨论所谓的 "实" 奇异性解. 所谓实奇异性的定义是不变量 $s_{ij}\equiv p_i\cdot p_j$ 仅在物理叶上, 且仅取实数值.

也可以改造一下上面的讨论, 得到参数空间里面的 Landau 方程. 利用附录中的 Feynman 参数积分公式

$$\frac{1}{A_1A_2\cdots A_n}=(n-1)!\int_0^1\frac{\mathrm{d}\alpha_1\cdots\mathrm{d}\alpha_n\delta\left(1-\sum_i\alpha_i\right)}{\left(\sum_i\alpha_iA_i\right)^n}\tag{7.16}$$

改造一下方程 (7.14) 式, 有

$$I_{\mathrm{G}}=(n-1)!\mathrm{i}^n\int\prod_{l=1}^{L}\frac{\mathrm{d}^4q_l}{(2\pi)^4}\int_0^1\frac{\mathrm{d}\alpha_1\cdots\mathrm{d}\alpha_n\delta\left(1-\sum_i\alpha_i\right)}{\left(\sum_i\alpha_i(k_i^2-m_i^2)\right)^n}.\tag{7.17}$$

在 (α,q) 空间中, $\mathcal{S}=\sum_i\alpha_i(k_i^2-m_i^2)$. 边界 $\widetilde{\mathcal{S}}_i=\alpha_i=0$. Landau 方程变为

$$\begin{aligned}&\lambda'\mathcal{S}=0,\ \ \lambda_i'\alpha_i=0\quad(i=1,\cdots,n),\\&\frac{\partial}{\partial q_l}\left(\lambda'\mathcal{S}+\sum_i\lambda_i'\alpha_i\right)=0\quad(l=1,\cdots,L),\\&\frac{\partial}{\partial\alpha_j}\left(\lambda'\mathcal{S}+\sum_i\lambda_i'\alpha_i\right)=0\quad(j=1,\cdots,n).\end{aligned}\tag{7.18}$$

扣掉 $\lambda'=0$ 的平庸解, 可以证明上述方程与 (7.15) 式等价: 令 $\mathcal{S}=0$, 则上述方程给出

$$\frac{\partial\mathcal{S}}{\partial q_l}=2\sum_i\alpha_ik_i\cdot\frac{\partial k_i}{\partial q_l}=0,$$

① 如果从 Feynman 参数积分的表达式出发, 可以得到和 (7.15) 式同样的表达式.

或者 $\sum_i(\pm)\alpha_i k_i = 0$, 以及 $\alpha_j(k_j^2 - m_j^2) = 0\ (j = 1, \cdots, n)$. 即对于那些非零的 α_i, 有

$$\begin{aligned} k_i^2 &= m_i^2, \\ \sum_i \alpha_i k_i &= 0. \end{aligned} \tag{7.19}$$

7.2.2 实奇异性, 正常阈、赝阈和反常阈

实奇异性指的是变量 $s_{ij} = k_i \cdot k_j$ 取实数值. 但是实奇异性并不一定非要 s_{ij} 变量落在物理区间. 对于实的 s_{ij} 和赋予质量项的非零的 $-\mathrm{i}\epsilon$, 显然积分不导致奇异性, 因此奇异性仅由在 $\epsilon \to 0$ 时的夹持奇异性引起. 对于实奇异性的预期是它们给出正常阈, 即中间态粒子可以产生的最小值. 然而除了这个朴素的结果, 实奇异性的确也能够导致所谓的 "反常阈", 如在讨论三点函数时将看到的那样. 下面首先从最简单的两点函数例子开始讨论.

定义两点函数的积分

$$I(p^2) = -\mathrm{i}\int \frac{\mathrm{d}^4 q}{(2\pi)^4} \frac{1}{(q^2 - m_1^2)((q-p)^2 - m_2^2)}. \tag{7.20}$$

其 Landau 方程为

$$\begin{aligned} &\lambda_1(q^2 - m_1^2) = 0, \\ &\lambda_2((q-p)^2 - m_2^2) = 0, \\ &\lambda_1 q_\mu - \lambda_2(p-q)_\mu = 0. \end{aligned} \tag{7.21}$$

它说明 q 与 p 是共线的. 解为 $m_1^2\lambda_1^2 = m_2^2\lambda_2^2$, $s = p^2 = (m_1 \pm m_2)^2$. 第一个 $(m_1+m_2)^2$ 叫作正常阈, 而处在 $(m_1 - m_2)^2$ 的叫作赝阈 (pseudo-threshold)①. 可以证明赝阈并不出现在物理叶上②. 赝阈的出现是由动量积分的负能贡献的, 因而

①除此以外, 还有一个在 $s = 0$ 处的奇点, 它来自我们在讨论方程 (7.23) 式时所忽略的无穷远处的夹持奇异性.

②赝阈不出现在物理叶上可以由对 (7.23) 式的细致分析得出: 在 $s = (m_1 - m_2)^2$ 处实际上可以做解析展开. 但是赝阈的确出现在非物理叶上, 由 (7.25) 式可得第二叶上的 $I(s)$ 的解析延拓为

$$I^{\mathrm{II}}(s) = I(s) - 2\mathrm{i}\frac{\lambda^{\frac{1}{2}}[s, m_1^2, m_2^2]}{4\pi s}. \tag{7.22}$$

理解这一点的另一种不那么直接的方式是, 注意到两点函数的解析性质与 13.2.4 小节中的形状因子 A 的解析性质完全一致. 而后者在做了解析延拓后第二叶上为 $A^{\mathrm{II}} = A/S$, 其中 S 是分波矩阵元, 它包含了各种可能的 "左手" 割线, 包括赝阈.

完全是一个相对论效应. 积分 (7.20) 可以积出来, 有

$$I(s)-I(s_1)=\frac{1}{4\pi^2}\left[\frac{\lambda^{\frac{1}{2}}}{2s}\ln\left(\frac{m_1^2+m_2^2-s+\lambda^{\frac{1}{2}}}{m_1^2+m_2^2-s-\lambda^{\frac{1}{2}}}\right)-\frac{m_1^2-m_2^2}{2s}\ln\frac{m_1^2}{m_2^2}\right]-[s\to s_1], \tag{7.23}$$

其中

$$\lambda=\lambda[s,m_1^2,m_2^2]=[s-(m_1+m_2)^2][s-(m_1-m_2)^2]. \tag{7.24}$$

在物理叶上, 函数 $I(p^2)$ 在跨越从 $s=(m_1+m_2)^2$ 到无穷远的割线时的不连续性为

$$I(s+\mathrm{i}\epsilon)-I(s-\mathrm{i}\epsilon)=2\mathrm{i}\Delta I(s)=2\mathrm{i}\frac{\lambda^{\frac{1}{2}}[s,m_1^2,m_2^2]}{4\pi s}\theta[s-(m_1+m_2)^2]. \tag{7.25}$$

由于函数 $I(s)$ 在带割线的整个平面上解析, 利用留数定理可以得出结论, 即它满足一个一次减除的色散关系 (详见 8.6.2 小节的讨论)

$$I(s)-I(s_0)=\frac{s-s_0}{\pi}\int_{(m_1+m_2)^2}^{\infty}\mathrm{d}s'\frac{\mathrm{Im}I(s')}{(s'-s_0)(s'-s)}. \tag{7.26}$$

除了用 Landau 方程求解以外, 也许更有启发性的是直接从 Feynman 振幅出发解出两点函数的不连续性. 光学定理 (7.10) 式把散射矩阵元的虚部与散射截面联系在了一起. 下面我们来看一看在 Feynman 图中振幅的虚部是如何出现的. 一般来说, Feynman 振幅总是实的, 除非中间态粒子出现在质壳上. 此时传播子 $\dfrac{1}{p^2-m^2+\mathrm{i}\epsilon}$ 中的 $\mathrm{i}\epsilon$ 因子开始起作用, 贡献出一个虚部. 这可以由如下公式看出:

$$\frac{1}{x\mp\mathrm{i}\epsilon}=\mathrm{P}\frac{1}{x}\pm\mathrm{i}\pi\delta(x), \tag{7.27}$$

其中 P 表示取主值. 为了更清楚地认识虚部的来源, 考虑一个简化了的, 只有一个运动学变量的不变矩阵元 $\mathcal{M}(s)$. 对于物理的 S 矩阵元, 变量 s 是实的而且取在运动学允许的区间, 但是可以对变量 s 做解析延拓. (事实上物理振幅的严格的定义是: 物理振幅是一个复平面上的解析函数从上半平面趋于实轴时的边界值, 即关于 $\mathcal{M}$ 的变量依赖关系的正确写法是 $\mathcal{M}(s+\mathrm{i}\epsilon)$.) 为讨论简单起见, 以有相同质量的粒子的两两弹性散射为例. 首先当 s 小于两粒子的产生阈 $4m^2$ 时 $\mathcal{M}$ 是实的, 因为此时中间态粒子不可能在壳. 由于在实轴上 $\mathcal{M}$ 可以是实的, 由复分析理论中的 Schwarz 反射原理知, 解析函数 $\mathcal{M}(s)$ 具有一个重要的性质, 叫作实解析性, 即

$$\mathcal{M}(z)=\mathcal{M}^*(z^*), \tag{7.28}$$

其中 z 在复平面上. 由 $\mathcal{M}(z)$ 的实解析性我们得到一个结论, 即 $\mathcal{M}(z)$ 在 z(在阈上) 跨越实轴时存在着不连续性, 因而不可能是全平面解析的. 其不连续性正比于

$\mathcal{M}$ 的虚部:

$$\mathrm{disc}\mathcal{M}(s)=\mathcal{M}(s+\mathrm{i}\epsilon)-\mathcal{M}(s-\mathrm{i}\epsilon)=\mathcal{M}(s+\mathrm{i}\epsilon)-\mathcal{M}(s+\mathrm{i}\epsilon)^*=2\mathrm{iIm}\mathcal{M}. \quad (7.29)$$

可以用示意图 7.3 来说明这一现象.

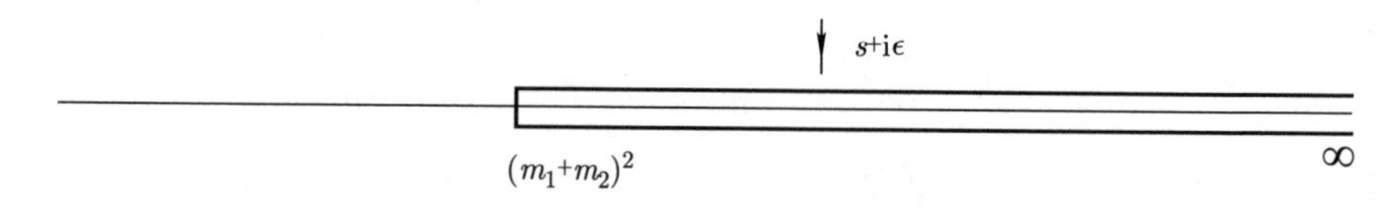

图 7.3 $M(s)$ 在复平面上的割线.

以 $\lambda\phi^4$ 理论为例, 下面我们通过对图 7.4 的具体分析来验证光学定理. 对于 $2\to 2$ 的散射过程可以一般地定义如下三个运动学变量:

$$s=(p_1+p_2)^2,\quad t=(p_1-p_3)^2,\quad u=(p_1-p_4)^2. \quad (7.30)$$

这三个变量中只有两个是独立的, 有

$$s+t+u=m_1^2+m_2^2+m_3^2+m_4^2. \quad (7.31)$$

以下为简单起见, 仅考虑等质量的简单情形. 对于图 7.4 所表示的 Feynman 振幅可

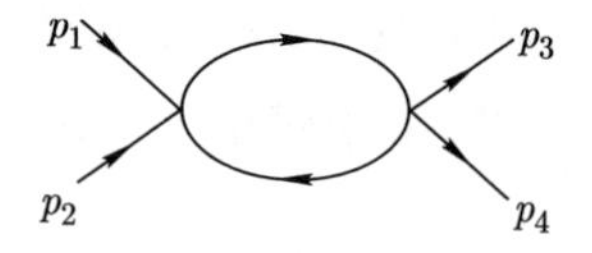

图 7.4 在微扰论下验证光学定理的最低阶图.

以很容易地证明, 只有 s 道才会出现割线:

$$\mathrm{i}\mathcal{M}=\frac{\lambda^2}{2}\int\frac{\mathrm{d}^4q}{(2\pi)^4}\frac{1}{(k/2-q)^2-m^2+\mathrm{i}\epsilon}\frac{1}{(k/2+q)^2-m^2+\mathrm{i}\epsilon}, \quad (7.32)$$

其中 $k=p_1+p_2=p_3+p_4$ 是 s 道的总 4-动量. (7.32) 式是一个对数发散的积分, 需要做重整化. 但是在可重整理论中, 可以一般地证明, 发散子图的吸收部分一定是有限的, 也就是说正规化和重整化的手续不会影响我们计算 (7.32) 式的吸收部分. 所以我们假设对 (7.32) 式已经做了某种正规化手续以使积分有定义, 从而可以在其基础上继续讨论. 为方便计算, 不失一般性, 可以在质心系中进行计算, $k=(k^0,\mathbf{0})$. 首先在 (7.32) 式中利用围道积分的方法对 q^0 进行积分, 不难分析出在复 q^0 平面上一共有 4 个极点:

$$q^0=\frac{1}{2}k^0\pm(E_q-\mathrm{i}\epsilon),\quad q^0=-\frac{1}{2}k^0\pm(E_q-\mathrm{i}\epsilon), \quad (7.33)$$

其中两个在上半平面两个在下半平面 (由 ϵ 前面的符号所决定). 我们在下半平面取大圆做积分, 得出

$$
\begin{aligned}
\mathrm{i}\mathcal{M} &= \frac{\lambda^2}{2}\int \frac{\mathrm{d}^4 q}{(2\pi)^4}\frac{1}{(k/2-q)^2-m^2+\mathrm{i}\epsilon}\frac{1}{(k/2+q)^2-m^2+\mathrm{i}\epsilon} \\
&= -2\pi\mathrm{i}\frac{\lambda^2}{2}\int \frac{\mathrm{d}^3 \boldsymbol{q}}{(2\pi)^4}\frac{1}{2E_q}\left(\left.\frac{1}{k^0(k^0-2E_q)}\right|_{q^0=-\frac{k^0}{2}+E_q}+\left.\frac{1}{k^0(k^0+2E_q)}\right|_{q^0=\frac{k^0}{2}+E_q}\right) \\
&= -2\pi\mathrm{i}\frac{\lambda^2}{2}\frac{4\pi}{(2\pi)^4}\int_m^\infty \mathrm{d}E_q E_q|q|\frac{1}{2E_q}\left(\frac{1}{k^0(k^0-2E_q)}+\frac{1}{k^0(k^0+2E_q)}\right) \\
&= -2\pi\mathrm{i}\frac{\lambda^2}{2}\frac{4\pi}{(2\pi)^4}\int_m^\infty \mathrm{d}E_q E_q|q|\frac{1}{2E_q}\frac{1}{k^0(k^0-2E_q)}.
\end{aligned}
\tag{7.34}
$$

很显然, 对于下半平面的极点取留数相当于在第一个等式右边的被积函数中做替换

$$
\frac{1}{(k/2+q)^2-m^2+\mathrm{i}\epsilon} \to -2\pi\mathrm{i}\delta((k/2+q)^2-m^2)\theta\left(\frac{k^0}{2}+q^0\right),
$$

并且 (7.34) 式中第三个等式右边的括号中的第二项对 $\mathcal{M}$ 的吸收部分没有贡献, 所以在最后把它略去. 从 (7.34) 式可以看出, 对 E_q 的积分的被积函数有一个极点: $E_q = k^0/2$. 如果 $k^0 < 2m$ 则 $\mathcal{M}$ 明显是实的, 但是当 $k^0 > 2m$ 时, 对 E_q 的积分会产生一个虚部, 且其符号依赖于我们给予 k^0 一个正的无穷小虚部或负的无穷小虚部. 于是积分 $s = k^2$ 平面上的上半平面与下半平面之间产生了一个不连续性. 利用

$$
\frac{1}{k^0-2E_q\pm\mathrm{i}\epsilon} = \mathrm{P}\frac{1}{k^0-2E_q}\mp\mathrm{i}\pi\delta(k^0-2E_q),
\tag{7.35}
$$

得知计算不连续性等价于在原积分中将传播子替换为与其相应的 δ 函数,

$$
\frac{1}{(k/2-q)^2-m^2+\mathrm{i}\epsilon} \to -2\pi\mathrm{i}\delta((k/2-q)^2-m^2)\theta\left(\frac{k^0}{2}-q^0\right).
\tag{7.36}
$$

上式中可以插入 $\theta\left(\frac{k^0}{2}-q^0\right)$ 是因为由第一个 δ 函数知 $q_0 = -\frac{k^0}{2}+E_q$, 即 $\frac{k^0}{2}-q^0 = k^0-E_q$, 由 (7.35) 式知其自动地大于零. 现在来分析一下我们证明了什么. 为了得到 Feynman 振幅的虚部, 我们做了替换

$$
\frac{1}{k_i^2-m^2+\mathrm{i}\epsilon} \to -2\pi\mathrm{i}\delta(k_i^2-m^2)\theta(k_i^0).
\tag{7.37}
$$

另一方面, 对于圈动量的积分可以理解为

$$
\int\frac{\mathrm{d}^4 q}{(2\pi)^4} = \int\frac{\mathrm{d}^4 k_1}{(2\pi)^4}\frac{\mathrm{d}^4 k_2}{(2\pi)^4}(2\pi)^4\delta^4(k_1+k_2-k).
\tag{7.38}
$$

代回 (7.32) 式中可以看出, 我们实际上证明了到 $O(\lambda^2)$ 阶光学定理的正确性, 即

$$\begin{aligned}\mathrm{disc}\mathcal{M}(k) &= 2\mathrm{i}\mathrm{Im}\mathcal{M}(k)\\ &= \frac{\mathrm{i}}{2}\int\frac{\mathrm{d}^3\boldsymbol{k}_1}{(2\pi)^3}\frac{1}{2E_1}\int\frac{\mathrm{d}^3\boldsymbol{k}_2}{(2\pi)^3}\frac{1}{2E_2}|\mathcal{M}(k)|^2(2\pi)^4\delta^4(k_1+k_2-k).\end{aligned} \tag{7.39}$$

在这个简单例子中, 我们看到了物理区间的奇异性可以利用规则 (7.37) 得到. 在 7.2.3 小节中将证明这一规则是普适的.

对上面简单例子的计算清楚地显示了振幅的不连续性的计算方式: 把被割开的传播子用质壳条件 (7.37) 取代. 但是计算不连续性还可以有其他更直接的算法, 比如见 (9.65) 式后面的讨论.

下面讨论三点函数和反常阈. 图 7.5 所示积分

$$T(p_1^2,p_2^2,p_3^2) = -\mathrm{i}\int\frac{\mathrm{d}^4q}{(2\pi)^4}\frac{1}{(k_1^2-m_1^2)(k_2^2-m_2^2)(k_3^2-m_3^2)} \tag{7.40}$$

的 Landau 方程为

$$\begin{aligned}&\lambda_i(k_i^2-m_i^2)=0\quad(i=1,2,3),\\ &\sum_i\lambda_i k_i = 0.\end{aligned} \tag{7.41}$$

对于领头的奇异性, 所有的 $\lambda_i\neq 0$, $k_i^2=m_i^2$. 所以由矩阵元 $y_{ij}\equiv k_i\cdot k_j/m_im_j = -(p_k^2-m_i^2-m_j^2)/2m_im_j$ 所组成的 3×3 矩阵的行列式为零 (其中 (i,j,k) 为 (1,2,3)

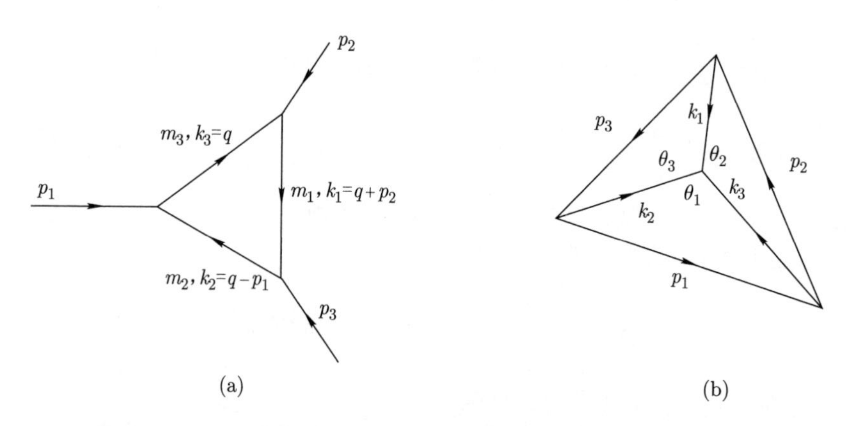

图 7.5 (a) 三角形三点顶点的 Feynman 图; (b) 对偶的几何图形, 由于 $p_1+p_2+p_3=0$ 而构成一个三角形.

的轮换),

$$\det\begin{pmatrix} 1 & y_{12} & y_{13} \\ y_{21} & 1 & y_{23} \\ y_{31} & y_{32} & 1 \end{pmatrix} = 0. \tag{7.42}$$

次领头阶的奇异性发生在如 $\lambda_3 = 0$ 时. 此时

$$\det\begin{pmatrix} 1 & y_{12} \\ y_{21} & 1 \end{pmatrix} = 0 \tag{7.43}$$

给出 $\lambda_{1,2} = \pm 1, p_3^2 = (m_1 \pm m_2)^2$. 其中 $s = p_3^2 = (m_1 + m_2)^2$ 是正常阈, 且可以证明, 如同两点函数一样, $s = (m_1 - m_2)^2$ 的阈不发生在物理叶上. 积分沿着 $(m_1 + m_2)^2$ 到 $+\infty$ 的割线上的不连续性为

$$\begin{aligned} &T(s+\mathrm{i}\epsilon) - T(s-\mathrm{i}\epsilon) = \frac{2\mathrm{i}}{4\pi\lambda^{1/2}(s, m_1^2, m_2^2)} \ln\left(\frac{a+b}{a-b}\right), \\ &a = s^2 - s(p_1^2 + p_2^2 + m_1^2 + m_2^2 - 2m_3^2) - (m_1^2 - m_2^2)(p_1^2 - p_2^2), \\ &b = \lambda^{1/2}(s, m_1^2, m_2^2)\lambda^{1/2}(s, p_1^2, p_2^2), \end{aligned} \tag{7.44}$$

其中 $\lambda(x, y, z) = x^2 + y^2 + z^2 - 2xy - 2yz - 2zx$.

下面分析一下反常阈的情况. 假设入射粒子和内线粒子都是稳定的, 也就是说我们可以按照图 7.5(b) 那样的方式画出一个 (三维欧氏空间中的) 四面体, 其底边三个边长的平方分别为 p_i^2, 而三条棱的边长平方为 $k_i^2 = m_i^2$ (三角形每一边长小于另两条边长之和等价于稳定性条件). 进一步来说, 每一个角度 θ_i 都是实的, 如

$$\cos\theta_3 = \frac{m_1^2 + m_2^2 - p_3^2}{2m_1 m_2}.$$

这一事实来自于 $(m_1 - m_2)^2 \leqslant p_3^2 \leqslant (m_1 + m_2)^2$, 即稳定性条件.

事实上, (7.42) 式决定了图 7.5(b) 中所有矢量都落在一个平面上. 考虑一个简单的例子: 假设 $m_1^2 = m_2^2 = m^2$, $p_1^2 = p_2^2 = p^2$, 则图 7.5(b) 中的 p_3 可以由其余的量决定出来,

$$p_3^2 = 4m^2 - \frac{1}{m_3^2}(p^2 - m_3^2 - m^2)^2 = \frac{[(m+m_3)^2 - p^2][p^2 - (m-m_3)^2]}{m_3^2}, \tag{7.45}$$

此即反常阈的位置.

为了更好地理解反常阈的本质, 我们也可以利用更直接的算法来进行分析. 不失一般性, 令 $p_3 = (p_3, 0, 0, 0)$ 且取 p_1, p_2 的空间分量在 x 轴上, 则利用 4-动量守恒和质壳条件得到 $p_{1,2} = \left(-\frac{p_3}{2}, \pm\mathrm{i}\sqrt{p^2 - \frac{p_3^2}{4}}, 0, 0\right)$. 同样可取内线动量仅有 0,1 分

量, 由三个内线粒子的在壳条件可以得到 $q\cdot p_3=0$, 或 $k_3=q=(0,\mathrm{i}m_3)$. 这样所有的动量的类空分量都是虚的, 也即我们目前面临的问题实际上等价于一个二维欧氏问题, 且图 7.5(a) 中所有矢量都在一个平面上. 设某一动量 $l=(l^0,\mathrm{i}l^1)$ 且定义 $l_{\mathrm{E}}=(l^0,l^1)$, 有

$$\begin{aligned}p_3^2&=(k_2-k_1)^2=2m^2-2k_1\cdot k_2=2m^2-2k_{1\mathrm{E}}\cdot k_{2\mathrm{E}}=2m^2(1+\cos\alpha),\\ p^2&=(k_1-k_3)^2=m_3^2+m^2-2k_{1\mathrm{E}}\cdot k_{3\mathrm{E}}=m_3^2+m^2+2mm_3\cos\alpha_1.\end{aligned}\tag{7.46}$$

读者可以在图 7.5(b) 中自行画出 α_1 与 α 角, 不难证明 $2\alpha_1+\alpha=\pi$. 于是从 (7.46) 式即可推出 (7.45) 式.

在讨论反常阈的文献中, 通常还额外要求 $p^2>m^2+m_3^2$, 这个条件也意味着图 7.5(b) 的中心点落在三角形内. 但是实际上即使 $p^2<m^2+m_3^3$, 反常阈也存在于 p_3^2 平面的非物理叶上. 我们可以设想让 $p^2-\mathrm{i}\epsilon$ 作为参数变动, 从 $p^2=(m-m_3)^2$ 开始增大, 支点 p_3^2 在第二叶上从原点开始沿着实轴向物理阈 $4m^2$ 处移动. 直到 $p^2=m^2+m_3^2$, 支点接触到了物理阈. 继续增大 p^2, 支点将从第二叶绕过物理阈翻身到第一叶上并且随着 p^2 的增大而从 $4m^2$ 点处向着原点移动, 直到当 $p^2=(m+m_3)^2$ 这个支点回到原点. 当 p_3^2 支点翻到第一叶以后, 支点的继续移动迫使物理阈的割线变形, 并被支点顶着往阈下移动. 其造成的后果是当我们在 p_3^2 平面写色散关系时, 色散积分必须从反常阈支点而不是通常的物理阈值出发①.

从这一节的讨论我们看到, 复分析的应用的确是十分复杂的. 反常阈的一个具体的物理例子是氘核的电磁形状因子, 此时 $m=m_3=m_{\mathrm{N}}$, $p_1=p_2=m_{\mathrm{D}}$. 其形状因子的不连续性不是从 $2m_{\mathrm{N}}$ 或 $2m_\pi$ 开始的, 而是从 $s\approx16m_{\mathrm{N}}\epsilon$ 开始的, 其中 ϵ 是氘核的束缚能. 数值上这个反常阈要比 $4m_\pi^2$ 或者 $4m_{\mathrm{N}}^2$ 小很多, 从而解释了氘核波函数的长尾巴.

在上面的反常阈的讨论中假设了入射和圈中粒子的稳定性. 如果放松这一条件仍然可以做类似的讨论. 此时反常阈会跑到正常阈的上面去, 从而破坏了两体幺正性. 后面的这种计算到底有多大的意义仍然是不清楚的.

前面对于 Feynman 图奇异性的讨论都是利用动量空间积分的表达式进行的. 其实也可以先把动量积分积掉, 而直接讨论参数空间积分的奇异性. 这里我们以氘核的电磁形状因子为例进行讨论. 此时 $m_1=m_2=m_3=m_{\mathrm{N}}=m$, $p_1^2=p_2^2=M^2$. Feynman 积分为

$$T(s)=\int\frac{\mathrm{d}^4q}{(2\pi)^4}\frac{1}{((q-p)^2-m^2)((q+p)^2-m^2)(q^2-m^2)}.\tag{7.47}$$

① Mandelstam S. Phys. Rev. Lett., 1960, 4: 84.

进行 Feynman 参数化且积掉圈动量后, 得

$$T(s)=\int_0^1 \mathrm{d}x\int_0^{1-x}\mathrm{d}y\frac{1}{(M^2(x^2+y^2)+(2M^2-s)xy-M^2(x+y)+m^2)}, \quad (7.48)$$

其中我们以 s 表示 p_3^2. 我们还可以将积分积掉一个 Feynman 参数来进行更仔细的分析. 此时积分变为

$$T(s)=\int_0^1 \mathrm{d}x\frac{2\left(\arctan\left(\dfrac{M^2-sx}{\Lambda(s,x)}\right)-\arctan\left(\dfrac{M^2(2x-1)-sx}{\Lambda(s,x)}\right)\right)}{\Lambda(s,x)}, \quad (7.49)$$

其中 $\Lambda(s,x)=\sqrt{4m^2M^2-M^4+4M^2sx^2-2M^2sx-s^2x^2}$, $\arctan(x)=\dfrac{1}{2}\mathrm{i}\ln\left(\dfrac{x+\mathrm{i}}{-x+\mathrm{i}}\right)$. 故振幅也可以写作如下形式:

$$T(s)=\int_0^1 \mathrm{d}x\frac{\mathrm{i}}{\Lambda(s,x)}\left[\ln\left(\frac{\dfrac{M^2-sx}{\Lambda(s,x)}+\mathrm{i}}{-\dfrac{M^2-sx}{\Lambda(s,x)}+\mathrm{i}}\right)-\ln\left(\frac{\dfrac{M^2(2x-1)-sx}{\Lambda(s,x)}+\mathrm{i}}{-\dfrac{M^2(2x-1)-sx}{\Lambda(s,x)}+\mathrm{i}}\right)\right]. \quad (7.50)$$

由 Landau 方程可知, $T(s)$ 只在两种情况下产生奇异性, 所以可以分别进行讨论. 首先我们要考察被积函数在积分路径附近的奇异性. 可以看出当被积函数的第一个对数中 $\dfrac{M^2-sx}{\sqrt{4m^2M^2-M^4+4M^2sx^2-2M^2sx-s^2x^2}}=\pm\mathrm{i}$ 时, 被积函数在 $x=\dfrac{s\pm\sqrt{s^2-4m^2s}}{2s}$ 处是奇异的. 对于氘核的情况, 三角图中所有的粒子皆是稳定粒子, 满足稳定性条件, $(m_i-m_k)^2<s_j=p_j^2<(m_i+m_k)^2$ (i,j,k). 此时若让 s 从下方趋近于 $4m^2$, 则 $x\to\dfrac{1}{2}\pm\mathrm{i}\epsilon$ (ϵ 为小量) 会从上下两面逼近积分路径而使 $T(s)$ 产生夹持奇异性, 故 $s=4m^2$ 为 $T(s)$ 的夹持奇点. 而第二个对数情况并不相同, $\dfrac{M^2(2x-1)-sx}{\sqrt{4m^2M^2-M^4+4M^2sx^2-2M^2sx-s^2x^2}}=\pm\mathrm{i}$ 时, $x=\dfrac{1}{2}\pm\dfrac{\sqrt{1-4m^2/M^2}}{2}$, 与 s 无关, 故而不会产生任何奇异性. 从这里的讨论我们得出, 正常阈是由第一个对数产生的夹持奇异性引起的.

分母 $\sqrt{4m^2M^2-M^4+4M^2sx^2-2M^2sx-s^2x^2}=0$ 时的解为

$$x=\frac{M^2s\pm2\sqrt{-4m^2M^4s+m^2M^2s^2+M^6s}}{4M^2s-s^2}, \quad (7.51)$$

此时被积函数具有奇异性. 如果要使振幅出现夹持奇异性, s 需要从下方趋于

$\dfrac{M^2(4m^2-M^2)}{m^2}$, 此时 $x\to\dfrac{m^2}{M^2}\pm\mathrm{i}\epsilon$. 所以 $s=\dfrac{M^2(4m^2-M^2)}{m^2}$ 可能是积分的支点.

当 $s=\dfrac{M^2(4m^2-M^2)}{m^2}$ 时, (7.51) 式的结果为 $x=\dfrac{m^2}{M^2}$, 此时 (7.50) 式中被积函数的分母 $\Lambda(s,x)=0$, 但分子上 $\ln\left(\dfrac{\dfrac{M^2-sx}{\Lambda(s,x)}+\mathrm{i}}{-\dfrac{M^2-sx}{\Lambda(s,x)}+\mathrm{i}}\right)-\mathrm{i}\ln\left(\dfrac{\dfrac{M^2(2x-1)-sx}{\Lambda(s,x)}+\mathrm{i}}{-\dfrac{M^2(2x-1)-sx}{\Lambda(s,x)}+\mathrm{i}}\right)$ 也有可能等于 0, 从而与分母抵消, 所以我们需要分情况讨论. 当 $M^2<2m^2$ 时, 第一个对数中 $M^2-sx=2M^2-4m^2<0$, 所以 $\dfrac{M^2-sx}{\Lambda(s,x)}\to-\infty$, 此时第一个对数 $\mathrm{i}\ln\left(\dfrac{\dfrac{M^2-sx}{\Lambda(s,x)}+\mathrm{i}}{-\dfrac{M^2-sx}{\Lambda(s,x)}+\mathrm{i}}\right)\to-\pi$[①]. 第二个对数中 $M^2(2x-1)-sx=-2m^2<0$, 所以 $\dfrac{M^2(2x-1)-sx}{\Lambda(s,x)}\to-\infty$, 故第二个对数 $\mathrm{i}\ln\left(\dfrac{\dfrac{M^2(2x-1)-sx}{\Lambda(s,x)}+\mathrm{i}}{-\dfrac{M^2(2x-1)-sx}{\Lambda(s,x)}+\mathrm{i}}\right)\to-\pi$. 因此两个对数相减为 0, 与分母抵消, 故此时 $s=\dfrac{M^2(4m^2-M^2)}{m^2}$ 并非这个积分在第一叶上的支点. 当 $M^2>2m^2$ 时, 第一个对数中 $M^2-sx=2M^2-4m^2>0$, 所以 $\dfrac{M^2-sx}{\Lambda(s,x)}\to+\infty$, 此时第一个对数 $\mathrm{i}\ln\left(\dfrac{\dfrac{M^2-sx}{\Lambda(s,x)}+\mathrm{i}}{-\dfrac{M^2-sx}{\Lambda(s,x)}+\mathrm{i}}\right)\to\pi$. 第二个对数仍然为 $-\pi$, 故两个对数相减为 2π, 此时分母为 0, 故 $s=\dfrac{M^2(4m^2-M^2)}{m^2}$ 是这个积分在第一叶上的支点.

如果不积掉 Feynman 参数 y, 而利用 (7.48) 式进行分析也可以得到以上结论. 对于 (7.48) 式, 根据 (7.13) 式可以得到其 Landau 方程为

$$\begin{aligned}
&\lambda(M^2(x^2+y^2)+(2M^2-s)xy-M^2(x+y)+m^2)=0,\\
&\lambda(2xM^2+y(2M^2-s)-M^2)=0,\\
&\lambda(2yM^2+x(2M^2-s)-M^2)=0.
\end{aligned}\tag{7.52}$$

当 $\lambda\neq0$ 时, 解为 $s=\dfrac{M^2(4m^2-M^2)}{m^2}$, 此时 $x=\dfrac{m^2}{M^2},y=\dfrac{m^2}{M^2}$. 由于 x 和 y 的积

① 这个结果也可由 (7.49) 式得出, 此时 (7.49) 式中分子上的第一项 $\arctan\left(\dfrac{M^2-sx}{\Lambda(s,x)}\right)\to-\dfrac{\pi}{2}$. 同理可以讨论第二个对数.

分范围分别为 $[0,1]$ 和 $[0,1-x]$, 所以要求 $\dfrac{m^2}{M^2}<1-\dfrac{m^2}{M^2}$, 即 $M^2>2m^2$.

此外, 还有另一种方法可以理解上述结果 (尤其是给出 s 支点的轨迹): 给 M 一个小虚部 $\mathrm{i}\epsilon$, 则

$$s=\frac{M^2(4m^2-M^2)+4\mathrm{i}M(2m^2-M^2)\epsilon}{m^2}.$$

于是 s 的实部标记其位置, 而虚部转变符号意味着 s 穿过正常阈的割线. 当 M^2 由 0 开始增大逼近到 $2m^2$ 时, s 实部会从 0 向 $4m^2$ 移动而虚部一直为正; 当 $M^2=2m^2$ 时, s 实部恰到正常阈 $4m^2$ 处而虚部为 0; 当 M^2 继续增大, 即 $M^2>2m^2$ 时, s 的实部减小, 逐渐向 0 移动, 而虚部转变符号, 即这个支点穿过了割线. 事实上, 结合上一段的讨论, 可知 s 在 $M^2<2m^2$ 时位于第二叶, 而 $M^2=2m^2$ 时恰好穿过割线到达第一叶. 总之, 反常阈出现在第一叶的条件为 $M^2>2m^2$.

更复杂的四点函数 (见图 7.6a) 的解析结构也可以得到

$$T_G=-\mathrm{i}\int\frac{\mathrm{d}^4k}{(2\pi)^4}\frac{1}{[(p_1+k)^2-m_2^2][(p_1-p_3+k)^2-m_4^2][(p_2-k)^2-m_1^2][k^2-m_3^2]}. \tag{7.53}$$

在 s 道中, 我们有通常的正常阈 $s=(m_1+m_2)^2$, 在 t 道中有 $t=(m_3+m_4)^2$. 在

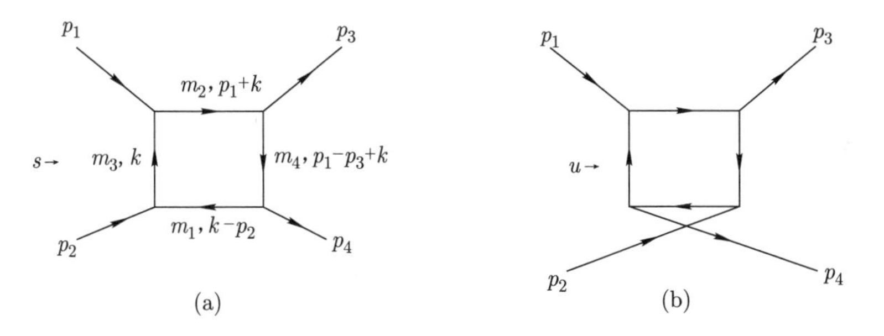

图 7.6 (a) s, t 道的方框图; (b) u, t 道的方框图.

相应割线上的不连续性可以计算出来:

$$\begin{aligned}&T_G(s+\mathrm{i}\epsilon,t)-T_{\mathrm{G}}(s-\mathrm{i}\epsilon,t)=2\mathrm{i}\Delta_sT_G(s,t)\\&=2\mathrm{i}\frac{2s\lambda^{1/2}(s,m_1^2,m_2^2)}{4\pi D^{1/2}}\ln\left[\frac{ac-bd\cos\theta+D^{1/2}}{ac-bd\cos\theta-D^{1/2}}\right]\theta(s-(m_1+m_2))^2,\end{aligned} \tag{7.54}$$

其中 a 和 b 的定义在 (7.44) 式中给出了, c 和 d 可以通过从 a 和 b 的表达式中把 p_1 变为 p_3, p_2 变为 p_4, m_3 变为 m_4 得到. θ 是质心系中的散射角,

$$\cos\theta=\frac{s}{\lambda^{1/2}(s,p_1^2,p_2^2)\lambda^{1/2}(s,p_3^2,p_4^2)}\left[t-u+\frac{(p_1^2-p_2^2)(p_3^2-p_4)^2}{s}\right], \tag{7.55}$$

而

$$D = (ac - bd\cos\theta)^2 - (a-b)^2(c-d)^2. \tag{7.56}$$

不连续性 $\Delta_s T_G(s,t)$ 作为 t 的函数, 在 t 道也有不连续性, 叫作双谱函数 ρ_{st},

$$\begin{aligned}\rho_{st} &= \frac{1}{2\mathrm{i}}[\Delta_s T_G(s,t+\mathrm{i}\epsilon) - \Delta_s T_G(s,t-\mathrm{i}\epsilon)]\\ &= \frac{2s\lambda^{1/2}(s,m_1^2,m_2^2)}{4D^{1/2}}\theta(s-(m_1+m_2)^2)\theta(t-(m_3+m_4)^2)\theta(D).\end{aligned} \tag{7.57}$$

因此 $T_G(s,t)$ 满足固定 s 或固定 t 的色散关系, 甚至更进一步, 满足一个双重色散关系:

$$T_G(s,t) = \frac{1}{\pi}\int_{(m_1+m_2)^2}^{\infty}\mathrm{d}s'\frac{\Delta_s T_G(s',t)}{s'-s} = \frac{1}{\pi^2}\int \mathrm{d}s'\mathrm{d}t'\frac{\rho_{st}}{(s'-s)(t'-t)}. \tag{7.58}$$

这里给出了 §7.3 所讨论的更一般情况的一个例子. 在图 7.6 (a) 中没有 ρ_{su} 和 ρ_{tu}, 而图 7.6 (b) 则给出了非零的 ρ_{tu}, 等等.

为得到这里的结果, 我们假设了入射粒子的稳定性条件, 比如 $p_1^2 < (m_1+m_3)^2$ 等, 还有诸如没有反常阈出现等.

7.2.3 物理区间的奇异性与 Cutkosky 规则

所谓物理区间奇异性指的是外线粒子具有真实的 4-动量, 比如正常阈. Coleman 与 Norton 证明了[①], 领头的物理区间奇异性在且仅在中间过程可以看成真实发生的物理过程时发生.

对于物理区域的奇异性, Cutkosky 规则给出了一个紧凑的表示. 假设 $T_G = (-\mathrm{i})^{V+1}I_G$ 给出 (7.14) 式所对应的散射振幅, 对应着某一个道的割线所产生的奇异性 $2\mathrm{i}\Delta T_G$ 由如下方式产生: 设 $I - I_1 - I_2$ 个内线动量在质壳上, $k_j^2 = m_j^2$, 剩余的 $I_1 + I_2$ 个动量离壳. 这些离壳的动量分为两组, 分别属于两个子图 G_1 和 G_2 (每一个分别拥有 I_i 条内线和 V_i 个顶角), 并且这两个子图被割线分开(见示例图 7.7), 于是如下公式成立:

$$\begin{aligned}\Delta T_G = \frac{1}{2}(-\mathrm{i})^{V_1-V_2}&\int\prod_{l=1}^{L}\frac{\mathrm{d}^4 q_l}{(2\pi)^4}\prod_{l_1=1}^{I_1}\frac{\mathrm{i}}{k_{l_1}^2 - m_{l_1}^2 + \mathrm{i}\epsilon}\prod_{l_2=1}^{I_2}\frac{-\mathrm{i}}{k_{l_2}^2 - m_{l_2}^2 - \mathrm{i}\epsilon}\\ &\times\prod_{j=I_1+I_2+1}^{I} -\mathrm{i}2\pi\theta(k_j^0)\delta(k_j^2 - m_j^2),\end{aligned} \tag{7.59}$$

其中 δ 函数的作用是把与其对应的中间态粒子放在 (正能) 质壳上. 在物理区间, 这个方程成立的关键是每个单独的 Feynman 图都满足相应的幺正性关系.

[①] Coleman S and Norton R E. Nuovo Cimento, 1965, 38: 438.

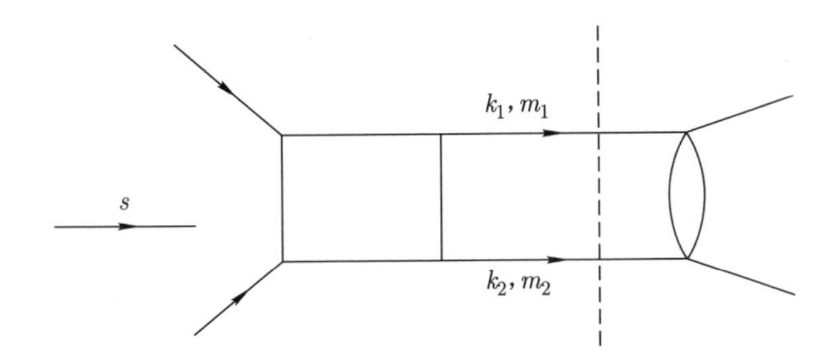

图 7.7 Cutkosky 规则的示意图. 虚线代表割线, 它产生 $(m_1+m_2)^2$ 处的奇异性. 动量 k_1, k_2 处于物理质壳上.

下面来证明 (7.59) 式. 为简单起见并不失一般性, 我们仅假设标量相互作用. 考虑任意的描述某一过程的某一个图 G, 我们总可以构造一个拉氏量, 其对这一过程的描述的最低阶贡献由图 G 给出①. 为此我们首先把 G 改造一下. 首先我们把每一条内线均标记成不同的粒子, 记为 $\phi_1, \cdots, \phi_I$, 分别有质量 $m_1, \cdots, m_I$. 如果一条或数条外线粒子进入顶角 v, 动量 (之和) 为 P_v, 则引入一个相应的新场 ϕ_v 来描述, 其质量平方为 $M_v^2 = P_v^2$. 只要 $P_v^2 > 0$, 那么原图 G 就表示了由下面拉氏量给出的在壳散射振幅的最低阶贡献:

$$\mathcal{L}_1 = \sum_{l=1}^{I} \frac{1}{2}\left[(\partial\phi_l)^2 - m_l^2\phi_l^2\right] + \sum_{v}\frac{1}{2}\left[(\partial\phi_v)^2 - M_v^2\phi_v^2\right] + \sum_{v=1}^{V}\phi_v\left(\prod_l \phi_l\right). \tag{7.60}$$

如果顶角 v 没有外线粒子进入, 那么上面拉氏量的最后一项中就没有 ϕ_v, 其中的乘积包括了所有进入顶角 v 的内线粒子 ϕ_l. 以图 7.8 为例, 它是由拉氏量

$$\begin{aligned}\mathcal{L} = &\sum_{l=1}^{5}\frac{1}{2}\left[(\partial\phi_l)^2 - m_l^2\phi_l^2\right] + \sum_{v=a,b,c,d}\frac{1}{2}\left[(\partial\phi_v)^2 - M_v^2\phi_v^2\right]\\ &+\phi_a\phi_1\phi_2 + \phi_b\phi_1\phi_3 + \phi_c\phi_2\phi_4\phi_5 + \phi_d\phi_3\phi_4\phi_5\end{aligned} \tag{7.61}$$

所生成的最低阶图, 即 $\mathcal{T}_{\mathrm{fi}} = T_G + \cdots$, 其中 T_G 表示原始的 Feynman 图 G, 而 $\mathcal{T}_{\mathrm{fi}}$ 由 (7.61) 式算出. 由于光学定理对于在壳物理过程成立, 于是

$$\mathcal{T}_{\mathrm{fi}} - \mathcal{T}_{\mathrm{if}}^* = \mathrm{i}\sum_n (2\pi)^4\delta^4(P_n - P_i)\mathcal{T}_{n\mathrm{f}}^*\mathcal{T}_{n\mathrm{i}} = 2\mathrm{i}\Delta T_G + \cdots, \tag{7.62}$$

其中 n 跑遍所有可能的中间物理态, 即中间态的动量满足在壳条件 $k_l^2 = m_l^2, k_i^0 > 0$. 幺正性于是产生:

$$2\Delta T_G = \sum T_{G_1}T_{G_2}^*, \tag{7.63}$$

①Nakanishi N. Graph Theory and Feynman Integrals. New York: Gordon and Breach, 1970.

其中的求和对所有可能的分离方式进行, 即把 G 分为 G_1, G_2 两部分的所有可能方式. 于是我们证明了 Cutkosky 规则.

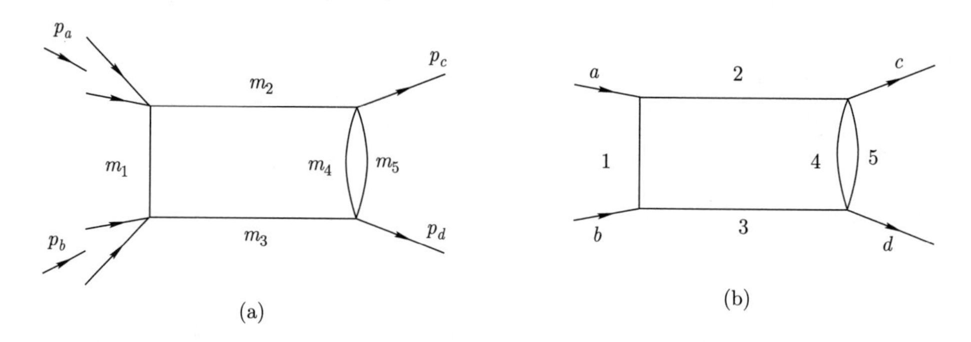

图 7.8 (a) 与 (b) 具有相同的解析结构, 而 (b) 是拉氏量 (7.61) 式产生的最低阶图.

§7.3 Mandelstam 谱表示

对于某一个散射过程, 具有外动量 $p_1, \cdots, p_n$, 定义 Lorentz 不变量 $s_{ijk\cdots} = (\pm p_i \pm p_j \pm p_k \pm \cdots)^2$. 利用最大解析性假定, 即作为 $s_{ijk\cdots}$ 为复变量时的解析函数, 散射振幅是当 $s_{ijk\cdots}$ 趋于实轴时的边界值, 其在 (实) 边界上的奇异性由幺正性方程 (例如 7.8 式) 决定. 于是, 虽然 $s_{ijk\cdots}$ 仅当取实值时才有物理意义, 我们仍然可以把它们看成是复变量. 图 7.9 中画出了复 s 平面物理叶上两两散射振幅 $T(s,t,u)$ 的所有割线以及束缚态极点的示意图, 其中 $s_{\mathrm{T}}, u_{\mathrm{T}}$ 分别代表 s 道和 u 道的阈值.

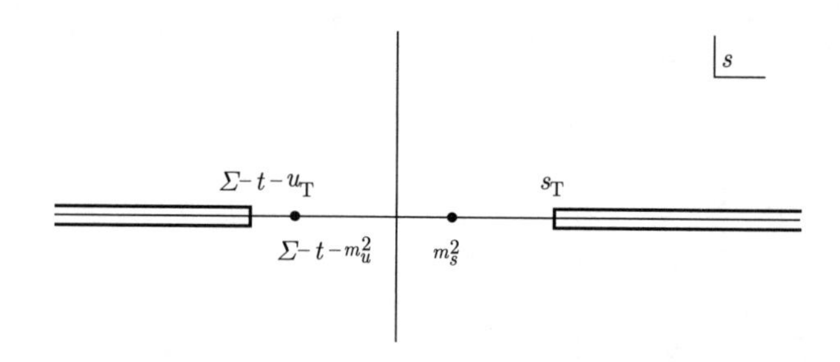

图 7.9 两两散射振幅 $T(s,t,u)$ 在复 s 平面上的割线以及可能的束缚态极点示意图. $\Sigma = \sum_i m_i^2$, m_s 为可能的 s 道束缚态质量, m_u 为可能的 u 道束缚态质量. 如果 t 是很小的负数, 则左右两条割线可能相交.

以两两散射振幅 $T(s,t,u)$ 为例, 定义 $s_+ = s + \mathrm{i}\epsilon$, $s_- = s - \mathrm{i}\epsilon$, 可以定义散射振

幅在不同 (实) 边界上的不连续度为

$$
\begin{aligned}
D_s(s,t,u) &\equiv \frac{1}{2\mathrm{i}}(T(s_+,t,u)-T(s_-,t,u)),\\
D_t(s,t,u) &\equiv \frac{1}{2\mathrm{i}}(T(s,t_+,u)-T(s,t_-,u)),\\
D_u(s,t,u) &\equiv \frac{1}{2\mathrm{i}}(T(s,t,u_+)-T(s,t,u_-)).
\end{aligned}
\tag{7.64}
$$

由于 $s+t+u=\Sigma$, 对这些式子, 比如 $D_s(s,t,u)$ 的正确理解是:

$$
D_s(s,t,u)=\frac{1}{2\mathrm{i}}(T(s_+,t,\Sigma-t-s_+)-T(s_-,t,\Sigma-t-s_-)),\tag{7.65}
$$

且 D_s 原则上仅定义在 $s>s_T$ 时;

$$
D_u(s,t,u)=\frac{1}{2\mathrm{i}}(T(\Sigma-t-u_+,t,u_+)-T(\Sigma-t-u_-,t,u_-)),\tag{7.66}
$$

且 D_u 原则上仅定义在 $u>u_T$ 时. 对复 s 变量按图 7.9 的围道做 Cauchy 积分 (t 不变), 可以得到

$$
T(s,t,u)=\frac{g_s(t)}{m_s^2-s}+\frac{g_u(t)}{m_u^2-u}+\frac{1}{\pi}\int_{s_T}^{\infty}\frac{D_s(s',t)}{s'-s}\mathrm{d}s'+\frac{1}{\pi}\int_{u_T}^{\infty}\frac{D_u(t,u')}{u'-u}\mathrm{d}u'.\tag{7.67}
$$

利用散射振幅的实解析性, 我们由

$$
T(s^*,t,u)=T(s,t,u)^*\tag{7.68}
$$

得到, 在图 7.9 的 s 割线上有 $D_s(s,t)=\mathrm{Im}\{T(s,t,u)\}$, 沿着图 7.9 的 u 割线上有 $D_u=\mathrm{Im}\{T(s,t,u)\}$, 等等. 注意 (7.68) 式是文献里常用的写法, 但是却容易引起困惑. 在这里实解析性的关系式的正确理解为 (仅仅对于实的 t 变量)

$$
T(s^*,t,\Sigma-t-s^*)=T(s,t,\Sigma-t-s)^*.\tag{7.69}
$$

进一步我们定义

$$
\rho_{st}(s,t,u)=\frac{1}{2\mathrm{i}}(D_s(s,t_+,u)-D_s(s,t_-,u)),\tag{7.70}
$$

ρ_{su},ρ_{tu} 也相应定义, 有

$$
\begin{aligned}
\rho_{st}(s,t) &= \frac{1}{2\mathrm{i}}\left[\frac{1}{2\mathrm{i}}(T(s_+,t_+)-T(s_-,t_+))-\frac{1}{2\mathrm{i}}(T(s_+,t_-)-T(s_-,t_-))\right]\\
&= -\frac{1}{4}(T(s_+,t_+)+T(s_-,t_-)-T(s_-,t_+)-T(s_+,t_-))\\
&= \rho_{ts}.
\end{aligned}
\tag{7.71}
$$

D_s 不再是关于 s 的解析函数, 但是根据最大解析性假说, D_s 仍然是一个关于复变量 t 的解析函数. 于是我们可以写出一个 (固定 s 的) 色散关系:

$$D_s(s,t,u)=\frac{1}{\pi}\int_{b_1(s)}^{\infty}\frac{\rho_{st}(s,t'')}{t''-t}\mathrm{d}t''+\frac{1}{\pi}\int_{b_2(s)}^{\infty}\frac{\rho_{su}(s,u'')}{u''-u}\mathrm{d}u''. \tag{7.72}$$

边界函数 $b_1(s), b_2(s)$ 由对 Feynman 图的分析定出. 对于 ππ 散射, 双谱区域的边界是通过分析如图 7.10 所示的 Feynman 图得出的. Mandelstam 谱函数 ρ_{st} 等不为零的区域见图 7.11. 经计算, 如 ρ_{st} 的边界由下列条件给出:

$$(s-4)(t-16)-32=0,\quad (t-4)(s-16)-32=0. \tag{7.73}$$

类似于 (7.72) 式可以写出

$$D_u(s,t,u)=\frac{1}{\pi}\int_{b_1(u)}^{\infty}\frac{\rho_{tu}(u,t'')}{t''-t}\mathrm{d}t''+\frac{1}{\pi}\int_{b_2(u)}^{\infty}\frac{\rho_{su}(s'',u)}{s''-s}\mathrm{d}s''. \tag{7.74}$$

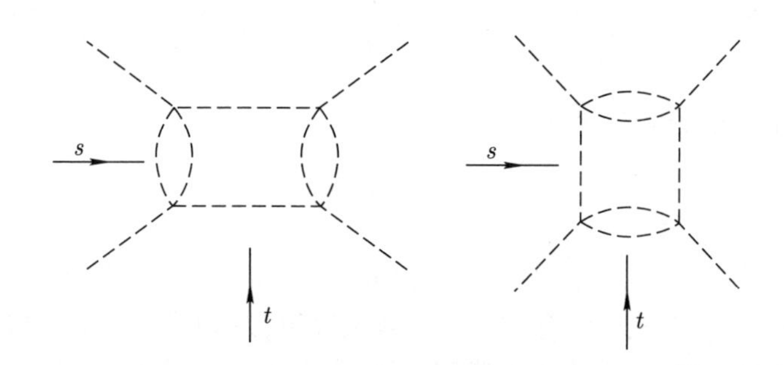

图 7.10 决定 ππ 散射的 Mandelstam 双谱函数 $\rho(s,t)$ 的方块图.

将上两式代入 (7.67) 式并整理得到 (不计入可能的束缚态)

$$\begin{aligned}T(s,t,u)=&\frac{1}{\pi^2}\int\int\frac{\rho_{st}(s',t'')}{(s'-s)(t''-t)}\mathrm{d}s'\mathrm{d}t''+\frac{1}{\pi^2}\int\int\frac{\rho_{su}(s',u'')}{(s'-s)(u''-u)}\mathrm{d}s'\mathrm{d}u''\\&+\frac{1}{\pi^2}\int\int\frac{\rho_{tu}(u',t'')}{(u'-u)(t''-t)}\mathrm{d}u'\mathrm{d}t''.\end{aligned} \tag{7.75}$$

这就是所谓的 Mandelstam 双重色散关系. 也许需要强调的是, 它尚未能从第一原理出发被证明①.

①关于它的一些讨论可见 Chew G F and Mandelstam S. Phys. Rev., 1960, 119: 467.

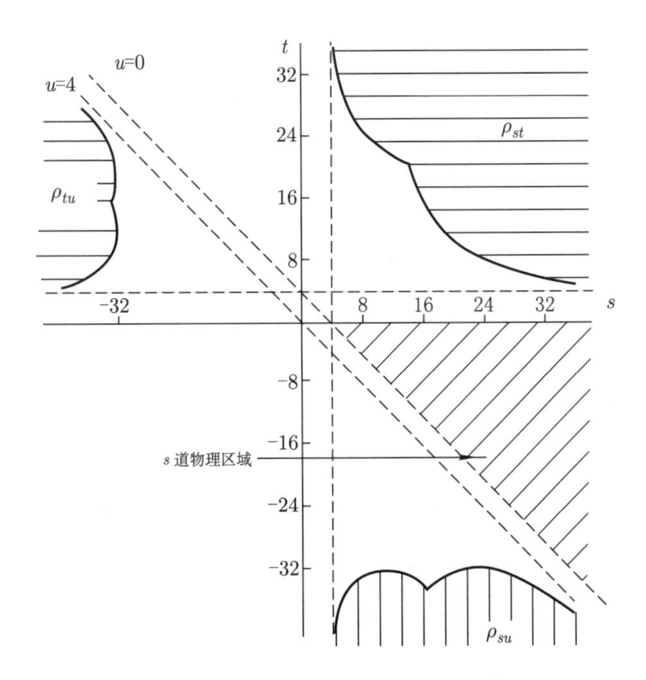

图 7.11 Mandelstam 双谱函数的示意图.

§7.4 关于色散关系理论和 S 矩阵理论的一些简单讨论

利用色散关系对强子散射的研究具有重要的意义, 而色散关系的建立又唯一地依赖对 Feynman 图或者 S 矩阵本身的解析结构的分析. 在 1950 年代, 人们还没有接受 Yang-Mills 理论作为强相互作用的基本理论, 而在强子水平上写出的拉氏量被发现微扰理论不适用. 的确, 由 Goldberger-Treiman 关系, (11.70) 式定出的 π 介子–核子耦合常数太大, 以至于不能做微扰展开, 更不用提拉氏量的重整化问题难以解决①. 于是人们开始转向从 Heisenberg 所提出的 S 矩阵理论出发, 绕过拉氏量而直接研究 S 矩阵的性质. 利用朝前散射振幅和非朝前散射振幅的色散关系对 π 介子散射问题的研究取得了成功. 在这一类研究中 S 矩阵元的一些关键的性质②, 比如交叉对称性 (与荷的共轭变换有联系)、幺正性 (概率守恒的结果)、解析性 (微观因果律的后果) 被强调和运用到研究中去. 用来研究非相对论的 π 介子–核子散射的 Chew-Low 方程③仅仅利用耦合常数和质量两个输入变量即可以给出 p 波散射的相移结果.

①这两个问题在发现了手征对称性的非线性实现和手征微扰理论以后, 得到了部分解决.

②我们在第八章里将着重讨论这些性质.

③Chew G F and Low F E. Phy. Rev., 1956, 101: 1570.

然而在把 Chew-Low 方法做相对论性推广时遇到了困难, 因为 Chew-Low 方程是非相对论性的, 它不能放进交叉道 (比如 t 道) 的奇异性的信息. 因此人们希望利用 Mandelstam 表示来改进和克服这些困难. 在相对论性的 Mandelstam 双重色散关系理论中, 由于一个强子既能以 s 道共振的形式出现, 也能以 t 道交换力的形式出现, 那么两种情况下强子态的表现应该具有某种自洽性. 这在历史上导致了对羁绊 (bootstrap) 理论的讨论.

然而, 仅仅从幺正性、解析性和交叉对称性出发来证明羁绊理论可给出确定的 S 矩阵元的信息是非常困难的, S 矩阵元的奇异性是十分复杂的, 反常阈以及越来越多奇异性的发现导致了对超越简单的两两散射情形的研究变得越来越不确定和悬而不决①.

在 QCD 建立以后, S 矩阵理论方法对强子物理的研究慢慢地淡出了多数人的视野. 虽然进展十分缓慢, 然而这一方面的努力也未曾停止过. 关于 Goldstone 粒子的相互作用的有效理论 —— 手征微扰理论的建立及与色散关系的结合给出了丰硕的成果. 今天低能强子相互作用可以在有效场论的水平上给予满意的理解与描述, 并且强相互作用的非微扰性质也得到了较为深入的理解.

①我们在本书的第八、十二、十三章中讨论了 S 矩阵理论的部分基础内容.

第八章 散射的 S 矩阵

本章将简单介绍 S 矩阵理论的一些基础知识. 它们是公理化的正则量子场论和公理化 S 矩阵理论的基础, 也是色散关系理论的基础. 除了加深对量子场论, 尤其是其非微扰性质的体会和理解外, 本章的主要成果将是建立起 S 矩阵元与连通编时 Green 函数之间的关系, 即著名的 Lehmann, Symanzik, Zimmermann 约化公式 (LSZ reduction formula). 另外一个重要之处是引入波函数重整化因子这一概念, 它对于量子场论的重整化理论是至关重要的.

§8.1 粒子的场的假说、散射的 S 矩阵

8.1.1 入态、出态和 S 矩阵

本章试图从一些基本的对称性和一些合理的假设出发研究散射问题. 在这里我们以中性标量场为例做一下简单讨论.

首先定义入 (in) 态和出 (out) 态以及入场 Φ_{in} 和出场 Φ_{out}. 入态和出态用来描述在 $t\to-\infty$ 和 $t\to+\infty$ 情况下的具有物理质量的物理粒子态, 这时, 系统内参加散射的粒子 (对于入场) 或散射后的粒子互相没有发生作用而只是在自作用的影响下传播①. 我们要求入态和出态具有如下性质:

(1) 在 $t\to-\infty$ 时所有的态 (入态) 构成了 Hilbert 空间中的完备集.

(2) 在 $t\to+\infty$ 时所有的态 (出态) 构成了 Hilbert 空间中的完备集.

它们构成了形式散射理论中的两个基本假设. 定义出场和入场则是产生独立的这些粒子态的场算符 (也统称为辅助场或渐近场). 它们满足如下性质:

(1) 入场、出场和入态、出态满足在 Lorentz 变换下的自由场、自由态的变换性质.

对于单粒子态, 相对应的有产生算符 $a_{\text{in}}^{\dagger}(\boldsymbol{k})$ 和湮灭算符 $a_{\text{in}}(\boldsymbol{k})$. 它们满足如下

---

①上述对于入态和出态的描述看起来是显然的. 然而这些描述并不是严格的. 因为我们忽略了一个基本的事实: 即如果入射粒子被看成将要碰撞到一起, 那么它们必须被看成在空间上是定域的. 而测不准关系告诉我们它们的动量不能被精确描述. 对我们的描述的合理性的论证远不是简单和平庸的, 参见 Goldberger M L and Watson K M. Collision Theory. New York: Wiley, 1964.

的熟知的关系:

$$\begin{aligned}\left[a_{\text{in}}(\boldsymbol{k}),a_{\text{in}}^{\dagger}(\boldsymbol{k}')\right]&=\delta^3(\boldsymbol{k}-\boldsymbol{k}'),\\ [a_{\text{in}}(\boldsymbol{k}),a_{\text{in}}(\boldsymbol{k}')]&=0.\end{aligned}\tag{8.1}$$

对于出态存在着平行的一套算符和它们之间的关系. 入态和出态算符满足同样的代数. 在非相对论性的量子力学中, 这意味着两种不同的算符之间满足一个幺正变换, 而在相对论性量子场论中这一点并不是显然满足的.

(2) 入场、出场满足具有物理质量的自由场方程, 于是有

$$\phi_{\text{in}}(t)=\int\frac{\mathrm{d}^3\boldsymbol{k}}{[(2\pi)^3 2\omega_{\boldsymbol{k}}]^{1/2}}[a_{\text{in}}(\boldsymbol{k})\mathrm{e}^{\mathrm{i}(\boldsymbol{k}\cdot\boldsymbol{x}-\omega t)}+a_{\text{in}}^{\dagger}(\boldsymbol{k})\mathrm{e}^{-\mathrm{i}(\boldsymbol{k}\cdot\boldsymbol{x}-\omega t)}].\tag{8.2}$$

由其可以证明

$$\begin{aligned}a_{\text{in}}&=\frac{\mathrm{i}}{(2\pi)^{3/2}}\int\mathrm{d}^3\boldsymbol{x}\frac{\mathrm{e}^{\mathrm{i}k\cdot x}}{(2\omega_{\boldsymbol{k}})^{1/2}}\overleftrightarrow{\partial_0}\phi_{\text{in}}(x),\\ a_{\text{in}}^{\dagger}&=-\frac{\mathrm{i}}{(2\pi)^{3/2}}\int\mathrm{d}^3\boldsymbol{x}\frac{\mathrm{e}^{-\mathrm{i}k\cdot x}}{(2\omega_{\boldsymbol{k}})^{1/2}}\overleftrightarrow{\partial_0}\phi_{\text{in}}(x).\end{aligned}\tag{8.3}$$

这些关系式在推导约化公式时会起到重要作用, 其中 $A\overleftrightarrow{\partial}B\equiv A\partial B-\partial AB$.

(3) 对应于一切可能的粒子数和动量的这些入态和出态分别构成态的完备集合①.

这样就可以定义 S 矩阵: 从 n 个无相互作用的物理粒子系统的初态出发, 系统状态有量子数 $p_1,\cdots,p_n$, 表示为 $|p_1,\cdots,p_n,\text{in}\rangle=|\alpha,\text{in}\rangle$, 跃迁到 m 个粒子的末态, 量子数为 $p_1',\cdots,p_m'$ 表示为 $|p_1',\cdots,p_m',\text{out}\rangle=|\beta,\text{out}\rangle$. 由于入态和出态分别构成完备集合, S 矩阵定义为把出态变成入态的算符:

$$\begin{aligned}\langle\beta,\text{out}|&=\langle\beta,\text{in}|S,\\ S^{\dagger}|\alpha,\text{in}\rangle&=|\alpha,\text{out}\rangle,\\ |\alpha,\text{in}\rangle&=S|\alpha,\text{out}\rangle.\end{aligned}\tag{8.4}$$

形式上 S 矩阵可以写成

$$S=\sum_{\alpha}|\alpha,\text{in}\rangle\langle\alpha,\text{out}|.\tag{8.5}$$

显然, 入态算符与入态算符之间的对易子 (或出态算符与出态算符之间的对易子) 是简单的. 但入态和出态之间的关系, 除非已经解出了整个的 S 矩阵, 是完全不知道的. 综上所述 S 矩阵更具有如下性质:

①在对于入态和出态的定义中的一个很明显的事实是, 入态和出态都是由稳定粒子构成的. 在这一体系中如何处理粒子的衰变成为一个复杂的问题. 另外值得指出的是, 在这里没有关于 “复合” 粒子与 “基本” 粒子的区别, 所有的稳定粒子都有它们自己的入和出算符.

(1) S 矩阵把入场变成出场, 即 $\phi_{\rm in}(x) = S\phi_{\rm out}(x)S^{-1}$.

(2) S 矩阵是幺正的, 即 $SS^\dagger = S^\dagger S = 1$.

为完整定义一个 S 矩阵, 我们还需要定义一个真空态. 真空态的稳定性要求①

$$\langle 0, {\rm in}|S = \langle 0, {\rm out}| = {\rm e}^{{\rm i}\phi_0}\langle 0, {\rm in}|. \tag{8.6}$$

假定真空唯一时, 可以令相因子为 0, 则

$$\langle 0, {\rm out}| = \langle 0, {\rm in}| = \langle 0|, \quad S_{00} = 1. \tag{8.7}$$

真空态不管对于入场和出场来说, 都是一个"无粒子"的态, 也即

$$a_{\rm in}(\boldsymbol{k})|0\rangle = 0 = a_{\rm out}(\boldsymbol{k})|0\rangle. \tag{8.8}$$

与此类似但独立的另一个条件是

$$|\boldsymbol{k}; {\rm in}\rangle \equiv \sqrt{(2\pi)^3 2E_{\boldsymbol{k}}}a^\dagger_{\rm in}(\boldsymbol{k})|0\rangle = |\boldsymbol{k}; {\rm out}\rangle \equiv \sqrt{(2\pi)^3 2E_{\boldsymbol{k}}}a^\dagger_{\rm out}(\boldsymbol{k})|0\rangle \equiv |\boldsymbol{k}\rangle, \tag{8.9}$$

其中的等式来自于单粒子态的稳定性要求:

$$\langle \boldsymbol{p}, {\rm in}|S|\boldsymbol{p}, {\rm in}\rangle = \langle \boldsymbol{p}, {\rm out}|\boldsymbol{p}, {\rm in}\rangle = \langle \boldsymbol{p}, {\rm in}|\boldsymbol{p}, {\rm in}\rangle = (2\pi)^3 2E_{\boldsymbol{p}}\delta^3(0). \tag{8.10}$$

或者说单一粒子从动量 $\boldsymbol{p}$ 的入态散射到动量同样为 $\boldsymbol{p}$ 的出态, 这个过程的概率为 1. 关于入态和出态的完备性假设意味着所有 Hilbert 空间的态矢量可以写成如下基矢的线性组合: $\{\alpha^\dagger_{\rm in}(\boldsymbol{k}_1)\cdots\alpha^\dagger_{\rm in}(\boldsymbol{k}_n)\}|0\rangle$ (或等价地用出态算符表示)②.

S 矩阵还必须有平移不变性和 Lorentz 不变性, 这里不再讨论了.

8.1.2 内插场和渐近条件

在上一节中我们引入了辅助场以及入态、出态的概念. 虽然这些讨论并没有引入任何新的物理, 因为入场和出场满足自由场的方程, 即除了自作用外并不参与任何相互作用, 但是上述的讨论仍然是有意义的. 因为首先我们建立了粒子的场的对应与表述. 为了讨论相互作用, 我们还需要进一步引入所谓的"内插场" (interpolating field). 一般情况下它实际上可以理解为我们前面所遇到的有相互作用时的 Heisenberg 场算符. 对于场 $\phi(x)$ 的一个标准的假设是它与 4-动量算符 (或平移变换的产生子) 之间的关系:

$$\begin{aligned} [\phi(x), P_\mu] &= {\rm i}\partial_\mu\phi(x) , \\ \phi(x) &= {\rm e}^{{\rm i}\widehat{P}x}\phi(0){\rm e}^{-{\rm i}\widehat{P}x}. \end{aligned} \tag{8.11}$$

①参见 §4.6 的讨论.

②这一假设看起来是平庸的, 但实际上却是非常大胆的. 在量子电动力学里面, 所谓的 Gupta-Bleuler 方案在 Hilbert 空间中引入了负模的态. 对于这样的理论, 我们这里的讨论至少是不能直接应用的.

对于辅助场也有上述关系, 但后者是构造出来的. 从 (8.11) 式出发, 我们可以得到两个重要的公式. 第一个公式是由单粒子态的稳定性条件, 即 $|\boldsymbol{k},\mathrm{in}\rangle=|\boldsymbol{k},\mathrm{out}\rangle$ 得出的. 首先利用公式 (8.11), 我们得知矩阵元 $\langle 0|\phi(x)|\boldsymbol{k}^{\mathrm{in}}_{\mathrm{out}}\rangle$ 是自由 Klein-Gordon 方程的解, 唯一待定的是其系数, 而这可以由渐近条件 (8.15) 唯一地定出 (但此时我们并不关心),

$$\begin{aligned}\langle 0|\phi(x)|\boldsymbol{k},\mathrm{in}\rangle&=\mathrm{e}^{-\mathrm{i}k\cdot x}=\langle 0|\phi(x)|\boldsymbol{k},\mathrm{out}\rangle\\&=\langle 0|\phi^{\mathrm{in}}_{\mathrm{out}}(x)|\boldsymbol{k}^{\mathrm{in}}_{\mathrm{out}}\rangle=\langle 0|\phi^{\mathrm{in}}_{\mathrm{out}}(x)|\boldsymbol{k}^{\mathrm{out}}_{\mathrm{in}}\rangle.\end{aligned}\tag{8.12}$$

第二个公式是与源有关的. 与一个场所对应的源 $\eta(x)$ 的定义为

$$(\Box+m^2)\phi(x)=\eta(x).\tag{8.13}$$

取上述等式两边在真空和单粒子态之间的矩阵元得

$$\langle 0|\eta(x)|k\rangle=0.\tag{8.14}$$

此方程是在讨论色散关系时经常要用到的重要的等式①.

这里还需要讨论的内插场的一个重要性质是它的完备性. 关于这一性质的详细讨论需要许多精心的论证, 在这里我们不准备进行这样的讨论, 而仅仅满足于接受关于 $\phi(x)$ 的完备性的假设. 注意辅助场具有完备性的性质, 通过渐近条件, 我们有理由期待内插场具有相同性质.

下面引入一个非常重要的远非平庸的基本假设, 即所谓的渐近条件: 存在着一个场算符 $\phi(x)$, 叫作内插场, 满足如下性质:

$$\lim_{t\to\pm\infty}\int\mathrm{d}\boldsymbol{x}f(x)\overleftrightarrow{\partial_0}\langle A|\{\phi(x)-\sqrt{Z}\phi_{\mathrm{out,in}}(x)\}|B\rangle=0,\tag{8.15}$$

其中态 A 和 B 是任意实验上可观测的态 (即入或出态), Z 是波函数重整化因子, 而 $f(x)$ 是任意可归一的自由 Klein-Gordon 方程的解. 值得注意的是, 和辅助场一样, 有多少稳定粒子就有多少内插场.

值得对条件 (8.15) 式做一些进一步的讨论. 首先, 关系式 (8.15) 是算符的矩阵元之间的关系, 而不是算符本身之间的关系. 其次, 矩阵元需要用一个可归一的函数 $f(x)$ 来做平均 (但是 $f(x)$ 常常可以用不可归一的平面波来代替而不引起任何问题, 除非得到明显无意义的结果). 这两点都是必需的, 否则继续推导下去总会碰到

①在拉格朗日理论中, 我们直接处理的是场方程. 在那里动力学的细节, 即源 $\eta(x)$ 可以通过 Heisenberg 场表示出来. 然而, 在讨论色散理论时, 我们一般并不需要知道这种细节, 需要的基本假设只是 $\eta(x)$ 是一个定域的场算符, 即它只依赖于在 x 处的 Heisenberg 场. 比如我们不去考虑形如 $\int\mathrm{d}^4x'G(x-x')\phi^n(x')$ 的源的表达式.

矛盾. 算符的矩阵元之间的这种收敛叫作 "弱" 收敛, 而算符之间的逼近叫作 "强" 收敛.

设相互作用拉格朗日理论中的 Heisenberg 场 $\phi(x)$ 满足运动方程

$$(\Box + m_0^2)\phi(x) = j(x),$$

而入态 (出态) 所对应的场算符满足

$$(\Box + m^2)\phi_{\text{in}}(x) = 0.$$

定义 $\eta(x) = j(x) + \delta m^2\phi(x) = j(x) + (m^2 - m_0^2)\phi(x)$, 那么 $\phi(x)$ 场方程可以改写为 $(\Box + m^2)\phi(x) = \eta(x)$, 也即 $\eta(x)$ 可以被认为是仅仅对于散射波有贡献的源, 把它移去后可以把 $\phi(x)$ 看成仅是 $\phi_{\text{in}}(x)$. 于是我们可以尝试写出[①]

$$\begin{aligned}\phi(x) &= \phi_{\text{in}}(x) - \int \mathrm{d}^4y\Delta_{\text{ret}}(x-y;m)\eta(y),\\ \phi(x) &= \phi_{\text{out}}(x) - \int \mathrm{d}^4y\Delta_{\text{adv}}(x-y;m)\eta(y),\end{aligned} \tag{8.16}$$

其中 $\Delta_{\text{ret}}(x-y;m)$ 是推迟 Green 函数, 即当 $x_0 < y_0$ 时 $\Delta_{\text{ret}}(x-y;m) = 0$. 反之 $\Delta_{\text{adv}}(x-y;m)$ 是超前 Green 函数, 即当 $x_0 > y_0$ 时 $\Delta_{\text{adv}}(x-y;m) = 0$. 如果源 $j(x)$ 仅在有限的时间间隔内有限, 即

$$\eta(x) = 0 \quad (|t| > T), \tag{8.17}$$

则利用推迟 (超前)Green 函数的性质, 我们立刻可以得到

$$\begin{aligned}\lim_{x_0\to-\infty}\phi(x) &= \phi_{\text{in}}(x),\\ \lim_{x_0\to+\infty}\phi(x) &= \phi_{\text{out}}(x).\end{aligned} \tag{8.18}$$

然而, 这种可能性是不存在的. 从微扰论里可以得知, 一个传播的 (孤立) 的粒子总会通过辐射和吸收虚粒子而具有自作用, 所以 (8.16) 式中的第二项永远不能够完全消失. 因此, 为了更好地描述场算符 $\phi(x)$ 的渐近行为, 我们尝试将 (8.18) 式改写为

$$\begin{aligned}\lim_{x_0\to-\infty}\phi(x) &= \sqrt{Z}\phi_{\text{in}}(x),\\ \lim_{x_0\to+\infty}\phi(x) &= \sqrt{Z}\phi_{\text{out}}(x).\end{aligned} \tag{8.19}$$

[①] Yang C N and Feldman D. Phys. Rev., 1950, 79: 972.

如果这个式子是对的, 那么重整化常数 Z 就有一个直观的解释: 它代表 $\phi(x)$ 从真空 $|0\rangle$ 中产生一个单粒子态 $|1\rangle$ 的概率振幅:

$$\langle 1|\phi(x)|0\rangle = \sqrt{Z}\langle 1|\phi_{\text{in}}(x)|0\rangle. \tag{8.20}$$

由于有相互作用, 算符 $\phi(x)$ 也可以生成各种多粒子态, 因此概率守恒要求 $0 < Z < 1$. 更仔细地看, §8.5 中对 Källen-Lehmann 表示的研究表明, 在有相互作用的情形的确有 $Z \neq 1$.

但是算符等式 (8.19) 仍然不能令人满意. 对于 Heisenberg 场算符 $\phi(x)$, 需要进一步假设标准的量子力学等时对易关系 (详见 8.1.3 小节), 可以得出

$$\mathrm{i}\delta^3(\boldsymbol{x}-\boldsymbol{y}) = \lim_{x_0\to-\infty}[\phi(x),\dot{\phi}(y)]|_{x_0=y_0} = Z[\phi_{\text{in}}(x),\dot{\phi}_{\text{in}}(y)]|_{x_0=y_0} = Z\mathrm{i}\delta^3(\boldsymbol{x}-\boldsymbol{y}), \tag{8.21}$$

也即 $Z=1$. 这与前面对于 Z 的期待并不一致, 所以需要把 (8.19) 式改写为一个更弱的条件:

$$\begin{aligned} \lim_{x_0\to-\infty}\langle B|\phi(x)|A\rangle &= \sqrt{Z}\langle B|\phi_{\text{in}}(x)|A\rangle, \\ \lim_{x_0\to+\infty}\langle B|\phi(x)|A\rangle &= \sqrt{Z}\langle B|\phi_{\text{out}}(x)|A\rangle, \end{aligned} \tag{8.22}$$

其中 $|A\rangle, |B\rangle$ 是任意的两个态. 但 (8.22) 式也还是有问题的, 在 $t\to\infty$ 时其右边是一个高度振荡的函数, 并不存在一个可定义的极限, 因此还需要对时间做某种平均以赋予时间趋于无穷时的极限确定的意义, 比如证明 $\int \mathrm{d}^3\boldsymbol{x} f(x) \overleftrightarrow{\partial_0} \langle A|\phi_{\text{out,in}}(x)|B\rangle$ 是一个与时间无关的量, 于是最终我们就得到了 (8.15) 式.

8.1.3 对易关系、微观因果性

对易关系在场论中当然具有非常重要的意义. 不依赖于理论的任何细节,我们要求内插场的对易子在类空条件下等于零:

$$[\phi(x),\phi(y)] = 0, \quad \text{当}(x-y)^2 < 0. \tag{8.23}$$

这个假设叫作微观因果性条件. 在上一节中我们谈到了源 $\eta(x)$ 的定域性假设, 这一假设和条件 (8.23) 式在一起, 给出了下面的关系:

$$[\eta(x),\phi(y)] = 0, \quad \text{当}(x-y)^2 < 0. \tag{8.24}$$

由基本假设 (8.23) 式所定义的微观因果性和常识中的因果性概念的关系值得做进一步的讨论. 首先我们必须记住, 根据场的假设, 在每一个时空点上的 $\phi(x)$ 构成了算符的完全集. 换句话说, 任何一个可观测量都可以表述为场 $\phi(x)$ 的函数. 因此

(8.23) 式保证了: 如果一个测量在某一个时空区域进行, 而另一个测量是在另一个时空区域进行的, 并且这两个区域中的任意两点都是类空的, 那么这两个测量不可能有干涉. 另一方面, 在狭义相对论中, 因果性的精确含义是没有连接类空区间的信号传递过程. 因此 (8.23) 式是一个充分条件, 它保证了由量子力学的基本规律所定义的测量不违反狭义相对论所要求的因果性条件. 然而反过来, 很难证明 (8.23) 式也是一个宏观因果性必要条件. 显然地, 如果对易关系在光锥之外不为零, 一定会导致产生无穷大的速度. 但是这种速度是否一定会导致超光速的信号传递还是完全不清楚的. 因此, 条件 (8.23) 式是否也是一个必要条件基本上还是一个没有答案的问题①.

为了得到对色散关系的证明, 我们仅仅需要 (8.23) 式所提供的信息. 这在一方面来说是幸运的, 因为它是我们仅能提供的对其有信心的关系. 然而在另一方面, 我们又需要超越它, 因为这种超越是与拉格朗日理论建立更进一步的联系的唯一途径. (8.23) 式所提供的信息过于普遍, 不可能从中获得区分不同粒子理论的任何有用信息. 而自然界明确地告诉我们, 不同的相互作用是由不同的拉格朗日理论来描述的. 因此在下面的讨论中, 我们将试图在 (8.23) 式的基础上, 尝试在对易关系中提供更多的信息.

方程 (8.23) 式的局限性在于, 它没有提供在光锥上和光锥内所发生的情况的任何信息. 显然, 除非完全能够解出关于 $\phi(x)$ 的场方程, 我们不可能得到在光锥内的对易关系的完全信息. 然而, 如果能够解场方程, 我们也就得到了 S 矩阵的完全的结果, 也就不会再对一个复杂的对易关系产生兴趣了. 所以我们现在唯一能够做进一步讨论之处是在光锥上 ($(x-y)^2=0$). 在此时, 通常的量子力学建议正则、等时对易关系 $[\phi(t,\boldsymbol{x}),\dot{\phi}(t,\boldsymbol{y})]$ 具有重要的价值, 甚至可能是一个 c-数. 在拉格朗日场论中做类比, 我们假设对于那些独立的 $\phi(x)$ 场来说, 正则等时对易关系实际上是一个 c-数. 由于必须与 (8.23) 式一致, 在有限的 $|\boldsymbol{x}-\boldsymbol{y}|$ 时它必须等于零, 所以正则等时对易关系只能正比于 $\delta^3(\boldsymbol{x}-\boldsymbol{y})$, 或其有限阶导数 (如果有无限阶导数, 那么可以对应于一个在 $|\boldsymbol{x}-\boldsymbol{y}|\neq 0$ 时有限的函数的 Taylor 展开). 如果我们做最简单的假设, 在仅有一个独立的场的情况下, 正则等时对易关系就被写成

$$
\begin{aligned}
\left[\phi(t,\boldsymbol{x}),\dot{\phi}(t,\boldsymbol{y})\right] &= \mathrm{i}\hbar\delta^3(\boldsymbol{x}-\boldsymbol{y}),\\
[\phi(t,\boldsymbol{x}),\phi(t,\boldsymbol{y})] &= 0.
\end{aligned}
\tag{8.25}
$$

这个关系可以看成决定我们所讨论的理论的性质的方程. 由于 $\phi(x)$ 场与 $\phi_{\mathrm{in}}(x)$ 场的关系, 这个方程中的常数因子不是随意的. 而 $\phi_{\mathrm{in}}(x)$ 由于是自由场, 当然满足正

①在经典场论中存在着因果性在微观尺度上的破坏, 虽然很难在宏观上观测到. 经典电子论中的关于辐射阻尼力的微分–积分方程, 就会导致这样的物理后果. 在那里, 因果性的破坏仅仅发生在 $\tau\sim 10^{-22}$ s 的时间尺度上, 仅相当于光传播了电子经典半径大小的距离所用的时间.

则等时对易关系

$$[\phi_{\text{in}}(t,\boldsymbol{x}),\dot{\phi}_{\text{in}}(t,\boldsymbol{y})]=\mathrm{i}\hbar\delta^3(\boldsymbol{x}-\boldsymbol{y}). \tag{8.26}$$

当有几个不同的粒子时, 根据定义, 就有几个不同的渐近场. 从唯象上考虑, 可能有理由把一些场看成是由另一些场组成的, 而另一些场则看起来更 "基本". 然而根据我们这里的讨论, 不管是 "复合" 场或 "基本" 场的算符都满足正则等时对易关系. 对于它们的不同也许可以如下区分: 基本场之间的混合的对易关系为零, 这样保证了这些场是理论的独立自由度, 而且组成了算符的完备集. 而基本场和复合场之间的对易关系则一般不为零, 甚至不一定是一个 c-数. 另一方面, 也可以设想另一种完全相反的情形, 即某个基本的场自由度是不稳定的, 从而没有相应的渐近场算符. 而此时理论中的 Heisenberg 场算符 (或者内插场) 是否需要另外引入一个代表不稳定场的算符才能够构成完全集仍是一个不清楚的问题. 这些带有猜测性的讨论还是没有定论的.

§8.2 LSZ 约化公式

在场论中的绝大多数计算需要把矩阵元表示成内插场的矩阵元, 下面要讨论的方案是 Lehmann, Symanzik 和 Zimmermann 的工作所建立的, 其中渐近条件 (8.15) 式和微观因果性条件 (8.23) 式起到了至关重要的作用. 为简单起见, 我们仍然仅讨论自耦合的中性标量场理论.

考虑矩阵元

$$S_{\text{fi}}=\langle cd,\text{out}|ab,\text{in}\rangle=\langle cd,\text{in}|S|ab,\text{in}\rangle. \tag{8.27}$$

在下面的讨论中要用到的渐近条件中的函数 f_a 在原则上是可归一的, 但几乎是单色的. 它的平面波极限是

$$f_a(x)\to\mathrm{e}^{-\mathrm{i}k_a\cdot x}. \tag{8.28}$$

下面将直接使用平面波形式而不再做严格论证. 利用 $\langle cd,\text{out}|=\langle c|a_d(\text{out})\sqrt{(2\pi)^3 2E_d}$ 和 (8.3) 式, 我们可以把 (8.27) 式改写成

$$S_{\text{fi}}=\mathrm{i}\int\mathrm{d}^3\boldsymbol{x}f_d^*(x)\overleftrightarrow{\partial_0}\langle c|\phi_{\text{out}}(x)|ab,\text{in}\rangle. \tag{8.29}$$

再由 (8.15) 式推出

$$S_{\text{fi}}=\lim_{x_0\to+\infty}\mathrm{i}\int\mathrm{d}^3\boldsymbol{x}f_d^*(x)\overleftrightarrow{\partial_0}\langle c|\phi(x)|ab,\text{in}\rangle. \tag{8.30}$$

在上式和以下的推导中为简略起见, 我们忽略了 $\frac{1}{\sqrt{Z}}$ 因子. 再利用

$$\lim_{x_0\to+\infty}\int \mathrm{d}^3\boldsymbol{x} \equiv \int \mathrm{d}^4x\frac{\partial}{\partial x_0}+\lim_{x_0\to-\infty}\int \mathrm{d}^3\boldsymbol{x}, \tag{8.31}$$

我们得到

$$\begin{aligned}S_{\mathrm{fi}} &= \mathrm{i}\int \mathrm{d}^4x\frac{\partial}{\partial x_0}\{f_d^*(x)\overleftrightarrow{\partial_0}\langle c|\phi(x)|ab,\mathrm{in}\rangle\}\\ &\quad +\mathrm{i}\lim_{x_0\to-\infty}\int \mathrm{d}^3\boldsymbol{x}f_d^*(x)\overleftrightarrow{\partial_0}\langle c|\phi(x)|ab,\mathrm{in}\rangle.\end{aligned} \tag{8.32}$$

上式等号右边的第二项实际上是 $\langle c|a_d(\mathrm{in})|ab,\mathrm{in}\rangle=\langle cd,\mathrm{in}|ab,\mathrm{in}\rangle=\delta_{da}\delta_{cb}+\delta_{db}\delta_{ca}$. 而等号右边第一项中, 利用 f_d^* 是自由场 Klein-Gordon 方程的解, 且 f_d^* 可归一的性质 (在空间距离趋于无穷大时 $f_d\to 0$), 容易证明

$$S_{\mathrm{fi}}=\langle cd,\mathrm{in}|ab,\mathrm{in}\rangle+\mathrm{i}\int \mathrm{d}^4xf_d^*(x)(\Box_x+m^2)\langle c|\phi(x)|ab,\mathrm{in}\rangle \tag{8.33}$$

或

$$S_{\mathrm{fi}}=\langle cd,\mathrm{in}|ab,\mathrm{in}\rangle+\mathrm{i}\int \mathrm{d}^4xf_d^*(x)\langle c|\eta(x)|ab,\mathrm{in}\rangle. \tag{8.34}$$

为进行下一步的约化, 比如抽出入态 b, 首先定义 $N(x)=\langle c|\phi(x)|ab,\mathrm{in}\rangle$, 于是

$$\begin{aligned}N(x) &= \sqrt{(2\pi)^3 2E_b}\langle c|\phi(x)a_b^\dagger(\mathrm{in})|a\rangle\\ &= -\mathrm{i}\int \mathrm{d}^3\boldsymbol{y}f_b(y)\overleftrightarrow{\partial_{y_0}}\langle c|\phi(x)\phi_{\mathrm{in}}(y)|a\rangle\\ &= -\mathrm{i}\lim_{y_0\to-\infty}\int \mathrm{d}^3\boldsymbol{y}f_b(y)\overleftrightarrow{\partial_{y_0}}\langle c|\phi(x)\phi(y)|a\rangle.\end{aligned} \tag{8.35}$$

进一步的推导需要把两个场算符的乘积改写成编时乘积关系. 为此考虑

$$\phi(x)\phi(y)=T\phi(x)\phi(y)+\theta(y_0-x_0)[\phi(x),\phi(y)]. \tag{8.36}$$

在上式中需要注意的是, $\theta(y_0-x_0)$ 仅在 x, y 之间的间隔类时或在光锥上时, 才是协变的, 而这就要求与阶梯函数乘在一起的函数在类空时消失, 而后者由微观因果性条件保障. 上式中的第二项不但是协变的, 而且事实上在代回到 (8.35) 式时可以扔掉, 因为在 $y_0\to-\infty$ 时, 显然有 $\theta(y_0-x_0)=0$. 于是有

$$\begin{aligned}N(x) &= -\mathrm{i}\lim_{y_0\to-\infty}\int \mathrm{d}^3\boldsymbol{y}f_b(y)\overleftrightarrow{\partial_{y_0}}\langle c|T\{\phi(x)\phi(y)\}|a\rangle\\ &= \mathrm{i}\int \mathrm{d}^4y\partial_{y_0}\{f_b(y)\overleftrightarrow{\partial_{y_0}}\langle c|T\{\phi(x)\phi(y)\}|a\rangle\}\\ &\quad -\mathrm{i}\lim_{y_0\to+\infty}\int \mathrm{d}^3\boldsymbol{y}f_b(y)\overleftrightarrow{\partial_{y_0}}\langle c|\phi(y)\phi(x)|a\rangle.\end{aligned} \tag{8.37}$$

上式中的第二个等号用到了 (8.31) 式. 注意在上式的最后一项中我们已经利用到了编时乘积的性质而把场的排序改了过来. 这一点是重要的, 也是使用编时乘积的益处所在, 原因是此时上式中第二个等号右边的第二项贡献为零:

$$\begin{aligned}
&-\mathrm{i}\lim_{y_0\to\infty}\int \mathrm{d}^3\boldsymbol{y} f_b(y)\overleftrightarrow{\partial_{y_0}}\langle c|\phi(y)\phi(x)|a\rangle \\
&\quad=-\mathrm{i}\lim_{y_0\to\infty}\int \mathrm{d}^3\boldsymbol{y} f_b(y)\overleftrightarrow{\partial_{y_0}}\langle c|\phi_{\text{out}}(y)\phi(x)|a\rangle \\
&\quad=\langle c|a_b^+(\text{out})\phi(x)|a\rangle=\delta_{cb}\langle 0|\phi(x)|a\rangle.
\end{aligned}\tag{8.38}$$

注意在计算 (8.38) 式对 S_{fi} 的贡献时前面还要乘上 Klein-Gordon 算符, 即此项的贡献正比于 $\langle 0|\eta(x)|a\rangle$, 而根据公式 (8.14) 此项贡献必为零. 接下来只要重复在推导 (8.33) 式时的手续即可得到

$$\begin{aligned}
S_{\text{fi}}=&\langle cd,\text{in}|ab,\text{in}\rangle \\
&+\mathrm{i}^2\int\int \mathrm{d}^4x\mathrm{d}^4y f_d^*(x)f_b(y)(\Box_x+m^2)(\Box_y+m^2)\langle c|T\{\phi(x)\phi(y)\}|a\rangle,
\end{aligned}\tag{8.39}$$

或者在函数 f 的平面波极限下,

$$\begin{aligned}
S_{\text{fi}}=&\langle cd,\text{in}|ab,\text{in}\rangle \\
&+\mathrm{i}^2\int \mathrm{d}^4x\mathrm{d}^4y\mathrm{e}^{\mathrm{i}p_d\cdot x-\mathrm{i}p_b\cdot y}(\Box_x+m^2)(\Box_y+m^2)\langle c|T\{\phi(x)\phi(y)\}|a\rangle.
\end{aligned}\tag{8.40}$$

重复上述方法, 可以进一步地进行收缩而得出所谓的 Lehmann-Symanzik-Zimmermann (LSZ) 约化公式. 在一般的情况下, 比如考虑一个标量粒子之间的散射矩阵元 $\langle p_1,\cdots,p_n|S|k_1,\cdots,k_m\rangle$, 著名的 LSZ 约化公式建立起了它和有 $n+m$ 个外腿的 Green 函数之间的关系:

$$\begin{aligned}
&\langle p_1,\cdots,p_n|S|k_1,\cdots,k_m\rangle \\
&=\left(\frac{-\mathrm{i}}{\sqrt{Z}}\right)^{n+m}\prod_{i=1}^{n}(p_i^2-m^2+\mathrm{i}\epsilon)\prod_{j=1}^{m}(k_j^2-m^2+\mathrm{i}\epsilon) \\
&\quad\times\prod_1^n\int \mathrm{d}^4x_i\mathrm{e}^{\mathrm{i}p_i\cdot x_i}\prod_1^m\int \mathrm{d}^4y_j\mathrm{e}^{-\mathrm{i}k_j\cdot y_j}\langle 0|T\{\phi(x_1)\cdots\phi(x_n)\phi(y_1)\cdots\phi(y_m)\}|0\rangle.
\end{aligned}\tag{8.41}$$

上式中 Z 表示波函数的重整化常数. 在 (8.41) 式中的等式右边要取质壳条件 $p_i^2=k_j^2=m^2$. LSZ 约化公式的表述是清楚的: 为了计算一个物理的散射矩阵元, 首先计

算其对应的 Green 函数, 然后把外腿截掉并把外腿上粒子的 4-动量放到质壳上①. 定义动量空间 Green 函数

$$G^{(n)}(k_1,\cdots,k_n)=\int \mathrm{d}^4x_1\cdots\mathrm{d}^4x_n\mathrm{e}^{\mathrm{i}k_1\cdot x_1+\cdots+\mathrm{i}k_n\cdot x_n}\langle 0|T\phi(x_1)\cdots\phi(x_n)|0\rangle,$$

则约化公式可以改写为

$$\begin{aligned}&\langle p_1,\cdots,p_n|S|k_1,\cdots,k_m\rangle\\&=\left(\frac{-\mathrm{i}}{\sqrt{Z}}\right)^{n+m}\prod_{i=1}^{n}(p_i^2-m^2+\mathrm{i}\epsilon)\prod_{j=1}^{m}(k_j^2-m^2+\mathrm{i}\epsilon)G^{(n+m)}(p_i,\cdots,p_n;-k_1,\cdots,-k_m).\end{aligned}\tag{8.43}$$

这里值得注意的是, 由 (8.43) 式可以一般地证明动量空间的 Green 函数具有一个体现总体 4-动量守恒的因子: $(2\pi)^4\delta^4\left(\sum\limits_i k_i\right)$. 这个结论可由 (8.11) 式给出的 Heisenberg 场算符的一般性质得到, 并且是我们在讨论 Feynman 规则一章中发现的情况的普适表述. 为证明此论述, 在 (8.43) 式中对积分变量 $x_1,\cdots,x_{n-1}$ 做平移 $x_i\to x_i+x_n$, 于是

$$\begin{aligned}G^{(n)}(k_1,\cdots,k_n)&=\int \mathrm{d}^4x_1\cdots\mathrm{d}^4x_n\mathrm{e}^{\mathrm{i}(k_1+\cdots+k_n)\cdot x_n}\mathrm{e}^{\mathrm{i}k_1\cdot x_1+\cdots+\mathrm{i}k_{n-1}\cdot x_{n-1}}\\&\quad\times\langle 0|T\{\mathrm{e}^{\mathrm{i}P\cdot x_n}\phi(x_1)\mathrm{e}^{-\mathrm{i}P\cdot x_n}\cdots\mathrm{e}^{\mathrm{i}P\cdot x_n}\phi(0)\mathrm{e}^{-\mathrm{i}P\cdot x_n}\}|0\rangle\\&=(2\pi)^4\delta^4(k_1+\cdots+k_n)\\&\quad\times\int \mathrm{d}^4x_1\cdots\mathrm{d}^4x_{n-1}\langle T\{\phi(x_1)\cdots\phi(x_{n-1})\phi(0)\}\rangle\mathrm{e}^{\mathrm{i}k_1\cdot x_1+\cdots+\mathrm{i}k_{n-1}\cdot x_{n-1}}.\end{aligned}\tag{8.44}$$

在上面的讨论中, 我们对于实标量场这一简单情况建立了约化公式 (8.41). 类似地可以建立有旋量和矢量时的约化公式表达式, 下面简略地讨论一下. 先考虑旋量场, 由 (4.43) 式可得

$$b_{\mathrm{in}}(\boldsymbol{p},s)=\frac{1}{\sqrt{(2\pi)^3 2E_{\boldsymbol{p}}}}\int \mathrm{d}^3\boldsymbol{x}\overline{u}(\boldsymbol{p},s)\mathrm{e}^{\mathrm{i}p\cdot x}\gamma^0\psi_{\mathrm{in}}(x),$$

①除了建立编时乘积的矩阵元与 S 矩阵元的关系外, 也可以建立 S 矩阵元与推迟对易子之间的约化公式. 比如, 代替 (8.39) 式, 有

$$\begin{aligned}S_{\mathrm{fi}}&=\langle cd,\mathrm{in}|ab,\mathrm{in}\rangle\\&\quad+\mathrm{i}^2\int\!\!\int \mathrm{d}^4x\mathrm{d}^4y f_d^*(x)f_b(y)(\Box_x+m^2)(\Box_y+m^2)\langle c|\theta(x_0-y_0)[\phi(x),\phi(y)]|a\rangle.\end{aligned}\tag{8.42}$$

$$
\begin{aligned}
d_{\text{in}}^{\dagger}(\boldsymbol{p},s) &= \frac{1}{\sqrt{(2\pi)^3 2E_{\boldsymbol{p}}}}\int \mathrm{d}^3\boldsymbol{x}\overline{v}(\boldsymbol{p},s)\mathrm{e}^{-\mathrm{i}p\cdot x}\gamma^0\psi_{\text{in}}(x),\\
b_{\text{in}}^{\dagger}(\boldsymbol{p},s) &= \frac{1}{\sqrt{(2\pi)^3 2E_{\boldsymbol{p}}}}\int \mathrm{d}^3\boldsymbol{x}\overline{\psi}_{\text{in}}(x)\gamma^0\mathrm{e}^{-\mathrm{i}p\cdot x}u(\boldsymbol{p},s),\\
d_{\text{in}}(\boldsymbol{p},s) &= \frac{1}{\sqrt{(2\pi)^3 2E_{\boldsymbol{p}}}}\int \mathrm{d}^3\boldsymbol{x}\overline{\psi}_{\text{in}}(x)\gamma^0\mathrm{e}^{\mathrm{i}p\cdot x}v(\boldsymbol{p},s).
\end{aligned}
\tag{8.45}
$$

而类似于 (8.32) 式的推导可得出

$$
\begin{aligned}
\langle\text{out}|b_{\text{in}}^{\dagger}(\boldsymbol{p},s)|\text{in}\rangle &= \frac{-\mathrm{i}Z^{-1/2}}{\sqrt{(2\pi)^3 2E_{\boldsymbol{p}}}}\int \mathrm{d}^4x\langle\text{out}|\overline{\psi}(x)|\text{in}\rangle(-\mathrm{i}\overleftarrow{\not\partial}_x - m)u(\boldsymbol{p},s)\mathrm{e}^{-\mathrm{i}p\cdot x},\\
\langle\text{out}|d_{\text{in}}^{\dagger}(\boldsymbol{p},s)|\text{in}\rangle &= \frac{\mathrm{i}Z^{-1/2}}{\sqrt{(2\pi)^3 2E_{\boldsymbol{p}}}}\int \mathrm{d}^4x\overline{v}(\boldsymbol{p},s)\mathrm{e}^{-\mathrm{i}p\cdot x}(\mathrm{i}\overrightarrow{\not\partial}_x - m)\langle\text{out}|\psi(x)|\text{in}\rangle,\\
\langle\text{out}|b_{\text{out}}(\boldsymbol{p},s)|\text{in}\rangle &= \frac{-\mathrm{i}Z^{-1/2}}{\sqrt{(2\pi)^3 2E_{\boldsymbol{p}}}}\int \mathrm{d}^4x\overline{u}(\boldsymbol{p},s)\mathrm{e}^{\mathrm{i}p\cdot x}(\mathrm{i}\overrightarrow{\not\partial}_x - m)\langle\text{out}|\psi(x)|\text{in}\rangle,\\
\langle\text{out}|d_{\text{out}}(\boldsymbol{p},s)|\text{in}\rangle &= \frac{\mathrm{i}Z^{-1/2}}{\sqrt{(2\pi)^3 2E_{\boldsymbol{p}}}}\int \mathrm{d}^4x\langle\text{out}|\overline{\psi}(x)|\text{in}\rangle(-\mathrm{i}\overleftarrow{\not\partial}_x - m)v(\boldsymbol{p},s)\mathrm{e}^{\mathrm{i}p\cdot x}.
\end{aligned}
\tag{8.46}
$$

在写出上面的公式时, 我们忽略了类似于 (8.32) 式等号右边第二项那样的不连通的部分. 这样带有初末态费米子的约化公式具有如下形式 (以 $\mathrm{e}^+\mathrm{e}^- \to \mathrm{e}^+\mathrm{e}^-$ 为例):

$$
\begin{aligned}
&\langle \mathrm{e}^+(\boldsymbol{q}')\mathrm{e}^-(\boldsymbol{q})|\mathrm{e}^-(\boldsymbol{k})\mathrm{e}^+(\boldsymbol{k}')\rangle\\
&\quad = \text{不连通部分}\\
&\quad + \left(-\mathrm{i}Z^{-\frac{1}{2}}\right)^2\left(\mathrm{i}Z^{-\frac{1}{2}}\right)^2\int \mathrm{d}^4x\mathrm{d}^4x'\mathrm{d}^4y\mathrm{d}^4y'\exp -\mathrm{i}(k\cdot x + k'\cdot x' - q\cdot y - q'\cdot y')\\
&\quad\quad \times\overline{u}(\boldsymbol{q})(\mathrm{i}\overrightarrow{\not\partial}_y - m)\overline{v}(\boldsymbol{k}')(\mathrm{i}\overrightarrow{\not\partial}_{x'} - m)\langle T\{\overline{\psi}(y')\psi(y)\overline{\psi}(x)\psi(x')\}\rangle\\
&\quad\quad \times(-\mathrm{i}\overleftarrow{\not\partial}_x - m)u(\boldsymbol{k})(-\mathrm{i}\overleftarrow{\not\partial}_{y'} - m)v(\boldsymbol{q}').
\end{aligned}
\tag{8.47}
$$

而对于光子外线的约化公式如下①:

$$
\begin{aligned}
\langle\text{out}|\boldsymbol{k},\lambda|\text{in}\rangle &= \text{disc} - \mathrm{i}Z^{-1/2}\epsilon_{\lambda}^{\mu *}\int \mathrm{d}^4x\mathrm{e}^{\mathrm{i}k\cdot x}\langle\text{out}|j_{\mu}(x)|\text{in}\rangle,\\
\langle\text{out}|\boldsymbol{k},\lambda|\text{in}\rangle &= \text{disc} - \mathrm{i}Z^{-1/2}\epsilon_{\lambda}^{\mu}\int \mathrm{d}^4x\mathrm{e}^{-\mathrm{i}k\cdot x}\langle\text{out}|j_{\mu}(x)|\text{in}\rangle.
\end{aligned}
\tag{8.48}
$$

我们在这一节里建立了连接散射矩阵元与场的编时 Green 函数约化公式. 这些场是内插场, 如果所讨论的物理系统存在束缚态, 那么原则上某个内插场可以是复合算符. 如果发生了这种情况, 则复合场算符与出现在拉氏量中的场变量可以有复杂的依赖关系.

---

①关于建立它们的详细讨论可见参考书目中 Itzykson 和 Zuber 的书.

虽然 (8.41) 式是对在壳出、入态粒子所建立的, 但是等式右边对于不在壳的 4-动量也是可以定义的, 因此 (8.41) 式可以作为当粒子的 4-动量不在壳时的 S 矩阵元的解析延拓的定义. 这一点在量子场论中有十分重要的意义.

约化公式也同样可以应用于不稳定粒子的衰变, 只要引起衰变的作用是"弱"的并且可以用微扰论来处理. 比如 $\mathrm{K}\to 3\pi$ 的衰变, 它是一个由弱相互作用拉氏量 $\mathcal{L}_{\mathrm{w}}$ 诱导的衰变. 到领头阶其矩阵元可以写成 $\langle\pi_1,\pi_2,\pi_3,\mathrm{out}|\mathcal{L}_{\mathrm{w}}(0)|\mathrm{K}\rangle$. 此时的 K 粒子可以看成稳定的, 因为导致其不稳定的作用已经被分出来了.

下一节要讨论的是建立 LSZ 公式与微扰理论的关系.

§8.3 微 扰 理 论

8.3.1 与微扰理论的关系

这里来讨论如何由约化公式导出 (修正了的) 在第五章中建立的微扰理论.

在上面的讨论中, 我们建立了 S 矩阵元与内插场的编时 Green 函数之间的关系. 而对于内插场或者相互作用场, 我们并没有足以做详细计算的知识, 因此我们希望能够把内插场 $\phi(x)$ 与渐近场, 比如 $\phi_{\mathrm{in}}(x)$ 联系起来. 为此我们提出关系式

$$\phi(x)=U^{\dagger}(t)\phi_{\mathrm{in}}(x)U(t), \tag{8.49}$$

与 (5.10) 式类似. 由此和运动方程

$$\mathrm{i}\partial_0\phi_{\mathrm{in}}(x)=[\phi_{\mathrm{in}}(x),H_0(\phi_{\mathrm{in}},\pi_{\mathrm{in}})], \tag{8.50}$$

$$\mathrm{i}\partial_0\phi(x)=[\phi(x),H(\phi,\pi)], \tag{8.51}$$

可以得到 U 算符所满足的方程:

$$\begin{aligned}&\mathrm{i}\partial_0U(t)=H'(t)U(t),\\&H'(t)=H(\phi_{\mathrm{in}},\pi_{\mathrm{in}})-H_0(\phi_{\mathrm{in}},\pi_{\mathrm{in}}).\end{aligned} \tag{8.52}$$

重复 §5.1 中的技巧, 可得

$$U(t)=T\left\{\exp\left(-\mathrm{i}\int_{t_0}^{t}\mathrm{d}\tau H'(\tau)\right)\right\}U(t_0). \tag{8.53}$$

8.3.2 真空涨落图与连通 Green 函数

根据 LSZ 公式, 在场论中我们对计算 Green 函数

$$G^{(n)}(x_1,\cdots x_n)=\langle 0|T\{\phi(x_1)\cdots\phi(x_n)\}|0\rangle \tag{8.54}$$

感兴趣, 从其结果可以直接得出 S 矩阵元 (利用 LSZ 约化公式). 在上面的编时乘积的大括号左右两侧插入 $U^{-1}(t)U(t)$ 和 $U^{-1}(-t)U(-t)$ 并令 $t\to+\infty$, 利用编时乘积中算符可以任意移动的性质来重新编排场算符的顺序, 我们得到

$$\begin{aligned}G^{(n)}(x_1,\cdots x_n)&=\langle 0|T\{U^{-1}(t_1)\phi_{\rm in}(x_1)U(t_1)\cdots U^{-1}(t_n)\phi_{\rm in}(x_n)U(t_n)\}|0\rangle\\&=\langle 0|U^{-1}(t)T\Big\{\phi_{\rm in}(x_1)\cdots\phi_{\rm in}(x_n)\\&\quad\times\exp\Big[-{\rm i}\int_{-t}^{t}{\rm d}t'H'(t')\Big]\Big\}U(-t)|0\rangle,\end{aligned}\tag{8.55}$$

其中 t 是一个时间参数, 最终让其趋于 ∞. 在这个极限下真空成为 U 算符的本征态. 为了看清这一点, 我们注意到对任意态 $|n\rangle$, 由于湮灭算符湮灭真空, 有

$$\begin{aligned}0=\sqrt{Z}\langle n|a_{\rm in}(\boldsymbol{p})|0\rangle&={\rm i}\lim_{t\to-\infty}\int{\rm d}^3\boldsymbol{x}f_p\overleftrightarrow{\partial_0}\langle n|\phi(x)|0\rangle\\&={\rm i}\lim_{t\to-\infty}\int{\rm d}^3\boldsymbol{x}f_p\overleftrightarrow{\partial_0}\langle n|U^{-1}(t)\phi_{\rm in}(x)U(t)|0\rangle.\end{aligned}\tag{8.56}$$

由上式中最后的式子我们知道, $U(t)|0\rangle$ 必须正比于 $|0\rangle$, 即 $U(t)|0\rangle=\lambda_-|0\rangle$ (其中 λ_- 是一常数因子), 否则 $\phi_{\rm in}$ 中的湮灭算符作用到右边不会为零. 同理我们有 $\langle 0|U^{-1}(-t)=\lambda_+\langle 0|$, 所以 (8.55) 式中第二个等号右边的 U 算符的作用产生了一个因子

$$\frac{1}{\langle 0|T\left(\exp\left[-{\rm i}\int_{-\infty}^{+\infty}{\rm d}t'H'(t')\right]\right)|0\rangle}.\tag{8.57}$$

注意到上式分母中的因子代表从真空到真空的跃迁矩阵元, 由真空稳定性条件它只能是一个纯粹的相因子, 即 $\lambda_+\lambda_-=\dfrac{1}{(\lambda_+\lambda_-)^*}$①, 于是得

$$G^{(n)}(x_1,\cdots x_n)=\frac{\langle 0|T\left(\phi_{\rm in}(x_1)\cdots\phi_{\rm in}(x_n)\exp\left[-{\rm i}\int_{-\infty}^{+\infty}{\rm d}t'H'(t')\right]\right)|0\rangle}{\langle 0|T\left(\exp\left[-{\rm i}\int_{-\infty}^{+\infty}{\rm d}t'H'(t')\right]\right)|0\rangle}.\tag{8.59}$$

---

①

$$(\lambda_+\lambda_-)^*=\lim_{t\to-\infty}\langle 0|U^{-1}(-t)U(t)|0\rangle^*=\lim_{t\to-\infty}\langle 0|U^\dagger(t)U(-t)|0\rangle.$$

在算符 $U^\dagger(t)$ 与 $U(-t)$ 之间插入一组态的完备集, 显然只有真空态才有贡献, 即

$$\begin{aligned}\lim_{t\to-\infty}\langle 0|U^\dagger(t)U(-t)|0\rangle&=\lim_{t\to-\infty}\langle 0|U^\dagger(t)|0\rangle\langle 0|U(-t)|0\rangle\\&=\lim_{t\to-\infty}\langle 0|U(-t)|0\rangle\langle 0|U^\dagger(t)|0\rangle=\lim_{t\to-\infty}\langle 0|U(-t)U^\dagger(t)|0\rangle,\end{aligned}\tag{8.58}$$

即可得到 (8.57) 式.

我们可以把 (8.59) 式的分子按耦合常数展开, 得到

$$
\begin{aligned}
\text{分子} = \sum_{n=0}^{\infty} \frac{(-\mathrm{i})^n}{n!} \int_{-\infty}^{\infty} \mathrm{d}^4 y_1 \cdots \mathrm{d}^4 y_n \langle 0 | T\{\phi_{\mathrm{in}}(x_1) \cdots \phi_{\mathrm{in}}(x_n) \\
\times \mathcal{H}'(\phi_{\mathrm{in}}(y_1)) \cdots \mathcal{H}'(\phi_{\mathrm{in}}(y_n))\} | 0 \rangle. \qquad (8.60)
\end{aligned}
$$

利用上述表示重复使用 Wick 收缩技巧, 即可以到微扰论的每一阶计算连通 Green 函数. (8.59) 式中分母的作用是抹掉真空涨落图的贡献. 分子所产生的图的贡献与分母所产生的图的贡献的区别在于前者具有外腿. 我们把 (8.59) 式分子所产生的图中的那些不与任意外腿以某种方式相连接的子图叫作真空涨落图. 一个去掉任何真空涨落部分的 Green 函数在这里用下标 $\mathcal{C}$ 表示, 如图 8.1 所示. (8.59) 式右可

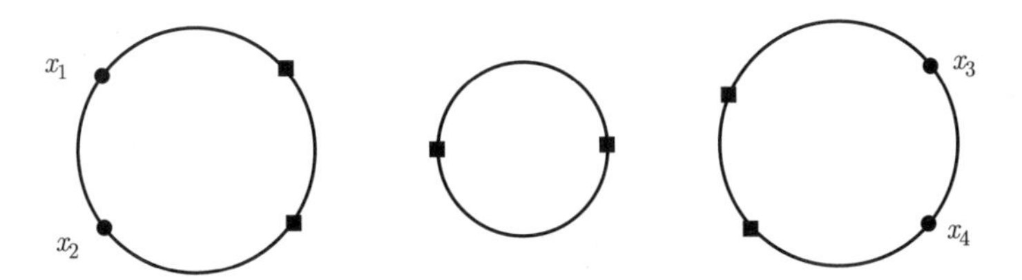

图 8.1 黑的圆点代表此顶点与外腿相连. 左右两侧的大圈代表去掉真空涨落图部分. 方块表示内部指标收缩产生的顶点. 图中间的小圈表示真空涨落图.

以重新改写为

$$
\begin{aligned}
\text{分子} = \sum_{p=0}^{\infty} \frac{(-\mathrm{i})^p}{p!} \sum_{m<p} \int_{-\infty}^{\infty} \mathrm{d}^4 y_1 \cdots \mathrm{d}^4 y_p \\
\times \langle 0 | T\{\phi_{\mathrm{in}}(x_1) \cdots \phi_{\mathrm{in}}(x_n) \mathcal{H}'(\phi_{\mathrm{in}}(y_1)) \cdots \mathcal{H}'(\phi_{\mathrm{in}}(y_m))\} | 0 \rangle_{\mathcal{C}} \\
\times \frac{p!}{m!(p-m)!} \langle 0 | T\{\mathcal{H}'(\phi_{\mathrm{in}}(y_{m+1})) \cdots \mathcal{H}'(\phi_{\mathrm{in}}(y_p))\} | 0 \rangle, \qquad (8.61)
\end{aligned}
$$

其中的组合数 $\dfrac{p!}{m!(p-m)!}$ 表示由 p 个 $\mathcal{H}'$ 中挑出 m 个来构成不连通图的可能性. 上式可以进一步改写成

$$
\begin{aligned}
\text{分子} = \sum_{r=0}^{\infty} \frac{(-\mathrm{i})^r}{r!} \int_{-\infty}^{\infty} \mathrm{d}^4 y_1 \cdots \mathrm{d}^4 y_r \\
\times \langle 0 | T\{\phi_{\mathrm{in}}(x_1) \cdots \phi_{\mathrm{in}}(x_n) \mathcal{H}'(\phi_{\mathrm{in}}(y_1)) \cdots \mathcal{H}'(\phi_{\mathrm{in}}(y_r))\} | 0 \rangle_{\mathcal{C}} \\
\times \sum_{s=0}^{\infty} \int_{-\infty}^{\infty} \mathrm{d}^4 y_1 \cdots \mathrm{d}^4 y_s \frac{(-\mathrm{i})^s}{s!} \langle 0 | T\{\mathcal{H}'(\phi_{\mathrm{in}}(y_1)) \cdots \mathcal{H}'(\phi_{\mathrm{in}}(y_s))\} | 0 \rangle. \quad (8.62)
\end{aligned}
$$

从中可以看出 (8.59) 式中分母的作用仅仅是消掉了分子中所有真空涨落部分的贡献.

§8.4 交叉对称性

约化方案的最奥妙的结果之一是所谓的交叉对称性. 比如考虑 (8.40) 式右边的非平庸项, 记为

$$P(c,d|a,b)=\mathrm{i}^2\int \mathrm{d}^4x\mathrm{d}^4y\mathrm{e}^{\mathrm{i}p_d\cdot x-\mathrm{i}p_b\cdot y}(\Box_x+m^2)(\Box_y+m^2)\langle c|T\{\phi(x)\phi(y)\}|a\rangle. \quad (8.63)$$

它的自变量为 4 个 4-矢量, 满足质壳条件和正能条件, 即

$$p_a^2=p_b^2=p_c^2=p_d^2=m^2,\quad p_a^0,p_b^0,p_c^0,p_d^0\geqslant m. \quad (8.64)$$

然而由 (8.40) 式得知 b 和 d 仅仅出现在被积函数中的指数上, 如果把 P 的定义域推广到任意的 b 和 d, 在这样的定义下的函数 P 在 d 与 $-b,b$ 与 $-d$ 的交换下不变, 即

$$P(c,d|a,b)=P(c,-b|a,-d). \quad (8.65)$$

这就是所谓的交叉关系式. 更一般地说, 交叉对称性说的是当把入射 (出射) 粒子变成出射 (入射) 粒子, 并且把相应粒子的 4-动量反转符号时, 矩阵元不变. 这里应该注意的是在实验上并不可能直接验证 (8.65) 式, 因为两边的动量不可能同时满足物理上的质壳条件. 但是交叉对称性是极端重要的, 因为它与解析延拓这一概念紧紧地联系在一起: 当振幅的自变量从正能变到负能时, 振幅的变化规律必须满足交叉对称性. 振幅的交叉对称性这一性质在色散关系理论中有很多应用.

这里我们以第六章中讨论过的 Compton 散射振幅和正负电子湮灭振幅为例, 来具体分析交叉对称性是怎样把不同的振幅联系起来的. 前面已算得 Compton 散射振幅为

$$\mathrm{i}\mathcal{M}_{\gamma\mathrm{e}\to\gamma\mathrm{e}}=-\mathrm{i}e^2\epsilon_\mu^*(\boldsymbol{k}')\epsilon_\nu(\boldsymbol{k})\overline{u}(\boldsymbol{p}')\left[\frac{\gamma^\mu\ \not{k}\gamma^\nu+2\gamma^\mu p^\nu}{2p\cdot k}+\frac{-\gamma^\nu\ \not{k}'\gamma^\mu+2\gamma^\nu p^\mu}{-2p\cdot k'}\right]u(\boldsymbol{p}). \quad (8.66)$$

若将变量做代换

$$\begin{aligned} p&\to p_1,\\ p'&\to -p_2,\\ k&\to -k_1,\\ k'&\to k_2, \end{aligned}$$

同时将电子旋量和光子极化矢量变换为

$$\overline{u}(-\boldsymbol{p}_2)\to\overline{v}(\boldsymbol{p}_2), \quad (8.67)$$

$$\epsilon_\nu(-\boldsymbol{k}_1)\to\epsilon_\nu^*(\boldsymbol{k}_1), \quad (8.68)$$

则得到

$$\mathrm{i}\mathcal{M}=-\mathrm{i}e^2\epsilon^*_\mu(\boldsymbol{k}_2)\epsilon^*_\nu(\boldsymbol{k}_1)\overline{v}(\boldsymbol{p}_2)\left[\frac{\gamma^\mu\ \not{k}_1\gamma^\nu-2\gamma^\mu p_1^\nu}{2p_1\cdot k_1}+\frac{\gamma^\nu\ \not{k}_2\gamma^\mu-2\gamma^\nu p_1^\mu}{2p_1\cdot k_2}\right]u(\boldsymbol{p}_1).$$

这和前面直接利用 Feynman 图算得的 $\mathrm{e^+e^-}\to 2\gamma$ 的散射振幅 $\mathcal{M}_{\mathrm{e^+e^-}\to 2\gamma}$ 是一样的.

但是当利用交叉对称性得到另一个散射过程的 Feynman 振幅模方时, 每改变一个费米子的状态, 就会对 Feynman 振幅模方带来一个多余负号. 例如对 Compton 散射振幅的模方 (6.53) 式进行代换, 得到

$$\begin{aligned}\frac{1}{4}\sum_{\text{spins}}|\mathcal{M}|^2=-2e^4\Bigg[&\frac{p_1\cdot k_2}{p_1\cdot k_1}+\frac{p_1\cdot k_1}{p_1\cdot k_2}+2m^2\left(\frac{1}{p_1\cdot k_1}+\frac{1}{p_1\cdot k_2}\right)\\&-m^4\left(\frac{1}{p_1\cdot k_1}-\frac{1}{p_1\cdot k_2}\right)^2\Bigg],\end{aligned}$$

和我们直接利用 Feynman 图算得的正负电子湮灭过程的散射振幅模方 (6.69) 式刚好差一个负号. 这个负号出现的原因是我们对振幅模方直接做变量代换时, 相当于反粒子的自旋极化求和结果为 $\sum_{\text{spins}}v(\boldsymbol{p})\overline{v}(\boldsymbol{p})=-\not{p}+m$, 而非 $\sum_{\text{spins}}v(\boldsymbol{p})\overline{v}(\boldsymbol{p})=\not{p}-m$. 这个负号可以通过旋量的定义吸收掉, 或者简单地将其消去.

§8.5 Källen-Lehmann 表示

这里首先讨论如下的两点关联函数 (Wightman 函数)

$$\Delta^{(+)}(x-y)\equiv\langle 0|\phi(x)\phi(y)|0\rangle, \tag{8.69}$$

其中 $\phi(x),\phi(y)$ 是 Heisenberg场算符. 等式右边已经意味着等式左边仅仅能是 $x-y$ 的函数. 作为公理化量子场论的一条基本假设, Heisenberg 场具有 Lorentz 协变性, 即等式左边只能是由 $x-y$ 所构成的 Lorentz 不变量的函数 ($(x-y)^2$ 或者 $\theta(x_0-y_0)$).

现在在 (8.69) 式右边插入一组自由态的完备集 (可以是入态或出态), 有

$$\Delta^{(+)}(x-y)=\sum_n\langle 0|\phi(x)|n\rangle\langle n|\phi(y)|0\rangle. \tag{8.70}$$

由于 4-动量算符是平移变换的产生算符, Heisenberg 场具有如下性质:

$$\begin{aligned}[][\phi(x),P_\mu]&=\mathrm{i}\partial_\mu\phi(x),\\ \phi(x)&=\mathrm{e}^{\mathrm{i}\widehat{P}\cdot x}\phi(0)\mathrm{e}^{-\mathrm{i}\widehat{P}\cdot x}.\end{aligned} \tag{8.71}$$

这导致

$$\langle 0|\phi(x)|n\rangle = \langle 0|\phi(0)|n\rangle \mathrm{e}^{-\mathrm{i}p_n\cdot x}, \tag{8.72}$$

其中 p_n 是 $|n\rangle$ 的总动量. 我们发现

$$\Delta^{(+)}(x-y) = \sum_n |\langle 0|\phi(0)|n\rangle|^2 \mathrm{e}^{-\mathrm{i}p_n\cdot(x-y)}. \tag{8.73}$$

现在引入恒等式

$$\sum_n = \int \mathrm{d}^4p \sum_n \delta^4(p-p_n)\theta(p^0), \tag{8.74}$$

并且定义谱函数

$$\rho(p^2) \equiv (2\pi)^3 \sum_n \delta^4(p-p_n)|\langle 0|\phi(0)|n\rangle|^2\theta(p^0). \tag{8.75}$$

由谱函数的表达式得知它是正定的. 我们得到

$$\Delta^{(+)}(x-y) = (2\pi)^{-3}\int \mathrm{d}^4p\rho(p^2)\theta(p^0)\mathrm{e}^{-\mathrm{i}p\cdot(x-y)}. \tag{8.76}$$

利用

$$\begin{aligned}\rho(p^2) &= \int_0^\infty \mathrm{d}M^2\rho(M^2)\delta(M^2-p^2),\\ \Delta^{(+)}(x-y) &= (2\pi)^{-3}\int \mathrm{d}^4p\int_0^\infty \mathrm{d}M^2\rho(M^2)\delta(M^2-p^2)\theta(p^0)\mathrm{e}^{-\mathrm{i}p\cdot(x-y)},\end{aligned} \tag{8.77}$$

假设可以交换积分次序 (一般来说总是可以的, 除非结果明显地是无意义的), 我们得出

$$\Delta^{(+)}(x-y) = \int_0^\infty \mathrm{d}M^2\rho(M^2)\int \frac{\mathrm{d}^4p}{(2\pi)^3}\delta(M^2-p^2)\theta(p^0)\mathrm{e}^{-\mathrm{i}p\cdot(x-y)}. \tag{8.78}$$

而后一个积分, 由 4.1.2 小节的 (4.19) 式, 表示了质量为 M^2 的自由场的 $\Delta^{(+)}(x-y)$, 记为 $\Delta^{(+)}(x-y;M^2)$. 于是

$$\Delta^{(+)}(x-y) = \int_0^\infty \mathrm{d}M^2\rho(M^2)\Delta^{(+)}(x-y;M^2). \tag{8.79}$$

这个结论是普适的, 即对任意的两点函数都有类似的表达式, 比如由对易子所得到的两点函数 $\Delta(x-y) \equiv \langle 0|[\phi(x),\phi(y)]|0\rangle$, 有

$$\Delta(x-y) = \int_0^\infty \mathrm{d}M^2\rho(M^2)\Delta(x-y;M^2). \tag{8.80}$$

而对于由编时乘积给出的 Feynman 传播子 (在动量空间), 由 4.1.4 小节中的讨论得知 (Källen-Lehmann 表示),

$$\Delta_{\mathrm{F}}(p^2)=\int_0^\infty \mathrm{d}M^2\frac{\rho(M^2)}{p^2-M^2+\mathrm{i}\epsilon}. \tag{8.81}$$

由此可知 Feynman 传播子, 除了在实轴上的奇异性以外, 在整个复 p^2 平面上解析.

由 Heisenberg 场性质 (或基本假设) (8.25) 式, 在 $\Delta(x-y)$ 中对 y_0 做微商并取 $x_0\to y_0$ 的极限可得

$$\begin{aligned}\mathrm{i}\delta^3(\boldsymbol{x}-\boldsymbol{y})=\mathrm{i}\partial_{y_0}\Delta(x-y)|_{x_0=y_0}&=\int_0^\infty \mathrm{d}M^2\rho(M^2)\mathrm{i}\partial_{y_0}\Delta(x-y;M^2)\\&=\int_0^\infty \mathrm{d}M^2\rho(M^2)\mathrm{i}\delta^3(\boldsymbol{x}-\boldsymbol{y}).\end{aligned} \tag{8.82}$$

于是我们得到谱函数的 "求和规则" (spectral function sum rule):

$$\int_0^\infty \mathrm{d}M^2\rho(M^2)=1. \tag{8.83}$$

下面来简单分析一下谱函数的定性行为.

首先来看一下单粒子态 $|k\rangle$ 对 $\rho(p^2)$ 的贡献 $\rho_{\mathrm{sp}}(p^2)$. 利用 Heisenberg 场的性质

$$\langle 0|\phi(x)|k\rangle=\sqrt{Z}\langle 0|\phi_{\mathrm{in}}(x)|k\rangle=\sqrt{Z}\mathrm{e}^{-\mathrm{i}k\cdot x},$$

不难得出单粒子态对谱函数 (8.75) 式的贡献为

$$\rho_{\mathrm{sp}}(p^2)=Z\delta(\mu^2-p^2)\theta(p_0), \tag{8.84}$$

其中 μ^2 是单粒子态的质量. 所以由 (8.83) 式有

$$1=Z+\int_{th}^\infty \mathrm{d}M^2\sigma(M^2), \tag{8.85}$$

其中 σ 是连续态对谱函数的贡献, 也当然是正定的,

$$\rho(p^2)=Z\delta(\mu^2-p^2)+\sigma(p^2). \tag{8.86}$$

由此推出了一个基本的不等式

$$0\leqslant Z\leqslant 1. \tag{8.87}$$

仅仅当 ϕ 与多粒子态没有耦合时才可以有 $Z=1$, 此时所对应的是一个自由场论. 对于一个有耦合的理论不可能有 $Z=1$①.

这里不再详细讨论连续态对谱函数的贡献 $\sigma(p^2)$.

①一个猜想是, 对于一个稳定的复合粒子, 存在 ϕ_{in} 场算符, 但不存在 ϕ, 因此 $Z=0$.

§8.6 因果性与解析性、色散关系

在前面的讨论中我们经常涉及解析性这一概念. 人们通常相信因果性的性质要求物理振幅是一个复变量的解析函数的边界值, 认为散射振幅色散关系的有效性是因果律的结果. 当然, 在一般的表述中, 量子场论由于场算符在类空时的对易性而满足因果律. 但是建立一个直接的因果律与 S 矩阵解析性的关系则要困难得多. 虽然很难严格地证明这一点, 通过考虑经典色散关系或简单的模型, 我们有理由期待这样一个关系. 下面我们就将讨论两个经典的例子.

8.6.1 经典理论中的因果性与解析性

最著名的经典例子是考虑光在介质中的传播. 对于线性各向同性介质 (使用国际单位制), 由于色散和耗散的存在, 有我们熟知的关系

$$\boldsymbol{D}(\boldsymbol{x},\omega)=\varepsilon(\omega)\boldsymbol{E}(\boldsymbol{x},\omega). \tag{8.88}$$

由 $\varepsilon(\omega)$ 对频率的依赖关系可推出 $\boldsymbol{D}(\boldsymbol{x},t)$ 与 $\boldsymbol{E}(\boldsymbol{x},t)$ 之间的关于时间的非定域关系. 为看清这一点, 我们由

$$\boldsymbol{D}(\boldsymbol{x},t)=\frac{1}{\sqrt{2\pi}}\int_{-\infty}^{+\infty}\boldsymbol{D}(\boldsymbol{x},\omega)\mathrm{e}^{-\mathrm{i}\omega t}\mathrm{d}\omega \tag{8.89}$$

和其反变换

$$\boldsymbol{D}(\boldsymbol{x},\omega)=\frac{1}{\sqrt{2\pi}}\int_{-\infty}^{+\infty}\boldsymbol{D}(\boldsymbol{x},t')\mathrm{e}^{\mathrm{i}\omega t'}\mathrm{d}t' \tag{8.90}$$

以及电场 $\boldsymbol{E}$ 类似的关系推出

$$\begin{aligned}\boldsymbol{D}(\boldsymbol{x},t)&=\frac{1}{\sqrt{2\pi}}\int_{-\infty}^{+\infty}\varepsilon(\omega)\boldsymbol{E}(\boldsymbol{x},\omega)\mathrm{e}^{-\mathrm{i}\omega t}\mathrm{d}\omega\\&=\frac{1}{2\pi}\int_{-\infty}^{+\infty}\mathrm{d}\omega\varepsilon(\omega)\mathrm{e}^{-\mathrm{i}\omega t}\int_{-\infty}^{+\infty}\mathrm{d}t'\boldsymbol{E}(\boldsymbol{x},t')\mathrm{e}^{\mathrm{i}\omega t'}\\&=\frac{1}{2\pi}\int_{-\infty}^{+\infty}\mathrm{d}t'\boldsymbol{E}(\boldsymbol{x},t')\int_{-\infty}^{+\infty}\varepsilon(\omega)\mathrm{e}^{-\mathrm{i}\omega(t-t')}\mathrm{d}\omega.\end{aligned} \tag{8.91}$$

实际上在这里是重复了 Fourier 变换的卷积公式. 我们进一步得出

$$\boldsymbol{D}(\boldsymbol{x},t)=\varepsilon_0\boldsymbol{E}(\boldsymbol{x},t)+\int_{-\infty}^{+\infty}\mathrm{d}\tau G(\tau)\varepsilon_0\boldsymbol{E}(\boldsymbol{x},t-\tau), \tag{8.92}$$

其中

$$G(\tau)=\frac{1}{2\pi}\int_{-\infty}^{+\infty}\mathrm{d}\omega\mathrm{e}^{-\mathrm{i}\omega\tau}(\varepsilon_{\mathrm{r}}(\omega)-1) \tag{8.93}$$

叫作线性响应因子. (8.92) 式给出了 $\boldsymbol{D}$ 和 $\boldsymbol{E}$ 之间的非定域关系. 在 (8.92) 式中, 电场 $\boldsymbol{E}$ 是基本量, 是 "因", 而电位移矢量 $\boldsymbol{D}$ 是导出量, 是 "果". 因果性的基本要求告诉我们, 线性响应因子 $G(\tau)$ 具有如下特点:

$$G(\tau)=0 \quad (\tau<0). \tag{8.94}$$

$G(\tau)$ 的 Fourier 变换, 即介电系数的表示式可写为

$$\varepsilon_{\mathrm{r}}(\omega)-1=\int_{-\infty}^{+\infty}\mathrm{d}\tau G(\tau)\mathrm{e}^{\mathrm{i}\tau\omega}=\int_{0}^{+\infty}\mathrm{d}\tau G(\tau)\mathrm{e}^{\mathrm{i}\tau\omega}. \tag{8.95}$$

当把电场频率 ω 延拓到复平面上时, 由上式中的第二个等式可得知, 在上半平面 $(\mathrm{Im}\omega>0)$ 介电系数是 ω 的解析函数. 利用此性质对上半平面做围道积分, 即得到了著名的 Kammers-Krönig 关系, 也就是光学中的色散关系.

第二个例子是, 考虑一个波包 $A(z,t)$ 沿着 z 轴以速度 v 移动, 则有

$$A(z,t)=(2\pi)^{-1/2}\int_{-\infty}^{\infty}\mathrm{d}\omega a(\omega)\exp\left[\mathrm{i}\omega\left(\frac{z}{v}-t\right)\right], \tag{8.96}$$

其中 $a(\omega)$ 是 Fourier 展开的分量振幅. 如果这个波包在原点被散射, 则被散射波在朝前的方向上可以写成

$$B(r,t)=r^{-1}(2\pi)^{-1/2}\int_{-\infty}^{\infty}\mathrm{d}\omega f(\omega)a(\omega)\exp\left[\mathrm{i}\omega\left(\frac{z}{v}-t\right)\right], \tag{8.97}$$

其中 $f(\omega)$ 是散射分波振幅, r 是离开原点的距离. 由 (8.96) 式做反变换得到

$$a(\omega)=(2\pi)^{-1/2}\int_{-\infty}^{\infty}\mathrm{d}tA(0,t)\exp(\mathrm{i}\omega t). \tag{8.98}$$

如果入射波在 $t=0$ 以前没有达到原点, 即

$$A(0,t)=0, \quad t<0, \tag{8.99}$$

则 $a(\omega)$ 在上半平面是解析的. 因果律在这个模型下要求在 r 处只有当 $t>r/v$ 时才能有散射波, 因此

$$B(r,t)=0, \quad vt-r<0. \tag{8.100}$$

现在利用 (8.97) 式的反变换和 (8.99) 式, 我们得出 $a(\omega)f(\omega)$ 在 $\mathrm{Im}\omega>0$ 时是一个解析函数, 因此散射振幅 $f(\omega)$ 本身在 $\mathrm{Im}\omega>0$ 时是一个解析函数 (除了 $a(\omega)$ 的零点, 但这个零点是入射振幅带来的任意的东西).

类似于上面的讨论在经典理论中经常可以看到. 在量子场论中把以上论证严格化的主要障碍是 (8.99) 式. 该式意味着对入射波包的时间在微观上要求严格的

定域化, 而在 S 矩阵理论中我们希望精确知道的量是能量, 但测不准原理意味着两者冲突. 如果我们对时间的精确确定和能量的精确确定两者之间按测不准原理做一妥协, 那么这也意味着对解析性质的确定也变得不再精确. 所以有的时候独立于 (8.15) 式, 在文献中也有单独对于解析性提出的假设, 也叫作最大解析性假定: 作为 $s_{ijk\cdots}$ 为复变量时的解析函数, 散射振幅是当 $s_{ijk\cdots}$ 趋于正实轴时的边界值, 其在 (实) 边界上的奇异性由幺正性方程决定.

8.6.2 色散关系

在讨论强相互作用时, 由于耦合常数很大, 一般的微扰论将失去其作用, 必须利用一些非微扰的方法来研究它们. 色散关系就是一种非微扰的方法. 此方法由 Gell-Mann, Goldberger 和 Thirring 于 1954 年提出, 在研究强相互作用的过程中起了相当重要的作用. 我们在第七章中已经接触到了色散关系的概念, 但是在那里的色散关系是基于对具体 Feynman 图的解析行为的分析. 而色散关系理论的基础是公理化场论和 S 矩阵理论, 数学上的工具是 Cauchy 积分公式. 如果 $f(z)$ 在除割线以外的全平面上是解析的, 如图 8.2 所示, 则

$$f(z)=\frac{1}{2\pi\mathrm{i}}\int_{\mathrm{C}}\mathrm{d}z'\,\frac{f(z')}{z'-z}. \tag{8.101}$$

如果在无穷远的围道上积分为 0, 且此函数为实解析的, 则

$$f(z)=\frac{1}{\pi}\int_{z_{\mathrm{R}}}^{\infty}\mathrm{d}z'\,\frac{\mathrm{Im}f(z')}{z'-z}. \tag{8.102}$$

当散射振幅满足上述关系, 即将散射振幅和它的割线上的虚部建立起一个关系, 这个关系就叫色散关系. 在不同的情况下, z 可以代表能量, 运动学不变量 s, t, u, 等等.

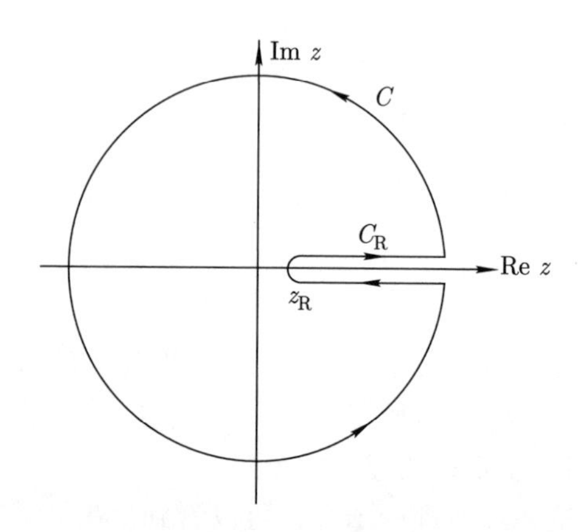

图 8.2 色散关系表达式中 Cauchy 积分的路径.

如果在围道上的积分不为 0, 而

$$\left|\frac{f(z)}{z}\right| \to 0 \quad (\text{当 } |z| \to \infty), \tag{8.103}$$

则对函数 $\dfrac{f(z)-f(z_0)}{z-z_0}$ 做色散关系得到

$$f(z) = f(z_0) + \frac{(z-z_0)}{\pi}\int_{z_{\mathrm{R}}}^{\infty} \mathrm{d}z' \frac{\mathrm{Im}f(z')}{(z'-z_0)(z'-z)}, \tag{8.104}$$

其中 z_0 为复平面上任意一点. 此时上式叫作一次减除的色散关系. 当 $f(z)$ 在 $z \to \infty$ 时以更高幂次趋近于 ∞ 时, 则需要进行更高次减除, 在色散关系式中会出现更高阶多项式.

事实上, 在 §8.5 中讨论的 Källen-Lehmann 表示给出了第一个色散关系的表达式. 由 (8.81) 和 (8.86) 式可以写出,

$$\Delta_{\mathrm{F}}(z) = \frac{1}{z-\mu^2} + \int_{th}^{\infty} \mathrm{d}s' \frac{\sigma(s')}{s'-z}, \tag{8.105}$$

即 Feynman 传播子的 Källen-Lehmann 表示可以用来定义一个复变量的函数. 除了在从阈值 th 到 ∞ 的一条割线和在 $z = \mu^2$ 的一个孤立奇点以外, $\Delta_{\mathrm{F}}(z)$ 在整个复平面上解析. 真实的函数 $\Delta_{\mathrm{F}}(k^2)$ 的值是 $\Delta_{\mathrm{F}}(z)$ 从复平面的上方趋于实轴时得到的.

第九章　紫外发散与重整化

从 1930 年代量子场论逐步建立以来, 高阶计算中的发散问题就一直困扰着人们, 成为量子场论发展过程中的主要障碍之一. 事实上, 计算结果的发散并不新鲜. 在经典电动力学里, 电子自能的发散就一直是一个十分困难的问题. 根据爱因斯坦质能关系, 电子的总质量应该等于机械质量加上电子的场能:

$$m_{\text{总}} = m_{\text{机械}} + m_{\text{场}},$$

而 $m_{\text{场}} \propto \int \mathrm{d}^3\boldsymbol{r} E^2 \propto \int \mathrm{d}^3\boldsymbol{r} \frac{1}{r^4}$. 显然, 静电场对自能的贡献是发散的. 长期的研究后, 人们只能接受这样的一个观点: 电子的电磁质量与机械质量并不是真正的可观测量, 而只有两者之和才具有可观测的意义. 因此, 电子的电磁质量或者机械质量经过计算发现是无穷大这件事并不应该让人惊恐, 最重要的是它们之和应该是有限的, 并且被等同于实验上观测到的电子质量.

量子场论里面的 "重整化" 概念就蕴含在上面朴素的经典例子当中. 更进一步而言, 发散的量之间进行运算在数学上是不合理, 甚至非常危险的. 为此我们在进行重整化之前需要对要计算的量进行一些技术上的处理, 即引入一些辅助参数使得原本发散的那些量变为有限, 从而使计算可控, 然后再取使得那些中间量 (即电磁质量或机械质量) 变为发散的极限, 在大数相消后得到最后的有限结果. 这里描述的程序, 在量子场论中叫作 "正规化". 在经典理论里, 我们也早已做过类似的事情: 在计算电子的电磁质量时, 为避免点粒子带来的电场能发散问题, 可以首先假设电子具有一个不为零的半径 δ (电子的经典半径就与这一过程相关), 因而得到有限的计算结果, 即电磁质量正比于 $1/\delta$, 场能对电子质量的贡献 $m_{\text{场}} \propto \int_\delta^\infty \mathrm{d}r \frac{1}{r^2} \propto 1/\delta$. 在得到所有有意义的物理结果以后 (包括假设机械质量 $\propto -1/\delta$), 再令 $\delta \to 0$. 最后这一取极限的过程是必需的, 否则无法保证计算结果的协变性.

这里指出, 场论中的发散的根源在于粒子只是一个几何点, 并且相互作用是点相互作用, 即在相互作用拉氏量中, 不同的场在时空上完全重合. 比如标量场的点相互作用拉氏量形式为 $\mathcal{L}_{\text{int}} = \frac{\lambda}{4}\phi^4(x)$, 如果我们把它改写为 $\mathcal{L}_{\text{int}} = \frac{\lambda}{4}\phi(x-2\epsilon)\phi(x-\epsilon)\phi(x+\epsilon)\phi(x+2\epsilon)$, 则后者就不再是点相互作用理论①.

①可以证明后者并不导致发散. 事实上后者是一种叫作点劈裂正规化的方案.

在量子场论中除了自能发散仍然存在以外, 还多出了一些别的紫外发散, 比如电子的电荷. 根据前面讨论的启发, 我们同样可以认为电子的"固有"电荷或"裸"电荷本身没有物理意义, 它与真空极化所产生的量子修正合在一起才导致作为可观测量存在的电子电荷, 因而完全可以接受裸电荷是发散的这一现实.

上面我们讨论了, 并准备好了接受量子场论中存在着发散这一事实. 我们将渐渐习惯于一个有限的物理参数是由发散的裸量和发散的量子修正量合在一起而得到的这一图像. 然而这一图像将导致一个严重的问题, 即由此得到的物理参数值不再能够奢望由量子场理论自身预言. 的确, 不难理解两个发散量相消只能给出一个任意的 (有限) 参数, 因此量子场论一般来说不能够确定自己本身带有的参数, 这不能不说是一个遗憾.

这一章中我们将以 $\lambda\phi^4$ 理论为例, 在单圈量子修正的水平上, 讨论量子场论中出现的紫外发散以及如何从一个发散的理论中得到有物理意义的结果. 重整化理论在历史上有一个比较漫长的发展过程, 是由 Tomonaga, Schwinger, Dyson, Feynman 等人提出, 一直到 1970 年代才变得完善的. 而建立一个数学上完全严格, 到所有圈都自洽的重整化理论并不是一件十分容易的事, 因此本书不去触碰这个课题, 有进取心的读者可以找相应的参考书进行学习.

§9.1 紫外发散与重整化

9.1.1 $\lambda\phi^4$ 理论中的单圈发散与重整化

可以把 $\lambda\phi^4$ 理论的拉氏量分为自由与相互作用部分:

$$\mathcal{L} = \mathcal{L}_0 + \mathcal{L}_{\mathrm{I}}, \tag{9.1}$$

其中

$$\mathcal{L}_0 = \frac{1}{2}[\partial_\mu\phi_0\partial^\mu\phi_0 - \mu_0^2\phi_0^2], \quad \mathcal{L}_{\mathrm{I}} = -\frac{\lambda_0}{4!}\phi_0^4. \tag{9.2}$$

注意在这里我们把拉氏量中出现的所有的场量和耦合常数都加了一个下标 0, 带这种下指标的量叫作裸量, 而且我们将看到这些裸量都是发散的. 拉氏量 (9.2) 式所描述的理论的传播子与相互作用顶角由图 9.1 给出.

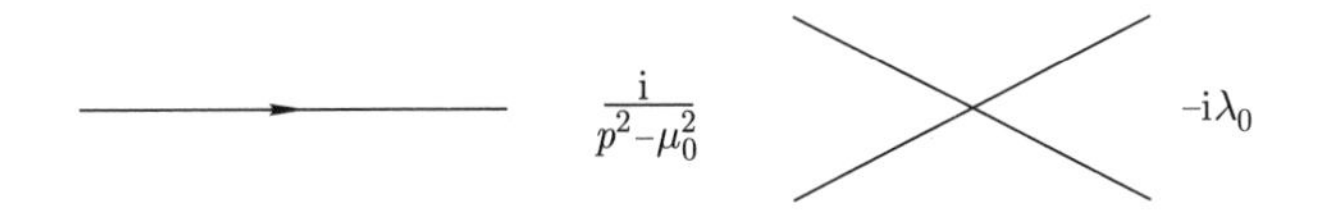

图 9.1 用裸量表示的 $\lambda\phi^4$ 理论的传播子与 Feynman 顶角.

一个有用的概念是所谓的单粒子不可约 (one particle irreducible, 1PI) 的 Green 函数 $\Gamma^{(n)}(p_1,\cdots,p_n)$. 它的意义在于任何单粒子可约的连通 Green 函数都可以分解为 1PI 的图而不需要考虑圈积分. 因此只要能够处理好 1PI Green 函数的发散, 对单粒子可约图的处理就不会有任何困难. 例如两点 Green 函数 (即传播子) 就可以利用其 1PI 部分来表示 (图 9.2):

$$
\begin{aligned}
\mathrm{i}\Delta(p) &= \frac{\mathrm{i}}{p^2-\mu_0^2} + \frac{\mathrm{i}}{p^2-\mu_0^2}(-\mathrm{i}\varSigma(p^2))\frac{\mathrm{i}}{p^2-\mu_0^2} + \cdots \\
&= \frac{\mathrm{i}}{p^2-\mu_0^2-\varSigma(p^2)}.
\end{aligned} \tag{9.3}
$$

显然如果能够使传播子的自能函数 $\varSigma(p^2)$ 有限, 则传播子也变为有限. 因此下面将集中讨论 1PI 图的发散问题. 首先, 在单圈水平, 自能图的表达式为

$$
-\mathrm{i}\varSigma(p^2) = -\frac{\mathrm{i}\lambda_0}{2}\int\frac{\mathrm{d}^4 l}{(2\pi)^4}\frac{\mathrm{i}}{l^2-\mu_0^2+\mathrm{i}\epsilon}, \tag{9.4}
$$

其中 1/2 是来自 Feynman 图的对称因子. 显然 $\varSigma(p^2)$ 是平方发散的 (图 9.3), 而相互作用顶角可写为 (图 9.4)

$$
\varGamma^{(4)}_{\text{1-loop}} = \varGamma(s) + \varGamma(t) + \varGamma(u), \tag{9.5}
$$

其中

$$
\varGamma(s) = \frac{(-\mathrm{i}\lambda_0)^2}{2}\int\frac{\mathrm{d}^4 l}{(2\pi)^4}\frac{\mathrm{i}}{(l-p)^2-\mu_0^2}\frac{\mathrm{i}}{l^2-\mu_0^2}, \tag{9.6}
$$

且 $s=(p_1+p_2)^2$, $t=(p_1-p_3)^2$, $u=(p_1-p_4)^2$ 是通常的 Mandelstam 变量. 显然 $\varGamma(s)$ 是对数发散的.

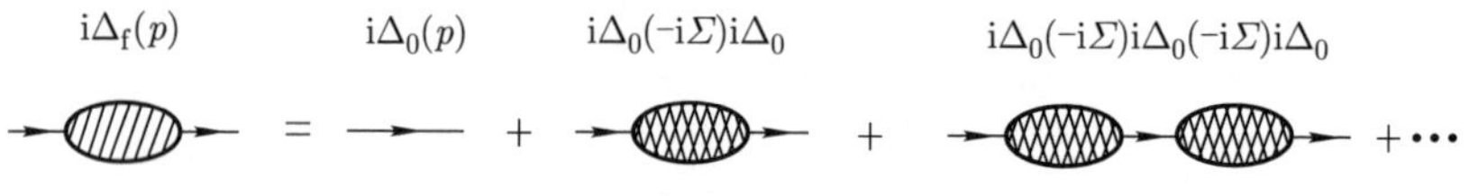

$\mathrm{i}\Delta_{\mathrm{f}}(p)$ = $\mathrm{i}\Delta_0(p)$ + $\mathrm{i}\Delta_0(-\mathrm{i}\varSigma)\mathrm{i}\Delta_0$ + $\mathrm{i}\Delta_0(-\mathrm{i}\varSigma)\mathrm{i}\Delta_0(-\mathrm{i}\varSigma)\mathrm{i}\Delta_0$ + ···

图 9.2 完全传播子与自能的求和关系.

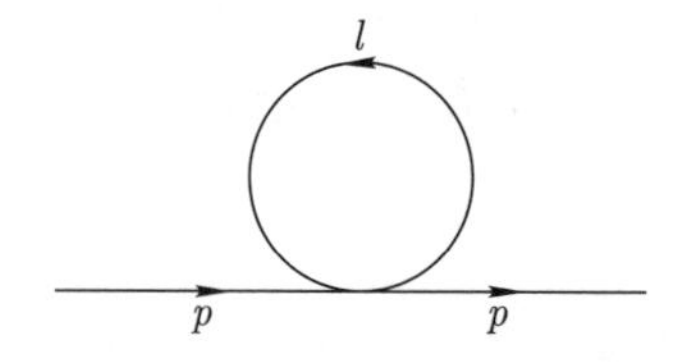

图 9.3 $\lambda\phi^4$ 理论中的单圈自能贡献.

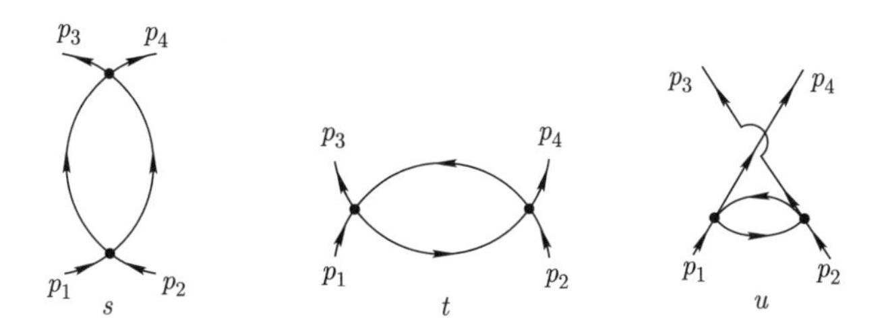

图 9.4 $\lambda\phi^4$ 理论中的单圈 4 点顶角.

从对 (9.4) 式和 (9.6) 式的分析可知, 如果我们对一个发散的 Feynman 振幅关于外动量做微商, 则会降低其发散度. 当做了足够多次微商后, 表达式将会变为有限的. 因此, 发散部分最多是一个外动量的多项式. 比如我们可以写出

$$\Gamma(s) = \Gamma(0) + \widetilde{\Gamma}(s), \tag{9.7}$$

其中 $\Gamma(0)$ 是发散的部分, $\widetilde{\Gamma}(s)$ 是有限部分且 $\widetilde{\Gamma}(0) = 0$. $\widetilde{\Gamma}(s)$ 相当于把 $\Gamma(s)$ 中的在 $s = 0$ 处的发散部分减除掉.

重整化的精神是将 Feynman 图的发散部分以一种自洽的、系统的方式分出来, 并把其归于场算符、耦合常数、质量的重新定义中去, 对于后者我们把它等同于观测到的相应的物理量, 因而得到一个有限的、有预言性的物理振幅的表达式. 而之所以重整化方案可行, 其原因就在于在本节一开始引入的裸量的概念: 拉氏量 (9.2) 式中的发散的裸量与圈图中圈动量积分出现的裸量互相抵消, 最后剩下有限的量. 这个想法并不十分突兀, 本章一开始回顾经典电子理论中的质量发散问题时就已经利用了这样的概念.

在量子场论中的发散当然比经典理论中要更复杂一些, 除了电子自能发散, 还有电荷与场量本身的发散. 下面我们来逐一讨论这些发散并给出重整化的方案.

对于传播子的自能部分, 由于是平方发散, 因此可将其展开为

$$\Sigma(p^2) = \Sigma(\mu^2) + (p^2 - \mu^2)\Sigma'(\mu^2) + \widetilde{\Sigma}(p^2), \tag{9.8}$$

其中 μ^2 的选取是任意的. 注意 $\lambda\phi^4$ 理论在单圈时 $\Sigma(p^2)$ 与 p^2 无关, 上述表达式可被理解为在更一般情况下的展开式. 上式中的 $\Sigma(\mu^2)$ 平方发散, $\Sigma'(\mu^2)$ 对数发散, 而 $\widetilde{\Sigma}(p^2)$ 有限. 将 (9.8) 式代回 (9.3) 式, 得到

$$\mathrm{i}\Delta(p^2) = \frac{\mathrm{i}}{p^2 - \mu_0^2 - \Sigma(\mu^2) - (p^2 - \mu^2)\Sigma'(\mu^2) - \widetilde{\Sigma}(p^2)}. \tag{9.9}$$

物理质量的定义是传播子的极点. 在上式中由于 μ^2 是任意的, 可以选取其满足

$$\mu_0^2 + \Sigma(\mu^2) = \mu^2. \tag{9.10}$$

注意 $\Sigma(\mu^2)$ 是发散的, 所以 μ_0^2 也是发散的, 两者相消得到一个有限的质量 μ^2, 于是有

$$\mathrm{i}\Delta(p^2)=\frac{\mathrm{i}}{(p^2-\mu^2)[1-\Sigma'(\mu^2)]-\widetilde{\Sigma}(p^2)}. \tag{9.11}$$

由于 $\widetilde{\Sigma}(\mu^2)=\widetilde{\Sigma}'(\mu^2)=0$, 从上式知在 $p^2=\mu^2$ 处传播子有一极点, 即 μ^2 是物理质量. 同时可以把传播子改写为

$$\mathrm{i}\Delta(p^2)=\frac{\mathrm{i}Z_\phi}{p^2-\mu^2-\widetilde{\Sigma}(p^2)}+O(\lambda_0^2), \tag{9.12}$$

其中①

$$Z_\phi=[1-\Sigma'(\mu^2)]^{-1}=1+\Sigma'(\mu^2)+O(\lambda_0^2). \tag{9.13}$$

发散量 Z_ϕ 是一个乘积因子, 叫作波函数重整化常数, 可以由重新定义场量来消除. 定义重整化后的场 ϕ 为

$$\phi=Z_\phi^{-1/2}\phi_0, \tag{9.14}$$

于是

$$\begin{aligned}\mathrm{i}\Delta_\mathrm{r}(p^2)&=\int \mathrm{d}^4x\mathrm{e}^{-\mathrm{i}p\cdot x}\langle 0|T(\phi(x)\phi(0))|0\rangle\\&=Z_\phi^{-1}\int \mathrm{d}^4x\mathrm{e}^{-\mathrm{i}p\cdot x}\langle 0|T(\phi_0(x)\phi_0(0))|0\rangle\\&=\frac{\mathrm{i}}{p^2-\mu^2-\widetilde{\Sigma}(p^2)}=\mathrm{i}Z_\phi^{-1}\Delta(p^2),\end{aligned} \tag{9.15}$$

变为有限的.

下面我们来讨论耦合常数的重整化. 为此我们来研究截腿的 (amputated) 1PI Green 函数: $\Gamma^{(4)}(p_1,p_2,p_3,p_4)$. 单圈的裸的四点函数可表示为

$$\Gamma_0^{(4)}(s,t,u)=-\mathrm{i}\lambda_0+\Gamma(s)+\Gamma(t)+\Gamma(u). \tag{9.16}$$

可以把这个裸的四点函数在 $s_0(=t_0=u_0)$ 处展开为

$$\Gamma_0^{(4)}(s,t,u)=-\mathrm{i}\lambda_0+3\Gamma(s_0)+\widetilde{\Gamma}(s)+\widetilde{\Gamma}(t)+\widetilde{\Gamma}(u), \tag{9.17}$$

其中 $\widetilde{\Gamma}(s)(=\Gamma(s)-\Gamma(s_0))$ 是有限的, 并且满足

$$\widetilde{\Gamma}(s_0)=0. \tag{9.18}$$

①对于 (9.13) 式, 初学者最容易产生的抵触情绪是, 既然 Σ' 是无穷大, 怎么还可以作为小量处理? 回答是, 首先所谓的无穷大在做了正规化后是一个有限的量, 而微扰论的精神是物理振幅可以按耦合常数展开.

定义顶角重整化常数为

$$-\mathrm{i}Z_\lambda^{-1}\lambda_0=-\mathrm{i}\lambda_0+3\Gamma(s_0), \tag{9.19}$$

于是

$$\Gamma_0^{(4)}(s,t,u)=-\mathrm{i}Z_\lambda^{-1}\lambda_0+\widetilde{\Gamma}(s)+\widetilde{\Gamma}(t)+\widetilde{\Gamma}(u). \tag{9.20}$$

由上式可以得到

$$\Gamma_0^{(4)}(s_0,t_0,u_0)=-\mathrm{i}Z_\lambda^{-1}\lambda_0. \tag{9.21}$$

由于 $\Gamma^{(4)}$ 是截腿的 Green 函数, 有

$$\Gamma_{\mathrm{r}}^{(4)}(s,t,u)=Z_\phi^2\Gamma_0^{(4)}(s,t,u). \tag{9.22}$$

这样, 由 (9.24) 和 (9.21) 式, 我们得到重整化后的耦合常数与裸的耦合常数之间的关系

$$\lambda=Z_\phi^2Z_\lambda^{-1}\lambda_0. \tag{9.23}$$

重整化后的 $\Gamma_{\mathrm{r}}^{(4)}$ 的值依赖于变量 s,t,u, 那么如何定义在 $\lambda\phi^4$ 理论中 “测量” 到的耦合常数? 在 QED 中电荷 e 的定义是在交换光子动量趋于 0 的极限下得到的. 在这里为了理论计算的简洁, 更为方便的是在对称点

$$s_0=t_0=u_0=\frac{4}{3}\mu^2$$

上定义 (重整化的) 耦合常数, 于是

$$\Gamma_{\mathrm{r}}^{(4)}(s_0,t_0,u_0)\equiv-\mathrm{i}\lambda. \tag{9.24}$$

对这个式子有一个非常重要且意义深远的观察, 即重整化后的, “物理” 的耦合常数的定义不得不依赖于某个能标 (或减除动量), 在这里记为 s_0. 它可以理解为做重整化减除时的能标 (减除动量), 在某些特殊情况下也可以理解为做测量时所在的能标[①]. 请仔细体会这一陈述.

很容易证明重整化后的正规顶角是有限的:

$$\begin{aligned}\Gamma_{\mathrm{r}}^4(p_1,\cdots,p_4)&=Z_\phi^2\Gamma_0^{(4)}(p_1,\cdots,p_4)\\&=-\mathrm{i}Z_\phi^2Z_\lambda^{-1}\lambda_0+Z_\phi^2[\widetilde{\Gamma}(s)+\widetilde{\Gamma}(t)+\widetilde{\Gamma}(u)]\\&=-\mathrm{i}\lambda+Z_\phi^2[\widetilde{\Gamma}(s)+\widetilde{\Gamma}(t)+\widetilde{\Gamma}(u)]\\&=-\mathrm{i}\lambda+[\widetilde{\Gamma}(s)+\widetilde{\Gamma}(t)+\widetilde{\Gamma}(u)]+O(\lambda^3).\end{aligned} \tag{9.25}$$

① 并不总是能够方便地把减除动量与实验观测所处的能标联系到一起. 因为 “测量” 总是发生在物理区间, 而根据学习光学定理和 Cutkosky 规则时的讨论, 振幅总会具有吸收部分, 因此把减除动量规定为物理观测的能标一般来说并不能够方便地定义物理耦合常数.

为讨论连通 Green 函数的重整化, 还必须考虑那些连通的但不是 1PI 的图. 利用

$$G_0^{(4)}(p_1,\cdots,p_4)=\left[\prod_{j=1}^{4}\mathrm{i}\Delta(p_j)\right]\varGamma_0^{(4)}(p_1,\cdots,p_4) \tag{9.26}$$

和

$$G_\mathrm{r}^{(4)}(p_1,\cdots,p_4)=Z_\phi^{-2}G_0^{(4)}(p_1,\cdots,p_4), \tag{9.27}$$

不难证明

$$G_\mathrm{r}^{(4)}(p_1,\cdots,p_4)=\left[\prod_{j=1}^{4}\mathrm{i}\Delta_r(p_j)\right]\varGamma_\mathrm{r}^{(4)}(p_1,\cdots,p_4). \tag{9.28}$$

以上讨论可以总结如下: 如果在 Green 函数中利用如下规律对裸量做替换, 即令

$$\begin{aligned}\phi_0&=Z_\phi^{+1/2}\phi,\\ \lambda_0&=Z_\lambda Z_\phi^{-2}\lambda,\\ \mu_0^2&=\mu^2-\delta\mu^2,\end{aligned} \tag{9.29}$$

其中

$$\delta\mu^2=\varSigma(\mu^2), \tag{9.30}$$

则可以在进一步移去一些乘积因子后, 得到完全有限的 Green 函数

$$G_\mathrm{r}^{(n)}(p_1,\cdots,p_n;\lambda,\mu)=Z_\phi^{-n/2}G_0^{(n)}(p_1,\cdots,p_n;\lambda_0,\mu_0,\varLambda). \tag{9.31}$$

同样, 1PI 的 Green 函数也是有限的,

$$\varGamma_\mathrm{r}^{(n)}(p_1,\cdots,p_n;\lambda,\mu)=Z_\phi^{n/2}\varGamma_0^{(n)}(p_1,\cdots,p_n;\lambda_0,\mu_0,\varLambda), \tag{9.32}$$

其中必须引入动量截断 $\varLambda$ 以定义发散的积分.

对于散射的 S 矩阵元的重整化, 由 LSZ 约化公式知道, S 矩阵元正比于连通截腿 Green 函数, $S_{m\to n}\propto Z_\phi^{-(m+n)/2}G_0^{m+n}$. 由 (9.31) 式知重整化后 S 矩阵元是有限的: $S_{m\to n}\propto G_\mathrm{r}^{m+n}$, 但此时的重整化应取质壳重整化方案. 以我们这里讨论的 $\lambda\phi^4$ 理论的两两散射为例, $T_4\propto G_0^{(4)}/(G_\mathrm{r}^{(2)})^4/Z_\phi^2\propto G_\mathrm{r}^{(4)}/(G_\mathrm{r}^{(2)})^4\propto\varGamma_\mathrm{r}^{(4)}$.

以上所描述的重整化程序较为直观, 叫作普通重整化方案 (conventional renormalization scheme). 最早的重整化方案就是这样得到的. 下面我们讨论利用 "抵消项" 拉氏量来做重整化, 它们是完全等价的.

9.1.2 抵消项拉氏量

未重整的裸的拉氏量 $\mathcal{L}^{\mathrm{b}}$ 可以形式上拆成两项:

$$\mathcal{L}^{\mathrm{b}}=\mathcal{L}^{\mathrm{r}}+\Delta\mathcal{L}, \tag{9.33}$$

其中 $\mathcal{L}^{\mathrm{r}}$ 和 $\mathcal{L}^{\mathrm{b}}$ 具有相同的形式.

通过抵消项拉氏量来实现重整化的步骤如下:

(1) 从重整化拉氏量 $\mathcal{L}^{\mathrm{r}}$ 出发写出传播子和顶角.

(2) 单圈 1PI 图的发散部分由 Taylor 展式分离出来, 然后构造抵消项 $\Delta\mathcal{L}^{(1)}$ 使之消除单圈图所含的发散.

(3) 用新的拉氏量 $\mathcal{L}^{\mathrm{r}}+\Delta\mathcal{L}^{(1)}$ 来产生两圈图, 并且构造消去发散的两圈图的抵消项 $\Delta\mathcal{L}^{(2)}$, 以此类推逐阶构造抵消项进而得到 n 圈图的抵消项. 每一阶的抵消项都应满足两个性质, 即为实的和定域的.

对于单圈情形, 以 $\lambda\phi^4$ 理论为例, 裸的拉氏量为

$$\mathcal{L}_0=\frac{1}{2}[\partial_\mu\phi_0\partial^\mu\phi_0-\mu_0^2\phi_0^2]-\frac{\lambda_0}{4!}\phi_0^4. \tag{9.34}$$

根据这里讨论的重整化方案, $\mathcal{L}_0=\mathcal{L}+\Delta\mathcal{L}^{(1)}$, $\mathcal{L}$ 是由重整化的拉氏量表示的,

$$\mathcal{L}=\frac{1}{2}[\partial_\mu\phi\partial^\mu\phi-\mu^2\phi^2]-\frac{\lambda}{4!}\phi^4. \tag{9.35}$$

于是得到

$$\Delta\mathcal{L}^{(1)}=\frac{Z_\phi-1}{2}[\partial_\mu\phi\partial^\mu\phi-\mu^2\phi^2]+\frac{\delta\mu^2}{2}Z_\phi\phi^2-\frac{\lambda(Z_\lambda-1)}{4!}\phi^4. \tag{9.36}$$

注意 $Z_\phi-1, Z_\lambda-1$ 和 $\delta\mu^2$ 均为 $O(\lambda)$. 以自能发散的计算为例, 由于图 9.3 是平方发散, Taylor 展开为

$$\Sigma(p^2)=\Sigma(0)+p^2\Sigma'(0)+\widetilde{\Sigma}(p^2), \tag{9.37}$$

抵消项拉氏量写为 $\frac{1}{2}\Sigma(0)\phi^2+\frac{1}{2}\Sigma'(0)(\partial_\mu\phi)^2$. 四点正规顶角图 9.4 是对数发散的, 其在零动量处的 Taylor 展开是

$$\Gamma^{(4)}(p_i)=\Gamma^{(4)}(0)+\widetilde{\Gamma}^{(4)}(p_i), \tag{9.38}$$

相应的抵消项拉氏量是 $(\mathrm{i}\Gamma^{(4)}(0)/4!)\phi^4$. 所以总的单圈抵消项拉氏量的形式是

$$\Delta\mathcal{L}=\frac{\Sigma(0)}{2}\phi^2+\frac{\Sigma'(0)}{2}(\partial_\mu\phi)^2+\frac{\mathrm{i}}{4!}\Gamma^{(4)}(0)\phi^4. \tag{9.39}$$

它产生如图 9.5 的抵消项顶角 Feynman 图. 与 (9.36) 式比较可得各种重整化常数与发散项的关系:

$$\begin{aligned} \Sigma'(0) &= Z_\phi - 1, \\ \Sigma(0) &= -(Z_\phi - 1)\mu^2 + \delta\mu^2 = -\Sigma'(0)\mu^2 + \delta\mu^2, \\ \Gamma^{(4)}(0) &= -\mathrm{i}\lambda(1 - Z_\lambda). \end{aligned} \tag{9.40}$$

在固定了单圈抵消项拉氏量的形式后, 单圈的抵消项拉氏量 (9.39) 式与 $\mathcal{L}^{\mathrm{r}}$ 一起产生出下一阶 (两圈) 的 Feynman 图. 下面以自能发散为例, 见图 9.6. 由于自能是平方发散的, 图 9.6 (b) 并不能完全抵消图 9.6 (a) 的发散, 还需要在更高阶水平上引入一个新的抵消项拉氏量 $\Delta\mathcal{L}^{(2)}$ 来消除剩余的发散, 在 $\Delta\mathcal{L}^{(2)}$ 中 $Z_\phi - 1, Z_\lambda - 1$ 和 $\delta\mu^2$ 等均为 $O(\lambda^2)$.

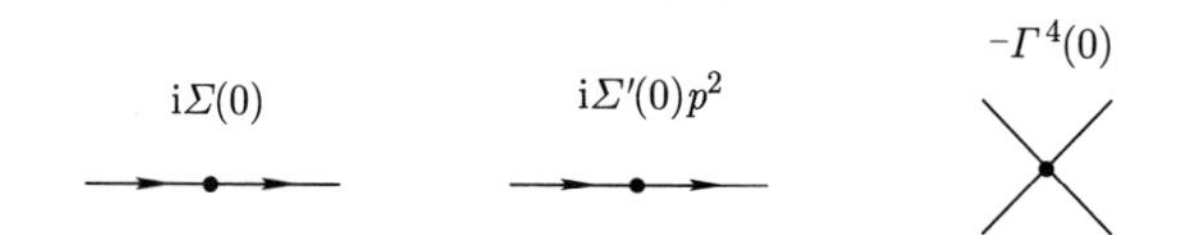

图 9.5 抵消项拉氏量 (9.39) 式产生的 Feynman 顶角.

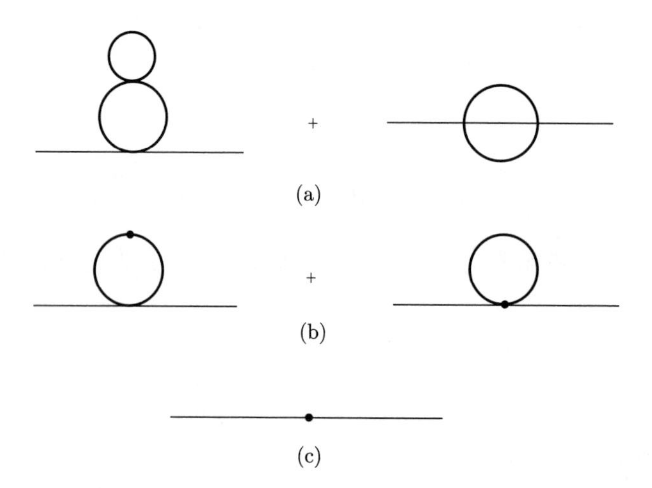

图 9.6 二阶自能发散的 Feynman 图. (a) $\mathcal{L}^{\mathrm{r}}$ 所产生的两阶图; (b) $\Delta\mathcal{L}^{(1)}$ 所产生的新的两阶图; (c) 抵消项拉氏量 $\Delta\mathcal{L}^{(2)}$ 所产生的图.

为了证明上述重整化方案可行, 还需要证明抵消项拉氏量到任意阶 $\mathcal{L}^{(n)}$ 都与 (9.36) 式有相同的结构. 为此需要对 Feynman 图的发散度做量纲分析.

9.1.3 Feynman 图的表观发散

首先回顾一下重整化的一些基本方法和步骤. 重整化的目的是系统地分离和消除在 Feynman 图中逐阶出现的发散. 量子场论中的发散至少有三种 (场量子化时相应于真空能量的发散、紫外发散和红外发散), 这里只讨论紫外发散的消除.

一个有用的概念是所谓的表观发散度, 其定义为

$$d_G = Dl + \sum_v \delta_v - 2n_{\rm B} - n_{\rm F}, \tag{9.41}$$

其中前两项表示 Feynman 积分表达式中分子动量幂次, 后两项表示分母的动量幂次. l 表示圈的数量, δ_v 表示在图 G 中顶角 v 处的动量因子的幂次. $n_{\rm B}$ 表示图中玻色子内线数, $n_{\rm F}$ 表示费米子内线数. 当 $d \geqslant 0$ 时 Feynman 图是表观发散的, $d = 0$ 称为对数发散, $d = 1$ 称为线性发散, $d = 2$ 称为平方发散. 当 $d < 0$ 时, 一般不能简单地说该 Feynman 图是收敛的. 只有当该图及其所有子图的 d 都小于零时才可以断言该图是有限的. 另由于对称性的原因, 某些图的实际发散度比表观发散度要低①.

下面讨论一下可重整化的必要条件. 首先考虑拉氏量 $\mathcal{L}$ 中只含有一种如下相互作用顶点的情形:

$$\mathcal{L}_{\rm I} \sim g(\partial)^{\delta}(\phi)^b(\psi)^f, \tag{9.42}$$

其中 b 为 $\mathcal{L}_{\rm I}$ 中的玻色子场的个数, f 为 $\mathcal{L}_{\rm I}$ 中的费米子场的个数, δ 为顶角的动量 (导数) 幂次. 同时定义一个任意的 Feynman 图 G 中的有关量:

(1) n 为图 G 中来自 $\mathcal{L}_{\rm I}$ 的顶点数.

(2) $N_{\rm B}$ 为图 G 中的玻色子外线数, $n_{\rm B}$ 为图 G 中的玻色子内线数.

(3) $N_{\rm F}$ 为图 G 中的费米子外线数, $n_{\rm F}$ 为图 G 中的费米子内线数.

显然上述量之间有如下关系式:

$$\begin{aligned}
&2n_{\rm B} + N_{\rm B} = nb,\\
&2n_{\rm F} + N_{\rm F} = nf,\\
&l = n_{\rm B} + n_{\rm F} - (n-1),\\
&\sum_v \delta_v = n\delta.
\end{aligned} \tag{9.43}$$

由上述等式可推出

$$l = \left(\frac{b+f}{2} - 1\right)n - \frac{N_{\rm B} + N_{\rm F}}{2} + 1, \tag{9.44}$$

①比如在 QED 中光子自能的表观发散是二阶的, 但是利用规范不变性可以降为对数发散. 双光子到双光子散射振幅的表观发散度是对数发散的, 但是利用规范不变性可以使其变为有限的.

一起代回 (9.41) 式, 得

$$d = rn - \frac{D-2}{2}N_{\mathrm{B}} - \frac{D-1}{2}N_{\mathrm{F}} + D, \tag{9.45}$$

其中

$$r = \frac{D-2}{2}b + \frac{D-1}{2}f + \delta - D \tag{9.46}$$

刻画了顶角 $\mathcal{L}_{\mathrm{I}}$ 的特性, 与图 G 并无关系. 事实上 r 恰好等于耦合常数 g 的质量量纲. 因为

$$D = dim[g] + \frac{D-2}{2}b + \frac{D-1}{2}f + \delta, \tag{9.47}$$

由其得知

$$dim[g] = -r. \tag{9.48}$$

推广到一般情形, 用下标 i 来表示不同的相互作用,

$$d = \sum_i r_i n_i - \frac{D-2}{2}N_{\mathrm{B}} - \frac{D-1}{2}N_{\mathrm{F}} + D, \tag{9.49}$$

其中

$$r_i = \frac{D-2}{2}b_i + \frac{D-1}{2}f_i + \delta_i - D = -dim[g_i]. \tag{9.50}$$

我们可以利用表观发散度的上述公式来给出可重整性的一般判据 (必要条件):

(1) 只要有一个 $r_i > 0$, 则随着 n_i 的增加, d 将越来越大, 随着阶数增加发散顶角类型越来越多, 微扰计算的阶数增加, 所需要的抵消项也随之增加. 这种理论叫作不可重整的. 四费米子理论就不是通常意义下的可重整理论①.

(2) 如所有的 $r_i \leqslant 0$, 则可能的发散图类型有限, 可以通过消去仅仅有限种类的发散使得理论为有限. 所有的 $r_i \leqslant 0$ 是理论可重整的必要条件. QED 和 $\lambda\phi^4$ 理论都属于此种情况.

(3) 如果所有的 $r_i < 0$, 则理论本身只含有有限个发散图, 此类理论叫作超可重整理论. 一个例子是四维空间中的 $\lambda\phi^3$ 理论.

对于 $\lambda\phi^4$ 理论, 根据上面的讨论, 知道它是一个可重整的理论, 其发散子图种类有限, 为自能和四点正规顶角. 通过 BPHZ 定理②一般地可以证明, 对于一个任意的可重整理论, 到微扰论的任意阶, 所有的发散可以通过引入对应于表观发散振幅的抵消项来移去.

①然而值得强调的是, 可重整性并不是建立一个正确的物理理论的必要条件, 而是一个物理后果. 一个物理的拉氏量是否可重整依赖于在拉氏量所刻画的物理能标和其背后的更深层次的物理能标之间是否存在着一个大的间距 (hierarchy).

②Bogliubov N N and Parasiuk O S. Acta Math., 1957, 97: 227. Hepp K. Comm. Math. Phys., 1966, 2: 301. Zimmerman W. in Lectures on Elementary Particles and Quantum Field Theory. Cambridge: MIT press, 1970.

值得指出的是, 这里的可重整性的讨论更多具有的是某种数学上的价值. 我们要强调, BPHZ 可重整性并不是建立一个正确物理理论的必要条件, 而是一个物理后果. 在本书下册我们将讨论如何处理 BPHZ 意义下不可重整的拉氏量并得到物理预言.

§9.2 正规化与重整化

常用的正规化方法有 Pauli-Villars 正规化、动量截断 (cut-off) 正规化、维数正规化 (dimensional regularization)、格点正规化 (lattice regularization) 等等. 下面我们介绍最常用的两种方法: Pauli-Villars 正规化和维数正规化.

9.2.1 Pauli-Villars 正规化

Pauli-Villars 方法中的振幅与紫外截断的幂次依赖关系与动量截断方法一致, 好处是能够保证振幅的 Lorentz 协变性. 在 Pauli-Villars 方法中传播子被改写为

$$\frac{1}{l^2-\mu^2+\mathrm{i}\epsilon} \to \frac{1}{l^2-\mu^2+\mathrm{i}\epsilon} + \sum_i \frac{a_i}{l^2-\Lambda_i^2+\mathrm{i}\epsilon}, \tag{9.51}$$

其中 $\Lambda_i^2 \gg \mu^2$ 是动量截断. 其余参数的选取是任意的, 只要能够保证对跑动动量的积分是收敛的①. 作为一个例子我们来计算一下四点正规顶角 (9.16) 式中的函数 Γ:

$$\Gamma(p^2) = \frac{(-\mathrm{i}\lambda)^2}{2} \int \frac{\mathrm{d}^4 l}{(2\pi)^4} \frac{\mathrm{i}}{(l-p)^2-\mu^2} \frac{\mathrm{i}}{l^2-\mu^2}. \tag{9.52}$$

在上式中做替换

$$\frac{1}{l^2-\mu^2} \to \frac{1}{l^2-\mu^2} - \frac{1}{l^2-\Lambda^2} = \frac{\mu^2-\Lambda^2}{(l^2-\mu^2)(l^2-\Lambda^2)}$$

就可以使积分收敛:

$$\Gamma(p^2) = \frac{-\lambda^2\Lambda^2}{2} \int \frac{\mathrm{d}^4 l}{(2\pi)^4} \frac{1}{((l-p)^2-\mu^2)(l^2-\mu^2)(l^2-\Lambda^2)}. \tag{9.53}$$

可以选择在 $p^2=0$ 处做减除,

$$\Gamma(p^2) = \Gamma(0) + \widetilde{\Gamma}(p^2), \tag{9.54}$$

---

①在这里我们完全采用一个机会主义的态度: 仅仅满足于正规化发散部分, 而不去问如何在拉氏量水平上改写传播子以保证诸如规范不变性这一类问题.

于是

$$
\begin{aligned}
\Gamma(0) &= \frac{-\lambda^2\Lambda^2}{2}\int\frac{\mathrm{d}^4 l}{(2\pi)^4}\frac{1}{(l^2-\mu^2)^2(l^2-\Lambda^2)},\\
\widetilde{\Gamma}(p^2) &= -\frac{\lambda^2\Lambda^2}{2}\int\frac{\mathrm{d}^4 l}{(2\pi)^4}\frac{1}{(l^2-\mu^2)(l^2-\Lambda^2)}\left[\frac{1}{(l-p)^2-\mu^2}-\frac{1}{l^2-\mu^2}\right]\\
&= \frac{\lambda^2}{2}\int\frac{\mathrm{d}^4 l}{(2\pi)^4}\frac{2l\cdot p-p^2}{(l^2-\mu^2+\mathrm{i}\epsilon)^2((l-p)^2-\mu^2)},
\end{aligned}
\tag{9.55}
$$

其中最后一个等式由于 $\widetilde{\Gamma}$ 是有限的, 取了 $\Lambda\to\infty$ 的极限. 计算这些积分的标准办法是通过 Feynman 参数积分方法把所有分母收集到一起. Feynman 参数积分公式见附录第 2 节.

利用 Feynman 参数积分公式, 我们把 $\widetilde{\Gamma}(p^2)$ 的表达式改写为

$$
\begin{aligned}
\widetilde{\Gamma}(p^2) &= \lambda^2\int\frac{\mathrm{d}^4 l}{(2\pi)^4}\int_0^1(1-x)\mathrm{d}x\frac{2l\cdot p-p^2}{((l-xp)^2-\Delta+\mathrm{i}\epsilon)^3}\\
&= \lambda^2\int_0^1(1-x)\mathrm{d}x\int\frac{\mathrm{d}^4 l}{(2\pi)^4}\frac{(2x-1)p^2}{(l^2-\Delta+\mathrm{i}\epsilon)^3},
\end{aligned}
\tag{9.56}
$$

其中 $\Delta=\mu^2-x(1-x)p^2$. 上式中对动量空间的积分可以通过 Wick 转动转到欧氏空间得到①. 首先有

$$
\int\frac{\mathrm{d}^4 l}{(2\pi)^4}\frac{1}{(l^2-\Delta+\mathrm{i}\epsilon)^3}=-\mathrm{i}\int\frac{\mathrm{d}^4 L}{(2\pi)^4}\frac{1}{(L^2+\Delta)^3}.
\tag{9.57}
$$

对于 D 维欧氏空间可定义 $L_0=L\cos\theta_1$, $L_1=L\cos\theta_2\sin\theta_1,\cdots$, $L_{D-1}=L\sin\theta_{D-1}\cdots\sin\theta_1$. D 维空间中的积分体积元为

$$
\mathrm{d}^D L=L^{D-1}\mathrm{d}L\mathrm{d}\Omega,
\tag{9.58}
$$

且

$$
\mathrm{d}\Omega_D=(\sin\theta_1)^{D-2}\mathrm{d}\theta_1(\sin\theta_3)^{D-3}\cdots\sin\theta_{D-2}\mathrm{d}\theta_{D-2}\mathrm{d}\theta_{D-1},
\tag{9.59}
$$

其中角变量的变化范围是, 对于 $j\neq1$, $0\leqslant\theta_j<\pi$ 且 $0\leqslant\theta_1<2\pi$. 利用积分公式

$$
\int_0^{\pi}(\sin\theta)^m\mathrm{d}\theta=\sqrt{\pi}\frac{\Gamma\left(\dfrac{m+1}{2}\right)}{\Gamma\left(\dfrac{m+2}{2}\right)},
\tag{9.60}
$$

①由于 $\mathrm{i}\epsilon$ 项的存在, l_0 的积分中的极点不管 Δ 是正号或负号, 总是落在第二或第四象限, 因此 $l_0\to\mathrm{i}L_{\mathrm{E}}^0$ 的 Wick 转动总是可以进行的. 同样由于 $\mathrm{i}\epsilon$ 的存在保证了 (9.57) 式中右边的欧氏积分不管 Δ 的符号如何都是有意义的.

得

$$\int \mathrm{d}\Omega_D = \frac{2(\sqrt{\pi})^D}{\Gamma(D/2)}. \tag{9.61}$$

再利用 B 函数的公式

$$\int_0^\infty \frac{t^{m-1}\mathrm{d}t}{(t+a^2)^n} = \frac{1}{(a^2)^{n-m}}\frac{\Gamma(m)\Gamma(n-m)}{\Gamma(n)}, \tag{9.62}$$

得到

$$\int \frac{\mathrm{d}^4k}{(2\pi)^4}\frac{1}{(k^2+\Delta)^3} = \frac{1}{32\pi^2\Delta}. \tag{9.63}$$

所以

$$\widetilde{\Gamma}(p^2) = \frac{-\mathrm{i}\lambda^2p^2}{32\pi^2}\int_0^1 \frac{(1-x)(2x-1)\mathrm{d}x}{\mu^2-x(1-x)p^2-\mathrm{i}\epsilon}. \tag{9.64}$$

直接对 x 积分, 得到

$$\widetilde{\Gamma}(s) = \frac{\mathrm{i}\lambda^2}{32\pi^2}\left\{2+\rho(s)\left(\ln\left[\frac{1-\rho(s)}{1+\rho(s)}\right]+\mathrm{i}\pi\right)\right\}, \tag{9.65}$$

其中

$$\rho = \sqrt{\frac{s-4\mu^2}{s}}. \tag{9.66}$$

从 (9.64) 式得到 (9.65) 式时也可以首先计算前者的不连续性, 利用

$$\frac{1}{D(x)-\mathrm{i}\epsilon} - \frac{1}{D(x)+\mathrm{i}\epsilon} = 2\mathrm{i}\frac{\epsilon}{D^2(x)+\epsilon^2} = 2\mathrm{i}\pi\delta(D(x)) \tag{9.67}$$

即可直接得到 $\mathrm{Im}\widetilde{\Gamma}(s)$, 然后再做色散积分得到完全的 $\widetilde{\Gamma}(s)$: 由 (9.65) 式所对应的不变振幅为

$$\mathcal{M}(s+\mathrm{i}\epsilon) = \frac{\lambda^2}{32\pi^2}\left\{2+\rho(s)\left(\ln\left[\frac{1-\rho(s)}{1+\rho(s)}\right]+\mathrm{i}\pi\right)\right\}.$$

$\mathcal{M}$ 是实解析的, $\mathcal{M}(s+\mathrm{i}\epsilon) = \mathcal{M}^*(s-i\epsilon)$, 并且具有一个从 $s=4\mu^2$ 开始到 ∞ 的割线, 在割线上有不连续性且满足 $\mathrm{disc}\mathcal{M} = 2\mathrm{i}\mathrm{Im}\mathcal{M}$. 因此可以通过 $\mathcal{M}$ 的虚部 ($\propto \rho(s)$) 直接计算出 $\mathcal{M}$:

$$\mathcal{M}(s+\mathrm{i}\epsilon) = \mathcal{M}(s_0) + \frac{s-s_0}{\pi}\int_{4\mu^2}^\infty \mathrm{d}s'\frac{\mathrm{Im}\mathcal{M}(s')}{(s'-s_0)(s'-s-\mathrm{i}\epsilon)}, \tag{9.68}$$

其中 s_0 是一任意的减除点.

利用 Feynman 参数积分的办法也不难得出 $\Gamma(0)$ 的表达式:

$$\Gamma(0) = \frac{\mathrm{i}\lambda^2\Lambda^2}{32\pi^2}\int_0^1 \frac{x\mathrm{d}x}{x(\mu^2-\Lambda^2)+\Lambda^2}. \tag{9.69}$$

对于大的 Λ^2, 它给出

$$\Gamma(0)=\frac{\mathrm{i}\lambda^2}{32\pi^2}\left(\ln\frac{\Lambda^2}{\mu^2}-1\right). \tag{9.70}$$

裸的四点函数的单圈贡献为

$$\Gamma^{(4)}_{\text{1-loop}}(s,t,u)=3\Gamma(0)+\widetilde{\Gamma}(s)+\widetilde{\Gamma}(t)+\widetilde{\Gamma}(u). \tag{9.71}$$

根据 (9.19) 式我们得到

$$Z_\lambda^{-1}=1+\frac{3\mathrm{i}\Gamma(0)}{\lambda}=1-\frac{3\lambda}{32\pi^2}\left(\ln\frac{\Lambda^2}{\mu^2}-1\right), \tag{9.72}$$

于是

$$\Gamma^{(4)}_{\mathrm{r}}(s,t,u)=-\mathrm{i}\lambda+\widetilde{\Gamma}(s)+\widetilde{\Gamma}(t)+\widetilde{\Gamma}(u). \tag{9.73}$$

对于自能两点函数, 有

$$-\mathrm{i}\Sigma(p^2)=\frac{-\mathrm{i}\lambda}{2}\int\frac{\mathrm{d}^4l}{(2\pi)^4}\frac{\mathrm{i}}{l^2-\mu^2+\mathrm{i}\epsilon}. \tag{9.74}$$

对其中的传播子可以做如下的 Pauli-Villars 正规化:

$$\frac{1}{l^2-\mu^2}\to\frac{1}{l^2-\mu^2}+\frac{a_1}{l^2-\Lambda_1^2}+\frac{a_2}{l^2-\Lambda_2^2}\to\frac{1}{l^6}\ (\text{当}\,l\to\infty). \tag{9.75}$$

为达到此目的, 可取

$$a_1=\frac{\mu^2-\Lambda_2^2}{\Lambda_2^2-\Lambda_1^2},\quad a_2=\frac{\Lambda_1^2-\mu^2}{\Lambda_2^2-\Lambda_1^2}, \tag{9.76}$$

这样可以得到 $(\Lambda_1,\Lambda_2\to\Lambda)$

$$\begin{aligned}\frac{1}{l^2-\mu^2}+\frac{a_1}{l^2-\Lambda_1^2}+\frac{a_2}{l^2-\Lambda_2^2}&=\frac{(\Lambda_1^2-\mu^2)(\Lambda_2^2-\mu^2)}{(l^2-\mu^2)(l^2-\Lambda_1^2)(l^2-\Lambda_2^2)}\\&\to\frac{(\Lambda^2-\mu^2)^2}{(l^2-\mu^2)(l^2-\Lambda^2)^2}.\end{aligned} \tag{9.77}$$

于是正规化后的自能表达式为

$$\begin{aligned}-\mathrm{i}\Sigma(p^2)&=\frac{\lambda}{2}\int\frac{\mathrm{d}^4l}{(2\pi)^4}\frac{(\Lambda^2-\mu^2)^2}{(l^2-\mu^2+\mathrm{i}\epsilon)(l^2-\Lambda^2+\mathrm{i}\epsilon)^2}\\&=\frac{-\mathrm{i}\lambda(\Lambda^2-\mu^2)^2}{32\pi^2}\int_0^1\frac{x\mathrm{d}x}{x\Lambda^2+(1-x)\mu^2}\\&=\frac{-\mathrm{i}\lambda}{32\pi^2}\left[\Lambda^2-\mu^2-\mu^2\ln\frac{\Lambda^2}{\mu^2}\right],\end{aligned} \tag{9.78}$$

即

$$\Sigma(p^2)=\Sigma(0)=\frac{\lambda}{32\pi^2}\left[\Lambda^2-\mu^2-\mu^2\ln\frac{\Lambda^2}{\mu^2}\right]. \tag{9.79}$$

由此推出 (利用 (9.13) 和 (9.30) 式)

$$Z_\phi=1(\Sigma'(0)=0),\quad \delta\mu^2=\frac{\lambda}{32\pi^2}\left(\Lambda^2-\mu^2-\mu^2\ln\frac{\Lambda^2}{\mu^2}\right). \tag{9.80}$$

9.2.2 中间重整化与质壳重整化

在 9.2.1 小节所讨论的重整化手续中, 减除是定义在外动量 $p_i=0$ 处的. 在这一方案中自能函数的有限部分具有如下性质:

$$\widetilde{\Sigma}(p^2)|_{p^2=0}=0,\quad \frac{\partial\widetilde{\Sigma}(p^2)}{\partial p^2}|_{p^2=0}=0. \tag{9.81}$$

这意味着完全传播子

$$\Delta_{\rm r}(p^2)=\frac{1}{p^2-\mu^2-\widetilde{\Sigma}(p^2)+{\rm i}\epsilon} \tag{9.82}$$

满足如下的归一化条件:

$$\Delta_{\rm r}^{-1}(p^2)|_{p^2=0}=-\mu^2,\quad \frac{\partial\Delta_{\rm r}^{-1}(p^2)}{\partial p^2}|_{p^2=0}=1. \tag{9.83}$$

值得指出的是, 由于物理质量的定义是传播子的极点, 在这里质量参数 μ^2 并不是物理质量. 这样的质量参数叫作重整化质量 (renormalized mass)①. 与之相反, 在 9.1.1 小节中所进行的减除是定义在物理质壳 $p^2=\mu^2$ 上的 (这里可以指责我们所用记号的贫乏). 对于自能函数这意味着

$$\Sigma(p^2)=\Sigma(\mu^2)+(p^2-\mu^2)\Sigma'(\mu^2)+\widetilde{\Sigma}(p^2), \tag{9.84}$$

也即

$$\widetilde{\Sigma}(\mu^2)=0,\quad \frac{\partial\widetilde{\Sigma}(p^2)}{\partial p^2}|_{p^2=\mu^2}=0. \tag{9.85}$$

其对应的传播子的归一化条件如下:

$$\Delta_{\rm r}^{-1}(p^2)|_{p^2=\mu^2}=0,\quad \frac{\partial\Delta_{\rm r}^{-1}(p^2)}{\partial p^2}|_{p^2=\mu^2}=1. \tag{9.86}$$

不同的重整化方案之间只差一个有限的重整化常数.

同时值得指出的是, 在 (9.24) 式中“物理”的耦合常数的定义是在 $s_0=t_0=u_0=4\mu^2/3$ 上的, 即

$$\Gamma_{\rm r}^{(4)}(s_0,t_0,u_0)=-{\rm i}\lambda. \tag{9.87}$$

①关于重整化质量的进一步讨论可以在 9.2.3 小节中找到.

而 (9.72) 式所对应的耦合常数是定义在 $p_i = 0$ 处的:

$$\varGamma_{\mathrm{r}}^{(4)}(s=0,t=0,u=0) = -\mathrm{i}\lambda. \tag{9.88}$$

也就是说, 在不同的地方做 Taylor 展开导致了对耦合常数的不同的定义. 这将导致一个非常重要的 "跑动" 耦合常数的概念. 显然, 物理量不应该依赖于减除点的选取. 以 $\lambda\phi^4$ 理论的两两散射过程为例,

$$\frac{\mathrm{d}\sigma}{\mathrm{d}\varOmega} = \frac{1}{64\pi^2}\frac{1}{s}|\varGamma_{\mathrm{r}}^{(4)}|^2. \tag{9.89}$$

形式上对耦合常数的不同的定义将导致微分散射截面在形式上有所不同 (差一个为高阶小量的常数), 但由于在不同的表达式中耦合常数的取值也不同, 散射截面表达式的不同只是表面上的, 而不具有实际意义.

从上面的讨论可以得知, 减除点的选取是完全任意的.

9.2.3 重整化质量与任意动量减除点

我们指出在动量减除方案中, 重整化质量一般来说依赖于动量减除点, 后者由一个标度 ν 来标记. 在后面介绍的维数正规化和最小减除方案中, 重整化质量与重整化标度有依赖关系这一点是较为清楚的. 然而对于动量减除方案, 我们的讨论一般是在固定的减除点 (比如说是在 $p^2 = 0$ 处) 进行的, 因此有必要对重整化质量对任意减除点的依赖关系做进一步的说明.

首先, 出现在拉氏量中的裸质量参数 μ_0^2 与重整化质量 μ^2 的关系是

$$\mu_0^2 = \mu^2 - \delta\mu^2, \tag{9.90}$$

这对于任意的动量减除点都是对的. 把它代入重整化的传播子中, 有

$$\Delta_{\mathrm{r}}(p^2) = Z_\phi^{-1}\frac{1}{p^2 - \mu^2 + \delta\mu^2 - \varSigma(p^2,\mu^2)}, \tag{9.91}$$

这里我们写出了 (裸的) 自能函数与重整化质量的依赖关系 $\varSigma = \varSigma(p^2,\mu^2)$, 因为 μ^2 出现在自能函数中的传播子中. 现在我们写出 (9.91) 式在任意减除动量处的重整化条件

$$\Delta_{\mathrm{r}}^{-1}(p^2)|_{p^2=\nu^2} = -\mu^2, \quad \frac{\partial\Delta_{\mathrm{r}}^{-1}(p^2)}{\partial p^2}|_{p^2=\nu^2} = 1, \tag{9.92}$$

并把 $\varSigma(p^2)$ 在 $p^2 = \nu^2$ 处展开:

$$\varSigma(p^2) = \varSigma(\nu^2) + \varSigma'(\nu^2)(p^2 - \nu^2) + \widetilde{\varSigma}(p^2), \tag{9.93}$$

其中 $\widetilde{\Sigma}(p^2)$ 是 p^2, μ^2, ν^2 的函数且 $\widetilde{\Sigma}(p^2=\nu^2)=0$. 将 (9.93) 式代入 (9.91) 式, 由条件 (9.92) 式得出

$$
\begin{aligned}
\delta\mu^2 &= -\nu^2+\Sigma(\nu^2)+\mu^2\Sigma'(\nu^2),\\
Z_\phi^{-1} &= 1-\Sigma'(\nu^2),
\end{aligned}
\tag{9.94}
$$

这导致

$$
\mathrm{i}\Delta_{\mathrm{r}}=\frac{\mathrm{i}}{p^2-\mu^2-\nu^2-\widetilde{\Sigma}(p^2)}. \tag{9.95}
$$

现在来讨论 μ^2 和 ν^2 的关系. 表面上看起来在上式中的 μ^2 和 ν^2 似乎都是不相关的参数, 但实际上它们由物理质量 m^2 而相关联. 后者是理论本身不能确定的, 也不依赖于 μ^2 或 ν^2 的不同选取, 只能作为实验值输入. 物理质量由于是传播子的极点, 满足如下的方程①:

$$
m^2-\mu^2-\nu^2-\widetilde{\Sigma}(m^2,\mu^2,\nu^2)=0. \tag{9.96}
$$

这个方程决定了 $\mu^2=\mu^2(m^2,\nu^2)$, 即重整化质量对于动量减除点的依赖关系. 把 (9.96) 式代入 (9.95) 式, 可得

$$
\mathrm{i}\Delta_{\mathrm{r}}=\frac{\mathrm{i}}{(p^2-m^2)(1-\Sigma'(m^2)+\Sigma'(\nu^2))}, \tag{9.97}
$$

即任意动量减除点的重整化与质壳重整化之间只差一个有限的波函数重整化因子 $Z'_\phi=Z_\phi(\nu^2)/Z_\phi(m^2)$.

9.2.4 维数正规化

假设我们在 D 维的闵氏空间中, 度规张量为 $g_{\mu\nu}$, 其中 $\mu,\nu=0,\cdots,D-1$. Dirac 代数在 D 维中的性质如下②:

$$
\begin{aligned}
&g_{\mu\nu}g^{\mu\nu}=D,\quad \{\gamma^\mu,\gamma^\nu\}=2g^{\mu\nu},\\
&\gamma_\mu\gamma^\mu=D,\\
&\gamma_\mu\gamma^\nu\gamma^\mu=(2-D)\gamma^\nu,\\
&\gamma_\mu\gamma^\nu\gamma^\rho\gamma^\mu=4g^{\nu\rho}-(4-D)\gamma^\nu\gamma^\rho,\\
&\gamma_\mu\gamma^\nu\gamma^\rho\gamma^\sigma\gamma^\mu=-2\gamma^\sigma\gamma^\rho\gamma^\nu+(4-D)\gamma^\nu\gamma^\rho\gamma^\sigma.
\end{aligned}
\tag{9.98}
$$

①这里为了简便, 假设物理极点不落在复平面上, 否则可以用 “线型” (line shape) 质量来讨论, 方程中相应的 $\widetilde{\Sigma}$ 应换为 $\mathrm{Re}\widetilde{\Sigma}$. 也可以更准确地用极点质量来讨论, 此时的讨论变得较为复杂.

②在 $D=2n$ 维或 $2n+1$ 维空间中, γ 矩阵的维数是 2^n. 在维数正规化中, 没有必要对 γ 矩阵的维数做解析延拓, 即使做了这样的考虑, 亦仅仅是相当于选取了不同的减除方案而已.

求迹时的公式与 4 维时的一致. 但是在维数正规化中 γ_5 的定义有一定的含混之处. 在 $D=4$ 时 γ_5 的定义

$$\gamma_5 \equiv \frac{\mathrm{i}}{4!}\epsilon_{\mu\nu\rho\sigma}\gamma^\mu\gamma^\nu\gamma^\rho\gamma^\sigma \tag{9.99}$$

在 $D\neq 4$ 时并不成立, 因为 4 阶全反对称张量仅仅是 4 维空间的特殊性质, 并不能推广到高维空间中去. 文献中一种关于 γ_5 的定义是

$$\gamma_5 = \mathrm{i}\gamma^0\gamma^1\cdots\gamma^{D-1}. \tag{9.100}$$

它具有如下性质:

$$\begin{aligned}
&\gamma_5^\dagger = \gamma_5, \quad \gamma_5^2 = 1, \quad \{\gamma_5, \gamma_\mu\} = 0, \\
&\mathrm{tr}\{\gamma_5\gamma_\mu\gamma_\nu\} = 0, \quad \mathrm{tr}\{\gamma_5 \text{ 奇数个 } \gamma \text{ 之积}\} = 0.
\end{aligned} \tag{9.101}$$

首先讨论一下时空维数的解析延拓 (偏 P 程序), 在 D 维时空中考虑积分

$$I = \int \mathrm{d}^D k \frac{k_0^{\lambda_0}k_1^{\lambda_1}\cdots k_{D-1}^{\lambda_{D-1}}}{[k^2-2p\cdot k-\Delta]^n}, \tag{9.102}$$

其中 $\lambda_i > -1$. 如果 $D+\sum\limits_i \lambda_i < 2n$, 则该积分是收敛的. 对上述积分应用恒等式

$$\frac{1}{D}\sum_i^{D-1}\left(\frac{\partial}{\partial k_i}\right)k_i \equiv 1,$$

得到

$$\begin{aligned}
I &= \int \mathrm{d}^D k \frac{1}{D}\sum_{i=0}^{D-1}\left(\frac{\partial}{\partial k_i}k_i\right)\frac{k_0^{\lambda_0}k_1^{\lambda_1}\cdots k_{D-1}^{\lambda_{D-1}}}{[k^2-2p\cdot k-\Delta]^n} \\
&= -\frac{1}{D}\sum_{i=0}^{D-1}\int \mathrm{d}^D k k_i \frac{\partial}{\partial k_i}\left\{\frac{k_0^{\lambda_0}k_1^{\lambda_1}\cdots k_{D-1}^{\lambda_{D-1}}}{[k^2-2p\cdot k-\Delta]^n}\right\} \\
&= \frac{1}{D}\{-(\lambda_0+\lambda_1+\cdots+\lambda_{D-1})+2n\}I + \frac{2n}{D}\int \mathrm{d}^D k \frac{k_0^{\lambda_0}k_1^{\lambda_1}\cdots k_{D-1}^{\lambda_{D-1}}(k\cdot p+\Delta)}{[k^2-2p\cdot k-\Delta]^{n+1}}.
\end{aligned} \tag{9.103}$$

由此可解出

$$I = \frac{2n}{D+\lambda_0+\cdots+\lambda_{D-1}-2n}\int \mathrm{d}^D k \frac{k_0^{\lambda^0}\cdots k_{D-1}^{\lambda_{D-1}}(k\cdot p+\Delta)}{[k^2-2p\cdot k-\Delta]^{n+1}}. \tag{9.104}$$

这个表达式右边的积分收敛区域为 $D+\lambda_0+\lambda_1+\cdots+\lambda_{D-1} < 2n+1$. 重复应用上述 "偏 P" 操作可进一步扩展积分 I 的收敛区域, 从而将任意的形如 (9.102) 式的

积分表示为对任意给定的 D 收敛的积分的线性组合. 换句话说, 上式的右边是对左边作为 D 的函数的解析延拓. 如果原积分是发散的, 则其解析延拓表达式在 D 平面上有极点, 这些极点正好是使积分 (9.102) 式发散的维数. 比如特别注意到对于平方发散, $D=2$.

有了上述准备后, 我们可以计算积分

$$I(p,\Delta)=\int \mathrm{d}^D l \frac{1}{(l^2-2l\cdot p-\Delta)^n}. \tag{9.105}$$

根据前面的“偏 P”程序, 该积分总是可以化为收敛的积分, 因此可以做变量替换 $l\to l+p$, 上述积分可以改写为

$$I(p,\Delta)=\int \mathrm{d}^D l \frac{1}{(l^2-(\Delta+p^2))^n}. \tag{9.106}$$

做 Wick 转动, 用 $\mathrm{i}L_0$ 代替 l_0, 从而将积分化为欧氏空间积分:

$$I(p,\Delta)=\mathrm{i}(-1)^n\int \mathrm{d}^D L \frac{1}{(L^2+(\Delta+p^2))^n}. \tag{9.107}$$

此积分可以在 D 维球坐标空间中求出, 有

$$I(p,\Delta)=\mathrm{i}(-1)^n(\sqrt{\pi})^D\frac{\Gamma(n-D/2)}{\Gamma(n)}\frac{1}{(\Delta+p^2)^{n-D/2}}. \tag{9.108}$$

由其可以进一步导出一些常用的动量空间积分公式, 见附录.

有了以上准备, 我们来计算 $\lambda\phi^4$ 理论中单圈时的 4 点顶角发散和自能发散. 由维数正规化的方法并利用 Feynman 参数积分, (9.6) 式被改写为

$$\begin{aligned}
\mathit{\Gamma}(s)&=\frac{\lambda^2}{2}\int\frac{\mathrm{d}^D l}{(2\pi)^D}\frac{1}{(l-p)^2-\mu^2}\frac{1}{l^2-\mu^2}\\
&=\frac{\lambda^2}{2}\int_0^1\mathrm{d}x\int\frac{\mathrm{d}^D l}{(2\pi)^D}\frac{1}{[(l-xp)^2-\Delta]^2}\\
&=\frac{\lambda^2}{2}\int_0^1\mathrm{d}x\int\frac{\mathrm{d}^D l}{(2\pi)^D}\frac{1}{[l^2-\Delta]^2}\\
&\qquad\cdots\cdots\\
&=\frac{\mathrm{i}\lambda^2}{32\pi^2}\left\{\mathit{\Gamma}(\epsilon)(4\pi)^\epsilon-\int_0^1\mathrm{d}x\ln[\mu^2-x(1-x)s]\right\}.
\end{aligned} \tag{9.109}$$

在上式中 $\Delta=\mu^2-x(1-x)s$, $\epsilon=2-D/2$. 由于其中对动量的积分是有限的, 所以可以做平移并利用 (9.108) 式得出最后结果. 于是我们得到

$$\mathit{\Gamma}(0)=\frac{\mathrm{i}\lambda^2}{32\pi^2}(\mathit{\Gamma}(\epsilon)+\ln 4\pi-\ln\mu^2). \tag{9.110}$$

而有限的部分

$$\widetilde{\Gamma}(p^2)=\frac{-\mathrm{i}\lambda^2}{32\pi^2}\int_0^1\mathrm{d}x\ln\left[\frac{\mu^2-x(1-x)p^2}{\mu^2}\right],\tag{9.111}$$

与 (9.64) 式一致, 即其不依赖于不同的正规化方案. 但发散部分的表达式与 Pauli-Villars 正规化的结果形式上很不一样, 这里的发散 $\Gamma(\epsilon)$ 对应着对数发散 $\ln\Lambda^2$.

对于自能项, 在维数正规化方案中有

$$\begin{aligned}-\mathrm{i}\Sigma(p^2)&=\frac{\lambda}{2}\int\frac{\mathrm{d}^Dl}{(2\pi)^D}\frac{1}{l^2-\mu^2+\mathrm{i}\epsilon}\\&=\frac{-\mathrm{i}\lambda\pi^{D/2}\Gamma(1-\frac{D}{2})}{2(2\pi)^D(\mu^2)^{1-D/2}}.\end{aligned}\tag{9.112}$$

另一方面,

$$\Gamma\left(1-\frac{D}{2}\right)=\frac{\Gamma\left(3-\dfrac{D}{2}\right)}{\left(1-\dfrac{D}{2}\right)\left(2-\dfrac{D}{2}\right)}.\tag{9.113}$$

我们注意到 (9.79) 式中的平方发散在这里对应着 $D=2$ 的极点, 由于最终有 $D\to4$, 所以平方发散在维数正规化中是有限的. 另一方面, 与正规顶角的情形完全一样, 对数发散在这里对应着 $D=4$ 的极点.

在 9.2.1 小节所讨论的动量减除方案中, 所引入的任意的质量标度是显然的 (减除点). 在维数正规化方案中同样会出现一个任意的质量标度. 原因是在 D 维空间中原来的 4 维空间耦合常数 λ 不再是无量纲的, 需要做变换

$$\lambda\to\lambda\nu^{4-D}=\lambda\nu^{2\epsilon}.\tag{9.114}$$

这样 (9.112) 式变为

$$-\mathrm{i}\Sigma(p^2)\to\frac{\mathrm{i}\lambda\mu^2}{32\pi^2}[\Gamma(\epsilon)+1+\ln4\pi\nu^2-\ln\mu^2+O(\epsilon)],\tag{9.115}$$

而 (9.110) 式变为

$$\Gamma(0)=\frac{\mathrm{i}\lambda^2\nu^{2\epsilon}}{32\pi^2}(\Gamma(\epsilon)+\ln4\pi\nu^2-\ln\mu^2).\tag{9.116}$$

可以把上式给出的 $\Gamma(0)$ 从四点正规顶角中减掉, 则等价于在零动量处减除. 而最小减除方案 (minimal subtraction scheme, MS 方案) 说的是仅仅减除掉正比于 $1/\epsilon$ 的项. 或是说在构造抵消项拉氏量时只考虑正比于 $1/\epsilon$ 的项. 比如由 (9.39) 式知

$$\triangle\mathcal{L}_{\phi^2}=-\frac{\lambda\mu^2}{64\pi^2}\frac{1}{\epsilon}\phi^2,\tag{9.117}$$

从其可以得知各种裸参数与任意参数 ν 以及质量参数 μ 无关. 因此最小减除方案也叫作质量无关的重整化方案[①]. 由于发散总是以 $\frac{1}{\epsilon}+\ln 4\pi-\gamma_{\rm E}$ 的形式合并出现, 所以人们有时也把 $\frac{1}{\epsilon}+\ln 4\pi-\gamma_{\rm E}$ 项整体减除掉, 这一方案叫作 $\overline{\rm MS}$ 方案. 在 MS 方案中, 裸参量与重整化后的参量之间的关系如下:

$$\lambda_0=\nu^{2\epsilon}\left[\lambda+\sum_{n=1}^{\infty}a_n(\lambda)\epsilon^{-n}\right], \tag{9.118}$$

$$\mu_0=\mu\left[1+\sum_{n=1}^{\infty}b_n(\lambda)\epsilon^{-n}\right], \tag{9.119}$$

$$\phi_0=\phi\left[1+\sum_{n=1}^{\infty}c_n(\lambda)\epsilon^{-n}\right]\equiv\phi Z_\phi^{1/2}. \tag{9.120}$$

在 MS 方案中 $\overline{Z}_\lambda=Z_\phi^{-2}Z_\lambda=1+\frac{3\lambda}{32\pi^2}\frac{1}{\epsilon}$. 在 $\overline{\rm MS}$ 方案中 $\overline{Z}_\lambda=1+\frac{3\lambda}{32\pi^2}\Gamma(\epsilon)(4\pi)^\epsilon$, 且都有 $\lambda_0=\nu^{2\epsilon}\overline{Z}_\lambda\lambda$.

对于质量重整化, 在进行了正规化从而把发散分离出来后, 也一样需要做重整化以把发散消去. 常用的重整化方案有

(1) 质壳重整化 (on-shell 重整化),

(2) MS 或 $\overline{\rm MS}$ 重整化,

(3) μ 重整化.

紫外发散和重整化方案是量子场论里面的一个重要的话题. 对于初学者来说这往往引起很多理解上的困难. 但事实上, 无穷大一点也不可怕或者令人困惑, 它仅仅表明我们对短距离 (或大动量) 的处理稍微粗暴了一点, 即简单地用点相互作用来代替可能在大动量时出现的复杂情况. 量子场论的可重整性指出了一件事, 就是低能物理实际上不依赖于紫外区域发生的事情的细节. 换句话说, 不管在紫外区域发生了何等狂暴的事情, 红外极限下它们的影响仅仅用几个耦合常数就可以被参数化.

---

① 此时的减除点可以定性地理解为 (9.114) 式中的 ν, 但是其物理意义不再像动量减除方案中的减除动量那么直观.

第十章　QED 单圈辐射修正

§10.1　QED 单圈发散的重整化

设裸量与重整化后的量之间的关系是

$$
\begin{gathered}
A_{0\mu} \equiv Z_3^{1/2} A_\mu, \quad \psi_0 \equiv Z_2^{1/2}\psi, \quad e_0 \equiv Z_1 Z_2^{-1} Z_3^{-1/2} e \equiv Z_e e, \\
m_0 \equiv Z_m m \equiv m + \delta_m,
\end{gathered} \tag{10.1}
$$

则

$$
\begin{aligned}
\mathcal{L}_0 &= -\frac{1}{4}F^0_{\mu\nu}F^{\mu\nu,0} + \overline{\psi_0}(\mathrm{i}\partial\!\!\!/ - m_0)\psi_0 - e_0\overline{\psi_0}\gamma^\mu\psi_0 A^0_\mu \\
&= -\frac{1}{4}Z_3 F_{\mu\nu}F^{\mu\nu} + Z_2\overline{\psi}(\mathrm{i}\partial\!\!\!/ - m - \delta_m)\psi - Z_e Z_2 Z_3^{1/2} e\overline{\psi}\gamma^\mu\psi A_\mu \\
&= -\frac{1}{4}F_{\mu\nu}F^{\mu\nu} + \overline{\psi}(\mathrm{i}\partial\!\!\!/ - m)\psi - e\overline{\psi}\gamma^\mu\psi A_\mu \\
&\quad -\frac{\delta_3}{4}F_{\mu\nu}F^{\mu\nu} + \delta_2\overline{\psi}(\mathrm{i}\partial\!\!\!/ - m)\psi - \delta_m\overline{\psi}\psi - \left(\delta_e + \delta_2 + \frac{\delta_3}{2}\right)e\overline{\psi}\gamma^\mu\psi A_\mu,
\end{aligned} \tag{10.2}
$$

其中

$$
Z_2 \equiv 1 + \delta_2, \quad Z_3 \equiv 1 + \delta_3, \quad Z_e \equiv 1 + \delta_e.
$$

抵消项拉氏量会因此产生如图 10.1 所示的 Feynman 顶角, 与图 10.1 相应的是如下 Feynman 顶角:

$$
\mathrm{i}(\delta_2 p\!\!\!/ - m\delta_2 - \delta_m), \quad -\mathrm{i}(g^{\mu\nu}p^2 - p^\mu p^\nu)\delta_3, \quad -\mathrm{i}e\gamma^\mu\left(\delta_e + \delta_2 + \frac{1}{2}\delta_3\right).
$$

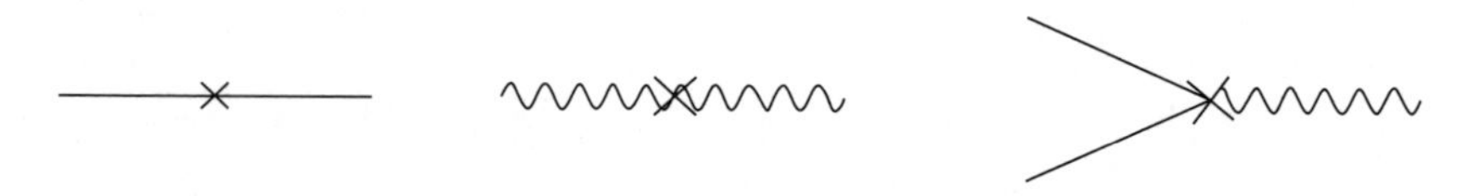

图 10.1　抵消项产生的顶角修正.

10.1.1　电子自能

利用维数正规化来做计算，单圈水平上线性发散的电子自能如图 10.2 所示，有

$$-\mathrm{i}\Sigma(p) = -\mathrm{i}e\gamma^\nu \int \frac{\mathrm{d}^D k \nu^{2\epsilon}}{(2\pi)^D} \frac{\mathrm{i}}{\not p + \not k - m}(-\mathrm{i}e\gamma^\mu)\left(-\mathrm{i}\frac{g_{\mu\nu} - (1-\xi)\dfrac{k_\mu k_\nu}{k^2+\mathrm{i}\epsilon}}{k^2+\mathrm{i}\epsilon}\right)$$

$$= -e^2 \int \frac{\mathrm{d}^D k \nu^{2\epsilon}}{(2\pi)^D} \frac{\gamma^\mu(\not p + \not k + m)\gamma^\nu}{((p+k)^2 - m^2)k^2}\left(g_{\mu\nu} - (1-\xi)\frac{k_\mu k_\nu}{k^2}\right). \tag{10.3}$$

令

$$\Sigma(p) \equiv (\not p - m)A_\xi(p^2) + mB_\xi(p^2), \tag{10.4}$$

则

$$A_\xi = -\frac{e^2}{16\pi^2}\left\{\xi N_\epsilon - 1 - \int_0^1 \mathrm{d}x(1+\xi-2x)\ln\frac{xm^2 - x(1-x)p^2}{\nu^2}\right.$$
$$\left. -(1-\xi)(p^2-m^2)\int_0^1 \mathrm{d}x \frac{x}{m^2 - xp^2}\right\}, \tag{10.5}$$

$$B_\xi = -\frac{e^2}{16\pi^2}\left\{-3N_\epsilon + 1 + 2\int_0^1 \mathrm{d}x(1+x)\ln\frac{xm^2 - x(1-x)p^2}{\nu^2}\right.$$
$$\left. -(1-\xi)(p^2-m^2)\int_0^1 \mathrm{d}x \frac{x}{m^2 - xp^2}\right\}, \tag{10.6}$$

其中 $\epsilon = 2 - D/2$, $N_\epsilon = \dfrac{1}{\epsilon} - \gamma_\mathrm{E} + \ln 4\pi$, 且 ν 是一个任意的标度 (理解为做减除的标度), 注意它仅仅出现在组合 $N_\epsilon + \ln\nu^2$ 中. 所以裸的传播子

$$\mathrm{i}S_\xi^0(p) = \frac{\mathrm{i}}{\not p - m - \Sigma(p)}$$
$$= \mathrm{i}\frac{1 + A_\xi(p^2)}{\not p - m(1 + B_\xi(p^2))} + \text{高阶项}. \tag{10.7}$$

得到了正规化后的裸的传播子后，下一步是做重整化. 注意在上式中 m, e 实际上均为裸量 m_0, e_0. 记住传播子是两点 Green 函数，所以有

$$S^\mathrm{r}(p) = Z_2^{-1} S^0(p, Z_m m, Z_e e). \tag{10.8}$$

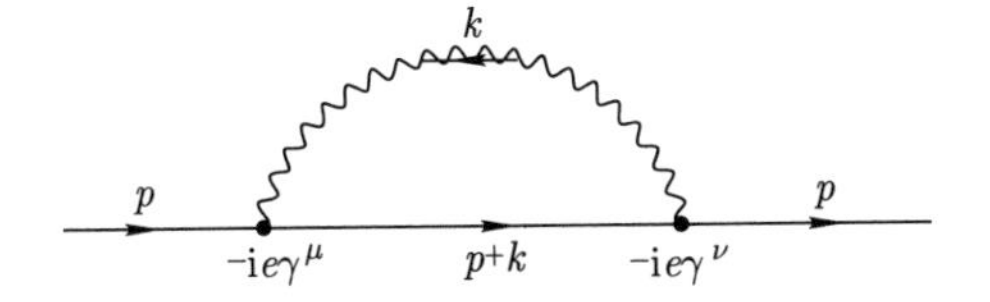

图 10.2　单圈水平上电子自能发散.

代入 (10.1) 式后即可得到重整化以后的传播子

$$\mathrm{i}S^{\mathrm{r}}(p)=\mathrm{i}Z_2^{-1}\frac{1+A_\xi(p^2)}{\not p-Z_m m(1+B_\xi(p^2))}. \tag{10.9}$$

对于电子传播子做质壳重整化 (on-shell 重整化): 要求在粒子的 4-动量趋于质壳, 即 $\not p\to m$ 时,

$$\mathrm{i}S^{\mathrm{r}}\to\frac{\mathrm{i}}{\not p-m}. \tag{10.10}$$

这导致

$$\delta_m=-mB_\xi(m^2) \tag{10.11}$$

和

$$Z_2=1+A_\xi(m^2), \tag{10.12}$$

即质壳重整化条件完全地决定了减除常数. 把 (10.11) 和 (10.12) 式代回 (10.9) 式, 发现重整化后的传播子对任意标度 ν 的依赖完全消去了. 显然质壳重整化条件是物理的重整化条件. 不难验证 δ_m 与 ξ 无关, 而 Z_2 则是与 ξ 有关的.

10.1.2 Ward-Takahashi 恒等式

Ward-Takahashi 恒等式或 Ward 恒等式是规范不变和流守恒的结果, 我们来分析一个最简单的例子. 考虑 Green 函数 $\langle 0|T\{j_\mu(x)\overline{\psi}(x_1)\psi(x_2)\}|0\rangle$, 有

$$\begin{aligned}&\partial_{x,\mu}\langle 0|T\{j^\mu(x)\psi_\rho(x_1)\overline{\psi}_\sigma(x_2)\}|0\rangle\\&=\delta^4(x-x_2)\langle 0|T\{\psi_\rho(x_1)\overline{\psi}_\sigma(x_2)\}|0\rangle-\delta^4(x-x_1)\langle 0|T\{\psi_\rho(x_1)\overline{\psi}_\sigma(x_2)\}|0\rangle.\end{aligned} \tag{10.13}$$

证明如下:

$$\begin{aligned}&\partial_{x,\mu}\langle 0|T\{j^\mu(x)\psi_\rho(x_1)\overline{\psi}_\sigma(x_2)\}|0\rangle=\partial_{x,\mu}\langle 0|\theta(x^0-x_1^0)\theta(x_1^0-x_2^0)j^\mu(x)\psi_\rho(x_1)\overline{\psi}_\sigma(x_2)\\&-\theta(x^0-x_2^0)\theta(x_2^0-x_1^0)j^\mu(x)\overline{\psi}_\sigma(x_2)\psi_\rho(x_1)+\theta(x_1^0-x^0)\theta(x^0-x_2^0)\psi_\rho(x_1)\\&\times j^\mu(x)\overline{\psi}_\sigma(x_2)-\theta(x_2^0-x^0)\theta(x^0-x_1^0)\overline{\psi}_\sigma(x_2)j^\mu(x)\psi_\rho(x_1)+\theta(x_1^0-x_2^0)\theta(x_2^0-x^0)\\&\times\psi_\rho(x_1)\overline{\psi}_\sigma(x_2)j^\mu(x)-\theta(x_2^0-x_1^0)\theta(x_1^0-x^0)\overline{\psi}_\sigma(x_2)\psi_\rho(x_1)j^\mu(x)|0\rangle\\=&\langle 0|\delta(x^0-x_1^0)\theta(x_1^0-x_2^0)j^0(x)\psi_\rho(x_1)\overline{\psi}_\sigma(x_2)-\delta(x^0-x_2^0)\theta(x_2^0-x_1^0)j^0(x)\overline{\psi}_\sigma(x_2)\\&\times\psi_\rho(x_1)-\delta(x_1^0-x^0)\theta(x^0-x_2^0)\psi_\rho(x_1)j^0(x)\overline{\psi}_\sigma(x_2)+\theta(x_1^0-x^0)\delta(x^0-x_2^0)\psi_\rho(x_1)\\&\times j^0(x)\overline{\psi}_\sigma(x_2)+\delta(x_2^0-x^0)\theta(x^0-x_1^0)\overline{\psi}_\sigma(x_2)j^0(x)\psi_\rho(x_1)-\theta(x_2^0-x^0)\delta(x^0-x_1^0)\\&\times\overline{\psi}_\sigma(x_2)j^0(x)\psi_\rho(x_1)-\theta(x_1^0-x_2^0)\delta(x_2^0-x^0)\psi_\rho(x_1)\overline{\psi}_\sigma(x_2)j^0(x)+\theta(x_2^0-x_1^0)\\&\times\delta(x_1^0-x^0)\overline{\psi}_\sigma(x_2)\psi_\rho(x_1)j^0(x)+(\text{含 }\partial_\mu j^\mu\text{的项 }=0)|0\rangle\\=&\langle 0|\delta(x^0-x_1^0)\theta(x_1^0-x_2^0)[j^0(x),\psi_\rho(x_1)]\overline{\psi}_\sigma(x_2)-\delta(x^0-x_2^0)\theta(x_2^0-x_1^0)\end{aligned}$$

$$
\begin{aligned}
&\times[j^0(x),\overline{\psi}_\sigma(x_2)]\psi_\rho(x_1)+\delta(x^0-x_2^0)\theta(x_1^0-x_2^0)\psi_\rho(x_1)[j^0(x),\overline{\psi}_\sigma(x_2)]\\
&-\delta(x^0-x_1^0)\theta(x_2^0-x_1^0)\overline{\psi}_\sigma(x_2)[j^0(x),\psi_\rho(x_1)]|0\rangle\\
=\ &\delta(x^0-x_1^0)\langle 0|T\{[j^0(x),\psi_\rho(x_1)]\overline{\psi}_\sigma(x_2)\}|0\rangle\\
&+\delta(x^0-x_2^0)\langle 0|T\{\psi_\rho(x_1)[j^0(x),\overline{\psi}_\sigma(x_2)]\}|0\rangle.
\end{aligned}\tag{10.14}
$$

已知 Dirac 场的等时反对易关系为

$$
\{\psi_\alpha(\boldsymbol{x}_1,t),\psi_\beta^\dagger(\boldsymbol{x}_2,t)\}=\delta_{\alpha\beta}\delta^3(\boldsymbol{x}_1-\boldsymbol{x}_2),\tag{10.15}
$$

并且流可以写成 $j^0(x)=\psi_\alpha^\dagger\psi_\alpha$, 同时利用关系式 $[AB,C]=A\{B,C\}-\{A,C\}B$, 有

$$
\begin{aligned}
[j^0(x),\psi_\rho(x_1)]&=[\psi_\alpha^\dagger(x)\psi_\alpha(x),\psi_\rho(x_1)]=-\{\psi_\alpha^\dagger(x),\psi_\rho(x_1)\}\psi_\alpha(x)\\
&=-\delta_{\alpha\rho}\delta^3(\boldsymbol{x}-\boldsymbol{x}_1)\psi_\alpha(x)=-\delta^3(\boldsymbol{x}-\boldsymbol{x}_1)\psi_\rho(x).
\end{aligned}\tag{10.16}
$$

同理 $[j^0(x),\overline{\psi}_\sigma(x_2)]=\delta^3(\boldsymbol{x}-\boldsymbol{x}_2)\overline{\psi}_\sigma(x)$. 将 (10.16) 式代回 (10.14) 式, 得

$$
\begin{aligned}
&\partial_{x,\mu}\langle 0|T\{j^\mu(x)\psi_\rho(x_1)\overline{\psi}_\sigma(x_2)\}|0\rangle\\
&\quad=\delta(x^0-x_1^0)\langle 0|T\{[-\delta^3(\boldsymbol{x}-\boldsymbol{x}_1)\psi_\rho(x)]\overline{\psi}_\sigma(x_2)\}|0\rangle\\
&\qquad+\delta(x^0-x_2^0)\langle 0|T\{\psi_\rho(x_1)[\delta^3(\boldsymbol{x}-\boldsymbol{x}_2)\overline{\psi}_\sigma(x)]\}|0\rangle\\
&\quad=-\delta^4(x-x_1)\langle 0|T\{\psi_\rho(x_1)\overline{\psi}_\sigma(x_2)\}|0\rangle+\delta^4(x-x_2)\langle 0|T\{\psi_\rho(x_1)\overline{\psi}_\sigma(x_2)\}|0\rangle,
\end{aligned}
$$

即证明了 (10.13) 式.

利用上面的结果可以建立 QED(对光子外线截腿的) Green 函数的一些关系. 比如对于动量空间中 $A_\mu\overline{\psi}\psi$ 三点正规顶角, 有

$$
k^\mu\mathrm{i}\Gamma_\mu(k=p_1-p_2,p_1,p_2)=eS^{-1}(p_2)-eS^{-1}(p_1).\tag{10.17}
$$

(10.14) 式的证明过程可以推广到流和多个场耦合的情形:

$$
\begin{aligned}
&\partial_{x,\mu}\langle 0|T\{j^\mu(x)\phi(x_1)\cdots\phi(x_n)\}|0\rangle\\
&\quad=\sum_i\delta(x^0-x_i^0)\langle 0|T\{\phi(x_1)\cdots\left[j^0(x),\phi(x_i)\right]|_{x^0=x_i^0}\cdots\phi(x_n)\}|0\rangle,
\end{aligned}\tag{10.18}
$$

其中 $\phi(x_i)$ 代表任意的场算符.

由 (10.18) 式出发, 我们可以证明 §6.2 中讨论的 Ward 恒等式

$$
k_\mu\cdot M^\mu=0,
$$

其中 k^μ 是某个入射或出射光子的动量, $\epsilon_\mu M^\mu$ 是含此光子外线的不变散射矩阵元. 转换 (10.18) 式到动量空间, 有

$$\begin{aligned} k_\mu M^\mu(k;p_1,\cdots,p_n) &= k_\mu G^\mu(k;p_1,\cdots,p_n)/\prod_i S(p_i) \\ &= \sum_i(\pm)G(p_1,\cdots p_i+k,\cdots,p_n)/\prod_i S(p_i), \end{aligned} \quad (10.19)$$

其中 $S(p_i)$ 是除目前考虑的动量为 k 的光子外线外的其余外线的传播子. 在得到上面的表达式时, 利用到了在第八章中建立的 LSZ 约化公式的概念, 即 S 矩阵元是截腿的连通 Green 函数. 为得到物理的 S 矩阵元, 还需要在截腿后将外腿的4-动量取质壳条件 $p_i^2 = m_i^2$. (10.19) 式右边现在的情况是 Green 函数中第 i 个外腿 $\propto \dfrac{1}{(p_i+k)^2-m_i^2}$, 它抵消不了 $1/S(p_i)$ 所给出的零点 $(\lim_{p_i^2\to m_i^2}(p_i^2-m_i^2))$, 因此 (10.19) 式右边恒为零.

10.1.3 光子自能

光子自能的表观发散度为 2, 然而可以利用规范不变性 $q_\mu \Pi^{\mu\nu}(q)=0$ 来降低光子自能函数的发散度两次, 使其降为对数发散, 即

$$\mathrm{i}\Pi^{\mu\nu}(q^2) \equiv \mathrm{i}(g^{\mu\nu}q^2 - q^\mu q^\nu)\Pi(q^2). \quad (10.20)$$

为了得到 (10.20) 式, 注意到自能函数 $\Pi^{\mu\nu}(q)$ 满足积分方程

$$\mathrm{i}\Pi^{\mu\nu}(q) = (-1)(-\mathrm{i}e)\int\frac{\mathrm{d}^4k}{(2\pi)^4}\mathrm{tr}\{\gamma^\mu \mathrm{i}S_\mathrm{F}(k)\mathrm{i}\Gamma^\nu(k,k+q)\mathrm{i}S_\mathrm{F}(k+q)\}, \quad (10.21)$$

上式乘以 q_ν, 再利用 Ward 恒等式 (10.17), 得

$$q_\nu \Pi^{\mu\nu}(q) = -\mathrm{i}e^2\int\frac{\mathrm{d}^4k}{(2\pi)^4}\mathrm{tr}\{\gamma^\mu[S_\mathrm{F}(k)-S_\mathrm{F}(k+q)]\}. \quad (10.22)$$

假设做了适当的正规化以使上面的积分有限 (于是可以对积分变量做平移), 则可以证明 $q_\mu \Pi^{\mu\nu}(q)=0$.

利用 (10.20) 式可以把完全的光子传播子写为

$$\mathrm{i}D^{\mu\nu}(q^2) = -\mathrm{i}\frac{g^{\mu\nu}-\dfrac{q^\mu q^\nu}{q^2}}{q^2(1-\Pi(q^2))} - \mathrm{i}\xi\frac{q^\mu q^\nu}{q^4}. \quad (10.23)$$

如图 10.3 所示,

$$
\begin{aligned}
\mathrm{i}\Pi^{\mu\nu}(p^2) &= (-)\int\frac{\mathrm{d}^D l}{(2\pi)^D}\mathrm{tr}\{(-\mathrm{i}e\gamma^\mu)\frac{\mathrm{i}}{\not l - m}(-\mathrm{i}e\gamma^\nu)\frac{\mathrm{i}}{\not l+\not p - m}\} \\
&= -4e^2\int\frac{\mathrm{d}^D l}{(2\pi)^D}\int_0^1\mathrm{d}x\frac{l^\mu(l+p)^\nu + l^\nu(l+p)^\mu - g^{\mu\nu}(l\cdot(l+p)-m^2)}{((l+xq)^2-\Delta)^2} \\
&= -4e^2\int_0^1\mathrm{d}x\int\frac{\mathrm{d}^D l}{(2\pi)^D}\frac{2l^\mu l^\nu - g^{\mu\nu}l^2 - 2x(1-x)p^\mu p^\nu + g^{\mu\nu}(m^2+x(1-x)p^2)}{(l^2-\Delta)^2}.
\end{aligned}
\tag{10.24}
$$

上面式子中 $\Delta = m^2 - x(1-x)p^2$, 且最后一步做了积分变量平移, 因此分子中 l 的

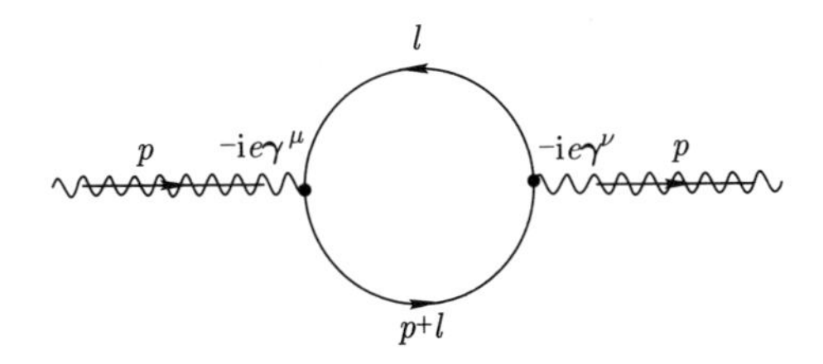

图 10.3 单圈水平上光子自能发散.

线性项都消失了. 分析上式中最后的表达式我们发现, 正比于 $g^{\mu\nu}$ 的项含有平方发散, 而正比于 $p^\mu p^\nu$ 的项仅为对数发散, 因此得到的一个教训是, 如果没有做正规化, 那么积分变量的平移是非法的 (因为规范不变性被破坏了). 在做了 (维数) 正规化后, 上面的平移变换则是允许的. 经计算得出

$$
\begin{aligned}
\mathrm{i}\Pi^{\mu\nu}(p^2) &= (p^2 g^{\mu\nu} - p^\mu p^\nu)\mathrm{i}\Pi(p^2) \\
&= -\frac{8e^2\Gamma(\epsilon)}{(4\pi)^{D/2}}\int_0^1\mathrm{d}x\frac{x(1-x)}{\Delta^\epsilon}(p^2 g^{\mu\nu} - p^\mu p^\nu).
\end{aligned}
\tag{10.25}
$$

结果保持了规范不变性. 由此得到

$$
Z_3 = \frac{1}{1-\Pi(0)} \approx 1 + \Pi(0) \approx 1 - \frac{2\alpha}{3\pi\epsilon}. \tag{10.26}
$$

而重整化以后的自能函数为

$$
\Pi_{\mathrm{r}}(p^2) \equiv \Pi(p^2) - \Pi(0) = -\frac{2\alpha}{\pi}\int_0^1\mathrm{d}x x(1-x)\ln\left(\frac{m^2}{m^2-x(1-x)p^2}\right). \tag{10.27}
$$

10.1.4 顶角修正

如图 10.4 所示,

$$
\mathrm{i}\Gamma_0^\mu(p',p) = -\mathrm{i}e_0\gamma^\mu - \mathrm{i}e_0^3\Lambda^\mu(p',p), \tag{10.28}
$$

其中

$$\Lambda^\mu(p+k,p) = -\mathrm{i}\int \frac{\mathrm{d}^D l}{(2\pi)^D}\frac{g^{\alpha\beta}-(1-\xi)\dfrac{l^\alpha l^\beta}{l^2}}{l^2}\gamma_\alpha \frac{1}{\not{l}+\not{p}+\not{k}-m}\gamma^\mu \frac{1}{\not{l}+\not{p}-m}\gamma_\beta. \tag{10.29}$$

根据重整化的一般理论, 有

$$\mathrm{i}\Gamma_{\mathrm{r}}^\mu(p',p) \equiv Z_2 Z_3^{1/2}(-\mathrm{i}Z_e e\gamma^\mu+\cdots) = -\mathrm{i}Z_1 e\gamma^\mu - \mathrm{i}e^3\Lambda^\mu(p',p). \tag{10.30}$$

在 QED 中重整化的电荷定义在零动量转移处 (即 $(p'-p)^2=0$ 处), 于是

$$Z_1\gamma^\mu = \gamma^\mu - e^2\Lambda^\mu(p,p). \tag{10.31}$$

直接计算可验证

$$Z_1 = Z_2, \tag{10.32}$$

它是 Ward 恒等式 (10.17) 的结果.

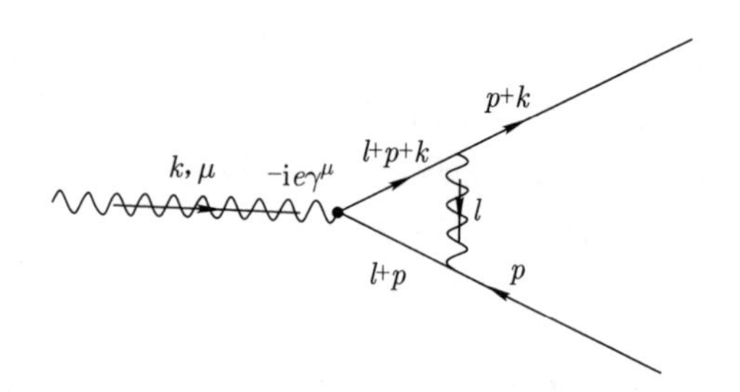

图 10.4 单圈水平上光子、电子、电子顶角发散.

QED 里面还有另外一个表观发散 (对数发散) 的图, 如图 10.5 所示. 根据我们这一节得到的经验, 可以通过规范不变性来降低发散度, 所以事实上图 10.5 是有限的. 如果它是发散的, 我们将陷入灾难, 不得不在抵消项拉氏量中引入具有四个光子场的定域算符来抵消其发散. 这样抵消项拉氏量与原始的 QED 拉式量形式上不再一样, 破坏了可重整性. 因此, 规范不变性保证了 QED 的可重整性. 这一要求是 9.1.3 小节中讨论可重整性的必要条件时所没有包括的内容.

10.1.5 Euler-Heisenberg 拉氏量

在 QED 里, 也存在着低能有效理论. 考虑一个低能光子–光子散射过程, 这一过程的典型能量远远小于正负电子对的产生阈值 $2m_{\mathrm{e}}$. 既然电子并不会出现在初

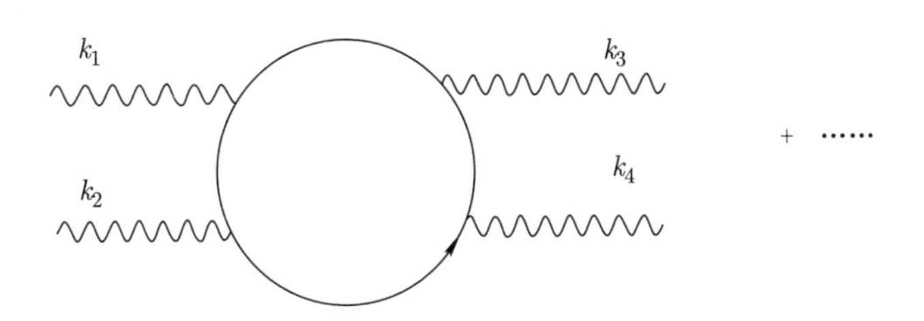

图 10.5 光子–光子散射的 Feynman 图 (共六个图), 其对应的表观发散度为零. 利用规范不变性可以降低其发散度.

末态中, 我们也没有必要把电子自由度在拉氏量里明显地写出来, 而满足于仅写出一个具有规范不变性的光子场拉氏量

$$\mathcal{L} = -\frac{1}{4}F^{\mu\nu}F_{\mu\nu} + \frac{a}{m_{\mathrm{e}}^4}(F^{\mu\nu}F_{\mu\nu})^2 + \frac{b}{m_{\mathrm{e}}^4}(F^{\mu\nu}\widetilde{F}_{\mu\nu})^2 + O(m_{\mathrm{e}}^{-8}). \tag{10.33}$$

在有效拉氏量的层次上, 我们并不能获得关于系数 a 和 b 的知识, 可以做的是计算 (10.33) 式并且通过和实验的拟合来定出各系数. 然而由于我们知道比 (10.33) 更深层次的物理理论 QED 的存在, 亦可以通过与 QED 在某个能标的对比或匹配 (matching) 来定出 (10.33) 式中的任意参数. 比如在 QED 中计算四光子顶点图 10.5, 将其与 Euler-Heisenberg 拉氏量 (10.33) 式比较可以得到后者的耦合系数:

$$\delta\mathcal{L}_{EH} = \frac{2\alpha_{\mathrm{e}}^2}{45m_{\mathrm{e}}^4}[(\boldsymbol{E}^2 - \boldsymbol{B}^2)^2 + 7(\boldsymbol{E}\cdot\boldsymbol{B})^2].$$

此拉氏量很好地描述了低能 ($E \ll m_{\mathrm{e}}$) 光子–光子的散射截面,

$$\sigma = \frac{1}{2\pi m_{\mathrm{e}}^2}\frac{1946}{22275}\left(\frac{\omega}{m_{\mathrm{e}}}\right)^6. \tag{10.34}$$

在上面的例子中, Euler-Heisenberg 拉氏量的破坏正统可重整性的 “无关” 算符是 $1/m_{\mathrm{e}}^2$ 压低的, 在能量非常低时, 我们看见的是一个 (几乎) 自由的光子理论.

§10.2 1+1 维 QED

10.2.1 1+1 维的 γ 代数

在 1+1 维中, 设费米子无质量, 此时拉氏量

$$\mathcal{L} = \overline{\psi}(\mathrm{i}\partial_\mu\gamma^\mu - eA_\mu\gamma^\mu)\psi - \frac{1}{4}F^{\mu\nu}F_{\mu\nu}. \tag{10.35}$$

对运动学项的量纲分析知, 费米子场算符的量纲为 $\dfrac{1}{2}$, 光子场量纲为 0, 于是电荷带质量量纲. 这是 1+1 维的特点.

在 1+1 维, γ^μ 由 Pauli 矩阵给出:

$$\gamma^0 = \begin{pmatrix} 0 & -\mathrm{i} \\ \mathrm{i} & 0 \end{pmatrix} = \sigma_2, \quad \gamma^1 = \begin{pmatrix} 0 & \mathrm{i} \\ \mathrm{i} & 0 \end{pmatrix} = \mathrm{i}\sigma_1. \tag{10.36}$$

它们满足 Clifford 代数

$$\{\gamma^\mu, \gamma^\nu\} = 2g^{\mu\nu},$$

与轴矢流相关的 γ^5 定义为

$$\gamma^5 = \gamma^0\gamma^1 = \begin{pmatrix} 1 & 0 \\ 0 & -1 \end{pmatrix} = \sigma_3, \tag{10.37}$$

矢量流和轴矢流为

$$j^\mu = \overline{\psi}\gamma^\mu\psi, \quad j^{\mu 5} = \overline{\psi}\gamma^\mu\gamma^5\psi. \tag{10.38}$$

因为 $\gamma^\mu\gamma^5 = -\epsilon^{\mu\nu}\gamma_\nu$, 有

$$j^{\mu 5} = -\epsilon^{\mu\nu} j_\nu. \tag{10.39}$$

费米子无质量的 1+1 维 QED 是严格可解的, 我们将在下面的小节讨论这个问题.

10.2.2 Feynman 图分析

无质量费米子的 1+1 维 QED 由于其简单性, 可以严格求解. 为此目的我们对各种 Feynman 图的贡献做一分析. 首先我们指出, 如图 10.6 所示的光子内线图没有贡献. 图 10.6 中下方的光子线可以相互连接, 也可以不连接. 显然该图贡献正比于 $\gamma^\mu\gamma_{\sigma_1}\gamma_{\sigma_2}\cdots\gamma_{\sigma_{2n+1}}\gamma_\mu$, 即 γ^μ 和 γ_μ 之间必有奇数个 γ 矩阵. 利用 1+1 维 γ 矩阵的性质, 这奇数个 γ 矩阵必约化到某一个 γ^ν. 而在 1+1 维中, $\gamma^\mu\gamma^\nu\gamma_\mu = -\gamma^\nu\gamma^\mu\gamma_\mu + 2g^{\mu\nu}\gamma_\nu = 0$, 因此图 10.6 的贡献必消失.

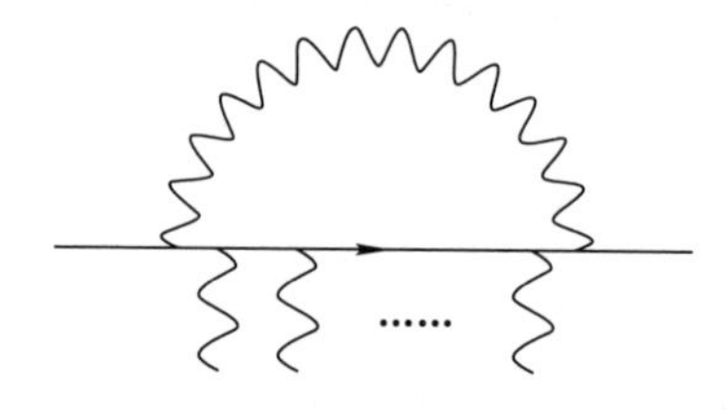

图 10.6 一类含光子内线的子图.

1+1 维 QED 中第二个结论是, 对于如图 10.7 所示的费米子圈, 当光子外腿数目 $n \geqslant 3$ 时, 该图贡献为 0. 记 n 光子费米子圈为 $T^{(n)}_{\alpha_1\cdots\alpha_n}(k_1, \cdots, k_n)$, 因为 α_i 只能取 0 或 1, 所以当 $n \geqslant 3$ 时, 必然存在 $i \neq j$ 使得 $\alpha_i = \alpha_j$. 为讨论方便,

不妨设 $i=1, j=2$, 但无论如何夹在这两个光子之间的 γ 矩阵个数为奇数. 由 $\gamma^{\mu}\gamma_{\sigma_1}\gamma_{\sigma_2}\cdots\gamma_{\sigma_{2n+1}}\gamma_{\mu}=0$ 知道 $T^{(n)}$ 满足

$$T^{(n)}_{00\cdots}=T^{(n)}_{11\cdots}. \tag{10.40}$$

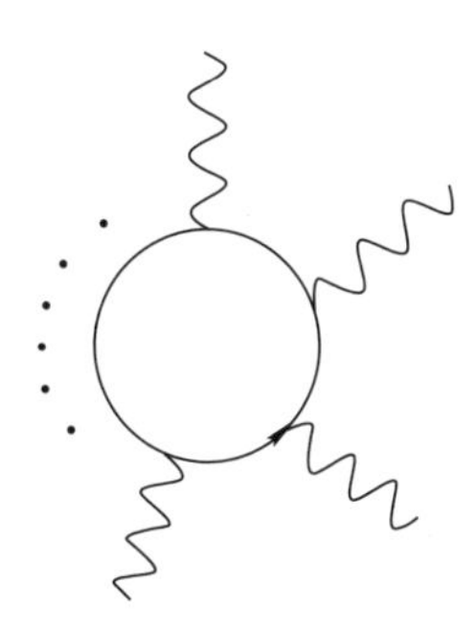

图 10.7 具有 n 个光子 "外腿" 的费米子圈图.

下面证明(10.40)式两侧分别等于 0. 由 Ward 恒等式 $k_{\mu}T^{\mu}(k)=0$, 有

$$(k_1)_0 T^{(n)}_{0\alpha\cdots}=(k_1)_1 T^{(n)}_{1\alpha\cdots}. \tag{10.41}$$

两侧取 $\alpha=0$ 并乘以 $(k_2)_0$, 得

$$(k_2)_0(k_1)_0 T^{(n)}_{00\cdots}=(k_2)_0(k_1)_1 T^{(n)}_{10\cdots}. \tag{10.42}$$

对 (10.41) 式右侧再使用 Ward 恒等式, 有

$$(k_1)_1(k_2)_0 T^{(n)}_{10\cdots}=(k_1)_1(k_2)_1 T^{(n)}_{11\cdots}. \tag{10.43}$$

比较 (10.42) 和 (10.43) 式, 得

$$(k_1)_0(k_2)_0 T^{(n)}_{00\cdots}=(k_1)_1(k_2)_1 T^{(n)}_{11\cdots}. \tag{10.44}$$

因为 k_1 和 k_2 的任意性, 综合 (10.40) 和 (10.44) 式, 得

$$T^{(n)}_{00\cdots}=T^{(n)}_{11\cdots}=0. \tag{10.45}$$

因此, 我们得出结论, 任意 $n(\geqslant 3)$ 光子费米子圈为 0.

由上面的讨论知道, 1+1 QED 中光子自能仅有的贡献来自于图 10.8,

$$\begin{aligned}\mathrm{i}\Pi^{\mu\nu}(q)&=(-\mathrm{i}e)^2(-1)\int\frac{\mathrm{d}^d k}{(2\pi)^d}\mathrm{tr}\left[\gamma^{\mu}\frac{\mathrm{i}}{\not k}\gamma^{\nu}\frac{\mathrm{i}}{\not k+\not q}\right]\\&=-\mathrm{i}(q^2g^{\mu\nu}-q^{\mu}q^{\nu})\frac{2e^2}{(4\pi)^{d/2}}\mathrm{tr}[1]\int_0^1\mathrm{d}x\ x(1-x)\frac{\Gamma(2-d/2)}{[-x(1-x)q^2]^{2-d/2}},\end{aligned} \tag{10.46}$$

其中第二行求迹的 1 为单位矩阵. $d=2$ 时, 上式有有限值

$$\mathrm{i}\Pi^{\mu\nu}(q)=\mathrm{i}(q^2g^{\mu\nu}-q^\mu q^\nu)\Pi(q)=\mathrm{i}\left(g^{\mu\nu}-\frac{q^\mu q^\nu}{q^2}\right)\frac{e^2}{\pi}. \tag{10.47}$$

由于没有更高阶的自能修正, 所以我们可以求出光子完全传播子

$$\mathrm{i}D^{\mu\nu}(q)=\frac{-\mathrm{i}g^{\mu\nu}}{q^2(1-\Pi(q))}=\frac{-\mathrm{i}g^{\mu\nu}}{q^2-\dfrac{e^2}{\pi}}, \tag{10.48}$$

即光子得到质量 $\dfrac{e}{\sqrt{\pi}}$.

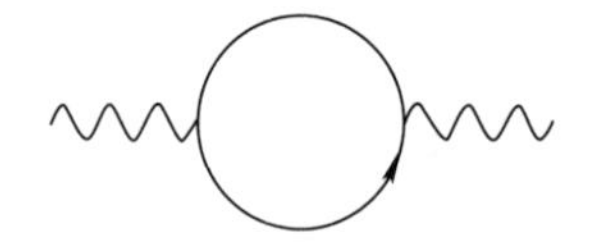

图 10.8 单圈光子自能图为光子自能的仅有贡献.

§10.3 辐射修正的例子

10.3.1 顶角修正与电子的反常磁矩

对于一般电子和与外磁场相互作用, 其 Feynman 振幅可以写为

$$\mathrm{i}\mathcal{M}(2\pi)\delta(p^0-p'^0)=-\mathrm{i}e\overline{u}(\boldsymbol{p}')\Gamma^\mu(p',p)u(\boldsymbol{p})\cdot\widetilde{A}^{\mathrm{cl}}_\mu(p'-p), \tag{10.49}$$

其中 $\widetilde{A}^{\mathrm{cl}}_\mu(p'-p)$ 为经典外场的 Fourier 变换. 由于振幅只依赖于 p,p', 故总可以参数化为

$$\Gamma^\mu(p',p)=A\cdot\gamma^\mu+B\cdot(p'^\mu+p^\mu)+C(p'^\mu-p^\mu). \tag{10.50}$$

可定义转移动量 $q\equiv p'-p$, 于是有 Ward 恒等式 $q_\mu\Gamma^\mu=0$. 注意 p,p' 是参与此顶角作用的外线粒子, 一般来说都是在壳的, 也就是 $\not{p},\not{p}'$ 都可以替换为 m 且 $p^2=p'^2=m^2$, 从而 $q_\mu\Gamma^\mu=Cq_\mu(p'^\mu-p^\mu)=0$, 于是一定有 $C=0$. 再通过 Gordon 恒等式 ((2.69) 式)

$$\overline{u}(\boldsymbol{p}')\gamma^\mu u(\boldsymbol{p})=\overline{u}(\boldsymbol{p}')\left[\frac{p'^\mu+p^\mu}{2m}+\frac{\mathrm{i}\sigma^{\mu\nu}q_\nu}{2m}\right]u(\boldsymbol{p}), \tag{10.51}$$

可以将顶点函数写为

$$\Gamma^\mu(p',p)=\gamma^\mu F_1(q^2)+\frac{\mathrm{i}\sigma^{\mu\nu}q_\nu}{2m}F_2(q^2). \tag{10.52}$$

$F_1(q^2)$, $F_2(q^2)$ 被称为电子的形状因子, 描述了电子与电磁场的相互作用. 最低阶时, 有 $F_1(q^2)=1$, $F_2(q^2)=0$.

下面来直接分析不同电磁场下 $F_1(q^2)$, $F_2(q^2)$ 代表的物理意义. 先考虑静电场 $A_\mu^{\rm cl}(x)=(\phi(\boldsymbol{x}),\boldsymbol{0})$, 于是有 $\widetilde{A}_\mu^{\rm cl}(q)=(2\pi\delta(q^0)\overline{\phi}(\boldsymbol{q}),\boldsymbol{0})$, 从而有

$$\mathrm{i}\mathcal{M}=-\mathrm{i}e\overline{u}(\boldsymbol{p}')\Gamma^0(p',p)u(\boldsymbol{p})\cdot\overline{\phi}(\boldsymbol{q}). \tag{10.53}$$

当 $\boldsymbol{q}\to 0$ 时, $F_1(0)$ 是最主要贡献, 相当于电荷乘以 $F_1(0)$, 因此 $F_1(0)=1$. 当电子与静磁场相互作用时, 电磁场的电磁四矢量为 $A_\mu^{\rm cl}(x)=(0,\boldsymbol{A}^{cl}(\boldsymbol{x}))$, 从而振幅为

$$\mathrm{i}\mathcal{M}=\mathrm{i}e\left[\overline{u}(\boldsymbol{p}')\left(\gamma^iF_1+\frac{\mathrm{i}\sigma^{\mathrm{i}\nu}q_\nu}{2m}F_2\right)u(\boldsymbol{p})\right]\cdot\widetilde{A}_i^{cl}(\boldsymbol{q}). \tag{10.54}$$

对旋量做非相对论近似 (即 $E\approx m$), 有

$$u(\boldsymbol{p})=\sqrt{E+m}\begin{pmatrix}\chi\\ \dfrac{\boldsymbol{p}\cdot\boldsymbol{\sigma}}{E+m}\chi\end{pmatrix}\approx\sqrt{2m}\begin{pmatrix}\chi\\ \dfrac{\boldsymbol{p}\cdot\boldsymbol{\sigma}}{2m}\chi\end{pmatrix}. \tag{10.55}$$

$u(\boldsymbol{p}')$ 有类似表达式. 与 F_1 成正比的贡献为

$$\overline{u}(\boldsymbol{p}')\gamma^iu(\boldsymbol{p})=2(\sqrt{m}\chi'^\dagger)\left(\frac{\boldsymbol{p}'\cdot\boldsymbol{\sigma}}{2m}\sigma^i+\sigma^i\frac{\boldsymbol{p}\cdot\boldsymbol{\sigma}}{2m}\right)(\sqrt{m}\chi). \tag{10.56}$$

利用 $\sigma^i\sigma^j=\delta^{ij}+\mathrm{i}\epsilon^{ijk}\sigma^k$ 以及 $\boldsymbol{p}\cdot\boldsymbol{\sigma}=p^j\sigma^j$, 可以得到自旋相关 (带 ϵ^{ijk}) 和自旋无关 (带 δ^{ij}) 的项. 与自旋无关的项为 $[\boldsymbol{p}\cdot\boldsymbol{A}+\boldsymbol{A}\cdot\boldsymbol{p}']$, 正比于 $(\boldsymbol{p}+\boldsymbol{p})'$. 自旋相关的项正比于 $(\boldsymbol{p}-\boldsymbol{p})'\equiv-\boldsymbol{q}$. 由于我们要讨论磁矩, 所以更关心自旋相关的项, 上式中自旋相关的部分可化为

$$\overline{u}(\boldsymbol{p}')\gamma^iu(\boldsymbol{p})=2(\sqrt{m}\chi'^\dagger)\left(\frac{-\mathrm{i}}{2m}\epsilon^{ijk}q^j\sigma^k\right)(\sqrt{m}\chi). \tag{10.57}$$

F_2 项的贡献也可以计算出, 为

$$\overline{u}(\boldsymbol{p}')\frac{\mathrm{i}\sigma^{i\nu}q_\nu}{2m}F_2u(\boldsymbol{p})=2(\sqrt{m}\chi'^\dagger)\left(\frac{-\mathrm{i}}{2m}\epsilon^{ijk}q^j\sigma^k\right)(\sqrt{m}\chi)F_2(0). \tag{10.58}$$

将两个贡献相加, 有

$$\begin{aligned}-\mathrm{i}e\overline{u}(\boldsymbol{p}')\varGamma^\mu(p',p)u(\boldsymbol{p})\cdot\widetilde{A}_\mu^{\rm cl}(p'-p)&=-e\frac{2+2F_2(0)}{2m}(\sqrt{m}\chi'^\dagger)\epsilon^{ijk}q^j\sigma^k\widetilde{A}^i(\boldsymbol{q})(\sqrt{m}\chi)\\&=(\sqrt{m}\chi'^\dagger)\left[-e\frac{2+2F_2(0)}{2m}\boldsymbol{\sigma}\cdot(\boldsymbol{q}\times\widetilde{\boldsymbol{A}})\right](\sqrt{m}\chi)\\&=(\sqrt{m}\chi'^\dagger)\left[-e\frac{2+2F_2(0)}{2m}\boldsymbol{\sigma}\cdot\boldsymbol{B}\right](\sqrt{m}\chi).\end{aligned} \tag{10.59}$$

可以得到非相对论极限下 (10.59) 式最后一式等价于非相对论势

$$V(\boldsymbol{x})=\frac{1}{2}\left[-e\frac{2+2F_2(0)}{2m}\boldsymbol{\sigma}\cdot\boldsymbol{B}\right]=-\langle\boldsymbol{\mu}\rangle\cdot\boldsymbol{B}(\boldsymbol{x}). \tag{10.60}$$

电子的等效磁矩为

$$\boldsymbol{\mu}=g\left(\frac{e}{2m}\right)\boldsymbol{S}. \tag{10.61}$$

$\boldsymbol{S}=\boldsymbol{\sigma}/2$ 是自旋, g 称为 Lande g 因子,

$$g=2[F_1(0)+F_2(0)]=2+2F_2(0). \tag{10.62}$$

由于树图中 $F_2(0)=0$, 此时 $g=2$ 为电子的正常磁矩. 如果有圈图修正, $F_2(0)\neq 0$, 电子的磁因子偏离了 2 这个正常值, 则会出现反常磁矩. 下面要用 QED 顶角单圈修正来计算 $F_2(0)$.

如图 10.4 所示, 采用 $\xi=1$ 规范, 顶角修正记为 Λ^μ, 于是由 (10.29) 式有 $(p'=p+k, D=4)$

$$\overline{u}(\boldsymbol{p}')\Lambda^\mu(p',p)u(\boldsymbol{p})=-\mathrm{i}\int\frac{\mathrm{d}^4l}{(2\pi)^4}\frac{1}{l^2}\overline{u}(\boldsymbol{p}')\gamma_\alpha\frac{1}{\not l+\not p'-m}\gamma^\mu\frac{1}{\not l+\not p-m}\gamma^\alpha u(\boldsymbol{p}). \tag{10.63}$$

做 Feynman 参数积分, 得

$$\frac{1}{l^2[(l+p')^2-m^2][(l+p)^2-m^2]}=\int_0^1\mathrm{d}x\mathrm{d}y\mathrm{d}z\delta(1-x-y-z)\frac{2}{D^3}, \tag{10.64}$$

其中

$$\begin{aligned}D&=xl^2+y((l+p')^2-m^2)+z((l+p)^2-m^2)\\&=(l+p'y+pz)^2-(1-x)^2m^2.\end{aligned} \tag{10.65}$$

做动量平移 $l\to l-yp'-zp$, 则

$$D=l^2-\Delta+\mathrm{i}\epsilon,\quad \Delta=-yzq^2+(1-x)^2m^2. \tag{10.66}$$

上面的计算中利用了质壳条件, $\not p u(p)=mu(\boldsymbol{p}),\overline{u}(\boldsymbol{p}')\not p'=m\overline{u}(\boldsymbol{p}')$ 以及 Gordon 等式. 最后得到

$$\begin{aligned}\overline{u}(\boldsymbol{p}')\Gamma^\mu(p',p)u(\boldsymbol{p})=2\mathrm{i}e^2\int\frac{\mathrm{d}^4l}{(2\pi)^4}&\int\mathrm{d}x\mathrm{d}y\mathrm{d}z\delta(x+y+z-1)\frac{2}{(l^2-\Delta+\mathrm{i}\epsilon)^3}\\&\times\overline{u}(\boldsymbol{p}')\left[\gamma^\mu\left(-\frac{1}{2}l^2+(1-z)(1-y)q^2+(1-4x-x^2)m^2\right)\right.\\&\left.+\frac{\mathrm{i}\sigma^{\mu\nu}q_\nu}{2m}(2m^2x(1-x))\right]u(\boldsymbol{p}).\end{aligned} \tag{10.67}$$

(10.67) 式中正比于 $\sigma^{\mu\nu}$ 的项会给出形状因子 F_2 的修正:

$$\begin{aligned}F_2(q^2) &= \int \frac{\mathrm{d}^4 l}{(2\pi)^4}\int_0^1 \mathrm{d}x\mathrm{d}y\mathrm{d}z\delta(1-x-y-z)\frac{8\mathrm{i}e^2m^2x(1-x)}{(l^2-\Delta+\mathrm{i}\epsilon)^3}\\&= \frac{\alpha}{2\pi}\int_0^1 \mathrm{d}x\mathrm{d}y\mathrm{d}z\delta(x+y+z-1)\frac{2m^2x(1-x)}{m^2(1-x)^2-yzq^2}.\end{aligned}\tag{10.68}$$

由此可得

$$\begin{aligned}F_2(0) &= \frac{\alpha}{2\pi}\int_0^1 \mathrm{d}x\mathrm{d}y\mathrm{d}z\delta(x+y+z-1)\frac{2m^2x(1-x)}{m^2(1-x)^2}\\&= \frac{\alpha}{\pi}\int_0^1 \mathrm{d}x\int_0^{1-x}\mathrm{d}y\frac{x}{1-x}\\&= \frac{\alpha}{2\pi},\end{aligned}\tag{10.69}$$

即反常磁矩为

$$a = \frac{g-2}{2} = F_2(q^2=0) = \frac{\alpha}{2\pi}.\tag{10.70}$$

10.3.2 Compton 散射

Compton 散射在单圈水平上的修正如图 10.9, 图 10.10 所示. 我们来计算图 10.9, 图 10.10 中的几个图. 其中对应于自能修正的图有

$$\begin{aligned}\mathrm{i}\mathcal{M} = \int \frac{\mathrm{d}^D q}{(2\pi)^D}&\overline{u}(\boldsymbol{p}')(-\mathrm{i}e\gamma^\nu\mu^\epsilon)\epsilon_\nu^*(\boldsymbol{k}')\frac{\mathrm{i}}{(\not{p}'+\not{k}'-m)}(-\mathrm{i}e\gamma^\sigma\mu^\epsilon)\frac{\mathrm{i}}{\not{q}-m}(-\mathrm{i}e\gamma^\rho\mu^\epsilon)\\&\times\frac{\mathrm{i}}{\not{p}+\not{k}-m}(-\mathrm{i}e\gamma^\mu\mu^\epsilon)\epsilon_\mu(\boldsymbol{k})u(\boldsymbol{p})\frac{-\mathrm{i}g_{\rho\sigma}}{(q-p-k)^2}.\end{aligned}\tag{10.71}$$

(10.71) 式圈动量积分的分母给出

$$\begin{aligned}\frac{1}{(q^2-m^2)(q-k-p)^2} &= \int_0^1 \mathrm{d}x\frac{1}{[x(q^2-m^2)+(1-x)(q-k-p)^2]^2}\\&= \int_0^1 \mathrm{d}x\frac{1}{[K^2-\Delta]^2},\end{aligned}\tag{10.72}$$

其中 $K = q-(1-x)(k+p)$, $\Delta = xm^2 - x(1-x)(k+p)^2$.

对应于顶角修正的图, 有

$$\begin{aligned}\mathrm{i}\mathcal{M} = \int \frac{\mathrm{d}^D q}{(2\pi)^D}&\overline{u}(\boldsymbol{p}')(-\mathrm{i}e\gamma^\nu\mu^\epsilon)\epsilon_\nu^*(\boldsymbol{k}')\frac{\mathrm{i}}{\not{p}'+\not{k}'-m}(-\mathrm{i}e\gamma^\sigma\mu^\epsilon)\frac{\mathrm{i}}{\not{p}+\not{k}+\not{q}-m}(-\mathrm{i}e\gamma^\mu\mu^\epsilon)\\&\times\frac{\mathrm{i}}{\not{p}+\not{q}-m}(-\mathrm{i}e\gamma^\rho\mu^\epsilon)u(p)\epsilon_\mu(\boldsymbol{k})\frac{-\mathrm{i}g_{\rho\sigma}}{q^2}.\end{aligned}\tag{10.73}$$

其余的顶角修正图可以类似地写出来.

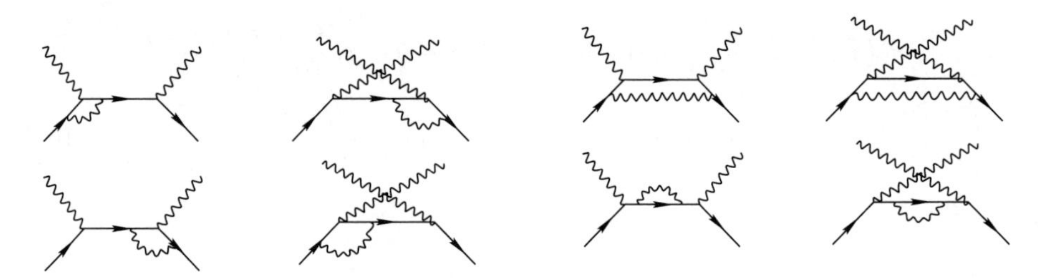

图 10.9 Compton 散射的单圈修正.

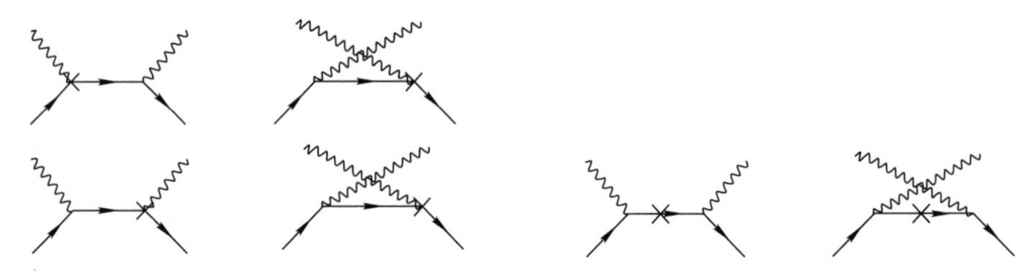

图 10.10 抵消项拉氏量对 Compton 散射的修正.

对应于盒子图 (注意它是不发散的), 有

$$\begin{aligned} \mathrm{i}\mathcal{M} = \int \frac{\mathrm{d}^D q}{(2\pi)^D} \overline{u}(\boldsymbol{p}')(-\mathrm{i}e\gamma^\sigma\mu^\epsilon)\frac{\mathrm{i}}{(\not{p}'+q)-m}(-\mathrm{i}e\gamma^\nu\mu^\epsilon)\epsilon_\nu^*(\boldsymbol{k}')\frac{\mathrm{i}}{(\not{p}+\not{k}+\not{q})-m} \\ \times(-\mathrm{i}e\gamma^\mu\mu^\epsilon)\epsilon_\mu(\boldsymbol{k})\frac{\mathrm{i}}{(\not{p}+\not{q})-m}(-\mathrm{i}e\gamma^\rho\mu^\epsilon)u(\boldsymbol{p})\frac{\mathrm{i}g_{\rho\sigma}}{q^2}. \end{aligned} \tag{10.74}$$

圈动量积分

$$\begin{aligned} &\frac{1}{[(p'+q)^2-m^2][(p+k+q)^2-m^2][(p+q)^2-m^2][q^2]} \\ &= \int \mathrm{d}x\mathrm{d}y\mathrm{d}z\mathrm{d}w\delta(x+y+z+w-1) \\ &\quad\times\frac{3!}{\{x[(p'+q)^2-m^2]+y[(p+k+q)^2-m^2]+z[(p+q)^2-m^2]+w[q^2]\}^4}, \end{aligned} \tag{10.75}$$

其中的分母为

$$\{x[(p'+q)^2-m^2]+y[(p+k+q)^2-m^2]+z[(p+q)^2-m^2]+w[q^2] \equiv K^2-\Delta, \tag{10.76}$$

且 $K=q+xp'+y(p+k)+zp$.

对应于抵消项的图, 有

$$i\mathcal{M} = \overline{u}(\boldsymbol{p}')(-ie\gamma^\nu\mu^\epsilon)\epsilon_\nu^*(\boldsymbol{k}')\frac{i}{(\not{p}'+\not{k}')-m}[i(\delta_2\not{p}-m\delta_2-\delta_m)]$$
$$\times\frac{i}{(\not{p}+\not{k})-m}(-ie\gamma^\mu\mu^\epsilon)\epsilon_\mu(\boldsymbol{k})u(\boldsymbol{p}), \tag{10.77}$$

$$i\mathcal{M} = \overline{u}(\boldsymbol{p}')(-ie\gamma^\nu\mu^\epsilon)\epsilon_\nu^*(\boldsymbol{k}')\frac{i}{(\not{p}+\not{k})-m}\left(-ie\gamma^\mu\mu^\epsilon\left(\delta_e+\delta_2+\frac{1}{2}\delta_3\right)\right)u(\boldsymbol{p})\epsilon_\mu(\boldsymbol{k}), \tag{10.78}$$

其余的顶角抵消项图与此类似.

以上的计算都是对 s 道的图做的, 对于 u 道所做计算类似. 所有计算做完以后, 我们把树图与单圈修正图的贡献加到一起, $i\mathcal{M}_{\text{tree}}+i\mathcal{M}_{\text{virt}}$, 到 $O(\alpha^3)$ 阶有

$$|\mathcal{M}_{\text{tree}}+\mathcal{M}_{\text{virt}}|^2 = |\mathcal{M}_{\text{tree}}|^2+2\text{Re}|\mathcal{M}_{\text{tree}}\mathcal{M}_{\text{virt}}|+O(\alpha^4)+\cdots. \tag{10.79}$$

§10.4 红外发散, $e^+e^- \to \mu^+\mu^-$ 过程

10.4.1 $e^+e^- \to \mu^+\mu^-$ 过程的虚修正

本章前面部分讨论了 QED 的紫外发散. 我们强调过紫外发散的根源是所讨论的量子场论都采用了点相互作用形式, 而它的奇异性过强. 紫外发散是非物理的, 可以用正规化和重整化移去. 这一节我们讨论量子场论中出现的另一种发散, 叫作红外发散. 红外发散与紫外发散有本质上的不同, 具有明确的物理意义并且可以有物理的解决手段.

为简单起见, 我们研究如图 10.11 所示的非极化的 $e^+e^- \to \mu^+\mu^-$ 散射过程, 其树图散射截面 σ_0 由 (6.142) 式给出. 在高能极限下 ($p^2=q^2\gg m_e^2, m_\mu^2$)

$$\sigma_0(q^2) = \frac{e^4}{12\pi q^2}. \tag{10.80}$$

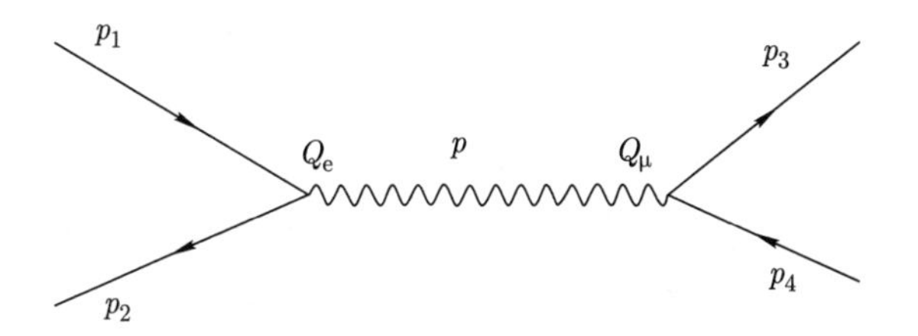

图 10.11 树图水平的 $e^+e^- \to \mu^+\mu^-$ 过程.

到单圈或者 $O(\alpha^2)$ 水平的 Feynman 图如图 10.12 所示. 截面的 $O(\alpha^3)$ 项贡献是由树图和单圈图的干涉项给出的. 一个重要的观察是, 在 QED 中电子的电荷 Q_{e} 与 μ 子的电荷 Q_{μ} 可以是任意的, 即二者可以完全不同. 所以由图 10.12 干涉出来的 $O(\alpha^3)$ 项分别为 $Q_{\mathrm{e}}^2Q_{\mu}^4$, $Q_{\mathrm{e}}^4Q_{\mu}^2$, $Q_{\mathrm{e}}^3Q_{\mu}^3$, $Q_{\mathrm{e}}^3Q_{\mu}^3$, $Q_{\mathrm{e}}^2Q_{\mu}^2Q_X^2$, 其中 Q_X 是最后一个含有光子自能修正的图出来的, 即自能修正的圈中跑的粒子 X 所带的电荷. 红外发散如果能够相消, 那么对于每一项来说都应该是能够成功的. 所以我们下面仅仅考虑 $Q_{\mathrm{e}}^2Q_{\mu}^4$ 项的红外发散相消问题.

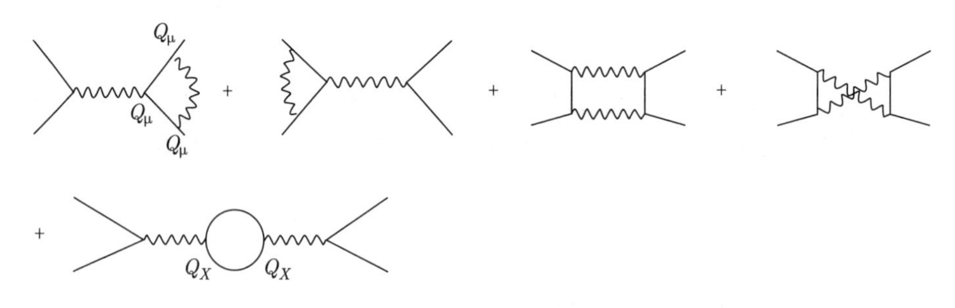

图 10.12 单圈水平的 $\mathrm{e}^+\mathrm{e}^- \to \mu^+\mu^-$ 过程.

相应的顶角修正由图 10.13 给出, 对应的振幅为

$$\mathrm{i}\mathcal{M}_{\Gamma} = \mathrm{i}\frac{e^2}{q^2}\overline{v}(\boldsymbol{p}_2)\gamma_\mu u(\boldsymbol{p}_1)\overline{u}(\boldsymbol{p}_3)\Gamma^\mu v(\boldsymbol{p}_4). \tag{10.81}$$

根据 10.3.1 小节的 (10.52) 式, $\Gamma^\mu(p_3,p_4) = \gamma^\mu F_1(q^2) + \dfrac{\mathrm{i}\sigma^{\mu\nu}q_\nu}{2m}F_2(q^2)(q = p_3 - p_4)$. 由 (10.68) 式可以得出, 在高能极限下, $q^2 \to \infty$, $F_2(q^2) \to 0$ (这有一个简单的物理解释, 即 F_2 耦合左手与右手费米子, 所以当费米子质量可忽略时, F_2 消失).

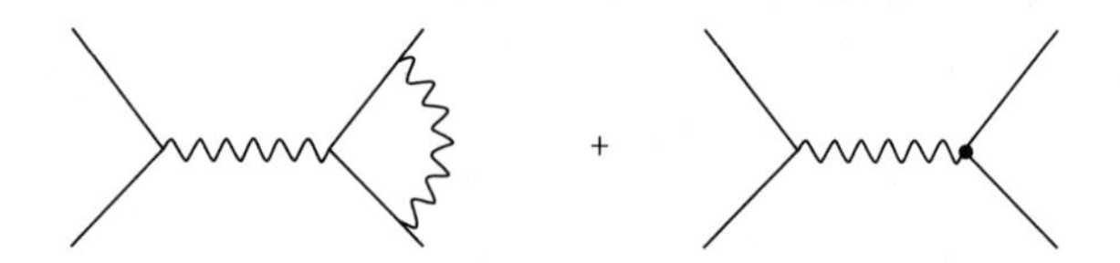

图 10.13 μ 子顶角的辐射修正图.

另外一个形状因子 F_1 的行为很不同, 见 (10.67) 式. 它既有紫外发散同时在 $m = 0$ 时也有红外发散. 我们用 Pauli-Villars 正规化来处理紫外发散, 而引入一个小的光子质量来正规化红外发散, 这样 (10.67) 式变为

$$F_1(q^2) = 1 + f(q^2) + \delta_1 + O(e^4), \tag{10.82}$$

其中

$$f(q^2) = \frac{e^2}{8\pi^2}\int_0^1 \mathrm{d}x\mathrm{d}y\mathrm{d}z\delta(x+y+z-1)\times\left[\ln\frac{x\Lambda^2}{\Delta}+\frac{q^2(1-z)(1-y)+m^2(1-4x+x^2)}{\Delta}\right], \tag{10.83}$$

而

$$\Delta = (1-x)^2m^2 - yzq^2 + xm_\gamma^2. \tag{10.84}$$

在 $m=0$ 时 (10.82) 式中抵消项为

$$\delta_1 = -f(0) = -\frac{e^2}{16\pi^2}\ln\frac{\Lambda^2}{m_\gamma^2}, \tag{10.85}$$

而

$$f(q^2) = \frac{e^2}{8\pi^2}\int_0^1 \mathrm{d}x\int_0^{1-x}\mathrm{d}y\times\left[\ln\frac{(1-x-y)\Lambda^2}{-xyq^2+(1-x-y)m_\gamma^2}+\frac{q^2(1-x)(1-y)}{-xyq^2+(1-x-y)m_\gamma^2}\right]. \tag{10.86}$$

(10.86) 式中第一项是红外有限的, 而第二项是紫外收敛但却是红外发散的, 通过仔细的计算最终可以得到

$$f(q^2)+\delta_1 = \frac{e^2}{16\pi^2}\left\{-\ln^2\frac{m_\gamma^2}{q^2}-(3+2\pi\mathrm{i})\ln\frac{m_\gamma^2}{q^2}+\frac{\pi^2}{3}-\frac{7}{2}-3\pi\mathrm{i}+O(m_\gamma)\right\}. \tag{10.87}$$

上式中紫外发散消掉了, 而留下了红外发散. 这个红外发散与紫外发散有本质的不同, 有其独特的物理解释. 我们将看到红外发散与 $e^+e^- \to \mu^+\mu^-\gamma$ 过程中软光子 (即 4-动量趋于零时产生的光子) 的红外发散互相抵消掉了. 我们将在本节的结尾对这一物理现象的意义做进一步阐述.

为得到 $e^+e^- \to \mu^+\mu^-$ 的物理截面, 我们需要计算 $|M_\Gamma + M_0|^2$. 到我们感兴趣的阶数 ($O(e^6)$),

$$M_\Gamma^\dagger M_0 + M_0^\dagger M_\Gamma = \frac{e^6}{q^4}\mathrm{tr}[\not{p}_2\gamma^\mu\not{p}_1\gamma_\mu]\mathrm{tr}[\not{p}_3\Gamma^\mu\not{p}_4\gamma_\mu] + c.c.. \tag{10.88}$$

在高能极限 $q^2\to\infty$ 下, 形状因子 F_2 消失, 所以 (10.88) 式进一步简化为

$$\frac{1}{4}\sum_{\text{spins}}\{M_\Gamma^\dagger M_0 + M_0^\dagger M_\Gamma\} = 2\mathrm{Re}[f(q^2)+\delta_1]\frac{1}{4}\sum_{\text{spins}}|M_0|^2. \tag{10.89}$$

于是截面到 $O(e^6)$ 虚修正的结果为

$$\sigma_{\mathrm{V}} = \frac{e^2}{8\pi^2}\sigma_0 \left\{ -\ln^2\frac{m_\gamma^2}{q^2} - 3\ln\frac{m_\gamma^2}{q^2} - \frac{7}{2} + \frac{\pi^2}{3} \right\}. \tag{10.90}$$

对于其中 $m_\gamma \to 0$ 时的红外发散的解决方案是: 这个截面并不是物理可观测量, 仅当我们进一步加入 $\mathrm{e}^+\mathrm{e}^- \to \mu^+\mu^-\gamma$ 的贡献时, 才可以消去 $\ln m_\gamma$ 项. 当末态光子的动量趋于零时, 它可能低于探测仪器的分辨率因而在实际上探测不到. 所以现实中带有末态软光子的 $\mathrm{e}^+\mathrm{e}^- \to \mu^+\mu^-\gamma$ 事例可以被归结为 $\mathrm{e}^+\mathrm{e}^- \to \mu^+\mu^-$, 而我们下面会看到, 在这样重新定义的 $\mathrm{e}^+\mathrm{e}^- \to \mu^+\mu^-$ 截面中, 红外发散项消失了.

10.4.2 $\mathrm{e}^+\mathrm{e}^- \to \mu^+\mu^-\gamma$ 过程

$\mathrm{e}^+\mathrm{e}^- \to \mu^+\mu^-\gamma$ 过程的 Feynman 图如图 10.14 所示. 高能极限下, 忽略所有质量, 有

$$\mathrm{i}\mathcal{M} = \mathrm{i}\frac{e^2}{q^2}\overline{v}(\boldsymbol{p}_2)\gamma_\mu u(\boldsymbol{p}_1)\overline{u}(\boldsymbol{p}_3)S^{\mu\alpha}v(\boldsymbol{p}_4)\epsilon_\alpha^*, \tag{10.91}$$

其中 $(q = p_1 + p_2)$

$$S^{\mu\alpha} = -\mathrm{i}e\left[\gamma^\alpha \frac{\mathrm{i}}{\not{p}_3 + \not{p}_\gamma}\gamma^\mu - \gamma^\mu \frac{\mathrm{i}}{\not{p}_4 + \not{p}_\gamma}\gamma^\alpha\right]. \tag{10.92}$$

非极化的截面为

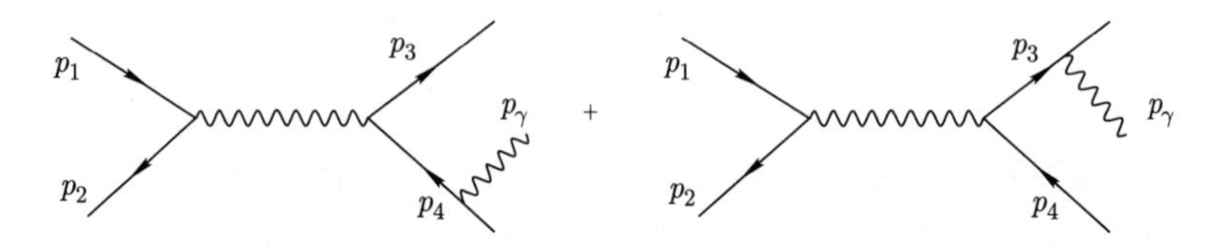

图 10.14 实光子辐射.

$$\sigma_{\mathrm{R}} = \frac{1}{2q^2}\int \mathrm{d}\Pi_3 |\mathcal{M}|^2 = \frac{e^4}{2q^6}L^{\mu\nu}X_{\mu\nu}, \tag{10.93}$$

其中

$$\begin{aligned} L^{\mu\nu} &= \frac{1}{4}\sum_{\text{spins}} \overline{v}(\boldsymbol{p}_2)\gamma^\mu u(\boldsymbol{p}_1)\overline{u}(\boldsymbol{p}_1)\gamma^\nu v(\boldsymbol{p}_2) = \frac{1}{4}\mathrm{tr}[\not{p}_2\gamma^\mu\not{p}_1\gamma^\nu] \\ &= p_1^\mu p_2^\nu + p_1^\nu p_2^\mu - \frac{1}{2}q^2 g^{\mu\nu} \end{aligned} \tag{10.94}$$

是初态电子自旋求和后的张量.

$$X^{\mu\nu} = \int \mathrm{d}\Pi_3 \sum_{\text{spins}} [\overline{u}(\boldsymbol{p}_3)S^{\mu\alpha}v(\boldsymbol{p}_4)\overline{v}(\boldsymbol{p}_4)S^{\beta\nu}u(\boldsymbol{p}_3)\epsilon_\alpha\epsilon^*_\beta]$$
$$= -\int \mathrm{d}\Pi_3 \mathrm{tr}[\not{p}_3 S^{\mu\alpha}\not{p}_4 S^{\nu}_{\alpha}], \tag{10.95}$$

其中

$$\mathrm{d}\Pi_3 = \prod_{i=3,4,\gamma} \frac{\mathrm{d}^3\boldsymbol{p}_i}{(2\pi)^3}\frac{1}{2E_i}(2\pi)^4\delta^4(p-p_3-p_4-p_\gamma) \tag{10.96}$$

是末态三体相空间, 且 $p = p_1 + p_2$. 由于 $p_\mu L^{\mu\nu} = p_\mu X^{\mu\nu} = 0$, $X^{\mu\nu} = (p^\mu p^\nu - p^2 g^{\mu\nu})X(p^2)$, 且 $(p^2 = q^2 = 2p_1 \cdot p_2)$

$$L^{\mu\nu}X_{\mu\nu} = q^4 X(q^2) = -\frac{q^2}{3}g^{\mu\nu}X_{\mu\nu}. \tag{10.97}$$

于是

$$\sigma_{\mathrm{R}} = -\frac{e^4}{6q^4}g^{\mu\nu}X_{\mu\nu} = \sigma_0\left(-\frac{2\pi}{q^2}g^{\mu\nu}X_{\mu\nu}\right), \tag{10.98}$$

其中 $\sigma_0 = \dfrac{e^4}{12\pi q^2}$ 是 $e^+e^- \to \mu^+\mu^-$ 的树图截面.

利用 (注意 $\sum \epsilon_\alpha\epsilon^*_\beta = -g_{\alpha\beta}$)

$$\Gamma(\gamma^* \to \mu^+\mu^-\gamma) = -\frac{e^2}{2q}g^{\mu\nu}X_{\mu\nu} \tag{10.99}$$

把截面 (10.98) 改写为

$$\sigma_{\mathrm{R}} = \sigma_0\frac{4\pi}{e^2 q}\Gamma(\gamma^* \to \mu^+\mu^-\gamma). \tag{10.100}$$

这样我们把问题约化到研究 $\gamma^* \to \mu^+\mu^-\gamma$ 这一过程的红外发散问题. 对于这一过程我们定义如下 Mandelstam 变量:

$$\begin{aligned} s &= (p_3+p_4)^2 = q^2(1-x_\gamma), \\ t &= (p_3+p_\gamma)^2 = q^2(1-x_1), \\ u &= (p_4+p_\gamma)^2 = q^2(1-x_2). \end{aligned} \tag{10.101}$$

这样定义的 x_i 变量可以理解为在 γ^* 质心系中的末态粒子的能量:

$$x_1 = \frac{2E_4}{q}, \quad x_2 = \frac{2E_3}{q}, \quad x_\gamma = \frac{2E_\gamma}{q} - \beta.$$

(10.101) 式中 $0 < s < q^2, \beta q^2 \leqslant t, u \leqslant q^2 \left(\beta \equiv \dfrac{m_\gamma^2}{q^2}\right)$, 或者 $0 \leqslant x_\gamma \leqslant 1, 0 \leqslant x_1, x_2 \leqslant 1-\beta$. 为了消除红外发散, 我们假设 $m_\gamma \neq 0$, 于是 $s+t+u = q^2 + m_\gamma^2$, 或者等价的,

$$x_1 + x_2 + x_\gamma = 2 - \beta.$$

利用这样的 x_i 变量有

$$\int \mathrm{d}\Pi_3 = \frac{q^2}{128\pi^3} \int_0^{1-\beta} \mathrm{d}x_1 \int_{1-x_1-\beta}^{1-\frac{\beta}{1-x_1}} \mathrm{d}x_2, \tag{10.102}$$

且

$$\begin{aligned}\operatorname{tr}[\not{p}_3 S^\mu_\alpha \not{p}_4 S^{\alpha\mu}] = &\frac{8e^2}{(1-x_1)(1-x_2)} \\ &\times \left\{x_1^2 + x_2^2 + \beta\left[2(x_1+x_2) - \frac{(1-x_1)^2 + (1-x_2)^2}{(1-x_1)(1-x_2)}\right] + 2\beta^2\right\}.\end{aligned} \tag{10.103}$$

为了看清三体末态中红外发散的来源, 在上式中令 $m_\gamma = 0$, 则

$$\Gamma(\gamma^* \to \mu^+\mu^-\gamma) = \frac{e^4 q}{32\pi^3} \int_0^1 \mathrm{d}x_1 \int_{(1-x_1)}^1 \mathrm{d}x_2 \frac{x_1^2 + x_2^2}{(1-x_1)(1-x_2)}. \tag{10.104}$$

从这个表达式显然看出积分在 $x_1 \to 1$ 或 $x_2 \to 1$ 时发散. 假设 $x_2 \to 1$, 则 μ^- 的能量 $E_3 \approx \dfrac{Q}{2}$, 其三动量为 $p_3^\mu = \left(\dfrac{q}{2}, 0, 0, \dfrac{q}{2}\right)$. 这样 μ^+ 和光子的 4-动量为 $p_4^\mu + p_\gamma^\mu = \left(\dfrac{q}{2}, 0, 0, \dfrac{q}{2}\right)$. 而这意味着 $0 = p_4 \cdot p_\gamma = E_4 E_\gamma (1-\cos\theta)$ (θ 是 $\boldsymbol{p}_\gamma$ 和 $\boldsymbol{p}_4$ 之间的夹角), 也就是说, 或者 E_4 与 E_γ 中至少有一个为 0, 或者 θ 为 0. 前者意味着有软红外发散, 后者意味着有共线发散①. 一般来说, 红外发散是由于无质量粒子能量很低或者与别的粒子共线而产生的.

引入了末态光子小质量后, 截面变为有限的. 当 $\beta \to 0$ 时, 仔细的计算给出

$$\Gamma(\gamma^* \to \mu^+\mu^-\gamma) = \frac{e^4 q}{32\pi^3} \left\{\ln^2 \frac{m_\gamma^2}{q^2} + 3\ln\frac{m_\gamma^2}{q^2} - \frac{\pi^2}{3} + 5 + O(\beta)\right\}. \tag{10.105}$$

将其与 (10.90) 式合并得到一个有限的结果,

$$\sigma_\mathrm{R} + \sigma_\mathrm{V} = \frac{3e^2}{16\pi^2}\sigma_0. \tag{10.106}$$

①其实红外发散的根源可以从 (10.92) 式读出: 当末态光子能量很低或者共线时, (10.92) 式中的夸克传播子会产生一个由极点导致的发散.

关于这个结果有一个明显的解释: 实验中不能够区分一个 μ 子和一个伴随着软光子或共线光子的 μ 子. 因此将两者的贡献合二为一是合理的, 而真正的物理量必定是有限的.

我们这里所讨论的红外问题是与所谓的 Kinoshita-Lee-Naunberg 定理紧密联系在一起的. 这个定理说的是[①], 对于任何幺正的量子系统, 对初末态相空间的一定能量区间求和后, 红外发散总是相消的. 对于 QED, 这个定理有一个较弱的版本, 即 Bloch-Nordsieck 定理: 对于 QED 来说, 考虑到末态能量分辨率以后, 所有红外发散相消.

红外发散亦可在维数正规化方案中研究, 而不必给光子引入一个小质量. 此时三体末态相空间的积分也需要在 D 维空间做. 在利用维数正规化来正规红外发散时, 有一点需要注意. 以三点正规顶角的减除常数 δ_1 为例, 在维数正规化中

$$\delta_1 = \mathrm{i}e^2\nu^{4-D}\frac{(D-2)^2}{D}\int\frac{\mathrm{d}^D l}{(2\pi)^D}\frac{1}{l^4}. \tag{10.107}$$

由于这个积分没有能标, 因此在维数正规化中形式上为零. 然而我们也可以形式上把它的红外发散和紫外发散分开, 将其写为

$$\delta_1 = \mathrm{i}e^2\nu^{4-D}\frac{(D-2)^2}{D}\frac{\mathrm{i}}{8\pi^2}\left(\frac{1}{\epsilon_{\mathrm{UV}}}-\frac{1}{\epsilon_{\mathrm{IR}}}\right). \tag{10.108}$$

---

①Kinoshita T. J. Math. Phys., 1962, 3: 650. Lee T D and Nauenberg M. Phys. Rev., 1964, 133: B1549. 关于这个定理的讨论, 亦可参见李政道所著《粒子物理和场论简引》.

第十一章　手征对称性与 π 介子

从 1935 年 Yukawa 提出 π 介子传递核力的假设到 1948 年 π 介子被实验发现，再到 1960 年代大量的核子共振态被发现，强相互作用的研究经历了一个较为漫长的过程. 如何理解和分类这么多参加强相互作用的粒子成为一个紧迫的课题. 在这些强相互作用粒子中，π 介子具有非常特殊的地位. 除了传递核力以外，它的质量比别的粒子要轻很多. Nambu 的重要贡献在于，通过与 BCS 超导理论做对比，他指出了强相互作用中存在着手征对称性的自发破缺. 而近似无质量的 π 介子是对称性自发破缺的标志性产物，即所谓的 Nambu-Goldstone 粒子. Nambu 提出的对称性自发破缺概念对于场论和粒子物理的发展具有深远的影响.

在这一章里，我们将集中介绍手征对称性及其自发破缺、流代数、Nambu-Jona-Lasinio 模型、Goldstone 定理、部分轴矢量流守恒 (partially conserved axial-vector current, PCAC)，以及软 π 定理的一些应用.

§11.1　强相互作用的手征对称性

在 §11.3 中我们将会介绍 Nambu 的原始想法. 这里并不按照历史的发展顺序，而是从 QCD 的拉氏量出发来介绍手征对称性. 在下册中我们将会看到，强相互作用的基本理论是量子色动力学 (quantum chromodynamics, QCD)，其拉氏量可以表述为①

$$\mathcal{L}_{\mathrm{QCD}} = -\frac{1}{4}F^a_{\mu\nu}F^{\mu\nu,a} + \overline{q}(\mathrm{i}\gamma^\mu \mathrm{D}_\mu - m)q, \tag{11.1}$$

其中 q 表示夸克场，m 是夸克质量矩阵，$m = \mathrm{diag}(m_u, m_d, m_s, \cdots)$,

$$q(x) = \begin{pmatrix} u(x) \\ d(x) \\ s(x) \\ \vdots \end{pmatrix}. \tag{11.2}$$

这个理论的细节在目前并不重要，我们现在仅关心其具有的某种整体转动不变性，又叫作手征对称性. 在夸克场所满足的拉氏量中，可以按如下方式定义夸克的左手

①量子化后的拉氏量有不同之处，见本书下册的讨论.

部分和右手部分:

$$
\begin{aligned}
q_{\mathrm{R}} &= \frac{1}{2}(1+\gamma_5)q, \\
q_{\mathrm{L}} &= \frac{1}{2}(1-\gamma_5)q,
\end{aligned}
\tag{11.3}
$$

而 (11.1) 式改为

$$
\mathcal{L}_{\mathrm{QCD}} = -\frac{1}{4}F^a_{\mu\nu}F^{\mu\nu a} + \overline{q}_{\mathrm{L}}\mathrm{i}\gamma^\mu \mathrm{D}_\mu q_{\mathrm{L}} + \overline{q}_{\mathrm{R}}\mathrm{i}\gamma^\mu \mathrm{D}_\mu q_{\mathrm{R}} + \overline{q}_{\mathrm{L}} m q_{\mathrm{R}} + \overline{q}_{\mathrm{R}} m q_{\mathrm{L}}. \tag{11.4}
$$

如果拉氏量中没有质量项, 则拉氏量中不包含夸克场的左手和右手部分的混合, 那么夸克的拉氏量在如下的 $\mathrm{SU_L}(N_\mathrm{f}) \times \mathrm{SU_R}(N_\mathrm{f})$ 手征变换下保持不变:

$$
q_{\mathrm{R}} \to V_{\mathrm{R}} q_{\mathrm{R}}, \quad q_{\mathrm{L}} \to V_{\mathrm{L}} q_{\mathrm{L}}, \quad V_{\mathrm{R}}, V_{\mathrm{L}} \in \mathrm{U}(N_\mathrm{f}), \tag{11.5}
$$

其中 N_f 是夸克 “味” (flavor) 的数目 (即夸克种类数目). 此时我们说 QCD 的拉氏量具有手征对称性, 根据 Noether 定理下面的矢量流和轴矢流守恒:

$$
\begin{aligned}
V_a^\mu &= \overline{q}\gamma^\mu \frac{1}{2}\lambda_a q, \\
A_a^\mu &= \overline{q}\gamma^\mu\gamma_5 \frac{1}{2}\lambda_a q, \quad a = 1, \cdots, N_\mathrm{f}^2 - 1,
\end{aligned}
\tag{11.6}
$$

其中 λ^a 为 Gell-Mann 矩阵, 对于 $N_\mathrm{f} = 3$ 其形式见 (11.11) 式.

但是实际上, QCD 的拉氏量还有夸克质量项, 破坏手征对称性, 所以矢量流和轴矢流并不严格守恒, 有

$$
\begin{aligned}
\partial_\mu V_a^\mu &= \frac{1}{2}\mathrm{i}\overline{q}(m\lambda_a - \lambda_a m)q, \\
\partial_\mu A_a^\mu &= \frac{1}{2}\mathrm{i}\overline{q}(m\lambda_a + \lambda_a m)q.
\end{aligned}
\tag{11.7}
$$

不过由于 u, d, s 的质量很轻, 矢量流和轴矢流的散度近似为零, 因而 $\mathrm{SU_L}(3) \times \mathrm{SU_R}(3)$ 对称性近似成立. 对于 $\mathrm{SU_L}(2) \times \mathrm{SU_R}(2)$, 因为 $m_u, m_d \ll m_s$, 所以 $\mathrm{SU_L}(2) \times \mathrm{SU_R}(2)$ 对称性近似成立的程度要比 $\mathrm{SU_L}(3) \times \mathrm{SU_R}(3)$ 好得多, 因此我们可以把夸克的质量项作为对无质量的 QCD 的拉氏量的微扰来处理. 我们可以粗略地估计一下手征破坏的微扰效应, 比较夸克质量

$$
\widehat{m} = \frac{1}{2}(m_u + m_d) \tag{11.8}
$$

($\widehat{m} \approx 7$ MeV) 和参与低能过程的强子的典型质量 $M_\rho \approx 770$ MeV, 可知对于 $\mathrm{SU_L}(2) \times \mathrm{SU_R}(2)$ 对称群, 夸克质量项对低能定理有百分之几的修正.

§11.2 流 代 数

讨论 $\mathrm{SU_f(3)}$ 的情形,

$$q(x)=\begin{pmatrix}q_1(x)\\q_2(x)\\q_3(x)\end{pmatrix}=\begin{pmatrix}u(x)\\d(x)\\s(x)\end{pmatrix}. \tag{11.9}$$

对其可以进行无穷小 $\mathrm{SU_f(3)}$ 变换

$$q_i\to q_i'=q_i+\mathrm{i}\alpha^a(\lambda^a/2)_{ij}q_j, \tag{11.10}$$

其中 λ^a 是 SU(3) 群的八个 Gell-Mann 矩阵. 下面先给出 SU(3) 群的一些性质:

$$\begin{gathered}
\lambda_1=\begin{pmatrix}0&1&0\\1&0&0\\0&0&0\end{pmatrix},\quad \lambda_2=\begin{pmatrix}0&-\mathrm{i}&0\\\mathrm{i}&0&0\\0&0&0\end{pmatrix},\quad \lambda_3=\begin{pmatrix}1&0&0\\0&-1&0\\0&0&0\end{pmatrix},\\
\lambda_4=\begin{pmatrix}0&0&1\\0&0&0\\1&0&0\end{pmatrix},\quad \lambda_5=\begin{pmatrix}0&0&-\mathrm{i}\\0&0&0\\\mathrm{i}&0&0\end{pmatrix},\quad \lambda_6=\begin{pmatrix}0&0&0\\0&0&1\\0&1&0\end{pmatrix},\\
\lambda_7=\begin{pmatrix}0&0&0\\0&0&-\mathrm{i}\\0&\mathrm{i}&0\end{pmatrix},\quad \lambda_8=\frac{1}{\sqrt{3}}\begin{pmatrix}1&0&0\\0&1&0\\0&0&-2\end{pmatrix},
\end{gathered} \tag{11.11}$$

$$\begin{gathered}
\left[\frac{\lambda_a}{2},\frac{\lambda_b}{2}\right]=\mathrm{i}f_{abc}\frac{\lambda_c}{2},\\
\{\lambda_a,\lambda_b\}=\frac{4}{3}\delta_{ab}+2d_{abc}\lambda_c,\\
\mathrm{tr}(\lambda_a\lambda_b)=2\delta_{ab},\\
\mathrm{tr}(\lambda_a\lambda_b\lambda_c)=2d_{abc}+2\mathrm{i}f_{abc}.
\end{gathered} \tag{11.12}$$

其中, f_{abc} 关于下标反对称, d_{abc} 关于下标全对称:

$$\begin{gathered}
f_{123}=1, f_{147}=f_{246}=f_{257}=f_{345}=\frac{1}{2},\\
f_{156}=f_{367}=-\frac{1}{2},\quad f_{458}=f_{678}=\frac{\sqrt{3}}{2};
\end{gathered} \tag{11.13}$$

$$
\begin{aligned}
d_{146} = d_{157} = -d_{247} = d_{256} = d_{344} = d_{355} = -d_{366} = -d_{377} = \frac{1}{2},\\
d_{118} = d_{228} = d_{338} = -d_{888} = \frac{1}{\sqrt{3}},\\
d_{448} = d_{558} = d_{668} = d_{778} = -\frac{1}{2\sqrt{3}}.
\end{aligned} \tag{11.14}
$$

由 (11.10) 式所定义的流为 (11.6) 式中的第一项, 相对应的荷为

$$
Q^a(t) = \int V_0^a(x)\mathrm{d}^3\boldsymbol{x}, \tag{11.15}
$$

它满足 SU(3) 的代数,

$$
[Q^a(t), Q^b(t)] = \mathrm{i}f^{abc}Q^c(t). \tag{11.16}
$$

上式是如下正则对易关系的结果:

$$
\{q_{\alpha i}(\boldsymbol{x},t), q^\dagger_{\beta j}(\boldsymbol{y},t)\} = \delta_{ij}\delta_{\alpha\beta}\delta^3(\boldsymbol{x}-\boldsymbol{y}). \tag{11.17}
$$

类似地, 对于如下的无穷小轴变换,

$$
q_i \to q_i' = q_i + \mathrm{i}\beta^a(\lambda^a/2)_{ij}\gamma_5 q_j, \tag{11.18}
$$

与之相应的流是 (11.6) 式中的第二项, 且相应的荷是

$$
Q^{5a}(t) = \int A_0^a(x)\mathrm{d}^3\boldsymbol{x}. \tag{11.19}
$$

轴矢流的荷和矢量流的荷一起构成了如下对易关系, 叫作 $\mathrm{SU_L}(3)\times\mathrm{SU_R}(3)$ 手征代数:

$$
\begin{aligned}
\left[Q^a(t), Q^b(t)\right] &= \mathrm{i}f^{abc}Q^c(t),\\
\left[Q^a(t), Q^{5b}(t)\right] &= \mathrm{i}f^{abc}Q^{5c}(t),\\
\left[Q^{5a}(t), Q^{5b}(t)\right] &= \mathrm{i}f^{abc}Q^c(t).
\end{aligned} \tag{11.20}
$$

亦可定义

$$
Q_{\mathrm{R}}^a = \frac{1}{2}(Q^a + Q_5^a), \quad Q_{\mathrm{L}}^a = \frac{1}{2}(Q^a - Q_5^a). \tag{11.21}
$$

它们构成了闭合的李代数.

同样地, 利用 (11.17) 式, 我们可以导出荷与流以及流与流之间的对易关系:

$$
\begin{aligned}
[V_a^0(\boldsymbol{x},t), V_b^0(\boldsymbol{y},t)] &= \mathrm{i}f^{abc}V_c^0(\boldsymbol{x},t)\delta^3(\boldsymbol{x}-\boldsymbol{y}),\\
[V_a^0(\boldsymbol{x},t), A_b^0(\boldsymbol{y},t)] &= \mathrm{i}f^{abc}A_c^0(\boldsymbol{x},t)\delta^3(\boldsymbol{x}-\boldsymbol{y}),\\
[A_a^0(\boldsymbol{x},t), A_b^0(\boldsymbol{y},t)] &= \mathrm{i}f^{abc}V_c^0(\boldsymbol{x},t)\delta^3(\boldsymbol{x}-\boldsymbol{y}).
\end{aligned} \tag{11.22}
$$

也可以研究流的时间分量与空间分量之间的对易关系, 此时对易关系的右边除了普通的项以外, 会出现一个 δ 函数的梯度, 叫作 Schwinger 项. 在这里我们不再做讨论了, 有兴趣的读者可以参阅相关文献.

§11.3 对称性的自发破缺和 Goldstone 定理

QCD 的拉氏量具有近似的手征对称性, 但是 Nambu 于 1961 年通过与超导的 BCS 理论的对比指出, QCD 的真空态, 即能量的最低态并不满足这一对称性. 这一重要的观察对于我们对强相互作用的理解具有重要而深远的意义.

11.3.1 Nambu-Jona-Lasinio 模型

目前人们还不能从第一原理出发证明 QCD 的拉氏量具有手征对称性自发破缺的性质. 在这里我们利用所谓的 Nambu-Jona-Lasinio 模型来做一下有启发性的讨论, 这也是遵从 Nambu 的原始的想法进行的讨论. 我们来看一下四费米子拉氏量

$$\mathcal{L} = \overline{\psi}\mathrm{i}\partial\!\!\!/\psi + \frac{G}{\Lambda^2}[(\overline{\psi}\psi)^2 - (\overline{\psi}\gamma_5\psi)^2], \tag{11.23}$$

式中第一项记为 $\mathcal{L}_0$, 第二项记为 $\mathcal{L}_\mathrm{I}$. 这个模型具有 $\mathrm{U_L}(1) \times \mathrm{U_R}(1)$ 的手征对称性, 并且朴素地看, 费米子是无质量的. 但是我们可以假设质量通过动力学产生, 即在拉氏量中由于动力学的原因产生出一项新的动力学项 $\mathcal{L}_m = -m\overline{\psi}\psi$, 这样可以把上述拉氏量写成

$$\mathcal{L} = \mathcal{L}_0 + \mathcal{L}_\mathrm{I} = \mathcal{L}_0 + \mathcal{L}_m + (\mathcal{L}_\mathrm{I} - \mathcal{L}_m), \tag{11.24}$$

即重新定义了拉氏量的运动学部分和相互作用部分. 在用微扰论处理这个新的拉氏量时, 新的相互作用项不应再产生任何新的对自能的贡献了. 用图形表示如图 11.1 所示, 其数学表示叫作能隙方程 (gap equation), 写为

$$\begin{aligned}0 = -\mathrm{i}\Sigma(p) &= \mathrm{i}m\\ &+2\mathrm{i}\frac{G}{\Lambda^2}\int\frac{\mathrm{d}^4p}{(2\pi)^4}[-\mathrm{tr}(\mathrm{i}S_\mathrm{F}(p)) + \mathrm{i}S_\mathrm{F}(p) - \gamma_5\mathrm{i}S_\mathrm{F}(p)\gamma_5 + \gamma_5\mathrm{tr}(\mathrm{i}S_\mathrm{F}\gamma_5)],\end{aligned} \tag{11.25}$$

其中 $\mathrm{i}S_\mathrm{F}(p) = \mathrm{i}/(p\!\!\!/ - m)$. 上式中等式右边积分发散, 但我们在欧氏空间中用 cut-off 正规化的办法使其有意义, cut-off 或积分截断参量取为 Λ, 即出现在拉氏量中的带

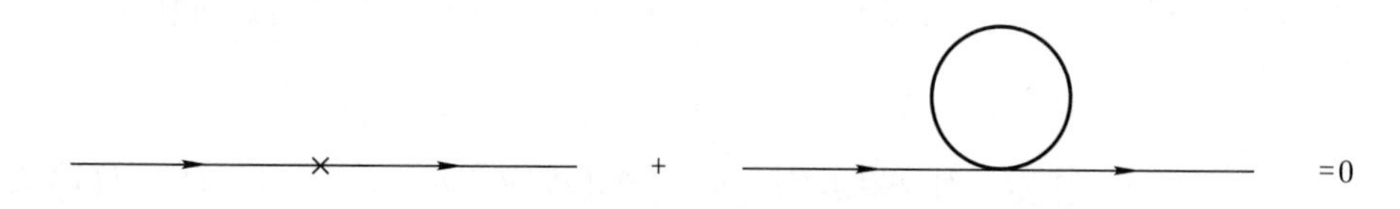

图 11.1 能隙方程的图形表示.

量纲的参数. 简单的推导得出

$$\frac{2\pi^2}{G}=1-\frac{m^2}{\Lambda^2}\ln\left(\frac{\Lambda^2}{m^2}+1\right), \tag{11.26}$$

即只要耦合常数 G 足够大, 也即相互作用足够强, 就会有非零的质量解, 也就是说, 产生了动力学的手征对称性的自发破缺. $G=2\pi^2$ 是相变的临界点, 并且是二阶相变. 手征对称性可以自发破缺. 而对于同位旋的对称性存在着所谓的 Vafa-Witten 定理: 同位旋的对称性不可能由 CP 对称的类矢量型 (vector-like) 规范理论破缺. 换句话说,QCD 本身不能给出对 m_u-m_d 的质量差的解释①.

11.3.2 Goldstone 定理

一般来说, 对于连续对称变换 g, 对称性的破缺有两种方式.

(1) Wigner-Weyl 方式: $\mathcal{L}$ 不变、真空不变, 即存在一个 Hilbert 空间的使拉氏量不变的算符 $\mathcal{U}$, 使得 $\mathcal{U}|0\rangle=|0\rangle$, 而 $\mathcal{U}$ 是群 g 在 Hilbert 空间的幺正表示. 对于可观测量 A 的变换

$$A\to A^g=\mathcal{U}(g)A\mathcal{U}^{-1}(g), \tag{11.27}$$

态是按相应于群 g 的不可约表示的多重态来分类的, 真空态或基态满足 $\mathcal{U}|0\rangle=|0\rangle$, 对称性破缺通过 $\epsilon\mathcal{L}'$ 来实现.

(2) Nambu–Goldstone 方式: 对称性仅反映在运动方程中而真空不是不变的. 此时我们说对称性发生自发破缺, 且粒子不再按不可约表示分类.

为了更清楚地讨论 Nambu–Goldstone 机制, 考虑一个在某种连续 (内部) 变换下转动不变的拉氏量, $\mathcal{L}$ 满足

$$\mathcal{U}\mathcal{L}\mathcal{U}^\dagger=\mathcal{L}. \tag{11.28}$$

$\mathcal{U}$ 把在同一不可约表示中的态联系起来,

$$\mathcal{U}|A\rangle=|B\rangle, \tag{11.29}$$

且

$$E_A=\langle A|H_0|A\rangle=\langle B|H_0|B\rangle=E_B. \tag{11.30}$$

但是 $|A\rangle=\phi_A|0\rangle$, $|B\rangle=\phi_B|0\rangle$, 其中 ϕ_A, ϕ_B 为适当的产生算符. 在变换下拉氏量不变实际上只是导致 $\mathcal{U}\phi_A\mathcal{U}^\dagger=\phi_B$, 所以 (11.29) 式当且仅当

$$\mathcal{U}|0\rangle=|0\rangle \tag{11.31}$$

①Vafa C and Witten E. Phys. Rev. Lett., 1984, 53: 535; Nucl. Phys. B, 1984, 234: 173.

时才成立. 当此式破坏时即说对称性自发破缺. $\mathcal{U}$ 是一个幺正算符, 由 $\mathcal{U}=\mathrm{e}^{\mathrm{i}\epsilon^\alpha\widehat{Q}^\alpha}$ 推出

$$\mathcal{U}\widehat{\phi}(x)\mathcal{U}^\dagger=\mathrm{e}^{\mathrm{i}\epsilon^\alpha t^\alpha}\widehat{\phi}(x), \tag{11.32}$$

即

$$[Q^\alpha,\phi_i]=\mathrm{i}t^\alpha_{ij}\phi_j. \tag{11.33}$$

所以 $\mathcal{U}|0\rangle\neq|0\rangle$ 意味着存在某个荷 Q^α 使得

$$Q^\alpha|0\rangle\neq 0, \tag{11.34}$$

即 Q^α 不湮灭真空[①]. 而反过来, $Q^\alpha|0\rangle\neq 0$ 或 $\mathcal{U}|0\rangle\neq|0\rangle$ 等价于存在某个场算符, 满足

$$\langle 0|\phi_j|0\rangle\neq 0. \tag{11.35}$$

由 (11.33) 式, 有

$$\begin{aligned}\langle 0|[Q^\alpha,\phi_i]|0\rangle&=\langle 0|Q^\alpha\phi_i-\phi_iQ^\alpha|0\rangle\\&=\sum_n\langle 0|Q^\alpha|n\rangle\langle n|\phi_i|0\rangle-\langle 0|\phi_i|n\rangle\langle n|Q^\alpha|0\rangle.\end{aligned} \tag{11.36}$$

如 $\langle 0|\phi_j|0\rangle\neq 0$, 则至少存在一个 Q^α 使得 $Q^\alpha|0\rangle\neq 0$. 而反过来, 若 $Q^\alpha|0\rangle\neq 0$, 则意味着至少存在一些 ϕ_j 使得 $\langle 0|\phi_j|0\rangle\neq 0$. 在本书下册 §18.1 中我们将看到这里的一般讨论的应用例子.

Goldstone 定理　如果对称性自发破缺, 则存在零质量的 Goldstone 玻色子.

证明: 由流守恒 $\partial_\mu J^\mu=0$, 得到

$$\begin{aligned}0&=\int\mathrm{d}^3\boldsymbol{x}[\partial_\mu J^\mu(x),\phi(0)]\\&=\partial_0\int\mathrm{d}^3\boldsymbol{x}[J^0(\boldsymbol{x},t),\phi(0)]+\oint\mathrm{d}\boldsymbol{S}\cdot[\boldsymbol{J}(\boldsymbol{x},t),\phi(0)]\\&=\frac{\mathrm{d}}{\mathrm{d}t}[Q(t),\phi(0)],\end{aligned} \tag{11.37}$$

证明了最后一个对易子是运动常数. 在上面的证明中, 面积分等于零是由于当面元趋于无穷远时, 被积函数中的对易子成为类空的. 如果

$$\langle 0|[Q(t),\phi(0)]|0\rangle=\eta\neq 0, \tag{11.38}$$

[①] 在微扰论里做不到这一点, 因为 Q^α 也取正规乘积.

我们则说真空自发破缺, 且有

$$\begin{aligned}
\langle 0|[Q(t),\phi(0)]|0\rangle &= \int \mathrm{d}^3\boldsymbol{x}\langle 0|[J^0(\boldsymbol{x},t),\phi(0)]|0\rangle \\
&= \sum_n \int \mathrm{d}^3\boldsymbol{x}\{\langle 0|J_0(\boldsymbol{x},t)|n\rangle\langle n|\phi(0)|0\rangle - \langle 0|\phi(0)|n\rangle\langle n|J_0(\boldsymbol{x},t)|0\rangle\} \\
&= \sum_n \int \mathrm{d}^3\boldsymbol{x}\{\langle 0|\mathrm{e}^{\mathrm{i}P\cdot x}J_0(0)\mathrm{e}^{-\mathrm{i}P\cdot x}|n\rangle\langle n|\phi(0)|0\rangle - \langle 0|\phi(0)|n\rangle\langle n|\mathrm{e}^{\mathrm{i}P\cdot x}J_0(0)\mathrm{e}^{-\mathrm{i}P\cdot x}|0\rangle\} \\
&= \sum_n (2\pi)^3\delta^3(\boldsymbol{p}_n)\{\langle 0|J_0(0)|n\rangle\langle n|\phi(0)|0\rangle\mathrm{e}^{-\mathrm{i}E_n t} - \langle 0|\phi(0)|n\rangle\langle n|J_0(0)|0\rangle\mathrm{e}^{\mathrm{i}E_n t}\} \\
&= \eta \neq 0. \qquad (11.39)
\end{aligned}$$

我们得到结论, 即至少存在一个 $|n\rangle$ 使得 $\langle 0|J^0(0)|n\rangle, \langle 0|\phi(0)|n\rangle \neq 0$. 由于 η 与时间无关, 这样的态必须有 $E_n = 0$. 在 (11.39) 式两边对时间做微分, 得出 $E_n\delta(\boldsymbol{p}_n) = 0$, 即 $|n\rangle$ 一定是无质量的. 这就证明了 Goldstone 定理, 其中 $|n\rangle$ 具有与 J^0, ϕ^0 同样的量子数, 也即每一个破缺荷对应着一个 Goldstone 粒子.

§11.4 部分轴矢流守恒与流代数的应用

11.4.1 部分轴矢流守恒

在 QCD 中, $\overline{\psi}\psi$ 具有真空的量子数并且其真空期望值 $\langle\overline{\psi}\psi\rangle \neq 0$, 相应于轴矢流 $A_\mu^a = \overline{\psi}\gamma_\mu\gamma_5\frac{\tau^a}{2}\psi$ 的荷是破缺的, 即存在一 Goldstone 粒子, 标记为 π^a, 使得

$$\langle 0|A_\mu^a(0)|\pi^a\rangle \neq 0. \qquad (11.40)$$

如果同位旋是好量子数, 则

$$\langle 0|A_\mu^a(0)|\pi^b\rangle = f_\pi\delta^{ab}p_\mu, \qquad (11.41)$$

f_π 是 π 的衰变常数, 由 $\pi \to l\nu$ 衰变定出,

$$\langle 0|\partial^\mu A_\mu^a(0)|\pi^b\rangle = f_\pi\delta^{ab}m_\pi^2. \qquad (11.42)$$

如果有严格的 $\mathrm{SU_L}(2)\times\mathrm{SU_R}(2)$ 手征对称性, 则 $\partial_\mu A^{\mu,a} = 0$, $m_\pi^2 = 0$, 而 $f_\pi \neq 0$, 与 Goldstone 定理的要求一致. 如果对称性破缺, 则

$$\langle 0|\partial^\mu A_\mu^a(0)|\pi^b\rangle = f_\pi m_\pi^2\langle 0|\phi^a|\pi^b\rangle. \qquad (11.43)$$

推广到算符形式, 则有

$$\partial^\mu A_\mu^a(0) = f_\pi m_\pi^2\phi^a, \qquad (11.44)$$

这就是 PCAC. 可以分析一下这个方程为何成立以及成立的条件. 首先方程右边实际上可以写出无穷多项具有相同量子数的算符, 但是从奇异性的角度来分析, 第二个重要的奇异性来自于从 $9m_\pi^2$ 处开始的割线, 而第一项代表一个在 m_π^2 处的极点. 从数值上来看, 在极低能时 $9m_\pi^2$ 可以是一个很大的数, 因此与低能物理退耦.

11.4.2 Adler 自洽条件

我们这里依照 Coleman 的讨论, 考虑过程 $\mathrm{i} \to \mathrm{f} + \pi$ 和 $\mathrm{i} \to \mathrm{f}$, 如图 11.2 所示. 比如

$$\mathrm{N} + \mathrm{N} \to \mathrm{N} + \mathrm{N} + \pi,$$
$$\mathrm{N} + \mathrm{N} \to \mathrm{N} + \mathrm{N}.$$

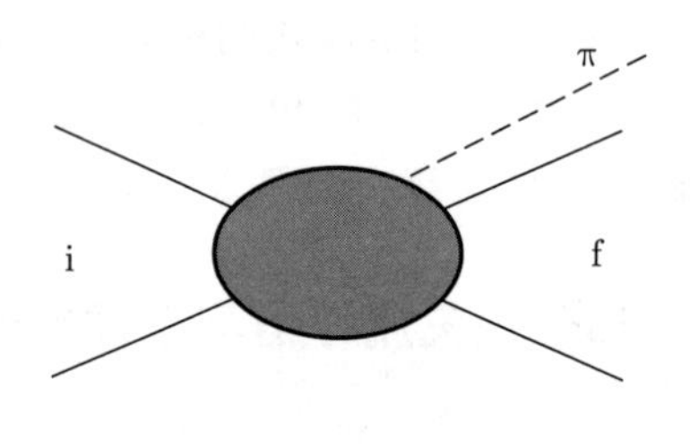

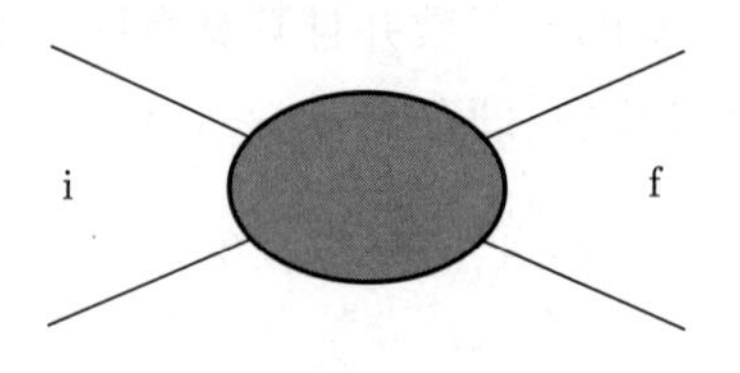

图 11.2 $\mathrm{i} \to \mathrm{f} + \pi$ 与 $\mathrm{i} \to \mathrm{f}$ 过程.

所谓 Adler 定理说的是: 在任何强作用过程中, 如果要计算发射一个 “软” π 的矩阵元, 仅需考虑去掉 π 的过程的矩阵元, 然后把 π 插到外腿上 (用微商耦合理论)①.

在 “软” π 极限下 $k^\mu \to 0$ (π 离壳) 时定律严格成立. 现实中 π 的 4-动量可以看成小量, 即任何 $k \cdot p$ 的项都可以在 $\mathrm{i} \to \mathrm{f} + \pi$ 的过程中看成小量. Adler 定理的证明如下: 任何 $\mathrm{i} \to \mathrm{f} + \pi$ 的 S 矩阵元根据约化公式都可以和 PCAC 联系在一起, 即

$$S_{\mathrm{f}\pi,\mathrm{i}} \propto -\mathrm{i}(k^2 - m_\pi^2)\langle \mathrm{f}|\pi|\mathrm{i}\rangle = \mathrm{i}m_\pi^2 \langle \mathrm{f}|\pi|\mathrm{i}\rangle = \frac{-k_\mu}{f_\pi}\langle \mathrm{f}|A_\mu|\mathrm{i}\rangle. \tag{11.45}$$

①用微商耦合理论是因为由 Goldberger-Treiman 关系, 取流的散度等同于在 π 与核子的微商耦合理论中的 π 与核子的耦合.

当 $k_\mu \to 0$ 时, 上式是否趋于 0 呢? 答案是否定的. 因为图 11.3 在 $p-k \to p \to$ 在壳时, 有一个极点. 而对于图 11.4, $k_\mu \to 0$ 时不会产生极点. 因为根据在第七章中学习的 Landau 定律, 图 11.4 的奇异性 ($k_\mu \to 0$ 时) 与图 11.5 一样, 而后者没有任何极点, 于是我们完成了证明.

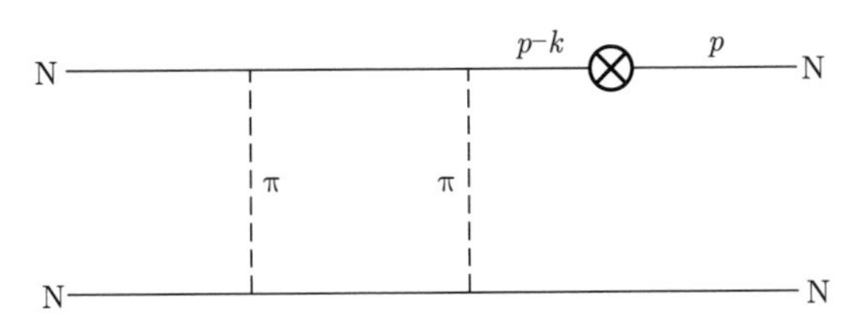

图 11.3 插入流的位置导致额外的极点.

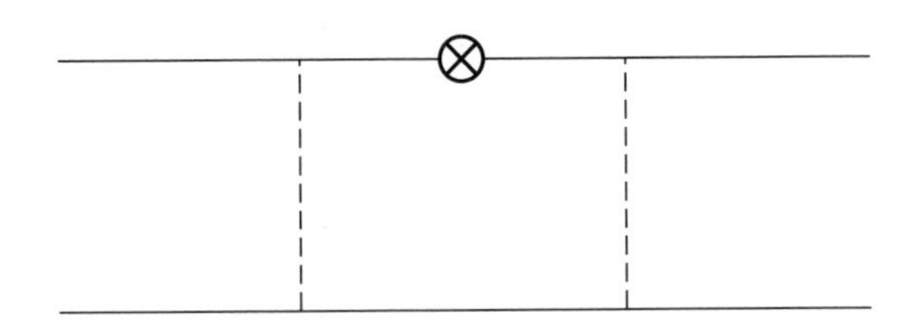

图 11.4 插入流的位置不会导致额外的极点.

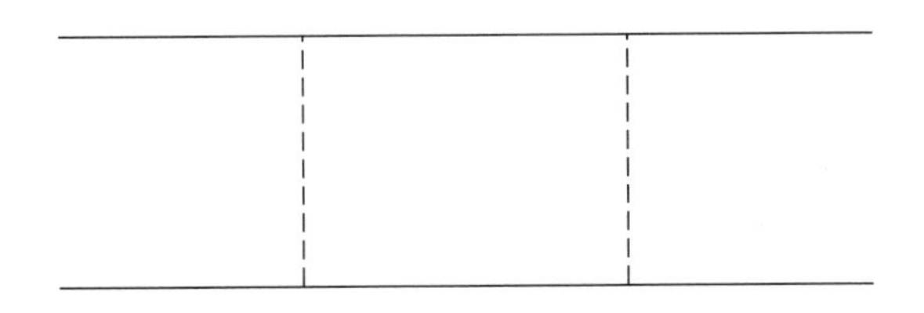

图 11.5 $\mathrm{i} \to \mathrm{f}$ 的过程示意图.

对于 ππ → ππ 散射的 Adler 零点, 因为没有三 π 耦合, 所以

$$T(p_1, p_2, p_3 \to 0, p_4) = 0. \tag{11.46}$$

而由 Mandelstam 表示, $s = (p_1+p_2)^2 = (p_3+p_4)^2 = m_\pi^2$, $t = (p_1-p_3)^2 = m_\pi^2$, $u = (p_1-p_4)^2 = (p_2-p_3)^2 = m_\pi^2$, 所以 Adler 零点对应于 $s = t = u = m_\pi^2$.

§11.5 Weinberg-Tomozawa 公式

在上面我们讨论了软 π 定理, 即在一个 π 介子外线的 4-动量趋于零时, S 矩阵元所满足的低能定理. 在这里我们讨论当两个 π 介子的 4-动量趋于零时的情况.

因为此时需要把两个 π 介子送离质壳, 因此流的对易关系在此将起到作用. 考虑如下过程:

$$\pi^a + \mathrm{i} \to \pi^b + \mathrm{f}, \tag{11.47}$$

如图 11.6 所示. 约化公式告诉我们需要研究的项是

$$\begin{aligned} I &= \int \mathrm{d}^4x\mathrm{d}^4y\mathrm{e}^{\mathrm{i}q\cdot x}\mathrm{e}^{-\mathrm{i}k\cdot y}\langle \mathrm{f}|T\partial^\mu A^a_\mu(y)\partial^\nu A^b_\nu(x)|\mathrm{i}\rangle \\ &= -\frac{(2\pi)^4\delta^4(p+k-p'-q)F_\pi^2 m_\pi^4 \mathcal{M}}{(q^2-m_\pi^2)(k^2-m_\pi^2)}, \end{aligned} \tag{11.48}$$

其中 $\mathcal{M}$ 是散射过程的不变矩阵元. 现在我们想要在 $k=q=0$ 附近展开 I 或者

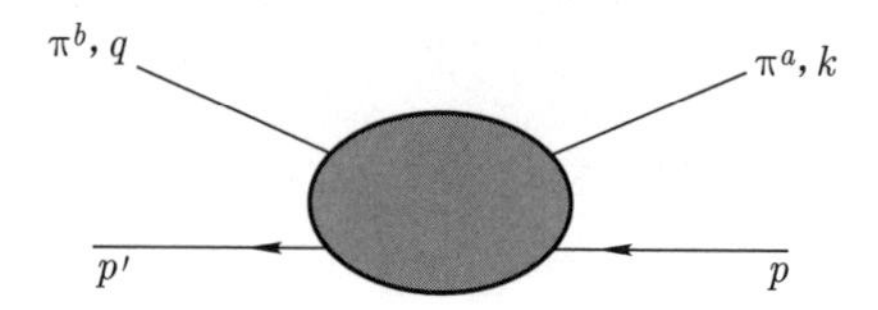

图 11.6 $\pi^a + \mathrm{i} \to \pi^b + \mathrm{f}$ 过程示意图.

$\mathcal{M}$. 正比于 k^2, q^2 和 $k\cdot q$ 的项是二阶的, 而 $p\cdot k$, $p'\cdot q$, $p\cdot q$ 和 $p'\cdot k$ 的项是一阶的, 由于能动量守恒, 这些项都相等 (忽略高阶小量). 把微商算符从时间排序算符中抽出来, I (或 $\mathcal{M}$) 被写为三项,

$$I = I_1 + I_2 + I_3, \tag{11.49}$$

其中

$$\begin{aligned} I_1 &= -\int \mathrm{d}^4x\mathrm{d}^4y\mathrm{e}^{\mathrm{i}q\cdot x}\mathrm{e}^{-\mathrm{i}k\cdot y}\delta(x_0-y_0)\langle \mathrm{f}|[A^b_0(x), \partial^\nu A^a_\nu(y)]|\mathrm{i}\rangle, \\ I_2 &= \int \mathrm{d}^4x\mathrm{d}^4y\mathrm{e}^{\mathrm{i}q\cdot x}\mathrm{e}^{-\mathrm{i}k\cdot y}\partial^\mu_x\partial^\nu_y\langle \mathrm{f}|TA^a_\mu(y)A^b_\nu(x)|\mathrm{i}\rangle, \end{aligned} \tag{11.50}$$

和

$$\begin{aligned} I_3 &= -\int \mathrm{d}^4x\mathrm{d}^4y\mathrm{e}^{\mathrm{i}q\cdot x}\mathrm{e}^{-\mathrm{i}k\cdot y}\partial^\mu_x\delta(x_0-y_0)\langle \mathrm{f}|[A^a_\mu(y), A^b_0(x)]|\mathrm{i}\rangle \\ &= \mathrm{i}\int \mathrm{d}^4x\mathrm{d}^4y\mathrm{e}^{\mathrm{i}q\cdot x}\mathrm{e}^{-\mathrm{i}k\cdot y}q^\mu\delta(x_0-y_0)\langle \mathrm{f}|[A^a_\mu(y), A^b_0(x)]|\mathrm{i}\rangle. \end{aligned} \tag{11.51}$$

不失普遍性, 令 q 和 k 的空间分量为零, 这样在上式中对易子回到了我们所熟悉的情形, 则 I_3 变为

$$I_3 = -2g_v\epsilon_{abc}\int \mathrm{d}^4x\mathrm{d}^4y\mathrm{e}^{\mathrm{i}q_0x_0}\mathrm{e}^{-\mathrm{i}k_0y_0}q^0\delta^4(x-y)\langle \mathrm{f}|V^c_0(x)|\mathrm{i}\rangle. \tag{11.52}$$

式中 g_v 是与 Cabibbo 角 (其意义见本书下册) 有关的量 ($\cos\theta_{\rm C}$), 利用

$$\int \mathrm{d}^3\boldsymbol{x}\langle \mathrm{f}|V_0^c(x)|\mathrm{i}\rangle = 2g_v\langle \mathrm{f}|I^c|\mathrm{i}\rangle = 2g_v I_{\rm t}^c \delta^3(\boldsymbol{p}-\boldsymbol{p}'), \tag{11.53}$$

其中 I 是总同位旋, $I_{\rm t}^c$ 是靶的同位旋, 我们得到

$$I_3 = -4g_v^2\epsilon_{abc}I_{\rm t}^c(2\pi)\delta^4(p+k-p'-q)q_0. \tag{11.54}$$

最后得到

$$\mathcal{M}_3 = \frac{8g_v^2}{F_\pi^2}\epsilon_{abc}I_{\rm t}^c p\cdot q. \tag{11.55}$$

另外两项 ($\mathcal{M}_1$ 和 $\mathcal{M}_2$) 可以证明为高阶小量, 即正比于 $m_\pi^2$①. 所以有

$$\mathcal{M} = -\mathrm{i}\frac{8g_v^2}{F_\pi^2}\boldsymbol{I}_\pi\cdot\boldsymbol{I}_{\rm t}p\cdot q + O\left(\frac{m_\pi^2}{m_{\rm t}^2}\right). \tag{11.56}$$

此即 Weinberg-Tomozawa 公式. 要应用它需要两个条件: (1) 在阈的附近极点项的贡献可以忽略. (2) 靶的质量远大于 π 的质量. 后者仅仅对于 ππ 散射是不符合的, 而这是我们下一节讨论的内容.

§11.6 Weinberg 关于 ππ 散射的讨论, 两个软 π 的情形

这一节我们介绍 Weinberg 关于 ππ 散射的讨论. 其过程是由图 11.7 所示的 $\pi\pi\to\pi\pi$ 的过程. 我们将用图中的记号表示 π 的动量和同位旋. 如果所有的 π 都是离壳的则一共有六个独立的标量变量②, 它们是

$$s=(k+p)^2,\quad t=(k-q)^2,\quad u=(p-q)^2, \tag{11.57}$$

和 k^2, p^2, q^2 和 l^2, 其中能动量守恒把它们联系起来:

$$s+t+u=p^2+k^2+q^2+l^2. \tag{11.58}$$

现在我们对不变振幅 $\mathcal{M}$ 进行动量展开并且扔掉 4 次项和更高阶的项. 其中共有三个独立的同位旋振幅, 它们是 $\delta_{ac}\delta_{bd}$, $\delta_{ab}\delta_{cd}$ 和 $\delta_{ad}\delta_{bc}$. 先来看第一项, 如果其中含

①首先对于 $I_2(\mathcal{M}_2)$, 所有的导数都在编时乘积的外面, 对其处理方式和上一节的讨论类似. 在软 π 极限下不为零的项是那些极点项, 但是计算表明极点项的贡献正比于 m_π^2, 因而是高阶小量. 对于 I_1, 可以证明其领头项是一常数项. 根据 Adler 定律和关于 I_2 的结果可以推断, 此常数项的贡献也一定正比于 m_π^2.

②如果初态和末态共涉及 n 个粒子, 共有 n 个 4-动量 $p_i(i=1,\cdots,n)$. 由于能动量守恒, 只有 $n-1$ 个 4-动量是独立的, 它们共构成 $n(n-1)/2$ 个 $p_i\cdot p_j$ 形的 Lorentz 不变量, 其中有 n 个质壳条件. 所以对于物理矩阵元, 在 n 体过程中由 4-动量构成的独立的 Lorentz 不变量的个数为 $n(n-3)/2$ 个.

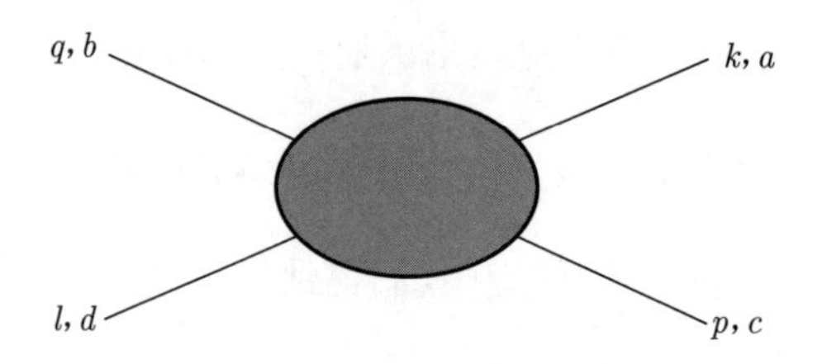

图 11.7 ππ → ππ 散射.

有一 k^2(线性) 项, 那么根据玻色对称, 应该还有具有同样系数的 p^2 项. 又由于时间反演不变, 对于 q^2, l^2 项也是一样的, 质量项只能以 $k^2+p^2+q^2+l^2$ 的组合形式出现, 也即可以仅用 s, t, u 来表示. 另外两项同位旋振幅也具有同样的性质. 现在可以写出 $\mathcal{M}$ 的满足玻色统计和交叉对称性的最一般的形式:

$$\begin{aligned}\mathrm{i}\mathcal{M}=&\delta_{ac}\delta_{bd}[Am_\pi^2+B(u+t)+Cs]+\delta_{ab}\delta_{cd}[Am_\pi^2+B(u+s)+Ct]\\&+\delta_{ad}\delta_{bc}[Am_\pi^2+B(s+t)+Cu],\end{aligned}\tag{11.59}$$

其中 A, B 和 C 是未知常数. 根据 Adler 的规则, 如果我们让 $k\to 0$ 而让其余 π 在壳, 则 $\mathcal{M}$ 消失 (因为没有极点项, 宇称守恒禁戒 3π 耦合). 而此时 $s=t=u=m_\pi^2$, 所以 $A+2B+C=0$.

现在我们让 k, q 同时趋于 0, 假设此时只留下 σ 项 (仅仅正比于 δ_{ac} 的一项, 即 $I=0$ 的项不为零. 这个假设所根据的仅仅是线性 σ 模型的预言, 详见本书下册), 则有 $(k=q=0)$

$$s=u=m_\pi^2,\quad t=0.\tag{11.60}$$

因此

$$A+B+C=0.\tag{11.61}$$

由此得出 $B=0$, $A=-C$. 另由上一节的 (11.55) 式, 正比于外动量的线性项的贡献为①

$$\mathrm{i}\mathcal{M}=\frac{8g_v^2}{F_\pi^2}\mathrm{i}\epsilon_{abe}(I^e)_{dc}p\cdot q=\frac{8g_v^2}{F_\pi^2}(\delta_{ac}\delta_{bd}-\delta_{ad}\delta_{bc})p\cdot q.\tag{11.62}$$

由 $s=m_\pi^2+2p\cdot q$, $u=m_\pi^2-2p\cdot q$, $t=0$ 可以定出 C:

$$C=\frac{4g_v^2}{F_\pi^2}=8\pi L/m_\pi.\tag{11.63}$$

到此我们定出了所有的常数并且可以给出 $\mathcal{M}$ 在阈处的值, 此时 $s=4m_\pi^2$, $t=u=0$. 可以估算出 ππ 散射长度:

$$a_0=\frac{7}{4}L=0.20m_\pi^{-1},\quad a_2=-\frac{1}{2}L=-0.06m_\pi^{-1}.\tag{11.64}$$

① 对应着上一节中的 I_2 的贡献在这里不存在, I_1 存在, 其领头项为常数并且正比于 m_π^2.

§11.7 Goldberger-Treiman 关系和 Adler-Weisberger 求和规则

从核子的 β 衰变中我们可以抽出轴矢流在核子态下的矩阵元:

$$\begin{aligned}\langle p(\boldsymbol{k}')|A_\mu^+|n(\boldsymbol{k})\rangle &= \overline{u}_p(\boldsymbol{k}')\left[\gamma_\mu\gamma_5 g_A(q^2)+q_\mu\gamma_5 h_A(q^2)\right]u_n(\boldsymbol{k}),\\ q&=k-k',\end{aligned} \tag{11.65}$$

并由其推出

$$\langle p(\boldsymbol{k}')|\partial^\mu A_\mu^+|n(\boldsymbol{k})\rangle = \mathrm{i}\overline{u}_p(\boldsymbol{k}')\gamma_5 u_n(\boldsymbol{k})[2m_N g_A(q^2)+q^2 h_A(q^2)]. \tag{11.66}$$

利用 PCAC 和 $\pi^+=(\pi^1+\mathrm{i}\pi^2)/\sqrt{2}$ 推出

$$\begin{aligned}\langle p(\boldsymbol{k}')|\partial^\mu A_\mu^+|n(\boldsymbol{k})\rangle &= \sqrt{2}f_\pi m_\pi^2\langle p(\boldsymbol{k}')|\pi^+|n(\boldsymbol{k})\rangle\\ &= \frac{2f_\pi m_\pi^2}{-q^2+m_\pi^2}g_{\pi NN}(q^2)\overline{u}_p(\boldsymbol{k}')\mathrm{i}\gamma_5 u_n(\boldsymbol{k}).\end{aligned} \tag{11.67}$$

由此推出

$$\frac{2f_\pi m_\pi^2}{-q^2+m_\pi^2}g_{\pi\mathrm{NN}}(q^2) = 2m_{\mathrm{N}}g_A(q^2)+q^2h_A(q^2). \tag{11.68}$$

在上式中令 $q^2\to 0$, 得到

$$f_\pi g_{\pi\mathrm{NN}}(0)=m_{\mathrm{N}}g_A(0). \tag{11.69}$$

假设 $g_{\pi\mathrm{NN}}(0)\approx g_{\pi\mathrm{NN}}(m_\pi^2)$, 而后者即是 $g_{\pi\mathrm{NN}}^{\exp}$. 我们就得到了所谓的 Goldberger-Treiman 关系:

$$f_\pi g_{\pi\mathrm{NN}}=m_{\mathrm{N}}g_A(0). \tag{11.70}$$

根据 $f_\pi=93.3$ MeV, $m_{\mathrm{N}}=938$ MeV, $g_A=1.26$, $g_{\pi\mathrm{NN}}^2/4\pi\approx 14.6$, 可以估算出 GT 关系在小于 10% 的水平上与实验一致.

(11.68) 式是恒等式, 这意味着其中的 $h_A(q^2)$ 项含有一个极点项:

$$h_A(q^2)=\frac{\sqrt{2}f_\pi}{m_\pi^2-q^2}\sqrt{2}g_{\pi\mathrm{NN}}(q^2)+\cdots. \tag{11.71}$$

在 (11.68) 式两边取 $q\to m_\pi^2$ 仅仅得到一个平庸的关系. 但是 (11.71) 式在推导手征极限下的 GT 关系时是有用的. 的确, 上面的对 GT 关系的推导是在 $m_\pi^2\neq 0$ 的情况下得出的. 另一方面, 我们知道严格的手征对称性要求 $m_\pi=0$. 如果手征对称性是严格的, 那么上面的推导要重新进行, 但结论, 即 GT 关系仍然成立. 原因是在无质量极限下, $\partial_\mu A^\mu=0$, (11.68) 式变为

$$2m_{\mathrm{N}}g_A(q^2)+q^2h_A(q^2)=0. \tag{11.72}$$

但由 (11.71) 式, 此时 $h_A(q^2)$ 在 $q^2=0$ 处存在一个极点, 取 $q^2\to 0$ 的极限就再一次得出了 GT 关系.

利用流代数、低能定理、色散关系和光学定理, 对于 πN 散射振幅, 可以证明如下的 Adler-Weisberger 关系:

$$g_A^2 = 1 - \frac{2f_\pi^2}{\pi}\int_{\nu_0}^{\infty}\frac{\mathrm{d}\nu[\sigma^{\pi^-\mathrm{p}}(\nu)-\sigma^{\pi^+\mathrm{p}}(\nu)]}{\nu}, \tag{11.73}$$

或者

$$\frac{1}{g_A^2} = 1 + \frac{2M_\mathrm{N}^2}{\pi g_{\pi\mathrm{NN}}^2}\int_{\nu_0}^{\infty}\frac{\mathrm{d}\nu[\sigma^{\pi^-\mathrm{p}}(\nu)-\sigma^{\pi^+\mathrm{p}}(\nu)]}{\nu}, \tag{11.74}$$

其中 $\sigma^{\pi^-\mathrm{p}}$ 及 $\sigma^{\pi^+\mathrm{p}}$ 分别是 $\pi^-\mathrm{p}$ 和 $\pi^+\mathrm{p}$ 的总截面.

第十二章　分波矩阵元

§12.1　光学定理与分波振幅

由 §7.1 讨论的光学定理 (7.8) 式出发, 当质心系能量足够小而落在弹性散射区内时, 我们可以做更进一步的讨论. 例如在 $4m_\pi^2 < s < 16m_\pi^2$ 时的 $\pi\pi$ 散射. 在质心系中, 取 $\boldsymbol{p}_1$ 的方向为 z 轴, 设 $\boldsymbol{p}_3$ 的落在 x-z 平面上, 与 $\boldsymbol{p}_1$ 夹角为 θ_0, 令 $\boldsymbol{k}$ 的极角 (球坐标下) 为 θ, ϕ, 另设 θ' 为 $\boldsymbol{k}$ 与 $\boldsymbol{p}_3$ 之间的夹角 (见图 12.1). 这样 (7.8) 式可写为

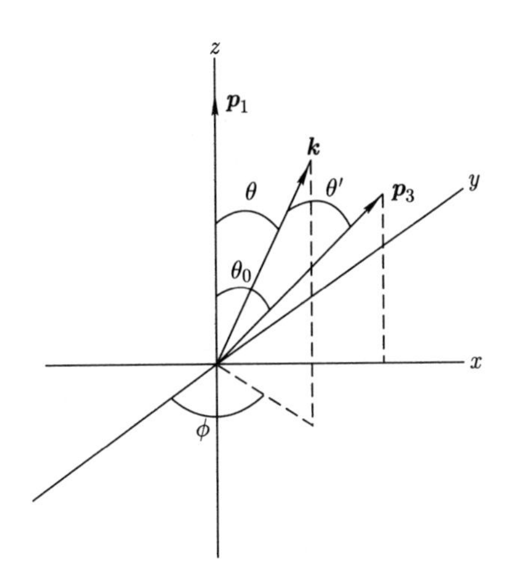

图 12.1　弹性区间的弹性散射过程散射角之间的关系.

$$
\begin{aligned}
\mathrm{Im}T(s,\cos\theta_0) &= \frac{1}{8\pi^2}\int \mathrm{d}\boldsymbol{k}_1\mathrm{d}\boldsymbol{k}_2\frac{\delta(2\omega_k-\sqrt{s})\delta^3(\boldsymbol{k}_1+\boldsymbol{k}_2)}{4\omega_k^2}T(s,\cos\theta)T^*(s,\cos\theta') \\
&= \frac{1}{8\pi^2}\int_0^\infty \frac{k^2\mathrm{d}k\delta(\omega_k-\omega)}{8\omega_k^2}\int \mathrm{d}\Omega T(s,\cos\theta)T^*(s,\cos\theta') \\
&= \frac{1}{64\pi^2}\frac{k}{\omega}\int \mathrm{d}\Omega T(s,\cos\theta)T^*(s,\cos\theta'). \qquad (12.1)
\end{aligned}
$$

推导中用到了 $k\mathrm{d}k=\omega\mathrm{d}\omega$. 注意在得到 (12.1) 式, 或者更准确的, 下面的 (12.3) 式时, 利用了在 §5.5 中得到的结论, 即 T 不变时, 对于角动量的本征态有 $T_{nm}=T_{mn}$.

现在我们引入分波展开,

$$T(s,\cos\theta)=16\pi\sum_{0}^{\infty}(2l+1)P_l(\cos\theta)T_l(s), \tag{12.2}$$

它导致了

$$\begin{aligned}\mathrm{Im}T(s,\cos\theta_0)=&\frac{1}{4\pi}\frac{k}{\omega}\sum_{l\ ,l'}\int\mathrm{d}\Omega P_l(\cos\theta)P_{l'}(\cos\theta')\\&\times T_l(s)T_{l'}^*(s)(2l+1)(2l'+1).\end{aligned} \tag{12.3}$$

由关系式

$$\cos\theta'=\cos\theta\cos\theta_0+\sin\theta\sin\theta_0\cos\phi, \tag{12.4}$$

再利用公式

$$\int\mathrm{d}\Omega P_l(\cos\theta)P_{l'}(\cos\theta')=\frac{4\pi}{2l+1}\delta_{l,l'}P_l(\cos\theta_0), \tag{12.5}$$

得出

$$\sum_l(2l+1)P_l(\cos\theta_0)\mathrm{Im}T_l(s)=\frac{k}{\omega}\sum_l(2l+1)P_l(\cos\theta_0)|T_l(s)|^2. \tag{12.6}$$

最终我们得到

$$\mathrm{Im}T_l(s)=\frac{k}{\omega}|T_l(s)|^2. \tag{12.7}$$

为简单起见, 上面的推导假设了入射、出射粒子的质量相同, 此时 $k/\omega=\rho(s)=\sqrt{1-4m^2/s}$①, 此外还假设了中间态两粒子是可区分的. 如果中间态是全同粒子, 则 (12.1) 式右边还要乘上一个 1/2 的因子②. 相应地, 分波展开的公式 (12.2) 要改写成

$$T(s,\cos\theta)=32\pi\sum_{0}^{\infty}(2l+1)P_l(\cos\theta)T_l(s) \tag{12.8}$$

以使 (12.7) 式成立. 引入分波展开 (12.2) 式的一个很大的好处是, 在低能情况下我们只需考虑几个低角动量的分波的贡献. 因为根据经典理论, 一个粒子的角动量 $l\geqslant q_{\mathrm{s}}R$ (q_{s} 是粒子动量, R 是相互作用力程) 时, 它将错失与靶的碰撞. 如果粗略地认为强相互作用的力程是 1 fm, 则当 $q_s\leqslant 200$ MeV 时, 只需考虑 s 波, 而当 $q_s\leqslant 400$ MeV 时仅需考虑 s 和 p 波, 等等.

分波 S 矩阵可以定义为

$$S_l=1+2\mathrm{i}\rho(s)T_l(s). \tag{12.9}$$

①为简化讨论, 这里仅处理等质量粒子的散射.

②此时 $\sum_n\to\frac{1}{2}\sum_{k_1,k_2}$.

首先这个分波 S 矩阵变成了一个数, 且我们有分波幺正性条件

$$S_l^\dagger S_l = 1. \tag{12.10}$$

所以 S_l 和 $T_l(s)$ 可以参数化为

$$S_l = \mathrm{e}^{2\mathrm{i}\delta_l(s)}, \quad T_l(s) = \frac{1}{\rho(s)}\sin\delta_l(s)\mathrm{e}^{\mathrm{i}\delta_l(s)}, \tag{12.11}$$

并且有

$$T(s,\cos\theta) = \frac{16\pi}{\rho}\sum_{l=0}^{\infty}(2l+1)P_l(\cos\theta)\mathrm{e}^{\mathrm{i}\delta_l}\sin\delta_l. \tag{12.12}$$

它与散射理论中的表达式一致. 注意对于全同粒子, 上式中的 16π 要改成 32π. 值得指出的是, 对于不可区分的全同粒子, 上面的分波展开的公式中奇数的 l 所对应的项不存在. 因为根据玻色统计, 交换初态或者末态粒子不产生任何变化, 但是导致 $t \rightleftharpoons u$, s 不变, 而这又导致 $\cos\theta \to -\cos\theta$[①]. 所以这种交换不变性要求那些 $\cos\theta$ 为奇的项, 也就是 l 为奇的项消失.

由 (7.10) 和 (12.2) 式, 可以把总截面用分波弹性散射振幅的吸收部分表达出来:

$$\sigma^{\mathrm{tot}}(p_1p_2 \to \text{ 所有末态}) = \frac{8\pi}{k_{\mathrm{cm}}\sqrt{s}}\sum_{l=0}^{\infty}(2l+1)\mathrm{Im}T_l(s). \tag{12.13}$$

而作为 (12.7) 式的推广, 在一般情况下有

$$\mathrm{Im}T_{11}^{(l)}(s) = \sum_i \rho_i |T_{1i}^{(l)}(s)|^2, \tag{12.14}$$

其中下标 1 代表所考虑的弹性道, ρ_i 表示第 i 道的运动学因子. 所以弹性散射的总截面可以用分波振幅如下表达:

$$\sigma^{\mathrm{el}} = \frac{16\pi}{s}\sum_{l=0}^{\infty}(2l+1)|T_l^{\mathrm{el}}(s)|^2. \tag{12.15}$$

由 (12.14) 式容易证明: $\rho_1\mathrm{Im}T_{11}^{(l)}(s) \leqslant 1$, $\rho_1|T_{11}^{(l)}(s)| \leqslant 1$, $\sqrt{\rho_i\rho_j}|T_{ij}^{(l)}(s)| \leqslant 1/2$ $(i \neq j)$ 和 $\rho_1|\mathrm{Re}T_{11}| \leqslant 1/2$, 并且朝前散射振幅的虚部还应是正定的. 利用这些幺正性的结果和解析性条件, Froissart (1961) 和 Martin (1964) 严格地证明了在 $s \to \infty$ 时朝前振幅和总截面所满足的 Froissart 限:

$$\begin{aligned} &|T(s,\cos\theta=1)| < const. \times s(\ln s)^2, \\ &|T(s,\cos\theta<1)| < const. \times \frac{s^{3/4}(\ln s)^{3/2}}{(\sin\theta)^{1/2}}, \end{aligned} \tag{12.16}$$

---

① 例如对于 ππ → ππ 散射, $\cos\theta = 1 + \dfrac{2t}{s-4m_\pi^2} = \dfrac{t-u}{s-4m_\pi^2}$.

和

$$\sigma_{\text{tot}} < const. \times (\ln s)^2. \tag{12.17}$$

§12.2 ππ 散射中的交叉对称性

根据交叉对称性可以给出一个 $\pi\pi \to \pi\pi$ 过程的散射振幅, 它将同时描述 s, t, u 道的 $\pi\pi$ 散射过程. 按照一般的约定, 定义 s, t 道和 u 道的过程如下:

$$\begin{aligned}
&\pi_\alpha(\boldsymbol{p}_1) + \pi_\beta(\boldsymbol{p}_2) \to \pi_\gamma(\boldsymbol{p}_3) + \pi_\delta(\boldsymbol{p}_4) \quad (s\ \text{道}),\\
&\pi_\alpha(\boldsymbol{p}_1) + \pi_\gamma(-\boldsymbol{p}_3) \to \pi_\beta(-\boldsymbol{p}_2) + \pi_\delta(\boldsymbol{p}_4) \quad (t\ \text{道}),\\
&\pi_\alpha(\boldsymbol{p}_1) + \pi_\delta(-\boldsymbol{p}_4) \to \pi_\beta(-\boldsymbol{p}_2) + \pi_\gamma(\boldsymbol{p}_3) \quad (u\ \text{道}),
\end{aligned} \tag{12.18}$$

α, β, γ 和 δ 是 π 的同位旋指标. 交叉对称性是指 s, t, u 道的散射振幅可以用同一个解析函数 $T(s,t,u)$ 来表达. s 道的散射振幅与 $T(s,t,u)$ 的关系是

$$T_s(s,t,u) \equiv \lim_{\epsilon\to 0} T_s(s+\mathrm{i}\epsilon, t, u), \tag{12.19}$$

s, t, u 的取值范围为 $s \geqslant 4m_\pi^2$, $4m_\pi^2 - s \leqslant t \leqslant 0, u = 4m_\pi^2 - s - t$, 这就是 s 道的物理区. 同理 t 道的散射振幅为

$$T_t(s,t,u) \equiv \lim_{\epsilon\to 0} T_t(s, t+\mathrm{i}\epsilon, u), \tag{12.20}$$

s, t, u 的取值范围为 $t \geqslant 4m_\pi^2$, $4m_\pi^2 - t \leqslant s \leqslant 0$, $u = 4m_\pi^2 - s - t$, 它规定了 t 道的物理区. u 道的散射振幅为

$$T_u(s,t,u) \equiv \lim_{\epsilon\to 0} T_u(s, t, u+\mathrm{i}\epsilon), \tag{12.21}$$

s, t, u 的取值范围为 $u \geqslant 4m_\pi^2$, $4m_\pi^2 - u \leqslant t \leqslant 0, s = 4m_\pi^2 - u - t$, 它规定了 u 道的物理区, 即对任意一个道由它的物理区对 s, t, u 的整个复平面做解析延拓都得到相同的函数形式 $T(s,t,u)$. $T(s,,t,u)$ 可以表达成

$$T(s,t,u) = A(s,t,u)\delta_{\alpha\beta}\delta_{\gamma\delta} + B(s,t,u)\delta_{\alpha\gamma}\delta_{\beta\delta} + C(s,t,u)\delta_{\alpha\delta}\delta_{\beta\gamma}. \tag{12.22}$$

$A(s,t,u)$, $B(s,t,u)$ 和 $C(s,t,u)$ 是 Lorentz 不变的. 对 (12.22) 式做同位旋分解就得到同位旋散射振幅, 下面只写出 s 道的同位旋散射振幅:

$$\begin{aligned}
T_s^0(s,t,u) &= 3A(s,t,u) + B(s,t,u) + C(s,t,u),\\
T_s^1(s,t,u) &= B(s,t,u) - C(s,t,u),\\
T_s^2(s,t,u) &= B(s,t,u) + C(s,t,u).
\end{aligned} \tag{12.23}$$

由全同粒子的广义玻色对称性有

$$T_s^I(s,t,u) = (-1)^I T_s^I(s,u,t). \tag{12.24}$$

该条件等价于

$$\begin{aligned} A(s,t,u) &= A(s,u,t), \\ B(s,t,u) &= C(s,u,t). \end{aligned} \tag{12.25}$$

根据交叉对称性有

$$\begin{aligned} T_t^I(s,t,u) &= \sum_{I'=0}^{2} C_{II'}^{(ts)} T_s^{I'}(s,t,u), \\ T_u^I(s,t,u) &= \sum_{I'=0}^{2} C_{II'}^{(us)} T_s^{I'}(s,t,u), \end{aligned} \tag{12.26}$$

其中 $C_{II'}^{(ts)}, C_{II'}^{(us)}$ 是常数矩阵,

$$\begin{aligned} C_{II'}^{(ts)} = C_{II'}^{(st)} &= \begin{pmatrix} 1/3 & 1 & 5/3 \\ 1/3 & 1/2 & -5/6 \\ 1/3 & -1/2 & 1/6 \end{pmatrix}, \\ C_{II'}^{(us)} = C_{II'}^{(su)} &= (-1)^{I+I'} C_{II'}^{(st)}. \end{aligned} \tag{12.27}$$

同样 t 道和 u 道也有广义的玻色对称性:

$$\begin{aligned} T_t^I(s,t,u) &= (-1)^I T_t^I(u,t,s), \\ T_u^I(s,t,u) &= (-1)^I T_u^I(t,s,u), \end{aligned} \tag{12.28}$$

它们等价于

$$\begin{aligned} B(s,t,u) &= B(u,t,s), \\ A(s,t,u) &= C(u,t,s). \end{aligned} \tag{12.29}$$

$$\begin{aligned} C(s,t,u) &= C(t,s,u), \\ A(s,t,u) &= B(t,s,u). \end{aligned} \tag{12.30}$$

§12.3 交叉对称性与 Balachandran-Nuyts-Roskies 关系

在 §12.2 中我们讨论了 $\pi\pi$ 完全散射振幅所满足的交叉对称性. 在这里我们将讨论由交叉对称性所给出的分波振幅之间必须满足的一些限制条件.

由分波展开式

$$T_J^I(s) = \frac{1}{32\pi(s-4m_\pi^2)}\int_{4m_\pi^2-s}^{0}\mathrm{d}tP_J\left(1+\frac{2t}{s-4m_\pi^2}\right)T^I(s,t,u), \tag{12.31}$$

可以从同位旋振幅中得出分波振幅. 由 $\pi\pi$ 散射振幅的交叉对称性可以得到分波振幅之间的一些关系, 叫作 Balachandran-Nuyts-Roskies (BNR) 关系, 也称为 Roskies 关系. 下面就来看一个具体的 BNR 关系的推导过程. 为了方便, 本节以后将取 $m_\pi = 1$ 并只在 s 道的过程里考虑, 其他两个道可类似讨论. 先证明一个关系式

$$\int_0^4 \mathrm{d}s\int_0^{4-s}\mathrm{d}ut^P(s-u)^{2N+1}(T^0(s,t,u)+2T^2(s,t,u)) = 0, \tag{12.32}$$

其中 s,t,u 的取值范围都是

$$0<s<4,\quad 0<t<4,\quad 0<u<4,$$

P 和 N 为正整数. 由 (12.25) 式知 $T^0(s,t,u)+2T^2(s,t,u)$ 关于 s,u 对称, 所以整个被积函数关于 s,u 反对称, 调整积分次序再利用这一反对称的性质可以证明 (12.32) 式成立. 将

$$T^I(s,t,u) = 32\pi\sum_J(2J+1)P_J(\cos\theta)T_J^I(s) \tag{12.33}$$

代入 (12.32) 式, 得

$$\begin{aligned} 0 = &\int_0^4 \mathrm{d}s\int_{-1}^{1}\mathrm{d}\cos\theta\left(\frac{4-s}{2}\right)\left(\frac{4-s}{2}\right)^P(1-\cos\theta)^P \\ &\times\left[s-\left(\frac{4-s}{2}\right)(1+\cos\theta)\right]^{2N+1}\sum_J(2J+1)P_J(\cos\theta)(T_J^0(s)+2T_J^2(s)), \end{aligned} \tag{12.34}$$

上式可改写为

$$\int_0^4 \mathrm{d}s\sum_{J=0}^{2N+2P+1}C_J^{2N+1,P}(s)(T_J^0(s)+2T_J^2(s)) = 0, \tag{12.35}$$

其中

$$\begin{aligned} C_J^{2N+1,P}(s) = &(2J+1)\left(\frac{4-s}{2}\right)^{P+1}\int_{-1}^{1}\mathrm{d}\cos\theta P_J(\cos\theta)(1-\cos\theta)^P \\ &\times\left[s-\left(\frac{4-s}{2}\right)(1+\cos\theta)\right]^{2N+1}. \end{aligned} \tag{12.36}$$

显然取不同的 N 和 P 可以得到一系列的关系式, 这些关系式就是 BNR 关系. 比如在 (12.34) 式中取 $N=P=0$, 可得

$$\int_0^4 \mathrm{d}s(s-4)(3s-4)[T_0^0(s)+2T_0^2(s)]=0. \tag{12.37}$$

我们还可以利用 $T^0(s), T^1(s), T^2(s)$ 组合出对 (s,t) 或 (t,u) 对称的表达式求出更多的 BNR 关系. 如果仅限于讨论 s 波和 p 波, 那么一共可以列出五个 BNR 关系式:

$$\begin{aligned}
&\int_0^4 (s-4)R_0^0[2T_0^0(s)-5T_0^2(s)]\mathrm{d}s=0,\\
&\int_0^4 (s-4)R_1^0[2T_0^0(s)-5T_0^2(s)]\mathrm{d}s-9\int_0^4 (s-4)^2R_0^1T_1^1(s)=0,\\
&\int_0^4 (s-4)R_2^0[2T_0^0(s)-5T_0^2(s)]\mathrm{d}s+6\int_0^4 (s-4)^2R_1^1T_1^1(s)=0,\\
&\int_0^4 (s-4)R_3^0[2T_0^0(s)-5T_0^2(s)]\mathrm{d}s-15\int_0^4 (s-4)^2R_2^1T_1^1(s)=0.
\end{aligned} \tag{12.38}$$

函数 R_i^j 的定义如下:

$$\begin{aligned}
&R_0^0=1, \quad R_0^1=1\ ,\\
&R_1^0=3s-4, \quad R_1^1=5s-4\ ,\\
&R_2^0=10s^2-32s+16, \quad R_2^1=21s^2-48s+16\ ,\\
&R_3^0=35s^3-180s^2+240s-64.
\end{aligned} \tag{12.39}$$

§12.4 左手割线、Froissart-Gribov 投影公式

分波投影公式具有如下形式 (忽略了 $1/32\pi$ 的因子):

$$\begin{aligned}
T_J^I(s)&=\frac{1}{(s-4)}\int_{4-s}^0 \mathrm{d}tP_J\left(1+\frac{2t}{s-4}\right)T^I(s,t,u)\\
&=\frac{(-1)^J}{(s-4)}\int_{4-s}^0 \mathrm{d}uP_J\left(1+\frac{2u}{s-4}\right)T^I(s,t,u),
\end{aligned} \tag{12.40}$$

其中第二个等号是因为, 在第一个等号的右边对积分做变量替换 $t=4-s-u$, 得

$$\frac{1}{(s-4)}\int_{4-s}^0 \mathrm{d}uP_J\left(-1-\frac{2u}{s-4}\right)T^I(s,t,u),$$

所以 $(-1)^J$ 的因子是从 Legendre 多项式来的. 如果继续交换上式的 T^I 中的 $t(=4-s-u)$ 和 u, 由 (12.24) 式知,

$$T_J^I(s)=(-1)^{I+J}T_J^I(s). \tag{12.41}$$

根据 Mandelstam 谱表示, T^I 的奇异性仅仅来源于 s,t,u 道的物理阈. 写出固定 s 色散关系

$$T(s,t,u)=\frac{1}{\pi}\int_4^{\infty}\frac{D_t(s,t',u')}{t'-t}\mathrm{d}t'+\frac{1}{\pi}\int_4^{\infty}\frac{D_u(s,t',u')}{u'-u}\mathrm{d}u',\tag{12.42}$$

分波振幅 T_J^I 的奇异性可以据此和 (12.40) 式得出. (7.64) 式给出了不连续度 D 的定义, 并指出它们原始的定义都是在相应的如图 7.9 所绘的割线上. 然而由 §12.2 中的 (12.24) 式不难得知, 不同的 D 之间存在着关联, 比如

$$D_u(s,t,u)=(-1)^I D_t(s,u,t).\tag{12.43}$$

首先在复 s 平面上 $T_J^I(s)$ 解析. 因为当 s 为复时, t 落在复路径上, 也为复, 于是 $u=4-s-t$ 也为复. 而根据 Mandelstam 谱表示, 此时 $T^I(s,t,u)$ 为复变量 s 的解析函数, 因而 $T_J^I(s)$ 也是解析函数. 但是在实轴上 $T_J^I(s)$ 有两条割线: 一是 $[4,+\infty)$, 二是 $(-\infty,0]$, 且

$$\begin{aligned}\frac{1}{2\mathrm{i}}\mathrm{disc}T_J^I(s)&=\frac{1}{2\mathrm{i}}(T_J^I(s_+)-T_J^I(s_-))\\&=\frac{1}{2\mathrm{i}}\frac{1}{s-4}\left[\int_{4-s_+}^0\mathrm{d}tP_J\left(1+\frac{2t}{s-4}\right)T^I(s_+,t,u)\right.\\&\qquad\left.-\int_{4-s_-}^0\mathrm{d}tP_J\left(1+\frac{2t}{s-4}\right)T^I(s_-,t,u)\right]\\&=\frac{1}{s-4}\int_{4-s}^0\mathrm{d}tP_J\left(1+\frac{2t}{s-4}\right)\frac{1}{2\mathrm{i}}[T^I(s_+,t_-,u)-T^I(s_-,t_+,u)]\\&=\frac{1}{s-4}\int_{4-s}^0\mathrm{d}tP_J\left(1+\frac{2t}{s-4}\right)[D_s^I(s,t_-,u)-D_t^I(s_-,t,u)].\end{aligned}\tag{12.44}$$

当 $s\in[4,+\infty)$ 时, $4-s<t<0$(同时 $4-s<u=4-s-t<0$). 此时 $T^I(s,t,u)$ 落在 s 道物理区间内, 且对于变量 t 是连续的, 即 $T^I(s,t_+,u)=T^I(s,t_-,u)$. 所以此时在上式中有 $T^I(s_+,t_-,u)-T^I(s_-,t_+,u)=T^I(s_+,t,u)-T^I(s_-,t,u)=2\mathrm{i}\mathrm{Im}_sT^I(s,t,u)$. 最后一个等式利用到了实解析性.

当 $s\in(-\infty,0]$ 时, $0<t<4-s$, $u>0$, 并不落在 t 或 u 道物理区间内, 见图 7.11, 此时积分的定义域是在 $u>0$, $t>0$ 和 $s<0$ 三条直线所夹的区间内. 由于存在着 $u>4$ 的可能性, 此时 $D_s^I(s,t_-,u)=-D_u^I(s,t_-,u)\neq 0$, 所以

$$\begin{aligned}&\frac{1}{s-4}\int_{4-s}^0\mathrm{d}tP_J\left(1+\frac{2t}{s-4}\right)[D_s^I(s,t_-,u)-D_t^I(s_-,t,u)]\\&=\frac{1}{s-4}\int_{4-s}^0\mathrm{d}tP_J\left(1+\frac{2t}{s-4}\right)[-D_u^I(s,t_-,u)-D_t^I(s_-,t,u)]\end{aligned}$$

$$
\begin{aligned}
&= \frac{1}{s-4}\int_{4-s}^{0} \mathrm{d}t P_J\left(1+\frac{2t}{s-4}\right)[-(-1)^I D_t^I(s,u,t_-) - D_t^I(s_-,t,u)] \\
&= \frac{1}{s-4}\int_{4}^{4-s} \mathrm{d}t P_J\left(1+\frac{2t}{s-4}\right)[(-1)^{I+J} D_t^I(s,t,u_-) + D_t^I(s_-,t,u)],
\end{aligned}
\tag{12.45}
$$

其中第二个等号利用了 (12.43) 式, 第三个等号是因为对第一个积分做了变量替换 $t=4-s-u$, $\mathrm{d}t=-\mathrm{d}u$. 只要不落在 ρ_{tu} 区域内 (只要 $s>-32$ 即可), D_t^I 对于变量 s(和 u) 是解析的, 即 $T^I(s_+,t,u)=T^I(s_-,t,u)$. (12.44) 式中的被积函数可写为 $T^I(s_-,t_+,u)-T^I(s_+,t_-,u)=T^I(s,t_+,u)-T^I(s,t_-,u)=\mathrm{disc}_t T^I(s,t,u)$. 此时 $\mathrm{disc}_t T^I(s,t,u)$ 没有任何奇异性, 可以进一步改写为

$$
\mathrm{disc}_t T^I(s,t,u) = 2\mathrm{i}\mathrm{Im}_t T^I(s,t,u). \tag{12.46}
$$

根据上面的讨论, 在当 s 在负实轴上时, 我们可以写出

$$
\frac{1}{2\mathrm{i}}\mathrm{disc}T_J^I(s) = \frac{[1+(-1)^{I+J}]}{s-4}\int_4^{4-s}\mathrm{d}t P_J\left(1+\frac{2t}{s-4}\right)\mathrm{Im}T^I(s,t), \tag{12.47}
$$

其中 $\mathrm{Im}T^I$ 是由 t 道的阈导致的, 并且变量 t,s 并不落在 t 道的物理区域内. 正如上面所指出的, 这个式子的成立是有条件的. 利用交叉对称性的公式

$$
\mathrm{Im}T^I(s,t) = \sum_{I'} C_{II'}^{(st)}\mathrm{Im}T_t^{I'}(s,t), \tag{12.48}
$$

并利用分波展开的表达式

$$
\mathrm{Im}T^{I'}(s,t) = \sum_{J'}(2J'+1)P_{J'}\left(1+\frac{2s}{t-4}\right)\mathrm{Im}T_{J'}^{I'}(t), \tag{12.49}
$$

可以利用右手物理割线来计算左手割线, 得到

$$
\begin{aligned}
\mathrm{Im_L}T_J^I(s) = &\frac{[1+(-1)^{I+J}]}{s-4}\sum_{I'}\sum_{l'}(2J'+1)C_{II'}^{(st)} \\
&\times\int_4^{4-s}\mathrm{d}t P_J\left(1+\frac{2t}{s-4}\right)P_{J'}\left(1+\frac{2s}{t-4}\right)\mathrm{Im}T_{J'}^{I'}(t).
\end{aligned}
\tag{12.50}
$$

这个式子的意义在于可以利用物理区间的知识 (比如实验值) 来确定左手割线. 其有效性依赖于 (12.46)、(12.49) 式的有效性, 而并不对所有 $s<0$ 均成立. (12.49) 式本来仅定义在 t 道物理区间, 即 $t>0$, $4-t<s<0$. 然而 (12.49) 式中的序列在 $-32<s<4$ 的范围内对于任意的 t 都是收敛的, 此时 (12.46) 也总是成立的. 后者是由所谓的 Mandelstam 表示导出的: 在 $-32<s<4$ 的范围内, $\mathrm{Im}T^I(s,t)$ 没有落在双谱函数区间, 因而没有奇异性, 所以 (12.46), (12.49) 式仍然成立.

§12.5 有自旋时的分波展开

12.5.1 螺旋度振幅的分波展开

假设入态的两个粒子分别具有量子数 $\boldsymbol{p}_1, \sigma_1, \mu_1$ 和 $\boldsymbol{p}_2, \sigma_2, \mu_2$, 其中 $\boldsymbol{p}$ 代表动量, σ 代表自旋, μ 表示螺旋度. 两粒子在 s 道的质心系中沿着 z 轴相对运动, 其波函数可以按总角动量 J 的分波进行展开:

$$|\boldsymbol{p}_1, \sigma_1, \mu_1; \boldsymbol{p}_2, \sigma_2, \mu_2\rangle = (16\pi)^{\frac{1}{2}} \sum_{J=|\mu|}^{\infty} (2J+1)^{\frac{1}{2}} |s, J, \mu, \mu_1, \mu_2\rangle, \tag{12.51}$$

其中 $\mu = \mu_1 - \mu_2$ 是 J 的 z 分量, $s = (p_1 + p_2)^2$, $[16\pi(2J+1)]^{\frac{1}{2}}$ 是一个适当的归一化因子. 对于两粒子系统, 其轨道角动量一定垂直于其动量方向, 所以 $J_z = \mu$. 由于显然有 $J \geqslant J_z$, 所以在上式中的求和是从 μ 开始的. 类似地, 末态的两粒子在相对于 z 轴角度为 θ, ϕ 的方向上相向运动, 其相应的分解为

$$\begin{aligned}|\boldsymbol{p}_3, \sigma_3, \mu_3; \boldsymbol{p}_4, \sigma_4, \mu_4\rangle = (16\pi)^{\frac{1}{2}} \sum_{J=|\mu'|}^{\infty} \sum_{\mu''=-J}^{J} (2J+1)^{\frac{1}{2}} \\ \times \mathcal{D}^J_{\mu''\mu'}(\phi, \theta, -\phi) |s, J, \mu'', \mu_3, \mu_4\rangle,\end{aligned} \tag{12.52}$$

其中 $\mu' = \mu_3 - \mu_4$ 是 J 在运动方向上的投影, μ'' 是 J 在 z 轴上的投影. 函数 $\mathcal{D}$ 的表达式为

$$\mathcal{D}^J_{m'm}(\alpha, \beta, \gamma) = \mathrm{e}^{\mathrm{i}m'\alpha} d^J_{m'm}(\beta) \mathrm{e}^{\mathrm{i}m\gamma}. \tag{12.53}$$

转动矩阵 $d^J_{m'm}$ 的表达式及其性质的讨论可以参见附录 1.3 小节. 由于角动量守恒, 可以对于每一个 J 定义一个分波振幅:

$$T^J_H(s) \equiv \langle s, J, \mu'', \mu_3, \mu_4 | T | s, J, \mu, \mu_1, \mu_2\rangle, H \equiv \{\mu_1, \mu_2, \mu_3, \mu_4\}, \tag{12.54}$$

其中 $\mu'' = \mu$ 以保证 J_z 守恒. 所以完全散射振幅可以展开为

$$\begin{aligned}T_{H_s}(s,t) = 16\pi \sum_{J=M}^{\infty} (2J+1) T^J_{H_s}(s) \mathcal{D}^{J*}_{\mu\mu'}(\phi, \theta, -\phi)\ , \\ M \equiv \max\{|\mu|, |\mu'|\}.\end{aligned} \tag{12.55}$$

如果我们取散射平面为 x-z 平面, 即有 $\phi = 0$, 则上式简化为

$$T_{H_s}(s,t) = 16\pi \sum_{J=M}^{\infty} (2J+1) T^J_H(s) d^J_{\mu\mu'}(z_s) \quad (z_s \equiv \cos\theta_s). \tag{12.56}$$

转动矩阵具有如下归一化条件:

$$\int_{-1}^{1} d_{\lambda\lambda'}^{J}(z) d_{\lambda\lambda'}^{J'}(z) \mathrm{d}z = \delta_{JJ'} \frac{2}{2J+1}, \tag{12.57}$$

$$\frac{1}{2}\sum_{J}(2J+1) d_{\lambda\lambda'}^{J}(z) d_{\lambda\lambda'}^{J}(z') = \delta(z-z'), \tag{12.58}$$

$$\sum_{\lambda} d_{\lambda\lambda'}^{J}(z) d_{\lambda\lambda''}^{J'}(z) = \delta_{\lambda'\lambda''}. \tag{12.59}$$

由其可以得出分波投影公式

$$T_H^J = \frac{1}{32\pi}\int_{-1}^{1} T_H(s,t) d_{\mu\mu'}^{J}(z_s) \mathrm{d}z_s. \tag{12.60}$$

有自旋时的分波幺正性与 (12.14) 式类似, 但对中间态求和时要对所有可能的螺旋度求和. 对于非极化的实验, 要对入射粒子的极化求平均, 所以此时的光学定理 (7.10) 式改写为

$$\sigma_{12}^{\text{tot}} = \frac{1}{2k_{\text{cm}}\sqrt{s}} \frac{1}{(2\sigma_1+1)(2\sigma_2+1)} \sum_{\mu_1\mu_2} \mathrm{Im}\langle \mu_1\mu_2|T^{\text{el}}(s,0)|\mu_1\mu_2\rangle. \tag{12.61}$$

同样也可以把上式进行分波分解:

$$\sigma_{12}^{\text{tot}} = \frac{8\pi}{k_{\text{cm}}\sqrt{s}} \frac{1}{(2\sigma_1+1)(2\sigma_2+1)} \sum_{\mu_1\mu_2} \sum_{J=|\mu|} (2J+1)\mathrm{Im}T_H^{J,\text{el}}(s) \quad (\mu = \mu_1 - \mu_2). \tag{12.62}$$

12.5.2 按轨道角动量和自旋的分波展开

另一种有用的展开方式是按总角动量 J、轨道角动量 l 和总自旋 s 展开. 比如非极化的总截面可以表示为

$$\sigma^{\text{tot}}(12 \to \text{所有末态}) = \frac{8\pi}{k_{\text{cm}}\sqrt{s}} \frac{1}{(2\sigma_1+1)(2\sigma_2+1)} \sum_{J,l,s} (2J+1)\mathrm{Im}T_{l,s}^{J,\text{el}}(s). \tag{12.63}$$

一般来说, l 和 s 并不是守恒的量子数, 只有 J 是好量子数. 但是在某些情况下, 按照上式分解的 S 矩阵元可以是对角的. 另外, 按轨道角动量展开的一个好处是, 利用球谐函数的性质, 可以看出在阈附近散射矩阵元对动量的依赖关系: $T_{ij}^{(l)} \propto k_i^l k_j^l$. 这种动量依赖的出现是为了抵消球谐函数中相应的奇异性.

§12.6 一般情况下两两散射分波振幅的奇异性分析

12.6.1 任意质量的 $2\to 2$ 散射的运动学

讨论如

$$1+2\to 3+4$$

的两两散射过程, 由交叉对称性和 PCT 定理, 下面的六个过程共用一个解析振幅:

$$\begin{aligned}
&1+2\to 3+4,\quad \bar{3}+\bar{4}\to \bar{1}+\bar{2}\quad (s\ \text{道}),\\
&1+\bar{3}\to \bar{2}+4,\quad 2+\bar{4}\to \bar{1}+3\quad (t\ \text{道}),\\
&1+\bar{4}\to \bar{2}+3,\quad 2+\bar{3}\to \bar{1}+4\quad (u\ \text{道}).
\end{aligned}\tag{12.64}$$

在粒子 1 和 2 的质心系中, 它们的 4-动量可以写为

$$p_1=(E_1,\boldsymbol{q}_{s12}),\quad p_2=(E_2,-\boldsymbol{q}_{s12}).\tag{12.65}$$

类似地对于末态粒子 3 和 4,

$$p_3=(E_3,\boldsymbol{q}_{s34}),\quad p_4=(E_4,-\boldsymbol{q}_{s34}).\tag{12.66}$$

以 s,t,u 变量来表示, 有

$$\begin{aligned}
E_1&=\frac{1}{2\sqrt{s}}(s+m_1^2-m_2^2),\\
E_2&=\frac{1}{2\sqrt{s}}(s+m_2^2-m_1^2),\\
E_3&=\frac{1}{2\sqrt{s}}(s+m_3^2-m_4^2),\\
E_4&=\frac{1}{2\sqrt{s}}(s+m_4^2-m_3^2).
\end{aligned}\tag{12.67}$$

而 $\boldsymbol{q}_{s12}$, $\boldsymbol{q}_{s34}$ 可表为

$$\begin{aligned}
q_{s12}^2&=\frac{1}{4s}\lambda(s,m_1^2,m_2^2),\\
q_{s34}^2&=\frac{1}{4s}\lambda(s,m_3^2,m_4^2),
\end{aligned}\tag{12.68}$$

其中

$$\lambda(x,y,z)=x^2+y^2+z^2-2xy-2yz-2zx.\tag{12.69}$$

比如有

$$q_{s12}^2=\frac{1}{4s}[s-(m_1+m_2)^2][s-(m_1-m_2)^2].\tag{12.70}$$

由 $t=(p_1-p_3)^2$ (它表示 s 道过程中的动量转移), 得

$$t=m_1^2+m_3^2-2p_1\cdot p_3=m_1^2+m_3^2-2E_1E_3+2q_{s12}q_{s34}\cos\theta_s. \tag{12.71}$$

从中得出

$$\begin{aligned}z_s\equiv\cos\theta_s&=\frac{s^2+s(2t-\Sigma)+(m_1^2-m_2^2)(m_3^2-m_4^2)}{4sq_{s12}q_{s34}}\\&=\frac{s^2+s(2t-\Sigma)+(m_1^2-m_2^2)(m_3^2-m_4^2)}{\lambda^{1/2}(s,m_1^2,m_2^2)\lambda^{1/2}(s,m_3^2,m_4^2)},\end{aligned} \tag{12.72}$$

其中 $\Sigma=m_1^2+m_2^2+m_3^2+m_4^2$.

12.6.2 分波投影公式奇异性

这里我们讨论分波散射矩阵元的解析性质[①]. 对于普遍的两体散射, 入射粒子动量为 p_1,p_2, 出射动量为 p_3,p_4. 此时的 s, t, u 的关系为

$$\begin{aligned}t=&m_1^2+m_3^2-[s+m_1^2-m_2^2][s+m_3^2-m_4^2]/(2s)+\{[s-(m_1+m_2)^2]\\&\times[s-(m_1-m_2)^2][s-(m_3+m_4)^2][s-(m_3-m_4)^2]\}^{\frac12}\frac{\cos\theta}{2s},\\u=&m_1^2+m_4^2-[s+m_1^2-m_2^2][s+m_4^2-m_3^2]/(2s)-\{[s-(m_1+m_2)^2]\\&\times[s-(m_1-m_2)^2][s-(m_3+m_4)^2][s-(m_3-m_4)^2]\}^{\frac12}\frac{\cos\theta}{2s}.\end{aligned} \tag{12.73}$$

我们用 σ_1, σ_2, σ_3 分别表示 s,t,u 道中间粒子态分立谱的最低能量平方, 用 ρ_1, ρ_2, ρ_3 表示中间态连续谱最低能量平方. 当没有分立谱时, $\sigma=\rho$. 从上面的表达式看出, 为了在复 s 平面上单值定义 t,u, 必须引入支点在 $(m_1\pm m_2)^2$, $(m_3\pm m_4)^2$ 的割线. 不妨把割线取为从负无穷到 $\max\{(m_1-m_2)^2,(m_3-m_4)^2\}$, 以及 $\min\{(m_1+m_2)^2,(m_3+m_4)^2\}$ 到 $+\infty$.

对于完全矩阵元, 如果 s 道的中间态有不连续谱, 即有稳定单粒子的中间态, 会对完全散射振幅的 s 复平面贡献一个极点, 分波后仍然对 s 道的分波振幅贡献一个极点, 且在实轴上其位置同完全矩阵元中此极点的位置 σ_1 相同. 如果有连续谱, 即有两粒子中间态或多粒子中间态, 对完全散射振幅的 s 平面贡献一个割线, 分波后仍然对分波振幅贡献一个割线, 起始位置同完全矩阵元的割线起始位置 ρ_1 相同.

对于 t 道或 u 道的中间过程对 s 道分波矩阵元的奇异性的贡献, 此时的讨论出发点是分波公式, 不考虑前面的一些常数, 有

$$A_l(s)=\int_{-1}^{+1}\mathrm{d}(\cos\theta)P_l(\cos\theta)\int_{\sigma_2}^{+\infty}\mathrm{d}t'\frac{\mathcal{F}(t',s)}{t'-t}, \tag{12.74}$$

[①] Kennedy J and Spearman T D. Phys. Rev., 1961, 126: 1596.

其中 σ_2 为 t 道最低的分立谱或连续谱. 为此我们已经把完全矩阵元用固定 s 色散关系表示出来 $\left(s+t+u=\Sigma=\sum_{i=1}^{4}m_i^2\right)$:

$$T_s(s,t,u)=\frac{g_t(s)}{t-\sigma_2}+\frac{g_u(s)}{u-\sigma_3}+\frac{1}{\pi}\int_{t_{\rm th}}^{+\infty}\frac{\mathcal{D}_t(s,t',u')}{t'-t}{\rm d}t'$$
$$+\frac{1}{\pi}\int_{u_{\rm th}}^{+\infty}\frac{\mathcal{D}_u(s,t',u')}{u'-u}{\rm d}u'.$$

对于 u 道的讨论与 t 道的讨论几乎一样. 从 (12.73) 式得知, 仅仅需要把 m_3, m_4 符号交换即可. 所以我们先关注 t 道, 即 (12.74) 式. 将 (12.74) 式中的积分交换次序, 可将上式写成

$$A_l(s)=\int_{\sigma_2}^{+\infty}{\rm d}t'\mathcal{F}(t',s)\int_{-1}^{+1}{\rm d}x\frac{P_l(x)}{\alpha(t',s)+\beta(s)x}, \tag{12.75}$$

其中积分 $\int_{\sigma_2}^{+\infty}{\rm d}t'\mathcal{F}(t',s)$ 表示 $\int{\rm d}t'\delta(\sigma_2-t')+\int_{\rho_2}^{+\infty}{\rm d}t'\mathcal{D}_t(s,t',u')$, 且

$$\begin{aligned}\alpha&=t'-m_1^2-m_3^2+[s+m_1^2-m_2^2][s+m_3^2-m_4^2]/(2s),\\ \beta(s)&=\{[s-(m_1+m_2)^2][s-(m_1-m_2)^2]\\&\quad\times[s-(m_3+m_4)^2][s-(m_3-m_4)^2]\}^{\frac{1}{2}}/(2s).\end{aligned} \tag{12.76}$$

这样就将分波散射矩阵元的奇异性的问题转化为求内部积分的奇异性的问题. 这又分为下面三种情况.

(1) $\beta(s)=0, \alpha(t',s)=0$.

$\beta(s)=0$ 意味着 s 只能取 $s=(m_1\pm m_2)^2$, $(m_3\pm m_4)^2$ 四者之一. 我们可以把 $\alpha(t',s)$ 改写为

$$\alpha(t',s)=(s-\gamma_1)(s-\gamma_2)/(2s),$$

其中 γ_1, γ_2 是 t' 的函数. 由于 $\beta(s)$ 等于零, $\alpha(t',s)$ 仅仅在 γ_1 或 γ_2 取值为 $(m_1\pm m_2)^2$, $(m_3\pm m_4)^2$ 之一时才有可能为 0. 设 γ_1 取了这样的值, 那么对于适当的 t', s 的取值, 有

$$\beta(s)=\overline{\beta}(s)(s-\gamma_1)^{1/2},\quad \alpha(t',s)=\overline{\alpha}(t',s)(s-\gamma_1),$$

其中 $\overline{\beta}$ 和 $\overline{\alpha}$ 是有限和不为零的. 这时对 x 的积分写为

$$\frac{1}{(s-\gamma_1)^{1/2}}\int_{-1}^{+1}\frac{P_l(x){\rm d}x}{\overline{\alpha}(t',s)(s-\gamma_1)^{1/2}+\overline{\beta}(s)x}.$$

由于 $\overline{\alpha}(t',s)(s-\gamma_1)^{1/2}=0,\ \overline{\beta}(s)\neq 0$. 此时从这一表达式中产生出来的奇异性仅仅是 $(s-\gamma_1)^{1/2}$ 项, 其中 γ_1 可任取 $(m_1\pm m_2)^2,\ (m_3\pm m_4)^2$ 之一. 但是这种奇异性在一开始定义 $t,\ u$ 时已经给出了, 所以上面的讨论不会再引入新的奇异性.

(2) $\beta(s)=0, \alpha(t',s)\neq 0$.

此时对 $\mathrm{d}x$ 的积分可写为

$$\frac{1}{\alpha(t',s)}\int_{-1}^{+1}P_l(x)\mathrm{d}x,$$

它并不贡献任何奇异性.

(3) $\beta(s)\neq 0$,$\alpha(t',s)\neq 0$.

由于 $\beta(s)\neq 0$, 可以把 $P_l(x)$ 改写为一个 $\alpha(t',s)+\beta(s)x$ 的多项式. 对 $\mathrm{d}x$ 的积分改写为如下形式:

$$\int_{-1}^{+1}\frac{C(t',s)\mathrm{d}x}{\alpha(t',s)+\beta(s)x}+\text{非奇异项}.$$

奇异积分项可以积出来, 为 $[C/\beta(s)]\{\ln[\alpha(t',s)+\beta(s)]-\ln[\alpha(t',s)-\beta(s)]\}$. 对于任意的 $t'\in[\sigma_2,\infty)$, 在 s 满足

$$\alpha(t',s)=\pm\beta(s) \tag{12.77}$$

时, 上面的奇异积分即会产生支点奇异性. 对于 u 道可以类似讨论, 将 m_3 与 m_4 互换即可.

寻找分波投影公式所产生的奇异性这一问题现在被归结为寻找 (12.77) 式的解的问题.

12.6.3 奇异点的位置

从 (12.76) 式可以得知, $s=0$ 时对于任意的 t', 方程 (12.77) 都是成立的. 于是对所有的 t' 都必须引入一条割线, 从 $s=0$ 到无穷. 方便的取法是沿着负实轴到无穷. 为求其他的根, 我们把方程 (12.77) 改写为如下形式:

$$as^2+2bs+c=0.$$

定义 $s=x+\mathrm{i}y$, 继续把上式拆为

$$a(x^2-y^2)+2bx+c=0, \tag{12.78}$$

$$axy+by=0, \tag{12.79}$$

其中 a, b, c 是 t' 的函数, 定义如下:

$$\begin{aligned} a &= t', \\ 2b &= t'^2 - \sum_{i=1}^{4} m_i^2 t' + (m_1^2 - m_3^2)(m_2^2 - m_4^2), \\ c &= (m_1^2 - m_2^2)(m_3^2 - m_4^2)t' + (m_1^2 m_4^2 - m_2^2 m_3^2)(m_1^2 - m_2^2 - m_3^2 + m_4^2). \end{aligned} \tag{12.80}$$

方程 (12.79) 由两条直线 $x = -b/a$ 和 $y = 0$ 组成. 双曲线方程 (12.78) 式在 $b^2 > ac$ 时与 $y = 0$ 相交, 而在 $b^2 < ac$ 时与 $x = -b/a$ 相交, 如图 12.2 所示. 判别式 $b^2 - ac$ 的表达式是

$$\frac{1}{4}[t' - (m_1 + m_3)^2][t' - (m_1 - m_3)^2][t' - (m_2 + m_4)^2][t' - (m_2 - m_4)^2]. \tag{12.81}$$

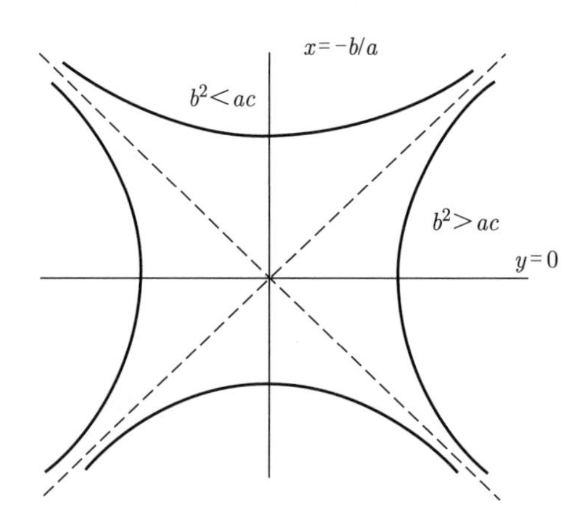

图 12.2 方程 (12.78) 与 (12.79) 的图形表式.

显然, t 道的中间态, 不管是孤立粒子还是连续谱, 其质量都不可能比 $|m_1 - m_3|$ 或 $|m_2 - m_4|$ 小, 因为入射粒子必须是稳定的. 因此 $\rho_2 \geqslant \sigma_2 \geqslant \max\{(m_1 - m_3)^2, (m_2 - m_4)^2\}$. 对于初末态粒子均为强作用粒子的情况, 我们还有 $\sigma_2 \leqslant \rho_2 \leqslant \min\{(m_1 + m_3)^2, (m_2 + m_4)^2\}$. 所以 σ_2, ρ_2 的位置如图 12.3 所示. 对于存在某些粒子是非强作用粒子的情形, 则可能有 ρ_2, σ_2 大于 $(m_1 + m_3)^2$ 或 $(m_2 + m_4)^2$. 比如对于 π 介子的光生过程, 其 t 道是 $\gamma + \pi \to \mathrm{N}\bar{\mathrm{N}}$, 其中间态是单 π、两 π 等等, 此时有 $\sigma_2 = (m_1 + m_3)^2 = m_\pi^2 < \rho_2 = 4m_\pi^2$. 对于后者, 这意味着在复平面上的 (即不在实轴上的) 圆型割线在右端是断开的 (见后面的讨论).

比较图 12.2 和图 12.3 得知, 在复平面上的支点来自于 t' 落在 $(m_1 + m_3)^2$ 和 $(m_2 + m_4)^2$ 之间时. 在实轴上的奇异性 (对应于 $b^2 - ac > 0$) 可以来自

$$t' < \min\{(m_1 + m_3)^2, (m_2 + m_4)^2\}$$

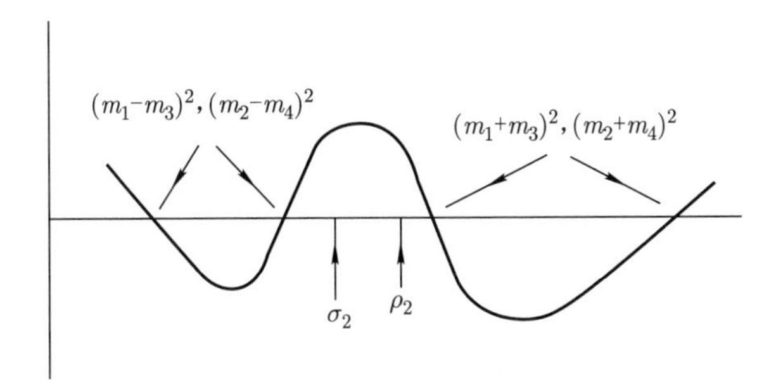

图 12.3 一般质量情形下的 $b^2 - ac$.

或

$$t' > \max\{(m_1+m_3)^2, (m_2+m_4)^2\}.$$

下面我们分别来讨论各种支点的位置.

先来看复平面上的支点. 在复平面上关于实轴对称的奇异性在 $b^2 - ac < 0$ 且 t' 在 $\min\{(m_1+m_3)^2, (m_2+m_4)^2\}$ 到 $\max\{(m_1+m_3)^2, (m_2+m_4)^2\}$ 之间时产生. 它们的位置由双曲线 ((12.78) 式) 与 $x = -b/a$ 的交点定出. 消去 t' 后可得支点位置所满足的曲线方程

$$\left\{-\left(x-\frac{1}{2}\Sigma\right) \pm \left[\left(x-\frac{1}{2}\Sigma\right)^2 - \lambda\right]^{\frac{1}{2}}\right\}[x^2+y^2-\kappa] = \nu \quad (\text{对于}\lambda \neq 0), \tag{12.82}$$

或

$$-2\left(x-\frac{1}{2}\Sigma\right)(x^2+y^2-\kappa) = \nu \quad (\text{对于}\lambda = 0), \tag{12.83}$$

其中

$$\begin{aligned}
\Sigma &= \sum_{i=1}^{4} m_i^2, \\
\lambda &= (m_1^2 - m_3^2)(m_2^2 - m_4^2), \\
\kappa &= (m_1^2 - m_2^2)(m_3^2 - m_4^2), \\
\nu &= (m_1^2 m_4^2 - m_2^2 m_3^2)(m_1^2 - m_2^2 - m_3^2 + m_4^2).
\end{aligned} \tag{12.84}$$

分析 (12.80) 式可得, 当 t' 从 ρ_2 变到 $+\infty$ 时, $-b/a$ 从 $-\infty$ 变到 L, 而

$$L = \begin{cases} \Sigma/2 - \lambda^{\frac{1}{2}}, & \text{对于 } \lambda > \rho_2^2, \\ \Sigma/2 - \dfrac{1}{2}(\rho_2 + \lambda/\rho_2), & \text{对于 } \lambda < \rho_2^2. \end{cases} \tag{12.85}$$

所以在复平面上的支点是由方程 (12.82) 在 $x = L$ 的左边所画出的曲线所描述的.

除了上面的情形以外我们还需考虑如下情形: 如果 t 道存在极点, 位置为 σ_2 且

$$\max\{(m_1+m_3)^2,(m_2+m_4)^2\} \geqslant \sigma_2 \geqslant \min\{(m_1+m_3)^2,(m_2+m_4)^2\}, \tag{12.86}$$

则支点落在线

$$x = -\frac{1}{2\sigma_2}(\sigma_2^2 - \sigma_2 \Sigma + \lambda) \tag{12.87}$$

上 (如果极点不落在 (12.86) 式的范围内, 则支点仅落在实轴上). 为了处理这个奇异性可以引入一条简单地联结两个支点 (与方程 (12.78) 所描述的曲线相交的两个点) 的割线.

实轴上的支点的位置由 (12.78) 式与 $y = 0$ 的交点确定. 消去参数 y 后我们得到方程

$$ax^2 + 2bx + c = 0,$$

其解为

$$ax = -b \pm (b^2 - ac)^{\frac{1}{2}}, \tag{12.88}$$

其中 a, b, c 的定义由 (12.80) 式给出. 此时在实轴上产生支点的贡献有以下几种情形:

(1) 在 t 道有孤立奇点 $t' = \sigma_2$, 且

$$\sigma_2 \leqslant \min\{(m_1+m_3)^2,(m_2+m_4)^2\}.$$

(2) t' 满足

$$\rho_2 \leqslant t' \leqslant \min\{(m_1+m_3)^2,(m_2+m_4)^2\}.$$

(3) t' 满足

$$t' \geqslant \max\{(m_1+m_3)^2,(m_2+m_4)^2,\rho_2\}.$$

最后我们再总结一下出现奇异性的各种情况.

(1) 为了在 s 平面上定义 t 和 u, 必须引入从 $-\infty$ 到 $\max\{(m_1-m_2)^2,(m_3-m_4)^2\}$, 以及 $\min\{(m_1+m_2)^2,(m_3+m_4)^2\}$ 到 $+\infty$ 的割线.

(2) 在 s 道可能存在的极点 σ, 以及从 ρ 到正无穷的物理割线.

(3) 实轴上从原点到负无穷的割线, 原因是 $s = 0$ 对于任意的 t' 都产生了一个支点.

(4) 由方程 (12.88) 所决定的在实轴上的割线: 当 t' 在从 ρ_2 到 $\min\{(m_1+m_3)^2,(m_2+m_4)^2\}$ 的范围内取值, 或者当 t' 在从 $\max\{(m_1+m_3)^2,(m_2+m_4)^2\}$ 到 $+\infty$ 的范围内取值. u 道也给出类似的割线.

(5) 如果在 t 道有一个孤立奇点且 $\sigma_2 \leqslant \min\{(m_1+m_3)^2,(m_2+m_4)^2\}$, 会在实轴上产生一条割线, 其端点由方程 (12.88) 决定.

(6) 离开实轴并且对实轴是对称的一条割线, 由方程 (12.82) 决定. 如果某些粒子不参加强作用, 曲线的右侧有可能是被割开的. 复平面上的割线仅在 $\min\{(m_1+m_3)^2,(m_2+m_4)^2\}< t' < \max\{(m_1+m_3)^2,(m_2+m_4)^2\}$ 且 $m_1+m_3 \neq m_2+m_4$ 时出现. u 道也给出类似的割线.

12.6.4 几个例子

(1) $\gamma\gamma \to \pi^+\pi^-$.

此时 $m_1=m_2=0$, $m_3=m_4=m_\pi$, s 道: $\rho_1=4m_\pi^2$, 没有 σ_1; t 道: $\sigma_2=m_\pi^2$, $\rho_2=4m_\pi^2$, $b^2-ac=\dfrac{1}{4}(t'-m_\pi^2)^4>0$ ($\gamma\to 3\pi$ 顶角). σ_2 给出的支点由方程 (12.87) 决定在 0 点. 从 ρ_2 到正无穷的积分给出的实轴上的支点由下式给出:

$$x_+=0,\quad x_-=-\frac{(t'-m_\pi^2)^2}{t'},$$

支点为 0 和 $\left(-\dfrac{9}{4}m_\pi^2,-\infty\right)$. 所以结论是仅有从 $-\infty$ 到 0 和 $4m_\pi^2$ 到 $+\infty$ 的两条割线.

u 道: 与 t 道类似, $\sigma_3=m_\pi^2$, $\rho_3=4m_\pi^2$.

$\gamma\gamma\to\pi^0\pi^0$ 的割线类似.

(2) $\gamma\pi\to\gamma\pi$.

此时 $m_1=m_3=0$, $m_2=m_4=m_\pi$. s 道: $\rho_1=4m_\pi^2$, $\sigma_1=m_\pi^2$. t 道: $\rho_2=4m_\pi^2$, $b^2-ac=\dfrac{1}{4}t'^3(t'-4m_\pi^2)$. u 道: $\sigma_3=m_\pi^2$, $\rho_3=4m_\pi^2$.

这个过程有些特殊, 首先并不需要对 t, u 的割线进行定义. 在 s 道存在 π 介子的极点并存在从 $4m_\pi^2$ 到无穷的物理割线. 当然还有由 $s=0$ 引起的从 0 到负无穷的割线. 在 t 道, t' 从 $4m_\pi^2$ 到 $+\infty$ 时方程 (12.88) 给出

$$x=-\frac{1}{2}(t'-2m_\pi^2)\pm\frac{1}{2}\sqrt{t'(t'-4m_\pi^2)},$$

其正号解产生 $[-1,0)$, 负号解产生 $[-1,-\infty)$, 所以总体效应是产生一个从 0 到负无穷的割线, 另外并不存在离开实轴的支点. 此时不难证明 (12.85) 式中的 $L=-m_\pi^2$, 排除了环形割线的存在.

在 u 道来看, $b^2-ac=\dfrac{1}{4}(t'-m_\pi^2)^4$. 在 t' 从 $\rho_3=4m_\pi^2$ 变到正无穷时, 其实轴上的支点位置为

$$x_-=2-t',\quad x_+=\frac{1}{t'},$$

变化范围为 $(-2,-\infty)$, $\left(\dfrac{1}{4},0\right)$.

从 (12.87) 式出发, 如果不太小心就会得出 $\sigma_3=m_\pi^2$ 贡献一个支点 $x=m_\pi^2$ 的结论. 但是仔细的分析表明, 这里实际上贡献的是一个 s 道的极点. 此时取 $t'=\sigma_3=m_\pi$,

$$\alpha=\frac{(s-m_\pi^2)(s+m_\pi^2)}{2s},\quad \beta=\frac{(s-m_\pi^2)^2}{2s},$$

于是

$$\int_{-1}^{+1}\frac{\mathrm{d}x}{\alpha+\beta x}\to\frac{2s}{s-m_\pi^2}\int_{-1}^{+1}\frac{\mathrm{d}x}{(s+m_\pi^2)+(s-m_\pi^2)x}=\frac{2s}{(s-m_\pi^2)^2}\ln\frac{s}{m_\pi^2},$$

它提供了 $s=m_\pi^2$ 的一个单极点和 $s=0$ 到负无穷的一条割线.

(3) $\pi^+\pi^-\to \mathrm{K}\overline{\mathrm{K}}$.

此时会产生从 $4m_\pi^2$(和 $4m_\mathrm{K}^2$) 到正无穷的割线, 以及从 $-\infty$ 到 0 的割线 (包括方程 (12.88)).

(4) $\mathrm{K}\overline{\mathrm{K}}\to\mathrm{K}\overline{\mathrm{K}}$.

此时 $b^2-ac=\dfrac{1}{4}t'^2(t'-m_\mathrm{K}^2)^2$. 注意 $\rho=4m_\pi^2$. 因此除了从 $4m_\mathrm{K}^2$ 到正无穷、负无穷到 0 的割线外, 实际上右边的割线是从 $4m_\pi^2$ 开始的. 而方程 (12.88) 式的两个根为

$$x_+=0,\quad x_-=4m_\mathrm{K}^2-t'.$$

由于 t' 从 $4m_\pi^2$ 开始到正无穷, 所以 $\mathrm{K}\overline{\mathrm{K}}\to\mathrm{K}\overline{\mathrm{K}}$ 的矩阵元有一条 $(-\infty,4m_\mathrm{K}^2-4m_\pi^2]$ 的左手割线.

(5) $\pi\mathrm{K}\to\pi\mathrm{K}$.

在 t 道, $\rho_2=4m_\pi^2$, $b^2-ac=\dfrac{1}{4}t'^2(t'-4m_\mathrm{K}^2)(t'-4m_\pi^2)$. 方程 (12.88) 的两个根为

$$x=m_\mathrm{K}^2+m_\pi^2-\frac{t'}{2}\pm\frac{1}{2}\sqrt{(t'-4m_\mathrm{K}^2)(t'-4m_\pi^2)},$$

其中 t' 从 $4m_\mathrm{K}^2$ 变到无穷, x_+ 从 $-(m_\mathrm{K}^2-m_\pi^2)$ 变到 0, x_- 从 $-(m_\mathrm{K}^2-m_\pi^2)$ 变到负无穷, 所以总体是从 $-\infty$ 到 0. 又由于 $\lambda=\nu=0$, $\kappa=(m_\mathrm{K}^2-m_\pi^2)^2$, 方程 (12.82) 变为

$$x^2+y^2=(m_\mathrm{K}^2-m_\pi^2)^2.$$

由于 $x=-b/a$ 的方程此时为

$$x=m_\mathrm{K}^2+m_\pi^2-\frac{t'}{2},$$

所以环形割线从右到左实际上是由 t' 的从 $4m_\pi^2$ 到 $4m_K^2$ 的积分给出的. 另外此时 (12.85) 式变为

$$L=\frac{\Sigma}{2}-\frac{\rho_2}{2}=m_K^2-m_\pi^2,$$

所以所有的环形割线都在 $x=L$ 的左边.

u 道的 $b^2-ac=\frac{1}{4}(t'-(m_K+m_\pi)^2)^2(t'-(m_K-m_\pi)^2)^2$, 方程 (12.88) 式的两个根为

$$x_+=\frac{(m_K^2-m_\pi^2)^2}{t'},\quad x_-=2(m_K^2+m_\pi^2)-t'.$$

由于 t' 从 $(m_K+m_\pi)^2$ 到无穷, 此时 x_+ 从 $(m_K-m_\pi)^2$ 变到 0, x_- 从 $(m_K-m_\pi)^2$ 变到 $-\infty$.

最终得到的 πK → πK 的奇异结构在图 12.4 中画出.

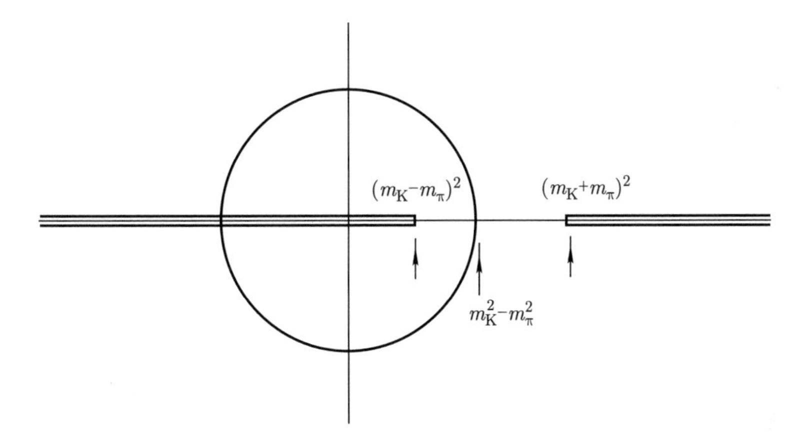

图 12.4　πK 弹性散射中的左手割线、右手割线和圈割线.

第十三章　分波矩阵元的幺正性

§13.1　Riemann 面与共振极点

13.1.1　2 → 2 弹性散射的分波矩阵元的解析延拓

在 12.6.2 小节中我们对任意质量的分波散射振幅的奇异结构进行了仔细的分析, 这里继续讨论分波振幅的性质, 并且把重点放在对其解析性质的讨论上, 尤其我们将讨论振幅到不同 Riemann 面的解析延拓. 为简单起见, 这里仅仅以 $\pi\pi \to \pi\pi$ 等质量弹性散射为例进行讨论.

在对单道情形的 T 的分波矩阵做解析延拓之前, 我们先讨论一下它的解析结构. 对于分波 S 矩阵与分波 T 矩阵, 它们之间的关系为

$$S = 1 + 2\mathrm{i}\rho(s)T(s), \tag{13.1}$$

其中

$$\rho(s) = \sqrt{1 - \frac{4m_\pi^2}{s}}. \tag{13.2}$$

在 $0 < s < 4m_\pi^2$ 时 T 为实的, 这样解析延拓后的 T 矩阵元仍然满足反射关系 (其中 I 表示物理叶上的振幅).

$$T^{\mathrm{I}*}(s + \mathrm{i}\epsilon) = T^{\mathrm{I}}(s - \mathrm{i}\epsilon). \tag{13.3}$$

由单道近似, 这时只有 $\pi\pi \to \pi\pi$ 道打开. 此时由 (12.7) 式给出的分波的幺正性条件为

$$\mathrm{Im}T = T\rho T^*. \tag{13.4}$$

可以看出 T 矩阵元在 $s > 4m_\pi^2$ 的实轴上将出现虚部, 即在此有一个割线. 由于这是 7.2.3 小节中所讨论的幺正性的必然结果, 我们称之为幺正性割线 (unitarity cut). 又由分波公式

$$T_J^{\mathrm{I}}(s) = \frac{1}{32\pi(s - 4m_\pi^2)} \int_{4m_\pi^2 - s}^{0} \mathrm{d}t P_J\left(1 + \frac{2t}{s - 4m_\pi^2}\right) T^{\mathrm{I}}(s, t, u) \tag{13.5}$$

可以看出, 当积分限 $t > 4m_\pi^2$, 即 $s < 0$ 时, 由于积分内被积函数 $T^{\mathrm{I}}(s, t)$ 出现虚部, 导致分波矩阵元会出现虚部, 因此, 将会使分波矩阵元在 $s < 0$ 的实轴上产生一根

割线, 称为左手割线, 其性质已经在第十二章中做过细致讨论. 我们对 T 矩阵进行解析延拓主要是从幺正性割线处进行, 此割线主要由因子 ρ 的割线引起, 所以延拓后的 T 矩阵元是定义在两叶的 Riemann 面上的解析函数. 由于 $\rho(s^*)=-\rho^*(s)$, S 矩阵同样满足反射性质, 且同样具有左手割线, 解析延拓后是定义在两叶 Riemann 面上的解析函数. 我们将以上指标 I 来表示第一叶, 而以上指标 Ⅱ 来表示第二叶, 且如果没有上指标时指的是第一叶. 解析延拓要求

$$T^{\mathrm{I}}(s-\mathrm{i}\epsilon)=T^{\mathrm{II}}(s+\mathrm{i}\epsilon). \tag{13.6}$$

由幺正性条件和反射性质可得

$$T^{\mathrm{I}}(s+\mathrm{i}\epsilon)-T^{\mathrm{II}}(s+\mathrm{i}\epsilon)=2\mathrm{i}T^{\mathrm{I}}(s+\mathrm{i}\epsilon)\rho(s+\mathrm{i}\epsilon)T^{\mathrm{II}}(s+\mathrm{i}\epsilon), \tag{13.7}$$

这样, 可求出

$$T^{\mathrm{II}}(s)=\frac{T^{\mathrm{I}}(s)}{S^{\mathrm{I}}(s)}. \tag{13.8}$$

由 S 矩阵与 T 矩阵的关系可得

$$S^{\mathrm{II}}=\frac{1}{S^{\mathrm{I}}}. \tag{13.9}$$

我们可以看到, S 矩阵元第一叶的零点对应第二叶的极点, 第一叶的极点对应第二叶的零点. 而且第一叶的左手割线与第二叶的左手割线支点位置相同.

13.1.2 两道情形

我们以下标 1 代表 π, 以下标 2 代表 K, 则两个道的 S 矩阵元与 T 矩阵元的关系是

$$\begin{aligned}
S_{11}&=1+2\mathrm{i}\rho_1T_{11}^{\mathrm{I}},\\
S_{22}&=1+2\mathrm{i}\rho_2T_{22}^{\mathrm{I}},\\
S_{12}&=2\mathrm{i}\sqrt{\rho_1\rho_2}T_{12}^{\mathrm{I}}.
\end{aligned} \tag{13.10}$$

我们先分别讨论一下 T_{11},T_{12},T_{22} 的割线的支点的位置.

(1) T_{11}.

在两个道的情形, 中间过程可以是 ππ, 也可以是 KK, 当 s, t, u 中某个大于 $4m_\pi^2$ 时, 中间过程 ππ 可能是实过程, 完全矩阵元会在此时产生虚部, 即有不连续性, 当 s, t, u 中某个大于 $4m_{\mathrm{K}}^2$ 时, 中间过程 KK 也可以是实过程了, 所以此时的完全振幅的不连续性又增加了 KK 道打开的贡献.

对于分波矩阵元 $T_{11,J}^{\mathrm{I}}$, 由分波公式, 有

$$T_{11,J}^{\mathrm{I}}(s)=\frac{1}{32\pi(s-4m_\pi^2)}\int_{4m_\pi^2-s}^{0}\mathrm{d}tP_J\left(1+\frac{2t}{s-4m_\pi^2}\right)T_{11}^{\mathrm{I}}(s,t,4m_\pi^2-s-t), \tag{13.11}$$

其中用到了 $s+u+t=4m_\pi^2$. 我们可以看到, 只要完全振幅在积分限内有虚部, 分波振幅就会有虚部. 因此 $s>4m_\pi^2$ 时, 显然分波振幅有虚部, 而在积分限内, 当 $u,t>4m_\pi^2$ 时, 要求 $s<0$. 所以在 $s>4m_\pi^2$ 或 $s<0$ 时会有割线. 当 $s>4m_{\rm K}^2$ 时, 将会产生第二根右手割线.

(2) T_{22}.

当 s, t, u 中某个大于 $4m_\pi^2$ 时, 中间过程 ππ 可能是实过程, 完全矩阵元会在此时产生不连续性. 当 s, t, u 中某个大于 $4m_{\rm K}^2$ 时, 完全矩阵元会在此时产生第二个不连续性. 此时的分波公式为

$$T_{22,J}^{\rm I}(s)=\frac{1}{32\pi(s-4m_{\rm K}^2)}\int_{4m_{\rm K}^2-s}^{0}{\rm d}tP_J\left(1+\frac{2t}{s-4m_{\rm K}^2}\right)T_{22}^{\rm I}(s,t,4m_{\rm K}^2-s-t),\tag{13.12}$$

其中用到 $s+t+u=4m_{\rm K}^2$. 同上由此式可以看出, 仍然在 $s>4m_\pi^2$ 和 $s>4m_{\rm K}^2$ 处有右手割线, 而左手割线则是 $s<0$ 和 $s<4(m_{\rm K}^2-m_\pi^2)$.

(3) T_{12}.

对于 $\pi\pi\to{\rm KK}$ 过程, 由于初态与末态为不同的粒子, s, t, u 的关系为

$$\begin{aligned}t&=m_\pi^2+m_{\rm K}^2-\frac{s}{2}+\frac{1}{2}\sqrt{s-4m_\pi^2}\sqrt{s-4m_{\rm K}^2}\cos\theta_s,\\u&=m_\pi^2+m_{\rm K}^2-\frac{s}{2}-\frac{1}{2}\sqrt{s-4m_\pi^2}\sqrt{s-4m_{\rm K}^2}\cos\theta_s.\end{aligned}\tag{13.13}$$

对于完全振幅, s 道在 $s>4m_\pi^2$ 和 $s>4m_{\rm K}^2$ 时分别会有 ππ 道和 KK 道的实过程, 对应两个不连续性. 而 t, u 道则只有在 $t,u>(m_\pi+m_{\rm K})^2$ 时有 πK 的中间过程, 产生不连续性. 分波公式为

$$\begin{aligned}T_{12,J}^{\rm I}(s)=&\frac{1}{32\pi\sqrt{(s-4m_\pi^2)(s-4m_{\rm K}^2)}}\int_{f_2}^{f_1}{\rm d}tP_J\left(\frac{2t-2(m_\pi^2+m_{\rm K}^2)+s}{\sqrt{(s-4m_\pi^2)(s-4m_{\rm K}^2)}}\right)\\&\times T_{12}^{\rm I}(s,t,2m_{\rm K}^2+2m_\pi^2-s-t),\end{aligned}\tag{13.14}$$

其中

$$\begin{aligned}f_1&=m_\pi^2+m_{\rm K}^2-\frac{s}{2}+\frac{1}{2}\sqrt{s-4m_\pi^2}\sqrt{s-4m_{\rm K}^2},\\f_2&=m_\pi^2+m_{\rm K}^2-\frac{s}{2}-\frac{1}{2}\sqrt{s-4m_\pi^2}\sqrt{s-4m_{\rm K}^2}.\end{aligned}\tag{13.15}$$

可以看出, $s>4m_\pi^2$ 与 $s>4m_{\rm K}^2$ 时分别对应两个割线, 而在 $s<0$ 时对应左手割线. $4m_{\rm K}^2>s>4m_\pi^2$ 区域比较难讨论, 但是也可以得到在此区域有虚部存在.

右手割线的形式从数学上看, 是由于散射矩阵是 ρ_1 和 ρ_2 的函数, 所以可以将 T 矩阵元延拓到四个叶的 Riemann 面上. 我们可以规定沿割线上沿的 ρ_1 和 ρ_2 的

符号来区分不同的叶:

$$\begin{aligned}
&\text{第一叶}\ \rho_1>0,\quad \rho_2>0,\\
&\text{第二叶}\ \rho_1<0,\quad \rho_2>0,\\
&\text{第三叶}\ \rho_1<0,\quad \rho_2<0,\\
&\text{第四叶}\ \rho_1>0,\quad \rho_2<0.
\end{aligned}$$

两个道的情况下, 分波矩阵元的幺正性关系此时可以表示为

$$\begin{aligned}
\mathrm{Im}T_{11}&=T_{11}\rho_1T_{11}^*+T_{12}\rho_2T_{12}^*, && s>4m_{\mathrm{K}}^2,\\
\mathrm{Im}T_{12}&=T_{12}\rho_2T_{22}^*+T_{11}\rho_1T_{12}^*, && s>4m_{\mathrm{K}}^2,\\
\mathrm{Im}T_{22}&=T_{22}\rho_2T_{22}^*+T_{12}\rho_1T_{12}^*, && s>4m_{\mathrm{K}}^2,
\end{aligned}\tag{13.16}$$

和

$$\begin{aligned}
\mathrm{Im}T_{11}&=T_{11}\rho_1T_{11}^*, && 4m_\pi^2<s<4m_{\mathrm{K}}^2,\\
\mathrm{Im}T_{12}&=T_{11}\rho_1T_{12}^*, && 4m_\pi^2<s<4m_{\mathrm{K}}^2,\\
\mathrm{Im}T_{22}&=T_{21}\rho_1T_{12}^*, && 4m_{\mathrm{K}}^2-4m_\pi^2<s<4m_{\mathrm{K}}^2,
\end{aligned}\tag{13.17}$$

其中用到了 $T_{12}=T_{21}$. 在单道弹性幺正性区域, 由于 $\mathrm{K}\overline{\mathrm{K}}$ 是离壳的, T_{21} 和 T_{22} 已经不再有直接的物理意义. (13.16) 式的成立是没有任何问题的, 因为它是由两道情形时的幺正性保证的. 而 (13.17) 式中只有第一式是由单道幺正性保证的, 后两式严格来讲只是受 (13.16) 式启发而做出的假设. 既然已经不再有第一原理来保证 (13.17) 式中后两式的正确性, 那么在使用它们时必须很小心.

同单道时一样, 利用幺正性关系和反射原理可以对 2×2 散射矩阵进行解析延拓:

$$\begin{aligned}
T^{\mathrm{I}*}(s+\mathrm{i}\epsilon)=T^{\mathrm{I}}(s-\mathrm{i}\epsilon)=T^{\mathrm{II}}(s+\mathrm{i}\epsilon),&\quad 4m_\pi^2<s<4m_{\mathrm{K}}^2\ (T_{11},T_{12}),\\
&\quad 4m_{\mathrm{K}}^2-4m_\pi^2<s<4m_{\mathrm{K}}^2(T_{22}),\\
T^{\mathrm{II}*}(s+\mathrm{i}\epsilon)=T^{\mathrm{II}}(s-\mathrm{i}\epsilon)=T^{\mathrm{IV}}(s+\mathrm{i}\epsilon),&\quad s>4m_{\mathrm{K}}^2\ (T_{11},T_{12},T_{22}),\\
T^{\mathrm{I}*}(s+\mathrm{i}\epsilon)=T^{\mathrm{I}}(s-\mathrm{i}\epsilon)=T^{\mathrm{III}}(s+\mathrm{i}\epsilon),&\quad s>4m_{\mathrm{K}}^2\ (T_{11},T_{12},T_{22}).
\end{aligned}\tag{13.18}$$

结果如下:

$$T^{\mathrm{II}}\equiv T^{\mathrm{I}}B_{\mathrm{II}}=T^{\mathrm{I}}\begin{pmatrix}\dfrac{1}{1+2\mathrm{i}\rho_1T_{11}^{\mathrm{I}}} & \dfrac{-2\mathrm{i}\rho_1T_{12}^{\mathrm{I}}}{1+2\mathrm{i}\rho_1T_{11}^{\mathrm{I}}}\\ 0 & 1\end{pmatrix},\tag{13.19}$$

$$T^{\mathrm{III}} \equiv T^{\mathrm{I}} B_{\mathrm{III}} = \frac{1}{1+2\mathrm{i}T^{\mathrm{I}}\rho} T^{\mathrm{I}} = T^{\mathrm{I}} \begin{pmatrix} \dfrac{1+2\mathrm{i}\rho_2 T^{\mathrm{I}}_{22}}{\det S} & \dfrac{-2\mathrm{i}\rho_1 T^{\mathrm{I}}_{12}}{\det S} \\ \dfrac{-2\mathrm{i}\rho_2 T^{\mathrm{I}}_{21}}{\det S} & \dfrac{1+2\mathrm{i}\rho_1 T^{\mathrm{I}}_{11}}{\det S} \end{pmatrix}, \tag{13.20}$$

$$T^{\mathrm{IV}} \equiv T^{\mathrm{I}} B_{\mathrm{IV}} = T^{\mathrm{I}} \begin{pmatrix} 1 & 0 \\ \dfrac{-2\mathrm{i}\rho_2 T^{\mathrm{I}}_{21}}{1+2\mathrm{i}\rho_2 T^{\mathrm{I}}_{22}} & \dfrac{1}{1+2\mathrm{i}\rho_2 T^{\mathrm{I}}_{22}} \end{pmatrix}. \tag{13.21}$$

利用 (13.10) 式可以得到

$$S^{\mathrm{II}} = \begin{pmatrix} \dfrac{1}{S_{11}} & \dfrac{\mathrm{i}S_{12}}{S_{11}} \\ \dfrac{\mathrm{i}S_{12}}{S_{11}} & \dfrac{\det S}{S_{11}} \end{pmatrix}, \quad S^{\mathrm{III}} = \begin{pmatrix} \dfrac{S_{22}}{\det S} & \dfrac{-S_{12}}{\det S} \\ \dfrac{-S_{12}}{\det S} & \dfrac{S_{11}}{\det S} \end{pmatrix}, \quad S^{\mathrm{IV}} = \begin{pmatrix} \dfrac{\det S}{S_{22}} & -\dfrac{\mathrm{i}S_{12}}{S_{22}} \\ -\dfrac{\mathrm{i}S_{12}}{S_{22}} & \dfrac{1}{S_{22}} \end{pmatrix}. \tag{13.22}$$

由上式我们可以看出, 虽然 S_{11}, S_{12} 在第一叶上的左手割线从 0 开始, 但是延拓到第三、第四叶后, 左手割线则是从 $4m_{\mathrm{K}}^2 - 4m_{\pi}^2$ 开始. 对于 4 叶 Riemann 面的图像理解参见图 13.1, 图 13.2.

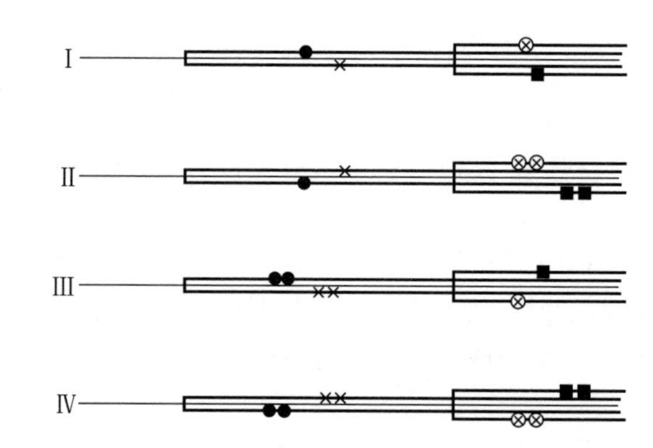

图 13.1 标有相同印记的割线表示着它们是被粘到一起的.

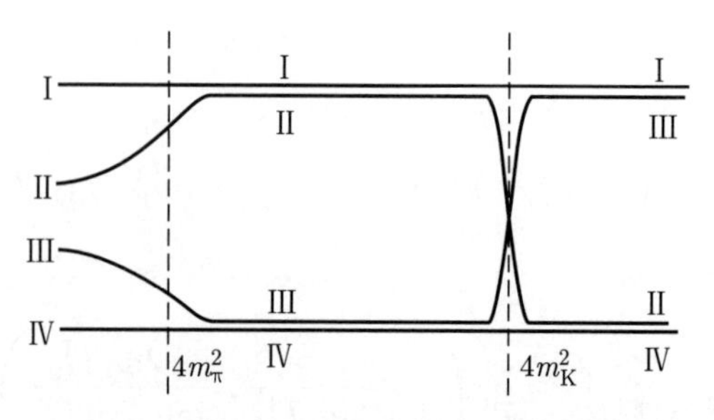

图 13.2 理解 4 叶 Riemann 面的一个略图.

13.1.3 s 平面、k 平面和 E 平面

举一个两个道的散射为例. 假设过程为 $12 \to 12, 12 \to 34, 34 \to 34$, 粒子质量分别为 m_1, m_2, m_3, m_4, 忽略掉左手割线所带来的复杂性, 散射振幅的奇异结构由图 13.3 表示. 在 s 平面上, 我们有两条割线, 支点分别为 $s_{\text{th},1} = (m_1 + m_2)^2$, $s_{\text{th},2} = (m_3 + m_4)^2$. 动量 k 平面上定义 k_1 为 1, 2 系统质心系中的粒子动量, 即 $k_1 = \sqrt{\dfrac{s^2 - 2s(m_1^2 + m_2^2) + (m_1^2 - m_2^2)^2}{4s}} = \sqrt{\dfrac{(s - (m_1 + m_2)^2)(s - (m_1 - m_2)^2)}{4s}}$. 相应地也可以定义 k_2 为 3, 4 系统质心系中的粒子动量. 在 k_1 的表达式中我们注意到, 除了在 $s_{\text{th},1}$ 处的物理割线, 还有一些非物理的割线 (在 $s = 0$ 和 $s = (m_1 - m_2)^2$ 处). 然而在非相对论极限下 (在本小节的后面我们经常采用这一近似), 这个问题得到了简化: $s \approx (m_1 + m_2)^2 + \dfrac{(m_1 + m_2)^2}{m_1 m_2} k_1^2$, 即 k_1 只有物理割线. 此时能量 $E = \sqrt{s} \approx m_1 + m_2 + \dfrac{k_1^2}{2\mu_1} = m_3 + m_4 + \dfrac{k_2^2}{2\mu_2}$, 其中 μ_1, μ_2 分别是 1,2 和 3,4 系统的约化质量. s 平面的结构是如 13.1.2 小节所描述的, 4 个叶的 Riemann 面. 相应地可以画出所对应的两个 k_1 和 k_2 平面:

(1) 第一叶 $\text{Im}k_1 > 0$, $\text{Im}k_2 > 0$,

(2) 第二叶 $\text{Im}k_1 < 0$, $\text{Im}k_2 > 0$,

(3) 第三叶 $\text{Im}k_1 < 0$, $\text{Im}k_2 < 0$,

(4) 第四叶 $\text{Im}k_1 > 0$, $\text{Im}k_2 < 0$.

以 k_1 平面为例, 它的上半平面实际上对应的是 s 平面第一叶, 下半平面实际上对应的是 s 平面第二叶①. 支点 $s_{\text{th},1} = (m_1 + m_2)^2$ 对应于 k_1 平面的原点. 在 k_1 平面上, 一般振幅的函数形式是 $f(k_1, k_2 = \sqrt{k_1^2 - \delta^2})$, 在 k_2 平面上, 函数形式是 $f(k_1 = \sqrt{k_2^2 + \delta^2}, k_2)$, 其中 δ^2 是一个与质量差有关的量②. 这样的函数依赖形式决定了 k 平面的解析结构, 如图 13.3 (b) 所示: 左图第一叶下面是第四叶, 第二叶下面是第三叶; 右图第一叶下面是第二叶, 第三叶下面是第四叶.

定义剩余能量 $\mathcal{E} = \dfrac{k_1^2}{2\mu_1}$, 也可以讨论 $\mathcal{E}$ 平面. 此时振幅与 $\mathcal{E}$ 的依赖关系是 $f(k_1, k_2) = f(\sqrt{2\mu_1 \mathcal{E}}, \sqrt{2\mu_2(\mathcal{E} - \Delta m)})$, 其中 $\Delta m = m_3 + m_4 - m_1 - m_2$.

除了束缚态以外, 在物理平面上不能再有任何孤立奇点, 所有的共振态都作为孤立奇点出现在非物理叶上. 然而, 除了共振极点以外还可能存在着一种特殊的孤立奇点, 即所谓的虚态, 它所处的位置是在第二叶阈下的实轴上. 在散射理论中可

①实际上有两个 k_1 平面, 分别对应于 $\text{Im}k_2 > 0$ 和 $\text{Im}k_2 < 0$.

②这里为简单起见, 假设是 $m_1 = m_2$, $m_3 = m_4$.

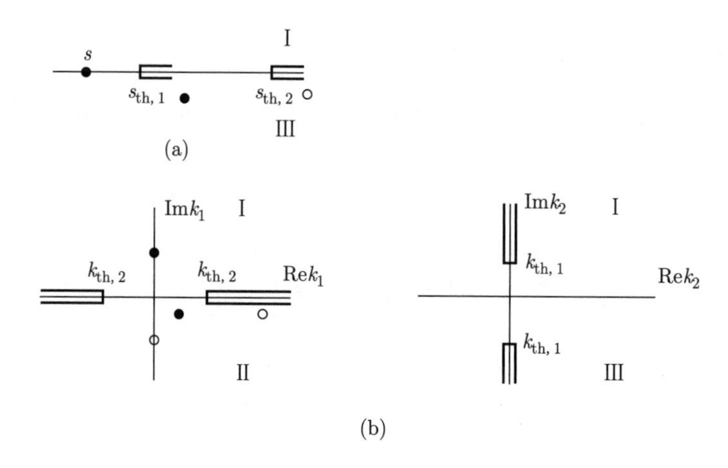

图 13.3 (a) s 平面. 阈下实轴上的实心圆圈表示束缚态, 复平面上实心圆圈表示第二叶上的共振态, 空心圆圈表示第三叶上的共振态. (b) k 平面. 除了共振极点外, 在正虚轴上的实心圆圈表示束缚态, 在负虚轴上的空心圆圈表示虚态.

以看到, 一般认为虚态的出现是因为吸引相互作用不够强到产生束缚态 (见 13.1.5 小节的讨论). 一个例子是 $^1\text{S}_0$ 道的 pn 散射, 在那里认为存在着这样一个虚态.

13.1.4 共振极点的位置

这一小节从一个简单的单道情形下物理共振极点模型出发来计算极点在复平面上的位置. 正如我们已知的, 它的确处在第二叶上面. 忽略掉左手割线和相对论性运动学因子所引起的复杂性, T 矩阵元可以写成

$$T = \frac{k\gamma}{r - s - \mathrm{i}k\gamma}, \tag{13.23}$$

其中 $k = \sqrt{s - 4M^2}/2$ 是入射粒子的动量, γ 以及 $r - 4M^2$ 是正的, 并且 γ 是小量. 选取 $r > 4M^2$ 仅仅是因为它对应着物理上最常见的情形. 此时 γ 必须是正数, 而实际情况也确实如此. 因为在物理上考虑 γ 大致可以看成正比于衰变宽度的量, 显然它应该是正的. 下面我们会发现, 如果 γ 是负的会导致物理平面上的极点.

物理平面对应着当 $s = s + \mathrm{i}\epsilon$ 时, $k = |k|$. 反之第二叶的极点则对应着 $k = -|k|$. 如果物理叶上存在极点, 它应当满足

$$\begin{aligned} &r - s = \mathrm{i}k\gamma, \quad (r-s)^2 = -k^2\gamma^2 = -(s/4 - M^2)\gamma^2, \\ &s = s_\pm = (r - \gamma^2/8) \pm \frac{\mathrm{i}|\gamma|[r - 4M^2 - \gamma^2/16]^{1/2}}{2}, \end{aligned} \tag{13.24}$$

其中开根号时取正值. 由于 γ 是小量, 我们仅仅保留其到一阶,

$$s_{\pm}=r\pm\mathrm{i}|\gamma|k_r,\quad k_r=\frac{(r-4M^2)^{1/2}}{2}. \tag{13.25}$$

由于这两个根很靠近 r, 当 s 靠近 s_+ 或 s_- 时, $k(s)$ 的符号会有变化,

$$k(s)=\frac{(s-4M^2)^{1/2}}{2}\approx k_r\frac{\mathrm{Im}s}{|\mathrm{Im}s|}. \tag{13.26}$$

根据我们对割线的定义, 当 s 在 $s_{\pm}$ 附近时,

$$\begin{aligned} r-s-\mathrm{i}k(s)\gamma&=\left[r-(r\pm\mathrm{i}|\gamma|k_r)-\mathrm{i}\gamma k_r\frac{\mathrm{Im}s}{|\mathrm{Im}s|}\right]\\ &=r-(r\pm\mathrm{i}|\gamma|k_r\pm\mathrm{i}\gamma k_r)\\ &=\mp\mathrm{i}(\gamma+|\gamma|)k_r. \end{aligned} \tag{13.27}$$

这证明了当 $\gamma>0$ 时, 物理叶上并没有极点. 由于 $\gamma<0$ 等价于 $\gamma>0$ 但 k 变成 $-|k|$, 也即等价于 s 跑在第二叶上, 所以上式也证明了第二叶上存在着极点.

13.1.5 势散射中的虚态与束缚态

为了更好地理解 S 矩阵极点的物理图像, 我们以非相对论散射为例, 观察单道球方势阱中的束缚态、虚态极点性质. 值得提醒读者注意的是, 在相对论性的理论中是不存在非相对论势的概念的. 这一节的讨论需要利用量子 (力学) 散射理论的知识, 没有学过量子散射理论的读者可以跳过细节, 努力把握本节的主要精神和图像即可.

量子场论中常用 s 平面讨论散射问题, 而量子力学中则用上面提到过的 k 平面. 由于 s 和 k 具有平方的依赖关系, $s\propto E^2=k^2+m^2$, 因此上面说的 s 有多叶 Riemann 面, 其实指 s 开根号得到 k 应该取正值还是负值. 单道散射 s 有两叶 Riemann 面, 对应 $\mathrm{Im}k>0$ 和 $\mathrm{Im}k<0$. 在单道散射 s 平面上, 第 I Riemann 面 (物理叶) 阈以下的实轴上可能存在极点, 这些极点对应着束缚态. 第 II Riemann 面阈以下实轴上也可能存在极点, 它们是 "虚态". 第 II Riemann 面的其他区域也可能存在极点, 就是上面提到的共振态. 把这些极点类别和位置对应到 k 平面上, 就知道: 正虚轴上的极点为束缚态, 负虚轴上为虚态, 下半平面其他位置极点为共振态. 极点位置如图 13.4 所示. 另外, 前文也提到了 s 平面零点的分布情况: 第 II 叶上是极点的位置对应第 I 叶上零点, 第 II 叶上零点的位置对应第 I 叶极点. 所以在 k 平面上, 极点关于实轴对称的点就是零点.

为了看出各种极点出现的规律, 我们用最简单的球方势阱计算. 设质量为 m 的

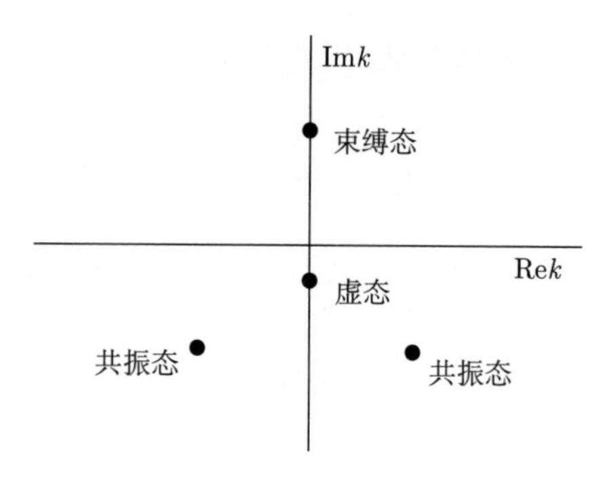

图 13.4 非相对论中散射矩阵极点示意图.

粒子相对一个球方势阱发生散射, 球方势阱的表达式为

$$U(r)=2mV(r)=\begin{cases}-U, & r\leqslant a,\\ 0, & r>a.\end{cases}\tag{13.28}$$

为简单起见只考虑 s 波, 即 $l=0$, 径向 Schrödinger 方程为

$$\left[\frac{\mathrm{d}^2}{\mathrm{d}r^2}-U(r)+p^2\right]\psi(r)=0,\tag{13.29}$$

求解可得波函数

$$\psi_p(r)=\begin{cases}A\sin p'r, & r\leqslant a,\\ B\sin(pr+\delta(p)), & r>a,\end{cases}\tag{13.30}$$

其中 $p'=\sqrt{p^2+U}$, A, B 为归一化常数. 根据势场间断点 $r=a$ 处波函数的对数导数连续, 得到

$$p\cot(pa+\delta(p))=p'\cot(p'a),\tag{13.31}$$

从而解得相移

$$\tan\delta(p)=\frac{p\tan(p'a)-p'\tan(pa)}{p'+p\tan(pa)\tan(p'a)},\tag{13.32}$$

从而求出

$$S=\mathrm{e}^{2\mathrm{i}\delta}=\frac{1+\mathrm{i}\tan\delta}{1-\mathrm{i}\tan\delta}=\frac{p\tan(p'a)-p'\tan(pa)+\mathrm{i}[p'+p\tan(pa)\tan(p'a)]}{p\tan(p'a)-p'\tan(pa)-\mathrm{i}[p'+p\tan(pa)\tan(p'a)]}.\tag{13.33}$$

不难求出 S 的分母

$$p\tan(p'a)-p'\tan(pa)-\mathrm{i}[p'+p\tan(pa)\tan(p'a)]=[p'-\mathrm{i}p\tan(p'a)][1+\mathrm{i}\tan(pa)].\tag{13.34}$$

由于 $\arctan \mathrm{i} = \mathrm{i}\infty$, 从而 S 的极点可由下式确定:

$$p' - \mathrm{i}p\tan(p'a) = 0. \tag{13.35}$$

为了方便我们仅仅分析虚轴上的解. 令 $P = -\mathrm{i}pa$, $B = p'a$ 且它们都是实数, 则 $P > 0$ 对应束缚态解, $P < 0$ 为虚态解. 极点位置满足方程组

$$\begin{aligned} B\cot B &= -P, \\ B^2 + P^2 &= Ua^2. \end{aligned} \tag{13.36}$$

在 (B, P) 平面上, 束缚态或者虚态的解对应上面两式所决定的曲线交点 (如图 13.5). 在相互作用微弱, 也就是 U 很小时, 两曲线没有交点. U 增大一些后, $B^2 + P^2 = Ua^2$ 只能和 $B\cot B = -P$ 的第一支相交, 交点在横轴下方, 对应于一个 $P < 0$, 也就是虚态的解. 随着 U 增大, 这个第一支的交点跑到横轴上方, 也就是虚态会变为束缚态. 随着 U 继续增大, 圆不仅与第一支有交点, 还会和第二支有交点. 起初两个交点都在横轴下方, 也就是一对虚态, 然后随着 U 增大一个交点继续下移, 而另一个交点到达上方, 也就是一对虚态会变成一个虚态和一个束缚态. U 继续增大会和第三支有交点, 先有两个虚态然后变为一个虚态和一个束缚态, 以此类推. 如果进一步观察共振态, 会发现新出来的一对虚态是由一对下半平面的共

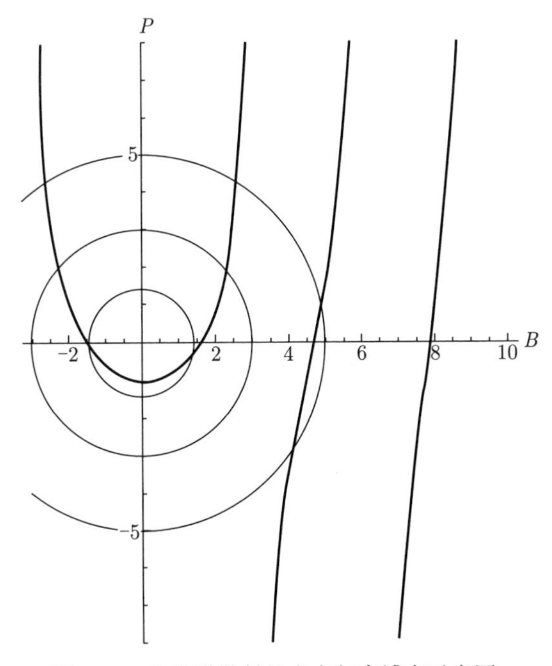

图 13.5　方势阱散射的虚态与束缚态示意图.

振态靠近纵轴然后“碰撞”产生的. 总之, 随着 U 增大, 会源源不断地有一对对共振变为一对对虚态, 每一对虚态中都有一个向下一个向上, 向上的那个逐渐变为束缚态. 因而虚态可以理解为吸引力不够强还不足以产生新束缚态时, 出现的束缚态“前身”.

§13.2 分波矩阵元的幺正表示

微扰散射振幅的计算是破坏幺正性的. 当微扰论可用时, 这种破坏很小, 是可以接受的. 但是现实情况并不总是这样理想, 所以必须研究在认可微扰振幅的基础上恢复幺正性的办法.

13.2.1 研究分波矩阵元的一些常见的唯象方法

(1) K 矩阵方法.

首先我们来看一下单道的情况, 由

$$\mathrm{Im}T = \rho|T|^2, \tag{13.37}$$

我们得出

$$\mathrm{Im}T^{-1} = -\rho, \tag{13.38}$$

也即

$$T^{-1} = M - \mathrm{i}\rho, \tag{13.39}$$

其中 M 在物理区域是实的. 定义 $K = 1/M$, 从上式得出

$$T = \frac{1}{M - \mathrm{i}\rho} = \frac{K}{1 - \mathrm{i}\rho K}, \quad S = \frac{1 + \mathrm{i}\rho K}{1 - \mathrm{i}\rho K}, \tag{13.40}$$

这就是所谓的 K 矩阵参数化方法. 可以容易地把上述推导推广到多道情形中去, 此时

$$S = \frac{1 + \mathrm{i}\rho^{1/2}K\rho^{1/2}}{1 - \mathrm{i}\rho^{1/2}K\rho^{1/2}}, \tag{13.41}$$

而 K 是一个实的对称矩阵, 且 $\rho = \mathrm{diag}(\rho_1, \cdots, \rho_n)$. 一种常用的近似是取 K 为实的有理函数.

(2) N/D 方法简介.

分波矩阵元经常用 N/D 方法来表述. 在单道情况下, 定义

$$T(s) = N(s)/D(s), \tag{13.42}$$

其中 $D(s)$ 除了物理区域的割线 (以及可能的束缚态) 外在整个复 s 平面解析, 而 $N(s)$ 除了左手的割线外没有别的奇异点. 由幺正关系和色散关系可以得到

$$N(s)=\frac{1}{\pi}\int_{-\infty}^{0}\frac{\mathrm{Im_L}T(s')D(s')}{s'-s}\mathrm{d}s',\quad D(s)=1-\frac{1}{\pi}\int_{s_0}^{\infty}\frac{\rho(s')N(s')}{s'-s}\mathrm{d}s'. \tag{13.43}$$

在多个道的情形下的 N/D 方法也有讨论①. 此时 T_{ij} 和顶点函数 F_j 的幺正条件是

$$\frac{1}{2\mathrm{i}}[T_{ij}(s+\mathrm{i}\epsilon)-T_{ij}(s-\mathrm{i}\epsilon)]=\sum_k\rho_k(s)T_{ik}(s-\mathrm{i}\epsilon)T_{kj}(s+\mathrm{i}\epsilon), \tag{13.44}$$

$$\frac{1}{2\mathrm{i}}[F_j(s+\mathrm{i}\epsilon)-F_j(s-\mathrm{i}\epsilon)]=\sum_k\rho_k(s)F_k(s-\mathrm{i}\epsilon)T_{kj}(s+\mathrm{i}\epsilon), \tag{13.45}$$

其中 ρ_k 是相空间因子, 在相应的阈值以下为零. 定义 d_{ij} 为

$$d_{ij}=\delta_{ij}-\frac{1}{\pi}\int_{s_i}^{\infty}\mathrm{d}s'\frac{\rho_i(s')N_{ij}(s')}{s'-s}, \tag{13.46}$$

d_{ij} 除了在正实轴上从阈值 s_i 开始的支点外是解析的. 对单道结果做推广得到

$$T_{ij}=\sum_k\frac{N_{ik}(s)D_{(jk)}}{D}, \tag{13.47}$$

其中 $D=\det(d_{ij})$, 且 $D_{(jk)}$ 定义为

$$\delta_{ij}D=\sum_k d_{ik}D_{(jk)}, \tag{13.48}$$

而顶点函数为

$$F_j(s)=\sum_k\frac{f_kD_{(jk)}}{D}. \tag{13.49}$$

f_k 是一个解析函数, 如果 F_j 没有其他的奇异点, f_k 是常数.

13.2.2 幺正化的分波 S 矩阵元

这一节的目的是利用色散关系方法来推导出分波散射矩阵元在弹性区域定义的实部和虚部所分别满足的色散关系②. 为简化讨论, 我们在这一节仍以 ππ 散射为例.

①Bjorken J D. Phys. Rev. Lett., 1960, 4: 473.

②对分波矩阵元的实部和虚部建立色散关系, 据作者的了解, 是首先在如下文献中提出的: Xiao Z G and Zheng H Q. Nucl. Phys. A, 2001, 695: 273. He J Y, Xiao Z G, and Zheng H Q. Phys. Lett. B, 2002, 536: 59.

我们定义

$$F \equiv \frac{1}{2\mathrm{i}\rho}\left(S-\frac{1}{S}\right). \tag{13.50}$$

利用 S 矩阵在物理区间上的幺正性

$$S=\mathrm{e}^{2\mathrm{i}\delta_\pi}, \tag{13.51}$$

可以得到

$$\rho(s)F(s)=\sin(2\delta_\pi), \tag{13.52}$$

其中 δ_π 是 $\pi\pi\to\pi\pi$ 的相移.

可以看出上面定义的 F 在弹性区间没有右手割线, 事实上

$$\begin{aligned}
F(s-\mathrm{i}\epsilon)&=\frac{1}{2\mathrm{i}\rho(s-\mathrm{i}\epsilon)}\left(S(s-\mathrm{i}\epsilon)-\frac{1}{S(s-\mathrm{i}\epsilon)}\right)\\
&=-\frac{1}{2\mathrm{i}\rho(s+\mathrm{i}\epsilon)}\left(S^{\mathrm{II}}(s+\mathrm{i}\epsilon)-\frac{1}{S^{\mathrm{II}}(s+\mathrm{i}\epsilon)}\right)\\
&=\frac{1}{2\mathrm{i}\rho(s+\mathrm{i}\epsilon)}\left(S^{\mathrm{I}}(s+\mathrm{i}\epsilon)-\frac{1}{S^{\mathrm{I}}(s+\mathrm{i}\epsilon)}\right)\\
&=F(s+\mathrm{i}\epsilon),
\end{aligned} \tag{13.53}$$

其中用到了 $S^{\mathrm{II}}=\dfrac{1}{S^{\mathrm{I}}}$ 和 $\rho(s-\mathrm{i}\epsilon)=-\rho(s+\mathrm{i}\epsilon)$. 但是 F 仍然有左手的不连续性, 即割线. 这样我们对 F 做色散关系, 假设 F 需要一次减除, 并利用 $\sin(2\delta_\pi)=\rho(s)F(s)$, 可得到

$$\begin{aligned}
\sin(2\delta_\pi)&=\rho F,\\
F(s)&=\alpha+\sum_i\frac{\beta_i}{2\mathrm{i}\rho(s_i)(s-s_i)}-\sum_j\frac{1}{2\mathrm{i}\rho(z_j^{\mathrm{II}})S'(z_j^{\mathrm{II}})(s-z_j^{\mathrm{II}})}\\
&\quad+\frac{1}{\pi}\int_{\mathrm{L}}\frac{\mathrm{Im}_L F(s')}{s'-s}\mathrm{d}s'+\frac{1}{\pi}\int_R\frac{\mathrm{Im}_{\mathrm{R}}F(s')}{s'-s}\mathrm{d}s',
\end{aligned} \tag{13.54}$$

其中 s_i 是第一叶上的极点的位置, 因果性要求它必须在实轴上, 代表束缚态. β_i 是 S 在 s_i 处的留数. z_j^{II} 是第二叶的极点的位置, 代表共振态, 由 (13.9) 式可以看出 z_j^{II} 是第一叶 S 的零点.

(13.54) 式给出了可观测量 (相移) 和极点与左手积分的关系, 并且把不同的奇异性 (共振态、束缚态、割线) 的贡献分别显式地表示了出来, 使我们可以分别研究不同的奇异性对散射矩阵元的贡献. (13.54) 式还有一个优点, 就是对于不同的分波都成立, 仅需要对参数做一些调整以满足高角动量分波振幅在阈附近的行为. (13.54) 式与下面要介绍的 (13.58) 式在证明 σ 粒子的存在性时将起到重要作用, 这

将在本书下册中介绍. 到了那时, 我们才将能够仔细地估算在这两个式子中出现的左手积分.

同样我们可以对 $\cos(2\delta_\pi)$ 建立类似的色散关系, 可以证明函数

$$\widetilde{F} \equiv \frac{1}{2}\left(S + \frac{1}{S}\right) \tag{13.55}$$

当 $0 < s < 16m_\pi^2$ 时没有不连续性, 因为

$$\begin{aligned}\widetilde{F}(s-\mathrm{i}\epsilon) &= \frac{1}{2}\left(S(s-\mathrm{i}\epsilon) + \frac{1}{S(s-\mathrm{i}\epsilon)}\right) = \frac{1}{2}\left(S^{\mathrm{II}}(s+\mathrm{i}\epsilon) + \frac{1}{S^{\mathrm{II}}(s+\mathrm{i}\epsilon)}\right) \\ &= \frac{1}{2}\left(\frac{1}{S^{\mathrm{I}}(s+\mathrm{i}\epsilon)} + S^{\mathrm{I}}(s+\mathrm{i}\epsilon)\right) = \widetilde{F}(s+\mathrm{i}\epsilon),\end{aligned} \tag{13.56}$$

并且它的左手割线是从 $-\infty$ 到 0. $\widetilde{F}$ 的割线结构非常类似于前面研究的 F. 函数 $\widetilde{F}$ 是 $\cos(2\delta_\pi)$ 的解析延拓, 并且

$$\widetilde{F} = 1 - 2\rho \mathrm{Im}_{\mathrm{R}} T. \tag{13.57}$$

由 $\widetilde{F}$ 的解析结构可以对它建立色散关系

$$\begin{aligned}\cos(2\delta_\pi) = \widetilde{F} = \widetilde{\alpha} + \sum_i \frac{\beta_i}{2(s-s_i)} \\ + \sum_j \frac{1}{2S'(z_j^{\mathrm{II}})(s-z_j^{\mathrm{II}})} + \frac{1}{\pi}\int_L \frac{\mathrm{Im}_{\mathrm{L}}\widetilde{F}(s')}{s'-s}\mathrm{d}s' + \frac{1}{\pi}\int_R \frac{\mathrm{Im}_{\mathrm{R}}\widetilde{F}(s')}{s'-s}\mathrm{d}s',\end{aligned} \tag{13.58}$$

其中 $\widetilde{\alpha}$ 是一个减除常数. 在上式中, 色散关系积分在需要做减除时应该做减除. 原则上右手割线 R 应从 $16m_\pi^2$ 开始, 但是仅当 s 逼近 $\overline{\mathrm{K}}\mathrm{K}$ 阈时才变得重要. 利用 (13.58) 和 (13.54) 式, 我们可以得到在复 s 平面上的, 由极点、割线和运动学因子所构成的 S 矩阵:

$$\begin{aligned}S(z) &= \cos(2\delta_\pi) + \mathrm{i}\sin(2\delta_\pi) \\ &= \widetilde{\alpha} + \mathrm{i}\alpha\rho(z) + \sum_i \frac{\beta_i}{2(z-s_i)} + \sum_i \frac{\rho(z)\beta_i}{2\rho(s_i)(z-s_i)} + \sum_j \frac{\rho(z_j^{\mathrm{II}}) - \rho(z)}{2\rho(z_j^{\mathrm{II}})S'(z_j^{\mathrm{II}})(z-z_j^{\mathrm{II}})} \\ &\quad + \frac{1}{\pi}\int_L \frac{\mathrm{Im}_{\mathrm{L}}\widetilde{F}}{s'-z}\mathrm{d}s' + \frac{\mathrm{i}\rho(z)}{\pi}\int_L \frac{\mathrm{Im}_{\mathrm{L}}F}{s'-z}\mathrm{d}s' + \frac{1}{\pi}\int_R \frac{\mathrm{Im}_{\mathrm{R}}\widetilde{F}}{s'-z}\mathrm{d}s' + \frac{\mathrm{i}\rho(z)}{\pi}\int_R \frac{\mathrm{Im}_{\mathrm{R}}F}{s'-z}\mathrm{d}s'.\end{aligned} \tag{13.59}$$

在上式中, 可以用定义式 $S(4m_\pi^2) = 1$ 将 (13.59) 和 (13.58) 式中的 $\widetilde{\alpha}$ 用其他参数来表示. 上式满足我们所熟知的 S 矩阵的性质, 比如, 物理叶上的 $S(z)$ 不应含有共

振态的极点, 虽然相移会受到第二叶上的极点的影响. (13.59) 式虽然可以非常简单地得到, 但却是一个严格的关系. (13.58) 和 (13.54) 式在整个复平面上必须满足如下关系:

$$\sin^2 2\delta_\pi + \cos^2 2\delta_\pi \equiv 1. \tag{13.60}$$

此式即是单道的幺正性条件 $S^\dagger S = 1$ 在整个复平面上的解析延拓. (13.60) 式与量子力学中的广义幺正性条件 $S(k)S(k^*)^* = 1$ 等价, 并且它包含了所有与单道幺正性和解析性有关的信息. 比如 (13.59) 式必须满足另一个关系

$$S(z_j^{\mathrm{II}}) = 0. \tag{13.61}$$

此式等价于要求 (13.60) 式左边的一阶极点消失 (二阶极点自动消失). (13.60) 式决定了参数 s_i, β_i, z_j^{II}, $S'(z_j^{\mathrm{II}})$, α 和割线积分之间的关联, 然而这些关系由于十分复杂而很难直接应用.

13.2.3 北京大学表示

这一节讨论弹性散射的幺正化乘积表示或北京大学表示 (PKU representation)①.

先来看单道情形下 S 矩阵的几个简单例子. 由 13.2.2 小节的讨论, 尤其是从 (13.59) 式, 我们得到了 S 矩阵的一般情况下的参数化方法. 由它还可以对 S 矩阵元进行由第一叶到第二叶的解析延拓. 在这里我们假设 (13.59) 式中由左、右手积分给出的贡献为零, 从而简化讨论. 在这样的简化下, S 矩阵仅仅含有极点的贡献和由运动学因子 ρ 引起的割线. 此时 (13.59) 式简化为

$$\begin{aligned} S(z) &= \cos(2\delta_\pi) + \mathrm{i}\sin(2\delta_\pi) \\ &= \widetilde{\alpha} + \mathrm{i}\alpha\rho(z) + \sum_i \frac{\beta_i}{2(z-s_i)} + \sum_i \frac{\rho(z)\beta_i}{2\rho(s_i)(z-s_i)} \\ &\quad + \sum_j \frac{\rho(z_j^{\mathrm{II}}) - \rho(z)}{2\rho(z_j^{\mathrm{II}})S'(z_j^{\mathrm{II}})(z-z_j^{\mathrm{II}})}, \end{aligned} \tag{13.62}$$

其中 s_i 是第一叶上极点的位置, 因果性要求它必须在实轴上, 代表束缚态. β_i 是 S 在 s_i 处的留数. z_j^{II} 是第二叶极点的位置, 代表共振态, 由 (13.9) 式可以看出 z_j^{II} 是第一叶 S 的零点. 要求上面给出的 S 矩阵满足广义幺正性的限制, 我们可以找到一些简单的 S 矩阵的解 (取 $m_\pi = 1$).

(1) 在 $s = s_0$ 处有一个束缚态的情形:

$$\widetilde{\alpha} = 1 - s_0/2, \quad \alpha = -\frac{1}{2}\sqrt{s_0(4-s_0)}, \quad \beta = s_0(4-s_0). \tag{13.63}$$

①综述可见 Zheng H Q. Front. Phys. China, 2013, 8: 540, 以及那里给出的参考文献.

此时散射长度为 $a=-\sqrt{\dfrac{s_0}{4-s_0}}$ (令散射的粒子质量为 1). 此情形的物理对应类似于 $^3\mathrm{S}_1$ 态的核子–核子散射, 在那里氘核作为一个束缚态出现. 此时的 T 矩阵可写为

$$\begin{aligned}\mathrm{Re_R}T(s)&=-\frac{1}{4}\sqrt{s_0(4-s_0)}\frac{s}{s-s_0},\\ \mathrm{Im_R}T(s)&=\rho(s)\frac{ss_0}{4(s-s_0)},\end{aligned}\tag{13.64}$$

S 矩阵可表成

$$S^b(s)=\frac{1-\mathrm{i}\rho(s)|a|}{1+\mathrm{i}\rho(s)|a|}.\tag{13.65}$$

(2) 在 $s=s_0$ 处有一个虚态的情形:

$$\widetilde{\alpha}=1-s_0/2,\quad \alpha=\frac{1}{2}\sqrt{s_0(4-s_0)},\quad \beta=\frac{1}{S'(s_0)}=s_0(4-s_0).\tag{13.66}$$

此时散射长度为 $a=\sqrt{\dfrac{s_0}{4-s_0}}$. 此情形的物理对应类似于 $^1\mathrm{S}_0$ 态的核子–核子散射, 在那里出现一个很大的正的散射长度. 一般认为, 此时的 NN 相互作用还不足以强到出现一个束缚态, 而表现为出现一个虚态. 此时的 T 矩阵可写为

$$\begin{aligned}\mathrm{Re_R}T(s)&=\frac{1}{4}\sqrt{s_0(4-s_0)}\frac{s}{s-s_0},\\ \mathrm{Im_R}T(s)&=\rho(s)\frac{ss_0}{4(s-s_0)},\end{aligned}\tag{13.67}$$

或者 S 矩阵可表成

$$S^v(s)=\frac{1+\mathrm{i}\rho(s)|a|}{1-\mathrm{i}\rho(s)|a|}.\tag{13.68}$$

(3) 存在一个共振态的情形: 假设共振态的位置在 z_0 (和 z_0^*), 则解为

$$\begin{aligned}\mathrm{Re_R}T(s)&=\Delta\mathrm{Re}[\sqrt{z_0(z_0-4)}]\frac{s(r_0-s)}{(s-z_0)(s-z_0^*)},\\ \mathrm{Im_R}T(s)&=\Delta\mathrm{Im}[z_0]\rho(s)\frac{s^2}{(s-z_0)(s-z_0^*)},\end{aligned}\tag{13.69}$$

其中

$$\Delta=\frac{\mathrm{Im}[z_0]}{(\mathrm{Re}[\sqrt{z_0(z_0-4)}])^2+(\mathrm{Im}[z_0])^2},\quad r_0=\mathrm{Re}[z_0]+\mathrm{Im}[z_0]\frac{\mathrm{Im}[\sqrt{z_0(z_0-4)}]}{\mathrm{Re}[\sqrt{z_0(z_0-4)}]}.$$

此时的 S 矩阵可写为

$$\begin{aligned}\cos(2\delta)&=1-2\Delta\mathrm{Im}[z_0]\frac{s(s-4)}{(s-z_0)(s-z_0^*)},\\ \sin(2\delta)&=2\rho(s)\Delta\mathrm{Re}[\sqrt{z_0(z_0-4)}]\frac{s(r_0-s)}{(s-z_0)(s-z_0^*)},\end{aligned}\tag{13.70}$$

或者

$$S^r(s)=\frac{r_0-s+\mathrm{i}\rho(s)s\dfrac{\mathrm{Im}[z_0]}{\mathrm{Re}[\sqrt{z_0(z_0-4)}]}}{r_0-s-\mathrm{i}\rho(s)s\dfrac{\mathrm{Im}[z_0]}{\mathrm{Re}[\sqrt{z_0(z_0-4)}]}}. \tag{13.71}$$

此表示式给出了在复平面上有 (且仅有) 一对共振极点的、幺正的 S 矩阵的表达式, 其形式是唯一的①.

将上式与 Breit-Wigner 表示式比较是有意义的. 可以看出, 仅当在共振态位于远离阈的地方, 且 $\mathrm{Re}[z_0]\gg\mathrm{Im}[z_0]$ 时, 在 $s=r_0\approx\mathrm{Re}[z_0]$ 的附近, 我们才能回到 Breit-Wigner 表示式

$$S(s)\approx\frac{s-z_0}{s-z_0^*}, \tag{13.72}$$

其中我们取 $\mathrm{Im}[z_0]>0$.

下面来介绍北京大学表示. 对于任意一个物理的 S 矩阵元 S^{phys}, 它在物理平面上含有一系列的零点 (或极点), 并在单道物理区域满足单道的幺正性条件. 如果我们把它的所有零点 (或极点) 都找出来, 并利用上面讨论的方法写出对应于这些零点或极点的 S 矩阵 S^{R_i}, 那么 $S^{\mathrm{phys}}/\prod\limits_i S^{R_i}$ 仍然是一个幺正的 S 矩阵, 并且只含有割线, 记为 S^{cut}, 于是可以写出 "北京大学表示"②

$$S^{\mathrm{phys}}=\prod_i S^{R_i}\cdot S^{\mathrm{cut}}, \tag{13.73}$$

且 S^{cut} 包含了非零的 "动力学割线" 的贡献 (S^{R_i} 或任意多个 S^{R_i} 的乘积中并不含有所谓的动力学割线的贡献). 显然 (13.73) 式的参数化方法不失一般性. 剩下的工作将是给出 S^{cut} 的一个较好的参数化, 我们可以尝试将它写成

$$S^{\mathrm{cut}}=\cos(2\rho f(s))+\mathrm{i}\sin(2\rho f(s)), \tag{13.74}$$

而

$$f(s)=f(0)+\frac{s}{\pi}\int_L\frac{\mathrm{Im_L}f(s')\mathrm{d}s'}{s'(s'-s)}+\frac{s}{\pi}\int_R\frac{\mathrm{Im_R}f(s')\mathrm{d}s'}{s'(s'-s)}, \tag{13.75}$$

其中为了方便把减除点放在了 $s=0$ 处. 可以一般地证明 (即使是不等质量的弹性散射)$f(0)\equiv 0$.

对于等质量弹性散射, 左手割线很简单. 对于不等质量的弹性散射, 所谓的左手割线或者 "动力学割线" 可以很复杂. 左手割线的详细讨论参见 12.6.2 小节. 下

① 可以证明, 上面给出的单个极点的 S 矩阵满足 $S(s,z)=-S(4-s,4-z)$, 具有一对共振态解的 S 矩阵满足 $S(s,z)=S(4-s,4-z)$, 其中 z 可以是 z_0 或 s_0.

② Zheng H Q, et al. Nucl. Phys. A, 2004, 733: 235.

面我们以 πK 散射为例证明 $f(0)=0$. πK 散射的左手割线如图 12.4 所示. 如果关于 f 的色散积分选择在 0 点减除, 则

$$f(s)=f(0)+\frac{s}{2\pi \mathrm{i}}\int_C \frac{\mathrm{disc}f(z)}{(z-s)z}\mathrm{d}z+\frac{s}{\pi}\int_{L_1+L_2}\frac{\mathrm{Im}_{\mathrm{L}}f(z)}{(z-s)z}\mathrm{d}z+\frac{s}{\pi}\int_R \frac{\mathrm{Im}_{\mathrm{R}}f(z)}{(z-s)z}\mathrm{d}z, \tag{13.76}$$

其中 C 是圆割线, L_1 表示从 $-\infty$ 到 $-(m_{\mathrm{K}}^2-m_\pi^2)$ 的左手割线, L_2 代表从 $-(m_{\mathrm{K}}^2-m_\pi^2)$ 到 $(m_{\mathrm{K}}-m_\pi)^2$ 的左手割线, R 代表从第一个非弹性物理阈到正无穷大①, 在每一个割线上 f 都表示为

$$\mathrm{disc}f(s)=\mathrm{disc}\left\{\frac{1}{2\mathrm{i}\rho(s)}\ln[S^{\mathrm{phys}}(s)]\right\}. \tag{13.77}$$

首先对于等质量散射 (比如 $\pi\pi\to\pi\pi$), 只要没有长程相互作用 (比如 Coulomb 力), 则 $T_J^{\mathrm{I}}(0)=$ 常数或者不发散. 此时 $f(0)$ 必然消失, 否则会在物理叶上在 $s=0$ 处产生一本性奇点. 为了看清这一点, 我们来分析 $s\to 0$ 时下式的渐近行为:

$$\frac{1}{2\mathrm{i}\rho(s)}\ln(1+2\mathrm{i}\rho(s)T^{\mathrm{phys}}(s))=\frac{1}{2\mathrm{i}\rho(s)}\sum_i \ln(S^{R_i}(s))+f(s), \tag{13.78}$$

其中 $\rho(s)=2q_s/\sqrt{s}\sim s^{-1}$. 如果 $T^{\mathrm{phys}}(s)=O(s^{-n})$, 则当 $s\to 0$ 时 (13.78) 式左边为 0. 而在式右所有极点项均消失 (至少对于有限的极点数目), 所以必有 $f(0)=0$. 换句话说, 如果 $f(0)\neq 0$ 会导致在 $s=0$ 处出现一个不受欢迎的本性奇点.

而对于不等质量散射, 分析要更为复杂. 为此我们首先来看一下分波投影的表达式

$$T_J^{\mathrm{I}}(s)=\frac{1}{32\pi}\int_{-1}^{1}\mathrm{d}(\cos\theta)P_J(\cos\theta)T^{\mathrm{I}}(s,t,u), \tag{13.79}$$

其中

$$\begin{aligned}\cos\theta&=1+\frac{t}{2{q_s}^2},\\ q_s&=\left(\frac{(s-(m_{\mathrm{K}}+m_\pi)^2)(s-(m_{\mathrm{K}}-m_\pi)^2)}{4s}\right)^{1/2},\\ u&=2m_{\mathrm{K}}^2+2m_\pi^2-s-t.\end{aligned} \tag{13.80}$$

为方便讨论起见可以把 (13.79) 式改写为

$$T_J^{\mathrm{I}}(s)=\frac{1}{32\pi}\frac{1}{2{q_s}^2}\int_{-4{q_s}^2}^{0}\mathrm{d}tP_J\left(1+\frac{t}{2{q_s}^2}\right)T^{\mathrm{I}}(s,t,u). \tag{13.81}$$

①这里严格地说是从 Kππ 开始, 但是它的贡献很小, Kη 的阈在同位旋极限下也消失, 所以实际上从 Kη′ 阈开始是一个很好的近似.

由此我们看出, 当取 $s \to 0$ 极限时,

$$q_s^2 \to \frac{(M_{\mathrm{K}}^2 - m_\pi^2)^2}{4} s^{-1} \to \infty. \tag{13.82}$$

因此为了揭示 $s \to 0$ 时分波振幅的奇异结构, 我们不得不研究 $t \to -\infty$ 时被积函数的解析行为, 即 $s \to 0$ 时 $T_J^{\mathrm{I}}(s)$ 的渐近行为是由同位旋振幅 $T^{\mathrm{I}}(s,t)$ 在 $s \to 0$, $t \to \infty$ 时决定的. 可以下结论: 只要在 $s \to 0$ 时 $T_J^{\mathrm{I}}(s \to 0)$ 不比 $O(s^{-n})$ 更奇异 (n 是一任意有限常数), 则 $f(0) = 0$. 换句话说, 只要完全振幅是多项式压低的, 则 $f(0) = 0$.

事实上 $T_J^{\mathrm{I}}(s)$ 在 $s = 0$ 处并不解析[①]. 从 (13.82) 式得知

$$q_s^2 \to \frac{(m_{\mathrm{K}}^2 - m_\pi^2)^2}{4} s^{-1} \to +\infty, 当\ s \to 0_+, \tag{13.83}$$

于是 $s \to 0_+$ 时 $T_J^{\mathrm{I}}(s)$ 的渐近行为由 $T^{\mathrm{I}}(s,t)$ 在 $s \to 0_+$, $t \to -\infty$ 时的渐近行为决定. 另一方面 $T(s \to 0_-)$ 由 $T^{\mathrm{I}}(s,t)$ 在 $s \to 0_-$, $t \to +\infty$ 时的渐近行为决定. $\pi\mathrm{K} \to \pi\mathrm{K}$ 散射的物理区间由 $t = 0$ 和双曲线 $su = (m_{\mathrm{K}}^2 - m_\pi^2)$ 给出[②]. 注意到对于任意给定的 t, $T^{\mathrm{I}}(s,t)$ 是关于 s 的在 $s = 0$ 附近的解析函数, 因为在 Mandelstam 平面上 $s = 0$ 不与任何双重谱函数区间相交, 我们仅需对于任意固定的小的且正的 s 讨论 $T^{\mathrm{I}}(s,t)$ 在 $t \to \pm\infty$ 的极限. 于是此时仅需证明如下条件成立:

$$\lim_{t \to +\infty} T^{\mathrm{I}}(s,t) = \lim_{t \to -\infty} T^{\mathrm{I}}(s,t). \tag{13.84}$$

为此需要用到复分析里面的一个定理: 一个上半平面的解析函数, 如果在 $z \to \infty$ 时沿上半平面任何方向都没有指数增长, 那么它沿正、负实轴趋于无穷的极限是一样的[③]. 这个定理的成立条件并不比 Mandelstam 解析性假设所需要的条件更多. 因此我们仅需讨论 $s \to 0_+$ 的极限. 以 $J = 0$ 的简单情况为例[④], 假设对于任意固定的 s 和大的 $|t|$, $|T(s,t)| < |t|^n$, 则

$$\begin{aligned}
\lim_{s \to +0} |T_0^{\mathrm{I}}(s)| &< \lim_{s \to 0_+} \frac{1}{32\pi} \frac{1}{2{q_s}^2} \int_{-4q_s^2}^{0} \mathrm{d}t |T^{\mathrm{I}}(s,t)| \\
&< \lim_{s \to 0_+} \frac{1}{32\pi} \frac{1}{2{q_s}^2} \int_{-4q_s^2}^{0} \mathrm{d}t |t|^n \\
&= O(s^{-n}).
\end{aligned} \tag{13.85}$$

① Jakob H P and Steiner F. Z. Physik, 1969, 228: 353.

② 可以参考图 7.11, 或者 Lang C B. Fortschritte der Physik, 1978, 26: 509.

③ Sugawara M and Kanazawa A. Phys. Rev., 1961, 123: 1895.

④ 对于高阶分波 (13.85) 式, 在 $s \to 0$ 时贡献同样的阶数, 仅仅是 $O(s^{-n})$ 项前面系数有所不同.

于是我们给出了证明①.

按照 (13.73) 式的参数化方法, 极点 (R_i) 和背景对散射相移的贡献是可加的:

$$\delta(s) = \sum_i \delta_{R_i} + \delta_{\rm bg}. \tag{13.86}$$

(13.74) 式的参数化得出 $\delta_{\rm bg}(s) = \rho(s) f(s)$.

再看高阶分波矩阵元的参数化. 对于角动量为 J 高阶的分波矩阵元, 有

$$\delta_J(k) = O(k^{2J+1}), \tag{13.87}$$

其中 $k = \sqrt{s/4 - m^2}$ 为入射粒子的动量. 为了保证这一关系成立, 需要调节 (13.86) 式中各极点和割线的贡献. 比如, 为了 (用最少的参数) 描述 ρ 介子, 又由于物理的要求而必须排除束缚态的存在, 那么显然割线的贡献必须考虑进来以满足 (13.87) 式.

实际上这里得到的表示是量子散射理论里面的 "乘积表示" 或者胡宁表示的量子场论对应②.

分波 S 矩阵元的乘积表示 (13.73) 式本质上是一个幺正化了的分波色散关系. 在窄共振近似下可以证明 (13.73) 式与分波色散关系的等价性, 并由其可推出一系列的共振求和规则.

13.2.4 形状因子的 Omnés 解

这一小节讨论 π 介子的形状因子 $A(s)$,

$$A(q) \equiv {\rm i} \int {\rm d}^4 x {\rm e}^{{\rm i}q\cdot x} \langle 0|J(x)|\pi\pi\rangle, \tag{13.88}$$

它没有左手割线上的不连续性且在物理叶上没有奇异性③. 首先我们忽略掉非弹性过程, 并假定单个道的条件在整个能量区域 $4m_\pi^2 < s < \infty$ 都成立. 此时 $A(s)$ 的谱表示满足关系

$$\mathrm{Im} A = \rho A T^*, \tag{13.89}$$

而形状因子有如下特点:

(1) 除了割线 $4m_\pi^2 < s < \infty$, $A(s)$ 在整个复 s 平面上解析.

(2) 如果 s 是实的且 $4m_\pi^2 > s$, 则 $A(s)$ 是实的.

(3) 如果 s 从上端接近支点, 函数 $A(s){\rm e}^{-{\rm i}\delta_\pi(s)}$ 是实的.

---

① Zhou Z Y and Zheng H Q. Nucl. Phys. A, 2006, 775: 212.

② Hu N. Phys. Rev., 1948, 74: 131. 胡宁 (1916 – 1997), 长期任教于北京大学.

③ 如见参考书目中 Bjorken 和 Drell 的书中的讨论.

上述数学问题有一个简单的解, 即所谓的 Omnés 解:

$$A(s)=P_n(s)\exp\left\{\frac{s}{\pi}\int_{4m_\pi^2}^{\infty}\frac{\delta_\pi(s')\mathrm{d}s'}{s'(s'-s)}\right\}. \tag{13.90}$$

其中 $P_n(s)$ 为一个实多项式, 表示形状因子在复平面上可能的零点. 为保证以上表示中的积分有意义, 需要对 ππ 弹性散射的相移在无穷远处的行为做一定的假设.

对于 (13.90) 式的最简单的证明, 可能由如下方法给出. 首先, 由 (13.89) 式有

$$A(s-\mathrm{i}\epsilon)=A^{\mathrm{II}}(s+\mathrm{i}\epsilon)=A(s+\mathrm{i}\epsilon)/S, \tag{13.91}$$

A 是在整个割线平面上的解析函数. 把 A 中在复平面上所有可能的零点除掉, $A\to A/P_n(s)$, 则 $\ln(A/P_n(s))$ 是在整个复割线平面上的解析函数. 对于 $\ln(A/P_n(s))$ 建立一个经过适当减除的色散关系:

$$\begin{aligned}\ln(A/P_n(s))&=\frac{1}{2\pi\mathrm{i}}\int_C\frac{\ln(A(s')/P_n(s'))}{s'-s}\mathrm{d}s'\\&=\frac{1}{2\pi\mathrm{i}}\int_{\infty}^{4m_\pi^2}\frac{\ln(A(s'-\mathrm{i}\epsilon)/P_n(s'))}{s'-s}\mathrm{d}s'+\frac{1}{2\pi\mathrm{i}}\int_{4m_\pi^2}^{\infty}\frac{\ln(A(s'+\mathrm{i}\epsilon)/P_n(s'))}{s'-s}\mathrm{d}s'\\&=\frac{1}{2\pi\mathrm{i}}\int_{4m_\pi^2}^{\infty}\frac{\ln(A(s'+\mathrm{i}\epsilon)/A(s'-\mathrm{i}\epsilon))}{s'-s}\mathrm{d}s'=\frac{1}{2\pi\mathrm{i}}\int_{4m_\pi^2}^{\infty}\frac{\ln(S(s'))}{s'-s}\mathrm{d}s'\\&=\frac{1}{\pi}\int_{4m_\pi^2}^{\infty}\frac{\delta_\pi(s')}{s'-s}\mathrm{d}s'.\end{aligned} \tag{13.92}$$

这就给出了 (13.90) 式.

虽然对于单道情形的形状因子存在 Omnés-Muskhelishivili 解, 但是从它的解的形式来分析其解析行为并不直观. 对此我们给出如下表示:

$$\begin{aligned}A^{\mathrm{I}}(s)=\frac{S^{\mathrm{I}}}{1+S^{\mathrm{I}}}\Bigg\{&\sum_i\frac{A^{\mathrm{I}}(z_i)}{(s-z_i)S^{\mathrm{I}\prime}(z_i)}+\sum_j\frac{\beta_j}{s-s_j}+P_n(s)\\&+\frac{1}{2\pi\mathrm{i}}\int_L\frac{A^{\mathrm{I}}(s')\mathrm{disc}\left[\dfrac{1+S^{\mathrm{I}}(s')}{S^{\mathrm{I}}(s')}\right]}{s'-s}\mathrm{d}s'\Bigg\},\end{aligned} \tag{13.93}$$

其中 S^{I} 在复平面上的极点用 z_i 来标记, 并用 s_j 来标记 S^{I}(和 A) 的束缚态的极点. $P_n(s)$ 是一个 $n-1$ 阶实多项式, 表明 $A(s)$ 需要做 n 次减除. S 在左手割线 $L=(-\infty,0]$ 上的不连续性在 (13.93) 式的积分中明白地显示出来, 尽管 A 自己不含左手割线. (13.93) 式提供了一个研究形状因子的有用的工具, 比如, 如果知道了 S 矩阵的形式, 则上式提供了形状因子在类空和类时区间的关系.

在 13.2.3 小节中我们证明了 S 矩阵可以写成一系列简单的 S 矩阵的乘积. 现在我们来分析一下与其相应的形状因子的表达式. 首先由 (13.73) 和 (13.90) 式得知, 形状因子也是可以做因子化的:

$$A(s)=\prod_i A^{R_i}(s)\cdot A^{\mathrm{cut}}. \tag{13.94}$$

对于多道情形, 虽然人们还没有能够给出形状因子的解的具体形式, 但仍然可以从数学上讨论解的存在性及其性质. 下面对多道情形做一些有意义的讨论. 例如对于两道情形, 利用 Cutkosky 规则, 有

$$\begin{aligned}\mathrm{Im}A_1&=A_1\rho_1T_{11}^*+A_2\rho_2T_{12}^*,\\ \mathrm{Im}A_2&=A_2\rho_2T_{22}^*+A_1\rho_1T_{12}^*.\end{aligned} \tag{13.95}$$

而 A 的解析延拓类似于 (13.19)~(13.21) 式:

$$A^{\mathrm{II}}=A^{\mathrm{I}}B_{\mathrm{II}},\quad A^{\mathrm{III}}=A^{\mathrm{I}}B_{\mathrm{III}},\quad A^{\mathrm{IV}}=A^{\mathrm{I}}B_{\mathrm{IV}}. \tag{13.96}$$

由 (13.96) 式得到

$$\begin{aligned}A_1^{\mathrm{II}}(s)&=A_1(s)/S_{11},\\ A_1^{\mathrm{III}}(s)&=A_1(s)\frac{S_{22}}{\det S}+A_2(s)\frac{-2\mathrm{i}\rho_2T_{21}}{\det S}.\end{aligned} \tag{13.97}$$

在两道情形下我们可以重复类似于 (13.92) 的推导, 有

$$\begin{aligned}\ln(A_1/P_n(s))&=\frac{1}{2\pi\mathrm{i}}\int_{4m_\pi^2}^{\infty}\frac{\ln(A_1(s'+\mathrm{i}\epsilon)/A_1(s'-\mathrm{i}\epsilon))}{s'-s}\mathrm{d}s'\\
&=\frac{1}{2\pi\mathrm{i}}\int_{4m_\pi^2}^{4m_{\mathrm{K}}^2}\frac{\ln(A_1(s'+\mathrm{i}\epsilon)/A_1(s'-\mathrm{i}\epsilon))}{s'-s}\mathrm{d}s'\\
&\quad+\frac{1}{2\pi\mathrm{i}}\int_{4m_{\mathrm{K}}^2}^{\infty}\frac{\ln(A_1(s'+\mathrm{i}\epsilon)/A_1(s'-\mathrm{i}\epsilon))}{s'-s}\mathrm{d}s'\\
&=\frac{1}{2\pi\mathrm{i}}\int_{4m_\pi^2}^{4m_{\mathrm{K}}^2}\frac{\ln(A_1(s'+\mathrm{i}\epsilon)/A_1^{\mathrm{II}}(s'+\mathrm{i}\epsilon))}{s'-s}\mathrm{d}s'\\
&\quad+\frac{1}{2\pi\mathrm{i}}\int_{4m_{\mathrm{K}}^2}^{\infty}\frac{\ln(A_1(s'+\mathrm{i}\epsilon)/A_1(s'-\mathrm{i}\epsilon))}{s'-s}\mathrm{d}s'\\
&=\frac{1}{\pi}\int_{4m_\pi^2}^{4m_{\mathrm{K}}^2}\frac{\delta_\pi(s')}{s'-s}\mathrm{d}s'-\frac{1}{2\pi\mathrm{i}}\int_{4m_{\mathrm{K}}^2}^{\infty}\frac{\ln(A_1^{\mathrm{III}}(s'+\mathrm{i}\epsilon)/A_1(s'+\mathrm{i}\epsilon))}{s'-s}\mathrm{d}s'\\
&=\frac{1}{\pi}\int_{4m_\pi^2}^{4m_{\mathrm{K}}^2}\frac{\delta_\pi(s')}{s'-s}\mathrm{d}s'+\frac{1}{\pi}\int_{4m_{\mathrm{K}}^2}^{\infty}\frac{\delta_{A_1}(s')}{s'-s}\mathrm{d}s',\end{aligned} \tag{13.98}$$

而形状因子的实解析性保证了 $A_1(s'+\mathrm{i}\epsilon)/A_1(s'-\mathrm{i}\epsilon)$ 是一个单纯的相位, 定义为 $\exp(2\mathrm{i}\delta_{A_1})$.

由 (13.89) 式我们得知, 形状因子的虚部的解析延拓为

$$\mathrm{Im}A=\rho AT/S. \tag{13.99}$$

显然, $\mathrm{Im}A$ 在 T 的 Adler 零点处等于零. 那么既然有 π 的外腿, 低能定理是否能够推出 A 本身也存在 Adler 零点呢? 答案是 A 本身并不存在 Adler 零点. 以 π 介子的电磁形状因子为例:

$$\langle\pi^+(p_1)|V^\mu|\pi^+(p_2)\rangle\equiv(p_1+p_2)^\mu F_{\mathrm{v}}(s). \tag{13.100}$$

利用 LSZ 约化公式将一个 π 场从态中抽出来, 并利用 PCAC, 可得到

$$\begin{aligned}\langle\pi^+(p_1)|V^\mu|\pi^+(p_2)\rangle&=-\mathrm{i}(p_2^2-m_\pi^2)\int\mathrm{d}^4x\mathrm{e}^{-\mathrm{i}p_2\cdot x}\langle\pi^+(p_1)|T\{V^\mu\phi_\pi^+(x)\}|0\rangle\\&=\frac{-\mathrm{i}(p_2^2-m_\pi^2)}{f_\pi m_\pi^2}\int\mathrm{d}^4x\mathrm{e}^{-\mathrm{i}p_2\cdot x}\langle\pi^+(p_1)|T\{V^\mu\partial^\nu A_\nu^+(x)\}|0\rangle.\end{aligned} \tag{13.101}$$

把微商算符从上面的时间排序算符中抽出来, 有

$$\partial^\nu T\{V^\mu A_\nu^+\}=T\{V^\mu\partial^\nu A_\nu^+\}-\delta^{\nu0}\delta(x_0)[V^\mu,A_\nu^+(x)], \tag{13.102}$$

其中后一项根据流代数的结果正比于 $[Q,T^+]A_\mu^+(x)\delta^4(x)$, 而式左在软 π 极限下为零. 将上式代回 (13.101) 式, 在软 π 极限下, 有

$$\langle\pi^+(p_1)|V^\mu|\pi^+(p_2\to0)\rangle=\frac{\mathrm{i}}{f_\pi}\langle\pi^+(p_1)|A_\mu^+|0\rangle=\mathrm{i}p_{1,\mu}\neq0, \tag{13.103}$$

其中最后一项用到了 PCAC (见 §11.4).

附录　常用公式

1　d　函　数

1.1　Legendre 多项式

Legendre 多项式 $y=\mathrm{P}_l(x)$ 所满足的方程为

$$\frac{\mathrm{d}}{\mathrm{d}x}\left[(1-x^2)\frac{\mathrm{d}y}{\mathrm{d}x}\right]+l(l+1)y=0, \tag{1}$$

其解为

$$\mathrm{P}_l(x)=\sum_{r=0}^{[\frac{l}{2}]}\frac{(2l-2r)!}{2^l r!(l-r)!(l-2r)!}x^{l-2r}. \tag{2}$$

几个常见的 Legendre 函数形式为

$$\begin{aligned}
\mathrm{P}_0(x)&=1,\\
\mathrm{P}_1(x)&=x,\\
\mathrm{P}_2(x)&=\frac{1}{2}(3x^2-1),\\
\mathrm{P}_3(x)&=\frac{1}{2}(5x^3-3x).
\end{aligned} \tag{3}$$

Legendre 多项式具有 Rodrigues 公式

$$\mathrm{P}_l(x)=\frac{1}{2^l l!}\frac{\mathrm{d}^l}{\mathrm{d}x^l}(x^2-1)^l, \tag{4}$$

且有正交归一关系

$$\int_{-1}^{+1}\mathrm{P}_l(x)\mathrm{P}_{l'}(x)\mathrm{d}x=\frac{2}{2l+1}\delta_{ll'}. \tag{5}$$

Legendre 函数的生成函数公式为

$$\frac{1}{\sqrt{1-2xt+t^2}}=\sum_{l=0}^{\infty}\mathrm{P}_l(x)t^l. \tag{6}$$

1.2 连带 Legendre 函数

连带 Legendre 方程

$$\begin{aligned}&(1-x^2)\frac{\mathrm{d}^2y}{\mathrm{d}x^2}-2x\frac{\mathrm{d}y}{\mathrm{d}x}+\left(l(l+1)-\frac{m^2}{1-x^2}\right)y=0,\\&m=0,\pm1,\pm2,\cdots\quad(|x|<1)\end{aligned}\tag{7}$$

的解为 $(m\geqslant 0)$

$$\mathrm{P}_l^m(x)=(1-x^2)^{m/2}\frac{\mathrm{d}^m}{\mathrm{d}x^m}\mathrm{P}_l(x),\quad m>0.\tag{8}$$

利用 Rodrigues 公式可得

$$\mathrm{P}_l^m(x)=\frac{1}{2^l l!}(l-x^2)^{m/2}\frac{\mathrm{d}^{l+m}}{\mathrm{d}x^{l+m}}(x^2-1)^l.\tag{9}$$

这个式子对于 $|m|\leqslant l$ 均成立. 亦可以证明, 无论 m 取正负,

$$\mathrm{P}_l^{-m}(x)=(-1)^m\frac{(l-m)!}{(l+m)!}\mathrm{P}_l^m(x).\tag{10}$$

1.3 d 函数

一个总自旋为 J, 角动量 z 分量为 m 的态在欧拉角为 α, β, γ 的转动下的变换规律为

$$D(\alpha,\beta,\gamma)|J,m\rangle=\sum_{m'=-J}^{J}|Jm'\rangle\langle Jm'|D(\alpha,\beta,\gamma)|Jm\rangle,\tag{11}$$

其中

$$D(\alpha,\beta,\gamma)=\mathrm{e}^{\mathrm{i}\alpha J_z}\mathrm{e}^{\mathrm{i}\beta J_y}\mathrm{e}^{\mathrm{i}\gamma J_z}.\tag{12}$$

由于 J_z 的本征值是 m, D 的矩阵元又可以写成

$$\begin{aligned}\langle Jm'|D(\alpha,\beta,\gamma)|Jm\rangle&=\mathcal{D}^J_{m'm}(\alpha,\beta,\gamma)\\&=\mathrm{e}^{\mathrm{i}m'\alpha}d^J_{m'm}(\beta)\mathrm{e}^{\mathrm{i}m\gamma},\end{aligned}\tag{13}$$

即旋转矩阵 (小 d 函数) 的定义为

$$d^J_{m'm}(\beta)\equiv\langle Jm'|\mathrm{e}^{\mathrm{i}\beta J_y}|Jm\rangle.\tag{14}$$

它有如下表达式:

$$\begin{aligned}d^J_{m'm}(\beta)=&\left[\frac{(J+m')!(J-m')!}{(J+m)!(J-m)!}\right]^{\frac{1}{2}}\sum_\sigma\begin{pmatrix}J+m\\J-m'-\sigma\end{pmatrix}\begin{pmatrix}J-m\\\sigma\end{pmatrix}(-1)^{J-m'-\sigma}\\&\times\left(\cos\frac{\beta}{2}\right)^{2\sigma+m'+m}\left(\sin\frac{\beta}{2}\right)^{2J-2\sigma-m'-m}.\end{aligned}\tag{15}$$

如果取散射平面为 x-z 平面, 则 β 等于入射粒子与出射粒子之间的散射角 θ, 此时更为方便的是用 $z=\cos\theta$ 作为变量而不是 θ.

对于两粒子态, m' 和 m 等价于螺旋度之差 $\lambda=\lambda_1-\lambda_2$ 和 $\lambda'=\lambda_3-\lambda_4$. 此时我们可以用 $d^J_{\lambda\lambda'}$ 来代替 $d^J_{m'm}$.

由 (15) 式定义的函数满足关系式

$$\begin{aligned} d^J_{\lambda\lambda'}(z) &= (-1)^{\lambda-\lambda'}d^J_{-\lambda-\lambda'}(z) = (-1)^{\lambda-\lambda'}d^J_{\lambda'\lambda}(z), \\ d^J_{\lambda\lambda'}(\pi-\theta) &= (-1)^{J-\lambda}d^J_{-\lambda\lambda'}(-\theta) = (-1)^{J-\lambda}d^J_{\lambda'-\lambda}(\theta). \end{aligned} \tag{16}$$

转动函数 $d^J_{\lambda\lambda'}(z)$ 满足正交归一关系

$$\int_{-1}^{1} d^J_{\lambda\lambda'}(z)d^{J'}_{\lambda\lambda'}(z)\mathrm{d}z = \delta_{JJ'}\frac{2}{2J+1}, \tag{17}$$

$$\frac{1}{2}\sum_J (2J+1)d^J_{\lambda\lambda'}(z)d^J_{\lambda\lambda'}(z') = \delta(z-z'), \tag{18}$$

$$\sum_\lambda d^J_{\lambda\lambda'}(z)d^{J'}_{\lambda\lambda''}(z) = \delta_{\lambda'\lambda''}. \tag{19}$$

我们给出一些常见的 d 函数的表达式. 对于整数 J,

$$\begin{aligned} d^J_{m0}(z) &= \left[\frac{(J-M)!}{(J+m)!}\right]^{\frac{1}{2}} P^m_J(z), \\ d^J_{00} &= P_J(z), \end{aligned} \tag{20}$$

且

$$d^{\frac{1}{2}}_{\frac{1}{2}\frac{1}{2}} = \frac{1+z}{2} = \cos\frac{\theta}{2}, \quad d^{\frac{1}{2}}_{\frac{1}{2}-\frac{1}{2}} = \frac{1-z}{2} = \sin\frac{\theta}{2}. \tag{21}$$

关于 d 函数的进一步知识, 比如解析延拓等, 请参见 Collins 的书.

2 Feynman 参数积分公式

$$\frac{1}{a_1a_2\cdots a_n} = (n-1)!\int_0^1 \frac{\mathrm{d}z_1\mathrm{d}z_2\cdots\mathrm{d}z_n}{(a_1z_1+a_2z_2+\cdots+a_nz_n)^n}\delta\left(1-\sum_{i=1}^n z_i\right), \tag{22}$$

其中 z_i 叫作 Feynman 参数. 在上式中我们可以对 a_1 做微分而得到

$$\frac{1}{a_1^2a_2\cdots a_n} = n!\int_0^1 \frac{z_1\mathrm{d}z_1\mathrm{d}z_2\cdots\mathrm{d}z_n}{(a_1z_1+a_2z_2+\cdots+a_nz_n)^{n+1}}\delta\left(1-\sum_{i=1}^n z_i\right). \tag{23}$$

顺便给出几个常用的 Feynman 参数积分公式的另一种表达式:

$$\begin{aligned}
&\frac{1}{A^\alpha B^\beta}=\frac{\Gamma(\alpha+\beta)}{\Gamma(\alpha)\Gamma(\beta)}\int_0^1 \mathrm{d}x\frac{x^{\alpha-1}(1-x)^{\beta-1}}{\{xA+(1-x)B\}^{\alpha+\beta}},\\
&\frac{1}{A^\alpha B^\beta C^\gamma}=\frac{\Gamma(\alpha+\beta+\gamma)}{\Gamma(\alpha)\Gamma(\beta)\Gamma(\gamma)}\int_0^1 x\mathrm{d}x\int_0^1\mathrm{d}y\frac{u_1^{\alpha-1}u_2^{\beta-1}u_3^{\gamma-1}}{\{u_1A+u_2B+u_3C\}^{\alpha+\beta+\gamma}}\\
&(u_1=xy,u_2=x(1-y),u_3=1-x),\\
&\frac{1}{A^\alpha B^\beta C^\gamma D^\delta}=\frac{\Gamma(\alpha+\beta+\gamma+\delta)}{\Gamma(\alpha)\Gamma(\beta)\Gamma(\gamma)\Gamma(\delta)}\\
&\qquad\times\int_0^1 x^2\mathrm{d}x\int_0^1 y\mathrm{d}y\int_0^1\mathrm{d}z\frac{u_1^{\alpha-1}u_2^{\beta-1}u_3^{\gamma-1}u_4^{\delta-1}}{\{u_1A+u_2B+u_3C+u_4D\}^{\alpha+\beta+\gamma+\delta}}\\
&(u_1=1-x\ ,u_2=xyz\ ,u_3=x(1-y)\ ,u_4=xy(1-z)).
\end{aligned}\tag{24}$$

3 动量空间积分公式

下面列出一些常用的维数正规化公式:

$$\begin{aligned}
&\int\frac{\mathrm{d}^Dq}{(2\pi)^D}\frac{1}{[\Delta+2p\cdot q-q^2]^n}=\frac{\mathrm{i}}{(4\pi)^{D/2}}\frac{\Gamma(n-D/2)}{\Gamma(n)}\frac{1}{[\Delta+p^2]^{n-D/2}},\\
&\int\frac{\mathrm{d}^Dq}{(2\pi)^D}\frac{q_\mu}{[\Delta+2p\cdot q-q^2]^n}=\frac{\mathrm{i}}{(4\pi)^{D/2}}\frac{\Gamma(n-D/2)}{\Gamma(n)}\frac{p_\mu}{[\Delta+p^2]^{n-D/2}},\\
&\int\frac{\mathrm{d}^Dq}{(2\pi)^D}\frac{q_\mu q_\nu}{[\Delta+2p\cdot q-q^2]^n}=\frac{\mathrm{i}}{(4\pi)^{D/2}}\left[\frac{\Gamma(n-D/2)}{\Gamma(n)}\frac{p_\mu p_\nu}{[\Delta+p^2]^{n-D/2}}\right.\\
&\qquad\qquad\left.-\frac{\Gamma(n-1-D/2)}{2\Gamma(n)}\frac{g_{\mu\nu}}{[\Delta+p^2]^{n-1-D/2}}\right],\\
&\int\frac{\mathrm{d}^Dq}{(2\pi)^D}\frac{q_\mu q_\nu q_\rho}{[\Delta+2p\cdot q-q^2]^n}=\frac{\mathrm{i}}{(4\pi)^{D/2}}\left[\frac{\Gamma(n-D/2)}{\Gamma(n)}\frac{p_\mu p_\nu p_\rho}{[\Delta+p^2]^{n-D/2}}\right.\\
&\qquad\qquad\left.-\frac{\Gamma(n-1-D/2)}{2\Gamma(n)}\frac{g_{\mu\nu}p_\rho+g_{\nu\rho}p_\mu+g_{\rho\mu}p_\nu}{[\Delta+p^2]^{n-1-D/2}}\right].
\end{aligned}\tag{25}$$

再列出一些在圈图计算中有用的辅助公式:

$$\begin{aligned}
&\Gamma(x)\equiv\int_0^\infty \mathrm{e}^{-y}y^{x-1}\mathrm{d}y\ (x>0),\\
&\Gamma(n+1)=n!\ (n\ \text{为整数}),\\
&\Gamma(x+1)=x\Gamma(x),\\
&\Gamma\left(\frac{1}{2}\right)=\sqrt{\pi},\\
&\Gamma(1+\epsilon)=1-\gamma_{\mathrm{E}}\epsilon+O(\epsilon^2),\\
&\Gamma(\epsilon)=\frac{1}{\epsilon}-\gamma_{\mathrm{E}}+\sum_{n=2}^\infty\frac{(-\epsilon)^{n-1}}{n!}\zeta(n),
\end{aligned}\tag{26}$$

其中 $\gamma_{\mathrm{E}} = 0.5572157\cdots$ 为 Euler 常数, $\zeta(n)$ 是 Riemann ζ 函数. 在实际计算中常用 $R^\epsilon = 1 + \epsilon \ln R + O(\epsilon^2)$. 维数正规化中规定形如

$$\int \mathrm{d}^D l \frac{1}{(l^2)^n}$$

的积分为零 (它或者有红外发散或者有紫外发散, 在维数正规化方案中无法定义). 事实上, 如果它不为零, 那么积分变量的标度变换 $q \to \Lambda q$ 将任意地改变积分的数值 (除非 $n = D/2$), 所以对于 $D \neq 2n$, 此积分值均应该设为零. 而根据维数正规化中可以对 D 做解析延拓的精神, $D = 2n$ 时积分值仍应该为零. 然而在讨论红外发散时, 可以按照围绕 (10.108) 式的讨论进行处理.

主要参考书目

[1] Greiner W and Reinhardt J. Field Quantization. Berlin: Springer-Verlag, 1996.

[2] Peskin M E and Schroeder D V. An Introduction to Quantum Field Theory. Reading: Addison-Wesley Publishing Company, 1995.

[3] Cheng T P and Li L F. Gauge Theory of Elementary Particle Physics. Oxford: Clarendon Press, 1984.

[4] Barton G. Introduction to Dispersion Techniques in Field Theory. New York: W. A. Benjamin, INC., 1965.

[5] Bjorken J D and Drell S D. Relativistic Quantum Fields. New York: McGraw-Hill Book Company, 1965.

[6] 李政道. 粒子物理和场论简引. 北京: 科学出版社, 1984.

[7] Itzykson C and Zuber J B. Quantum Field Theory. New York: McGraw-Hill Inc., 1980.

[8] Lurie D. Particles and Fields. New York: John Wiley & Sons Inc., 1968.

[9] Weinberg S. The Quantum Theory of Fields. Cambridge: Cambridge University Press, 2000.

[10] Coleman S. Aspects of Symmetry. Cambridge: Cambridge University Press, 1985.

[11] 戴元本. 相互作用的规范理论. 2 版. 北京: 科学出版社, 2005.

[12] 黄涛. 量子色动力学引论. 北京：北京大学出版社, 2011.

[13] Collins P D B. An Introduction to Regge Theory and High Energy Physics. Cambridge: Cambridge University Press, 1977.

[14] Schwartz M. Quantum Field Theory and the Standard Model. Cambridge: Cambridge University Press, 2014.

[15] Taylor J R. Scattering Theory. New York: John Wiley & Sons Inc., 1972.

[16] Marshak R. Conceptual Foundations of Modern Particle Physics. Singapore：World Scientific, 1993.

名 词 索 引